Der illustrierte

BLV Pflanzenführer für unterwegs

blv

1150 Blumen, Gräser, Bäume und Sträucher

Dr. Thomas Schauer
Claus Caspari
Stefan Caspari

Hinweise zur Benutzung dieses Pflanzenführers

Bei der Formenfülle der heimischen Flora fällt es gerade dem Anfänger schwer, die einzelnen Arten und Sippen zu unterscheiden. Zwar kann man die Pflanzenarten anhand morphologischer und anatomischer Kriterien beschreiben, aber den Weg der wissenschaftlichen Diagnose unter Hinzuziehen langer dichotom aufgebauter Bestimmungsschlüssel wird nicht jeder botanisch Interessierte beschreiten wollen.
Um den Pflanzenfreund und Laien den Zugang zur Vielfalt der heimischen Pflanzenwelt zu erleichtern, werden die Pflanzenarten zunächst nach leicht unterscheidbaren Kriterien in Gruppen zusammengefasst. Als erstes erfolgt eine Ordnung der Kräuter nach der Blütenfarbe. Nähere Erläuterungen zu den Farbmerkmalen siehe vordere Klappentexte.
Als eigene Gruppen behandelt werden die Gräser und Grasartigen, dann die Nadelbäume, die Laubbäume, die Sträucher und die Zwergsträucher. Bei den Bäumen und Sträuchern erfolgt keine weitere Einteilung nach Blütenfarben. Dies hätte zu einer starken Aufsplitterung dieser relativ kleinen Gruppen geführt. Zudem ist der Blühaspekt der meisten Bäume und Sträucher nur kurz und für eine Bestimmung meist nur von geringerer Bedeutung.

Gruppierung der krautigen Pflanzen innerhalb einer Farbkategorie nach Blütenmerkmalen

Die Pflanzen innerhalb der Farbkategorien (nur bei den grünlich-bräunlichen Blüten erfolgt wegen der Überschaubarkeit der Gruppe keine weitere Unterteilung) sind nach ihren Blütenmerkmalen in jeweils 4 Gruppen zusammengefasst:

1. Pflanzen mit radiären Blüten. Die Blüte besteht aus 3 oder 4 Blütenblättern.

Bei der radiären Blüte sind alle Blütenblätter gleich. Die Blüte ist strahlig oder radiärsymmetrisch. Durch die Blüte lässt sich mehr als 1 Symmetrieebene legen.

Pfeilkraut

Gefranster Enzian

Kreuzblüte

Ehrenpreis

2. Pflanzen mit radiären Blüten. Die Blüte besteht aus 5 oder mehr Blütenblättern.

Glockenblume

Akelei

Trollblume

Schwertlilie

Leberblümchen

Affodil

3. Pflanzen mit zygomorphen Blüten.

Bei den zygomorphen Blüten sind Ober- und Unterteil der Blüte verschieden. Die Blüte lässt sich durch 1 Symmetrieebene in 2 spiegelbildlich gleiche Hälften zerlegen. Es gibt Blüten z. B. Ehrenpreis oder Königskerze, bei denen das obere oder untere Kron- oder Blütenblatt nur undeutlich größer oder kleiner ist, sodass der Eindruck einer radiären Blüte vermittelt wird. In diesen Fällen wurden die Arten zur Gruppe mit radiären Blüten gestellt.

Orchideenblüte

Lippenblüte (mit Ober- und Unterlippe)

Lippenblüte (nur mit Unterlippe)

Veilchen

Fingerhut

Schmetterlingsblüte

4. Pflanzen mit kleinen Blüten in dichten Blütenständen.

Die Blüten sind in kugeligen oder flachen Köpfchen, Körbchen, in Dolden oder dichten Trauben und Ähren angeordnet. Der Blütenstand vermittelt den Eindruck einer einzigen Blüte, daher auch Scheinblüte genannt.

Köpfchen (Hasen-Klee, Teufelskralle, Skabiose)

Körbchen nur mit Strahlenblüten (Bocksbart)

Körbchen nur mit Röhrenblüten (Strahlenlose Kamille)

Körbchen mit Strahlen- und Röhrenblüten (Margerite)

Traube (Wiesen-Knöterich)

doldenartiger Blütenstand, Trugdolde (Wolfsmilch)

Ähre (Wegerich)

einfache Dolde (Lauch)

zusammengesetzte Dolde (Doldengewächse)

Im Bildteil des Buches erfolgt dann die Anordnung der Arten innerhalb jeder Gruppe, also der Kombination aus Blütenfarbe und Blütenform, nach deren Familienzugehörigkeit im herkömmlichen Pflanzensystem. Begonnen wird mit den Familien der einkeimblättrigen Arten. Daran schließen sich die Familien der zweikeimblättrigen Pflanzen an. Einkeimblättrige Arten zeichnen sich in der Regel durch parallelnervige Blätter (Ausnahmen: Einbeere und Aronstab) sowie 3-zählige Blüten aus. Zweikeimblättrige besitzen Blätter mit Netznervatur (Ausnahme: Wegerich, Gelber Enzian, Arnika) und meist 5-, seltener 4-zählige Blüten.

Was man noch beachten sollte

Bei der Zuordnung einer Pflanze zu den aufgeführten Gruppen können mitunter Schwierigkeiten auftreten. Dies trifft vor allem zu für Arten, die in unterschiedlichen Farbvarianten auftreten, z. B. Wiesen-Schaumkraut weiß oder rosa, oder auch für Arten, deren Blüten anfangs rot und später blauviolett erscheinen, z. B. bei dcn Lungenkräutern. In diesen Fällen werden die Arten zweimal im Bildteil bei den zugehörigen Farbkategorien aufgeführt.
Ebenso verfahren wird in zweifelhaften Fällen bei der Unterscheidung zwischen Kräutern oder Zwergsträuchern, z. B. Heidekraut, oder bei zweifelhafter Diagnose der Blütenform, etwa beim Weinberg-Lauch.
Angaben zur Blütezeit, Wuchshöhe, Verbreitung und zum Vorkommen einer Pflanze sind zusätzliche Bestimmungsmerkmale. Für den schnellen Überblick sind bei der Beschreibung der Arten die betreffenden Angaben (mit Symbolen gekennzeichnet) vorangestellt (s. auch vorderen Klappentext). Im Text finden sich dann noch weitere Standortsdifferenzierungen.

Kurze Charakterisierung der Lebensräume

Bei jeder Artbeschreibung werden Hinweise auf die bevorzugten Standorte einer Art gegeben. Das können wichtige Hinweise auch für die Bestimmung sein, denn ähnliche Arten unterscheiden sich oft hinsichtlich ihrer Standortwahl. Wem es schwer fällt die einzelnen Lebensräume richtig zuzuordnen, dem können die folgenden Ausführungen weiter helfen.

Äcker, Schutt- und Kiesplätze, Wege

Die Vegetation der Schutt- und Kiesplätze sowie der Wegränder und Bahndämme wird unter dem Begriff **Ruderalfluren** zusammengefasst; Äcker und Weinberge werden zu den **Segetalfluren** gestellt. So unterschiedlich die Standorte hinsichtlich Feuchtegehalt und Bodenbeschaffenheit sein mögen, alle Arten brauchen offenen Boden, frei von Konkurrenten der Arten aus den Wiesen- und Waldgesellschaften. Ein Großteil der Pflanzen sind kurzlebige, einjährige Arten, die als Erstbesiedler oder Pioniere auf diesen Rohböden oder durch Bodenbearbeitung vegetationslosen Flächen siedeln.
Innerhalb der Segetalfluren unterscheidet man zwischen Hackwildkrautgesellschaften und Getreidewildkrautgesellschaften. Im ersten Fall erfolgt häufig Bodenbearbeitung, sodass nur raschwüchsige Pflanzen wie Knöterich-, Gänsefuß- und Wolfsmilch-Arten, die nach dem Keimen bald reife Samen tragen, lebensfähig sind. Im zweiten Fall erfolgt nur im Spätherbst oder im zeitigen Frühjahr eine mechanische Bodenbearbeitung. Buntblütige Arten wie Klatsch-Mohn, Kornblume, Rittersporn oder Frauenspiegel schmücken die Getreidefelder bei einer ungestörten Entwicklung ohne chemischer Bekämpfungsmethoden.

Auf intensiv bewirtschaftetem Grünland ist die Artenvielfalt meist stark eingeschränkt, sodass nur wenige Arten wie der Löwenzahn vorherrschen.

Trockenrasen, Magerrasen, steinige Hänge, Mauern

Offene Trockenrasen gibt es in Mitteleuropa von Natur aus nur dort, wo der Boden für Wald- und Strauchwuchs zu ungünstig ist. Meist sind die baumfreien Inseln mit steppenartiger Vegetation durch Beweidung oder einschürige Mahd entstanden. Die meisten Felsheiden, Steppenrasen oder sonstigen baum- und strauchlosen Rasengesellschaften wie der Kalkmagerrasen oder der Silikatmagerrasen sind in Mitteleuropa Sekundärstandorte, die einst von Eichen-, Buchen- oder sonstigen Trockenwäldern bestockt waren. In Mitteleuropa haben die Trockenrasen ihren Schwerpunkt in warmen, niederschlagsarmen Gegenden.
Die Standorte der kontinentalen **Trockenrasen** zeichnen sich durch große Trockenheit während der Vegetationsperiode, geringe Jahresniederschläge und große jahreszeitliche und oft auch tägliche Temperaturextreme aus. Als Beispiele seien die inneralpinen Felsensteppen (Wallis, Aostatal, Vintschgau) mit Federgras, Felsen-Nelke und Zottigem Spitzkiel, die Steppenrasen westlich von Mainz und die Trockenrasen um Würzburg genannt.
Die **Halbtrockenrasen** haben ähnliche Niederschlagsverhältnisse wie die Trockenrasen, nur sind sie in Gegenden mit etwas niedrigerer Temperatur und geringeren Temperaturschwankungen verbreitet. Sie sind auf tiefgründigeren Standorten mit ausgeglichenerem Wasserhaushalt von der früheren, extensiven Bewirtschaftungsform noch stärker abhängig als die Trockenrasen.
Auf nackten **Felsbändern** und Felskuppen, Mauerkronen und Steinfugen mit geringer Humusbildung und minimalem Wasserspeichervermögen können Bäume und Sträucher nur schwerlich Fuß fassen. Dort gedeihen flechten- und moosreiche Pioniergesellschaften mit vielen sukkulenten Pflanzen wie Hauswurz- und Mauerpfeffer-Arten, die mit ihren fleischigen Blättern lange Zeit Wasser speichern können, oder mit Arten wie Felsen-Leimkraut und Thymian, die extreme Hitze und Trockenheit gut überdauern.

Fettwiesen und -weiden

Mit den Fettwiesen und -weiden ist das intensiv genutzte Wirtschaftsgrünland gemeint. Regelmäßige Mahd und/oder Beweidung bei häufiger Düngung lassen relativ artenarme Wiesengesellschaften entstehen. Je nach Niederschlagsmenge, Bodenfeuchtigkeit oder Grundwasserstand stellen sich fast trockene, frische bzw. feuchte oder gar nasse Gesellschaften ein. Auf den trockeneren, tiefgründigeren Böden trifft man die bunte Wiesengesellschaft aus Glatthafer, Wiesen-Salbei, Margerite und Wiesen-Glockenblume an – Standorte, die heute meist in Äcker umgewandelt sind. Feuchtere Wiesen sind durch Kohldistel, Wiesen-Knöterich und bei zunehmender Nässe durch Trollblume, Sumpfdotterblume und Wasser-Greiskraut gekennzeichnet.

Besonders artenreich sind die Bergfettwiesen mit Goldhafer, Perücken-Flockenblume und Großer Sterndolde.
Infolge frühzeitiger und im weiteren Jahresgang häufigen Mahd gelangen die meisten Kräuter nicht mehr zur Blüte und zur Samenreife, sodass sie ausbleiben. Weitere Verluste entstehen durch Drainage von Feuchtflächen oder Umwandlung in Ackerland.

Gewässer, Moore, Sümpfe

Dieser Lebensraum ist mit Ausnahme der Waldmoore und der Auenwälder von Natur aus weitgehend waldfrei und hat noch relativ viele naturnahe Lebensgemeinschaften. Bei den **Stillgewässern**, also Seen und Teichen, unterscheidet man zwischen nährstoffarmen (oligotrophen) mit großer Sichttiefe und geringer Pflanzenproduktion und nährstoffreichen (eutrophen) mit großer Produktion an höheren Pflanzen, die zur Verlandung beitragen, und vielen niederen Lebewesen (Plankton), die eine Trübung und geringe Sichttiefe des Wassers verursachen.
Arten wie die meisten Laichkräuter oder Tausendblatt, die in 2-5 m Wassertiefe und in klaren Seen noch tiefer wachsen, rechnet man zur Zone der Unterwasservegetation. Pflanzen wie die See- und Teichrose, die ihre Blätter an langen Stielen bis zur Wasseroberfläche schicken, zählt man zu den Schwimmblattgesellschaften. Daran schließt sich uferwärts meist ein breiter Schilfgürtel an, der allmählich in ein Seggenried übergeht. Diese Röhricht- und Seggenbestände werden gelegentlich noch als Streuwiesen genutzt.
Im Gegensatz zu den Lebensbedingungen der Stillgewässer sind die Voraussetzungen für Wasserpflanzen in rasch fließenden **Bächen** und **Flüssen** weit schwieriger. Der starken mechanischen Beanspruchung sind nur wenige (rheotolerante) Arten angepasst, die meist flutende, grasähnliche oder riemenförmige Blätter besitzen.
Im Gegensatz zu den Sümpfen, womit man Nassstandorte ohne Torfbildung bezeichnet, rechnet man Pflanzengesellschaften, unter denen eine Torfschicht entstanden ist, zu den **Mooren**. Moore sind also Produktionsstätten von Torf; das sind Pflanzenreste, die im sauerstoffarmen Wasser in der Verlandungszone der Seen oder in nassen Mulden oder an Quellaustritten nicht weiter zersetzt werden.

Typisch für Weiher und die Uferbereiche von Seen ist eine Schwimmblattpflanzen-Zone (hier Weiße Seerose).

Die grundwasserabhängigen Niedermoore werden mit Nährstoffen und mineralischen Salzen versorgt. Sie sind reich an Blütenpflanzen. Die nur von Regenwasser gespeisten Hochmoore sind dagegen nährstoffarm. Nur wenige Blütenpflanzen wie Moosbeere und Rauschbeere oder Scheidiges Wollgras können sich ansiedeln. An der Bildung der Hochmoore und ihrer Torfschicht beteiligen sich hauptsächlich die Torfmoose *(Sphagnum)*.
Ein Großteil der Moor- und Feuchtgebiete ist durch Torfabbau und Trockenlegung verschwunden.

Wälder, Waldränder, Gebüsche, Auen

Mitteleuropa war einst weitgehend von Wäldern bedeckt. So weit die heutigen Waldbestände nicht durch forstliche Maßnahmen stark verändert sind, lassen sich anhand der Baumarten und der Zusammensetzung der Krautschicht am Boden zahlreiche Waldgesellschaften unterscheiden, von denen hier nur wenige aufgezeigt werden können.

Frühjahrsblüher in einem Laubwald. Nur kurze Vegetationszeit steht den Kräutern des Waldbodens zur Verfügung (hier Busch-Windröschen).

Innerhalb der **Laubmischwälder** unterscheidet man unter anderem die buchenreichen Mischwälder auf mäßig feuchten Standorten, die hainbuchenreichen Wälder auf trockeneren Böden und die eschen- und erlenreichen Mischwälder auf feuchteren Böden. Die an Edellaubhölzern reichen Wälder zeigen vor dem Blattaustrieb eine üppige Bodenvegetation aus Leberblümchen, Busch-Windröschen, Waldmeister, Frühlings-Platterbse, Lungenkraut und vielen anderen Frühjahrsblühern.
In den höheren Lagen der Gebirge (in den Mittelgebirgen um 500-1000 m, in den Alpen bei 800-1350 m) haben wir den Tannen-Buchen-Wald, dem noch die Fichte, durch den Menschen stark gefördert, beigemischt ist, während der bodensaure Buchen-Eichen-Wald oft als landschaftsbeherrschende Waldform der mitteleuropäischen Tieflagen bezeichnet wird.
Wenden wir uns den **Nadelwäldern** zu. Der hochstaudenreiche Tannenwald mit der Weißtanne bevorzugt regenreiche Mittelgebirge und die ozeanisch getönten Nordalpen bis in eine Höhe von fast 1700 m. In den kontinentaleren Inneralpen sind in den Trockentälern der Waldkiefernwald, in den höheren Lagen der Lärchen-Zirben-Wald verbreitet, der dort bei etwa 2400 m die Waldgrenze bildet. Die anspruchslosen Wald-Kiefer tritt noch an verschiedensten Standorten waldbildend auf, so als wärmeliebender Eichen-Kiefern-Wald, als bodensaurer Sand-Kiefernwald, in Waldmooren und in Dünen-Kiefernwäldern. Die Fichte wurde durch die Forstwirtschaft gefördert. Sie ist heute auf den unterschiedlichsten Standorten gebietsweise die vorherrschende Baumart.
Natürliche **Auenwälder** weisen eine Zonierung auf. Unmittelbar am Fluss stockt die Weichholzaue. Sie wird dominiert von strauch- und baumförmigen Weiden und der Grauerle. Daran schließt sich meist ein erlenreicher Eschenwald an. Auf höheren, grundswasserferneren und nur selten überschwemmten Standorten findet sich die Hartholzaue mit Ulme, Eiche, Hainbuche und Ahorn ein.

Alpen

Aus den alpinen Lebensräumen werden vor allem die Arten vorgestellt, deren Hauptverbreitung auf die Alpen und ähnliche Hochgebirge beschränkt ist, und zwar überwiegend auf die höheren Lagen nahe der Waldgrenze und darüber. In der **subalpinen Stufe** (in den Nordalpen etwa bei 1350 –1900 m, in den Zentralalpen bei 1600-2400 m, in den Südalpen bei 1400-2000 m) sind neben den bereits erwähnten Wäldern die Zwergstrauchgesellschaften mit Alpenrosen, das Latschengebüsch auf trockeneren und das Grünerlengebüsch auf feuchteren, wasserzügigen Böden zu erwähnen. Die darüber anschließende **alpine Stufe** umfasst die Matten- und Felsregion, in der sehr unterschiedliche, aber immer extreme Standortbedingungen herrschen. Als Beispiele angeführt seien die flachgründigen Rasengesellschaften auf Kalk oder auf silikatreichem, saurem Gestein, die extrem humusarmen Felsspalten oder die Schutthalden und Kare, die ständig in Bewegung sind.

Meeresstrand und Küste

Die **Salzpflanzengesellschaften** sind relativ artenarm, da nur wenige Arten den extremen Bedingungen des Meeresstrandes standhalten. Der breite, schlick- und tonreiche Küstensaum zwischen Hoch- und Niedrigwasser wird als **Watt** bezeichnet. Es wird von einem dichten Quellerrasen besiedelt. Darauf folgt eine Zone aus Strand-Aster, Salzflieder, Salz-Melde und dem Andelgras, einem guten Futtergras. Letztere Pflanze zeigt den Übergang von Watt zur **Marsch** an. An flachen Meeresküsten wird durch die Brandung ständig Sand über die Mittelhochwasserlinie angespült, der dann durch Stürme landeinwärts transportiert zu einer **Sanddüne** heranwächst. Auf dieser so genannten Weißdüne siedeln sich Strandhafer, Meersenf und Strand-Melde sowie Stranddistel an. Weitere Arten wie Sand-Segge, Silber- und Schillergras sowie Krähenbeere finden sich ein und bilden Humus. Die Weißdüne wird zur Graudüne, auf der sich auch Gehölze wie Sanddorn, Vogelbeere und Föhren ansiedeln.

Gefährdung der Arten

Durch den Verlust an geeigneten Lebensräumen droht den Populatonen vieler Arten ein starker Rückgang, der bis zum völligen Erlöschen der Bestände führen kann. Diese Arten werden daher mit ihrem jeweiligen Gefährdungsgrad in so genannten »Roten Listen« für die einzelnen Bundesländer zusammengetragen. Die Listen werden ständig fortgeschrieben. Die Angaben zum Gefährdungsgrad (GefGr.) der Arten innerhalb Deutschlands erfolgen nach »E. Jedicke (Hrsg.): Die Roten Listen. Gefährdete Pflanzen, Tiere, Pflanzengesellschaften und Biotope in Bund Ländern, Stuttgart. Ulmer 1997«. Es wurden 4 Kategorien mit folgender Bedeutung gebildet: GefGr. 0: »Ausgestorben oder verschollen«. Hierzu zählen Arten, die vor 100 Jahren oder früher noch in Deutschland vorkamen. GefGr. 1: »Vom Aussterben bedroht«. Das Überleben dieser Arten ist unwahrscheinlich, wenn die verursachenden Faktoren weiterhin einwirken oder keine wirksamen Schutzmaßnahmen getroffen werden. GefGr. 2: »Stark gefährdet«. Es sind die Arten mit kleinen Beständen, die aufgrund von Eingriffen aktuell bedroht sind, oder Arten, deren Bestände im nahezu gesamten heimischen Verbeitungsgebiet deutlich zurückgehen und in vielen Landesteilen selten geworden oder verschwunden sind. GefGr. 3: »Gefährdet«. Hierher gehören Arten, deren Bestände regional sehr klein und durch Eingriffe bedroht sind oder die lokal verschwunden sind.

Erklärung der Fachausdrücke

Bildungen der Oberfläche der Pflanze

Stacheln harte, stechende Auswüchse der Oberhaut am Blatt oder Stängel.

Im Gegensatz dazu sind Dornen zu harten, verholzten, stechenden Gebilden umgewandelte B., Kurz- oder Seitensprosse.

Haare 1zellige oder mehrzellige, einfache oder verzweigte, gerade oder gekrümmte Vorstülpungen der Oberhaut der Pflanze z.B.:

Borsthaare steif, stechend.

Drüsenhaare Haare mit einem Drüsenköpfchen an der Spitze (1, 2).

Kraushaare steif, gekrümmt, lang.

Seidenhaare dicht, anliegend, glänzend.

Sternhaare sternförmig verzweigt.

Wollhaare weich, dicht, lang.

Reif abwischbarer, weißer oder bläulicher Überzug am B. oder Stängel.

Das Blatt

Laubb. gewöhnliches, meist grünes B., das der Assimilation dient.

Hochb. B. im Bereich der Blüten oder des Blütenstandes, meist von den übrigen Laubb. stark abweichend (3, 4).

Hüllb. schuppiges oder b.artiges Hochb., eine Blüte oder einen Blütenstand umgebend (5, 6, 7).

Niederb. schuppenförmiges B. am Grund des Stängels und an unterirdischen Teilen (8).

Tragb. krautige oder schuppenförmige B., aus deren Achseln die Blüten oder Seitensprosse entspringen (9, 10).

Spreub. kleine, schuppenartige B. zwischen den Einzelblüten mancher Korbblütler

Vorb. kleine, schuppenförmige, oft häutige Hochb., dem Blütenstiel ansitzend (z.B. bei Grasblüten).

B.anheftung

gestielt mit deutlichem B.stiel (11).

herablaufend Die B.spreite zieht sich teilweise am Stängel herab (12).

sitzend ohne B.stiel.

stängelumfassend oder **halb stängelumfassend** Das B. umgibt den Stängel mit seinem Grund ganz (13) oder zum Teil (14).

B.nervatur

fiedernervig (15)

netznervig (16)

parallelnervig (17)

B.teile

B.spreite (18)

B.stiel (18)

B.achsel Winkel zwischen B. und Stängel.

B.fieder Teil eines zusammengesetzten B. (s. Klappen) (19).

B.häutchen kleiner Fortsatz am Übergang der B.scheide in die Spreite (z.B. bei Gräsern) (20).

B.öhrchen kleine, lappenförmige Anhängsel am B.grund (21).

B.ranke zartes, oft spiralig gedrehtes Organ zum Festhalten, aus einem B. oder B.abschnitt gebildet (19).

B.scheide verbreiteter, unterer Teil des B., den Stängel röhrig oder bauchig umschließend (20, 22, 23).

Nebenb. schuppen- oder b.artiges, meist paariges Anhängsel am Grund des B.stieles (24, 25).

Weitere Blattmerkmale siehe hintere Klappe.

Die Blüte

Bütenhülle die äußeren Teile der Blüte. Ist die Blütenhülle doppelt, so bezeichnet man den äußeren Kreis als Kelch (27), den inneren als Krone (26, 28).

Blütenkelch aus meist grünen, freien Kelchb. (27) oder Kelchb. unten zu einer **Kelchröhre** (28) verwachsen, oben mit **Kelchzipfeln** (28, 26).

Blütenkrone aus gefärbten, freien Kronb. (30) oder zu einer **Kronröhre** verwachsenen **Kronb.** (27, 29), oben mit **Kronzipfeln** (27).

Außenkelch kelchartiges Gebilde aus mehreren Hochb. dicht unter dem Kelch (28).

Nebenkrone kronb.ähnlicher Kranz aus freien oder verwachsenen Anhängseln im Innern der Krone (30).

Fruchtb. enthält die Samenanlage(n); mehrere Fruchtb. sind zu einem Fruchtknoten verwachsen, der einen oder mehrere, meist fadenförmige Griffel mit verschieden gestalteter Narbe zur Aufnahme des Pollens trägt (31). Man unterscheidet nach der Stellung des Fruchtknotens:

unterständig wenn er unterhalb des Ansatzpunktes von Kelch und Krone sitzt (32).

mittelständig wenn er teilweise in den becherförmigen Teil des Bl. bodens eingesenkt ist (33).

oberständig wenn er oberhalb des Ansatzpunktes von Kelch und Krone steht (34).

Samenanlage vom Fruchtb. oder Fruchtknoten eingeschlossen, liefert nach der Befruchtung die Samen (35).

Blütenboden oberster verbreiteter (32, 33, 34) oder manchmal auch krugförmig ausgehöhlter (35) Teil des Blütenstängels, der die Bl.teile, bei Korbblütlern die Einzelbl. (36) trägt.

26

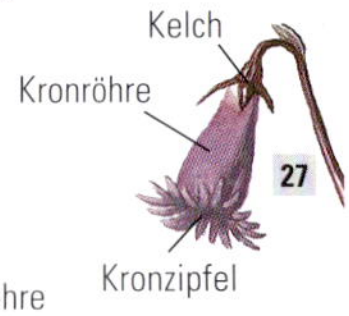

27

29

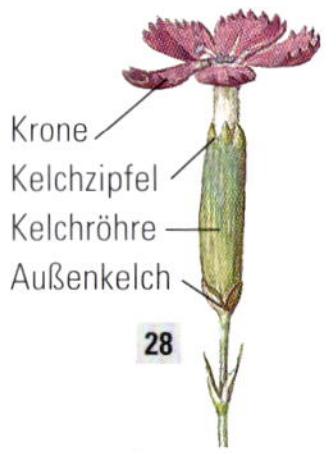

28

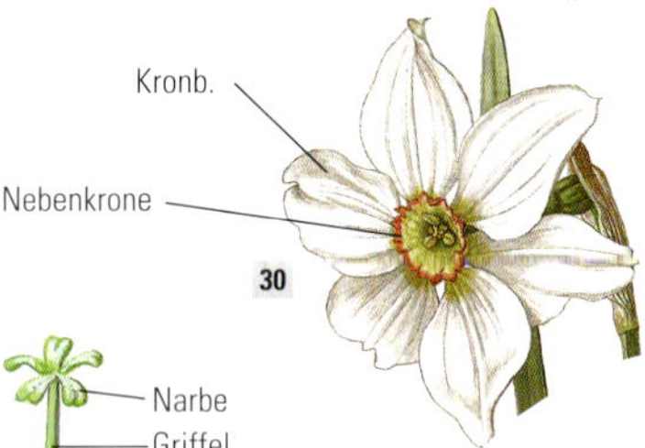

30

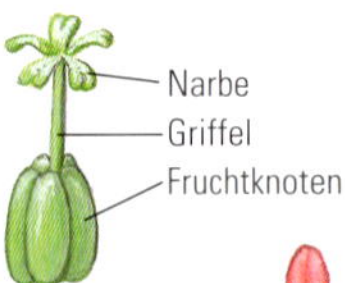

31

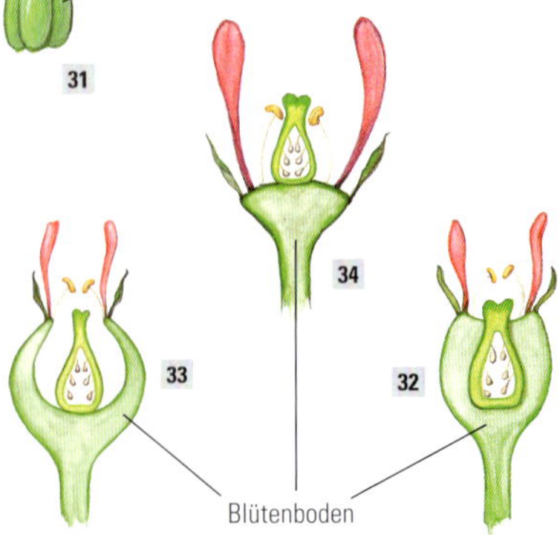

34 33 32

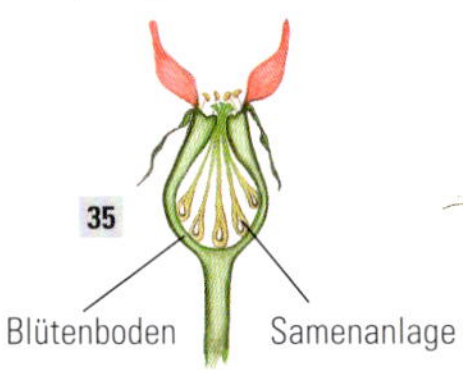

35

36

Sonderbildungen der Blüte

Blütensporn (37)

Schlundhöcker oder Gaumen bei Rachenblüten der Braunwurzgewächsen (38).

Schmetterlingsblüte dabei nennt man das obere Kronb. Fahne, die beiden unteren, verwachsenen Schiffchen und die beiden seitlichen Flügel (39).

Zungenblüte bei Korbblütengewächsen; Saum der Blütenkrone ist flach ausgebreitet (40).

Röhrenblüte bei Korbblütengewächsen; Blütenkrone zu einer 5zipfeligen Kronröhre wachsen (41)

Pappus Haarkranz an den Blüten bzw. Früchten vieler Korbblütler (41).

Ährchen (42) Blütenstand bei Gräsern; jedes Ährchen besteht aus einer äußeren, einer inneren Hüllspelze sowie einer oder mehreren Blüten; jede Blüte besteht aus einer (oft begrannten) Deckspelze und einer Vorspelze (manchmal fehlend); Staubb. 3, Narben 2, federig, Fruchtknoten 1, oberständig.

Nektardrüse (43).

Fruchtschlauch Bei Seggen ist der Fruchtknoten in einem geschlossenen Schlauch eingehüllt (44).

Blütenscheide oder **Spatha** (bei Aronstabgewächsen) meist gefärbte, kronb.artige Hochb.-scheide (45).

Geschlecht der Blüte

1geschlechtig entweder mit Staubb. (männliche Blüten) oder mit Fruchtknoten (weibliche Blüten) (46).

zwittrig oder **2geschlechtig** mit Staubb. und Fruchtknoten (47).

Nach der Verteilung der Geschlechter der Blüten ist die Pflanze

1häusig wenn auf derselben Pflanze männliche und weibliche Blüten sitzen (48).

2häusig wenn männliche und weibliche Blüten auf verschiedenen Pflanzen sind (49).

51

50

53

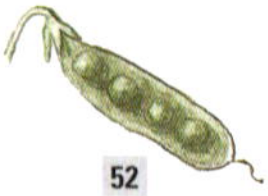

52

55

54

56

57

60

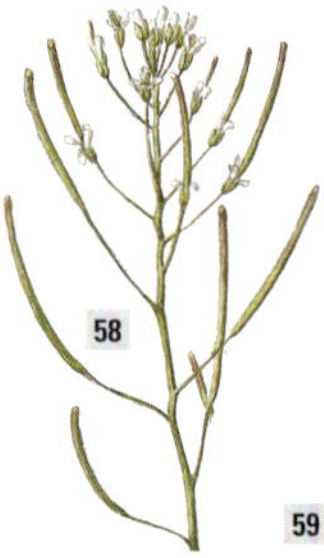

58

59

Früchte

Balgfrucht aus 1 Fruchtb. bestehend, das sich nur an 1 Längslinie öffnet.

Beere fleischige, 1- bis mehrsamige Frucht (50).

Beerenzapfen (Scheinbeere) Zapfen mit fleischig werdenden Fruchtschuppen (bei Wacholder) (51).

Hülse trockene Frucht aus 1 Fruchtb. bestehend, öffnet sich an der Bauch- und Rückennaht (52).

Kapsel trockene Frucht aus mehreren Fruchtb. bestehend, öffnet sich durch Spalten oder Poren (53).

Nuss 1samige Frucht mit harter Schale (54).

Früchtchen oder **Nüsschen** 1samige Teilfrucht bei Arten mit vielen freien Fruchtb. (55).

Scheinbeere fleischige Frucht, an deren Bildung noch andere Organe der Blüte beteiligt sind (z. B. Erdbeere) (56).

Schötchen Frucht der Kreuzblütengewächse, die nicht mehr als 3mal so lang wie breit ist (57).

Schote Frucht der Kreuzblütengewächse, die mehr als 3mal so lang wie breit ist (58, 59).

Steinfrucht Frucht mit außen fleischiger, innen steinartiger Fruchtwand (60).

Zapfen »Frucht« der Nadelhölzer, bestehend aus zahlreichen sich überlappenden, verholzenden Fruchtschuppen (61).

61

Sprossachse oder Stängel

besteht aus meist langen Gliedern, die durch **Knoten** begrenzt sind.

Gestalt

geflügelt mit längs verlaufenden, stark verbreiterten Leisten (62).

gefurcht mit längs verlaufenden Rinnen.

kantig im Querschnitt eckig.

stielrund im Querschnitt kreisförmig.

2schneidig oder **2seitig** mit 2 längs verlaufenden Kanten.

Besondere Formen

Ausläufer ober- oder unterirdisch kriechende Seitentriebe, die an der Spitze neue Pflanzen bilden (63).

Knolle fleischig verdickter Teil der Sprossachse (Speicherorgan) (64, 65).

Wurzelstock kriechender, unterirdischer Teil der Sprossachse, der jedes Jahr neu austreibt.

Zwiebel unterirdisches Organ aus dicht gestellten, fleischigen Schuppenb. (66).

Bulbillen (67), **Brutzwiebeln** (68), **Brutknospen** (69) oder **Brutknöllchen** (70) knospenähnliche Jungpflanzen in B.achseln oder Blütenständen der Mutterpfl., die zu Boden fallen und dort anwachsen.

62

63

64

65

66

68

67

70

69

Froschlöffelgewächse
Alismataceae

1 Pfeilkraut
Sagittaria sagittifolia L.

❁ 6–8 ↕ 30–100 cm

Untere B. flutend, bandförmig; Schwimmb. mit ovaler bis pfeilförmiger Spreite, obere B. aufrecht, tief pfeilförmig; Blüten quirlständig; innere 3 Blütenb. weiß, 2mal so lg. wie die 3 äußeren, grünen. Δ Teiche, Ufer, Gräben, Röhrichtgesellschaften, nährstoffreiche Gewässer; ziemlich selten. Fast ganz Europa.

2 Gemeiner Froschlöffel
Alisma plantago-aquatica L.

❁ 6–8 ↕ 20–90 cm

B. eiförmig, am Grund abgerundet oder herzförmig, B.spreite 5–25 cm lg.; Blüten in Quirlen, die inneren Blütenb. weiß, 2–3mal so lg. wie die 3 äußeren, grünen. Δ Teiche, Ufer von Seen und langsam fließenden, nährstoffreichen Gewässern, Röhricht- und Großseggengesellschaften; zerstreut. Europa.

Froschbissgewächse
Hydrocharitaceae

3 Wasseraloe, Krebsschere
Stratiotes aloides L.

❁ 5–7 ↕ 15–40 cm

Pfl. frei schwimmend, mit Ausläufern; B. schwertförmig, 3kantig, stachelig gesägt, zu einer trichterförmigen Rosette angeordnet; Blüten 3–4 cm br.; ♂ Blüten gestielt, ♀ Blüten sitzend; äußere 3 Blütenb. oval, grün, innere 3 Blütenb. rundlich, 2 cm br., weiß. Geschützt! Δ Stehende oder langsam fließende, nährstoffreiche Gewässer, Altwasser, Gräben; ziemlich selten, stellenweise aber in Massenvorkommen. Fast ganz Europa. GefGr. 3!

4 Gewöhnlicher Froschbiss
Hydrocharis morsus-ranae L.

❁ 6–8 ↕ 15–30 cm

Mit Ausläufern, an denen neue B.rosetten; B. gestielt, rundlich-nierenförmig, am Grund tief herzförmig, 2–6 cm br., schwimmend; Blüten 5 cm lg. gestielt, äußere 3 Blütenb. schmal elliptisch, rosa oder grün, innere 3 Bl.b. rundlich, weiß, mit gelbem Grund. Δ Altwasser, nährstoffreiche Gewässer; zerstreut bis selten. Europa. GefGr. 3!

Liliengewächse
Liliaceae

5 Schattenblümchen
Maianthemum bifolium (L.) F. W. Schmidt

❁ 5–6 ↕ 5–15 cm

Grundb. zur Blütezeit meist verwelkend; St.b. meist 2, herz-eiförmig, spitz, gestielt, 4–8 cm lg.; Blüten in 8–15 blütiger Traube, weiß; Blütenb. 4, frei, zurückgebogen, 2–3 mm lg.; St. oben mit steifen, weißen Haaren; Beere rot, 6 mm br. Δ Laub- und Nadelwälder; zerstreut. Hauptsächlich Nord- und Mitteleuropa.

Amaryllisgewächse
Amaryllidaceae

6 Schneeglöckchen
Galanthus nivalis L.

❁ 2–3 ↕ 10–20 cm

B. 2, grundständig, grasartig, fleischig, 5–8 mm br., blaugrün; St. mit 1 nickenden Blüte; äußere 3 Blütenb. reinweiß, 14–18 mm lg., innere 3 Blütenb. nur 1/2 so lg., ausgerandet, an der Spitze mit grünem Fleck. Geschützt! Δ Auenwälder, feuchte Laubmischwälder; zerstreut. Hauptsächlich Südeuropa, Süddeutschland. GefGr. 3!

2
6
4
5
3
1

Kreuzblütengewächse
Cruciferae oder Brassicaceae

1 Feld-Kresse
Lepidium campestre (L.) R. Br.

5–6 ↕ 20–60 mm

Pfl. graugrün, behaart; St. meist einzeln; B. pfeilförmig st.umfassend, ungeteilt, lanzettlich, gezähnt; Blüten weiß, 2–3 mm br., in ährenförmigen Trauben; Schötchen br.-eiförmig, dicht mit schuppigen Bläschen bedeckt, flach oder etwas gewölbt, geflügelt, am Griffel ausgerandet, dieser die Ausrandung des Flügels nicht überragend. Δ Wege, trockene Ruderalstellen, Äcker; zerstreut. Europa.

2 Pfeilkresse
Cardaria draba (L.) Desv.
(*Lepidium draba* L.)

4–7 ↕ 20–60 cm

B. länglich-eiförmig, unregelmäßig gezähnt, obere B. mit herz-pfeilförmigem Grund st.umfassend; Blüten 5–6 mm br., weiß, in dichten Trauben; Schötchen herzförmig, 4–5 mm br., ungeflügelt. Δ Unkrautfluren, Weinberge, Wege, Dämme, Schutt; zerstreut. Mittel- und Südeuropa (östlich).

3 Acker-Hellerkraut
Thlaspi arvense L.

4–9 ↕ 10–40 cm

Pfl. kahl, beim Zerreiben mit Lauchgeruch; St. kantig; St.b. lanzettlich, mit pfeilförmigem Grund st.umfassend, ganzrandig oder gezähnt; Blüten weiß, 4–6 mm br., in endständigen Trauben; Schötchen 10–15 mm lg., flach, fast kreisrund, br. geflügelt, oben U-förmig ausgerandet. Δ Unkrautfluren, Äcker, Schutt; ziemlich häufig. Europa.

4 Durchwachsenblättriges Hellerkraut
Thlaspi perfoliatum L.

3–5 ↕ 5–20 cm

St. rund; St.b. herzförmig, st.umfassend sitzend, ganzrandig, blaugrün; Blüten weiß; Schötchen herzförmig, 4–8 mm lg., vorne br. geflügelt, Flügel den Griffel in der Ausrandung überragend. Δ Weinberge, Äcker, Wege, Kalkmagerrasen; zerstreut. Mittel- und Südeuropa, nördlich bis Südskandinavien.

5 Hirtentäschel
Capsella bursa-pastoris (L.) Med.

1–12 ↕ 10–50 cm

B. tief fiederteilig, in grundständiger Rosette, obere St.b. lanzettlich, mit pfeilförmigem Grund st.umfassend; Blüten weiß, 4–5 mm br.; Schötchen 3eckig, flach, in verlängerten, b.losen Trauben. Δ Äcker, Wege, Schutt, Gärten; häufig. Europa.

6 Alpen-Gemskresse
Hutchinsia alpina (Torn.) R. Br.

6–8 ↕ 5–12 cm

Pfl. mit grundständiger B.rosette; St. zu mehreren, 1fach, b.los; B. bis zum Mittelnerv fiederteilig; Blüten in gedrungenen, dann verlängerten Trauben; Kronb. 3–5 mm lg., weiß; Schötchen eiförmig, 4–5 mm lg. Δ Kalkschutt, Geröll, Felsbänder, etwa 1500–3400 m; im Geröll der Alpenflüsse oft herabgeschwemmt und tiefer; verbreitet. Gebirge Mittel- und Südeuropas.

1
2
3
4
5
6

Kreuzblütengewächse
Cruciferae oder Brassicaceae

1 Graukresse
Berteroa incana (L.) DC.

❀ 6–10 ↕ 20–70 cm

Pfl. 1–2jährig, mit dünner Pfahlwurzel; Pfl. durch Sternhaare graugrün; B. lanzettlich, meist ganzrandig, in den kurzen Stiel verschmälert, 3–5 cm lg.; Kronb. tief 2spaltig, weiß, 5–6 mm lg.; Schötchen elliptisch, sternhaarig, grau, 7–10 mm lg., in ährenförmigen Trauben. Δ Wege, Schutt, Bahngelände, Kiesgruben; zerstreut bis selten. Mittel- und Südeuropa (östlich).

2 Frühlings-Hungerblümchen
Erophila verna (L.) Bess.

❀ 3–5 ↕ 3–15 cm

B. keilförmig, ganzrandig oder entfernt gezähnt, sternhaarig; St. b.los; Kronb. weiß oder rosa, tief ausgerandet; Schötchen länglich elliptisch, 5–10 mm lg. Δ Lückige Magerrasen, sandige Äcker, Wege, Kiesböden; häufig. Europa.

3 Steintäschel
Aethionema saxatile (L.) R. Br.

❀ 4–6 ↕ 5–20 cm

Pfl. aufsteigend bis aufrecht; B. eiförmig bis lanzettlich, 1–2 cm lg., bläulich bereift, ganzrandig; Kronb. fleischrot oder weiß, 2–4 mm lg., Kelchb. hautrandig; Schötchen linsenförmig, abgeflacht, br. geflügelt, auf bogig abstehenden Stielen, manchmal noch 1samige Nüsschen auf geraden, aufrechten Stielen. Δ Steinschutt, Flussgeröll, Felsen; ziemlich selten. Alpen (bis 1900 m) und Vorland, Südeuropa.

4 Bittere Schleifenblume, Bitterer Bauernsenf
Iberis amara L.

❀ 5–8 ↕ 10–20 cm

B. keilförmig, entfernt gezähnt, stumpf, 3–5 cm lg., am Rand bewimpert; Blüten in doldenartiger, später sich verlängernder Traube; Kronb. weiß, selten hellviolett, die nach außen gerichteten 6–8 mm lg. und doppelt so lg. wie die inneren; Schötchen 4–6 mm lg. und fast so br., mit flügelartigem Rand; Fruchtstiel fast waagrecht abstehend. Δ Getreidefelder, trockene, steinige, kalkreiche Böden; selten. West- und Mitteleuropa. GefGr. 1!

5 Gebräuchliches Löffelkraut, Löffelkresse
Cochlearia officinalis L.

❀ 5–8 ↕ 5–30 cm

B. fleischig; untere B. br. herzförmig oder nierenförmig; Blüten 8–10 mm br.; Kronb. weiß, 4–9 mm lg.; Schötchen eiförmig bis kugelig, 4–7 mm lg. Geschützt! Δ Salzwiesen, Salzsümpfe; an den Küsten Nord-, Mittel- und Westeuropas zerstreut; im Binnenland selten.

6 Dänisches Löffelkraut
Cochlearia danica L.

❀ 5–6 ↕ 5–10 cm

Untere B. herzförmig; St.b. gestielt, 3–7lappig, efeuähnlich; Blüten 3–5 mm br., weiß oder rosa; Schötchen 3–6 mm lg., elliptisch, fein netznervig. Geschützt! Δ Salzwiesen, Küstensand; verbreitet. Küsten West-, Mittel- und Nordeuropas.

6
3
5
4
1
2

Kreuzblütengewächse
Cruciferae oder Brassicaceae

1 Acker-Rettich, Hederich
Raphanus raphanistrum L.

❁ 5–9 ↕ 30–80 cm

Pfl. rauhaarig, 1jährig; untere B. mit schmalen Fiederlappen und großem Endlappen, obere B. ungeteilt; Blüten 2–3 cm br., weiß oder blassgelb, meist violett geadert, Kelchb. aufrecht; Schoten 2–10 cm lg., perlschnurartig gegliedert, mit lg., samenlosem Schnabel. Δ Äcker, Getreidefelder, Schutt; häufig. Europa.

2 Acker-Schmalwand
Arabidopsis thaliana (L.) Heynh.

❁ 4–6 ↕ 5–30 cm

Mit grundständiger B.rosette; B. ei-länglich, gezähnt oder ganzrandig, 2–3 cm lg.; Kronb. 2–4 mm lg., weiß; Schoten 1–2 cm lg., waagrecht bis aufrecht abstehend. Δ Äcker, Mauern, lückige Magerrasen; kalkmeidend; verbreitet. Ursprünglich Mittelmeergebiet, heute fast ganz Europa.

3 Behaartes Schaumkraut, Vielstängeliges Schaumkraut
Cardamine hirsuta L.

❁ 4–6 ↕ 5–20 cm

Pfl. mit grundständiger B.rosette; Endfieder der Rosettenb. rundlich; St. kahl oder zerstreut behaart, mit 2–4 gefiederten B.; Kronb. weiß, 2–4 mm lg., etwa doppelt so lg. wie die Kelchb.; Staubb. meist 4, mit gelben Staubbeuteln; Schoten etwa 20 mm lg. und 1 mm dick. Δ Gebüschsaum, Weinberge, Wegränder, Äcker; etwas feuchte, sandreiche Böden; schwach wärmeliebend; zerstreut. Fast ganz Europa (westlich).

4 Wiesen-Schaumkraut
Cardamine pratensis L.

❁ 4–6 ↕ 10–40 cm

St. hohl, rund; B. unpaarig gefiedert; Grundb. mit rundlich-eiförmigen, St.b. mit linealischen Fiederb.; Kelchb. 4, 3–5 mm lg.; Kronb. 4, 8–14 mm lg., weiß, rosa oder blasslila; Staubbeutel gelb; Schoten 2–4 cm lg. Δ Fett- und Nasswiesen, Flachmoore, Ufer, Auenwälder; verbreitet. Fast ganz Europa.

5 Kleeblättriges Schaumkraut
Cardamine trifolia L.

❁ 4–6 ↕ 10–20 cm

St. b.los oder mit 1 B.; Grundb. 3zählig, lg. gestielt, wintergrün; B.chen rautenförmig-rundlich, gekerbt; Kronb. 4, weiß, 8–11 mm lg., Staubbeutel gelb; Schoten 15–25 mm lg. und 2 mm br., Stiele etwa genauso lg. Δ Krautreiche Buchen- und Mischwälder, Gebirgswälder; zerstreut. Gebirge Mittel- und Südeuropas (östlich).

5
1
2
4
3

Kreuzblütengewächse
Cruciferae oder Brassicaceae

1 Lauchkraut, Lauchhederich
Alliaria petiolata (Bieb.) Cavara et Grande (*A. officinalis* Andrz.)

4–6 ↕ 20–100 cm

Pfl. beim Zerreiben nach Knoblauch riechend; Grundb. herz- bis nierenförmig, gekerbt, lg. gestielt; Blüten weiß, 5–8 mm br.; Schoten 2–3 cm lg., an aufrecht-abstehenden Stielen. Δ Schattige Unkrautfluren, Waldränder, Zäune; häufig. Fast ganz Europa.

2 Meerrettich
Armoracia rusticana G. M. Sch. (*A. lapathifolia* Usteri)

5–7 ↕ 60–120 cm

Grundb. ei-länglich, bis 1 m lg., lg.gestielt, gezähnt; untere St.b. fiederspaltig, obere St.b. ungeteilt, gezähnt bis ganzrandig; Kronb. 5–7 mm lg., weiß; Blüten in reichblütigen Trauben; Schötchen walzlich, 4–6 mm lg. Δ Kulturpfl., in Unkrautfluren verwildert, häufig; Gemüse- und Heilpfl., senfölreich. Ursprünglich Osteuropa, heute fast ganz Europa.

3 Rauhaarige Gänsekresse
Arabis hirsuta L.

5–7 ↕ 10–80 cm

St. dicht beblättert; grundständige Rosettenb. eiförmig, in den kurzen Stiel verschmälert, gezähnt oder ganzrandig; St.b. ei-lanzettlich, mit herzförmigem Grund sitzend oder pfeilförmig st.umfassend, meist stark behaart; Blütenstand reichblütig, nach der Blüte verlängert; Kronb. 4–6 mm lg., weiß; Schoten 15–35 mm lg., aufrecht, gedrängt, Klappen mit Mittelnerv. (Formenreiche Art mit mehreren Kleinarten). Δ Kalkmagerrasen, lichte Kiefernwälder; verbreitet. Fast ganz Europa.

4 Turm-Gänsekresse
Arabis turrita L.

4–6 ↕ 10–70 cm

Grundb. schmal-eiförmig, in den Stiel verschmälert, unregelmäßig gezähnt; St.b. länglich, mit herzförmig geöhrtem Grund st.umfassend; Blütenstand unten beblättert; Kronb. 4, 6–8 mm lg., gelblichweiß; Schoten bogig überhängend, 8–12 cm lg., 2–3 mm br. Δ Lichte Wälder, Gebüsche, felsige Hänge; wärmeliebend; selten. Süddeutschland, Jura, Alpen, Südeuropa.

5 Turmkraut, Kahle Gänsekresse
Arabis glabra (L.) Bernh. (*Turritis glabra* L.)

5–7 ↕ 60–120 cm

Grundb. buchtig gezähnt bis fiederteilig, zur Blütezeit verwelkt; St.b. ganzrandig, st.umfassend sitzend, kahl, bläulich bereift; Krone 5–8 mm br., gelblichweiß; Schoten 4kantig, 4–7 cm lg., am St. angedrückt. Δ Wald- und Heckenränder, lichte Eichenwälder; zerstreut. Europa.

1
2
3
4
5

Kreuzblütengewächse
Cruciferae oder Brassicaceae

1 Wildes Silberblatt
Lunaria rediviva L.

5–7 ↕ 30–140 cm

B. herzförmig, gezähnt, die unteren fast gegenständig; Blüten 4zählig, wohlriechend; Kronb. 12–20 mm lg., hellviolett, lila oder weiß; Kelchb. 5–6 mm lg.; Schoten elliptisch bis br.-lanzettlich, an beiden Enden zugespitzt, 4–8 cm lg. Δ Schlucht- und Bergwälder, schattige, luftfeuchte Hänge; ziemlich selten. Fast ganz Europa.

2 Echte Brunnenkresse
Nasturtium officinale R. Br.

5–9 ↕ 30–80 cm

St. kriechend oder aufsteigend, hohl, verzweigt, kahl; B. gefiedert, mit größerer Endfieder, scharf schmeckend; Blüten weiß; Kronb. 4, 4–5 mm lg.; Staubbeutel gelb; Schoten 13–18 mm lg, deren Stiele 8–12 mm lg. Δ Bäche, Gräben, Quellen, in schnell fließenden, kühlen Gewässern; zerstreut. Europa.

3 Sandkresse
Cardaminopsis arenosa (L.) Hayek

4–8 ↕ 10–40 cm

Pfl. unten abstehend behaart, mit grundständiger B.rosette; B. meist fiederspaltig oder grob gezähnt, obere St.b. lanzettlich, gezähnt oder ganzrandig; Kronb. 6–8 mm lg., weiß, manchmal blasslila; Schoten 2–4 cm lg., 1 mm br., deutlich abgeflacht, an 1–2 cm lg. Stielen. Δ Sandtrockenrasen, Bahndämme, entwässerte Moore, Steinschutt; zerstreut. Ursprünglich Osteuropa, sich in ganz Europa ausbreitend.

Rötegewächse
Rubiaceae

4 Färber-Meister
Asperula tinctoria L.

6–8 ↕ 30–50 cm

St. 4kantig; B. zu 4–6 quirlständig, schmallanzettlich, 1nervig, 2–6 cm lg.; Blütenstand armblütig; Krone weiß, 3-spaltig, 3–4 mm br.; Frucht glatt. Δ Lichte Kiefern- und Eichenwälder, sonnige Gebüsche, Halbtrockenrasen; ziemlich selten. Mitteleuropa, nördlich bis Südschweden. GefGr. 3!

5 Hügel-Meister
Asperula cynanchica L.

6–8 ↕ 10–30 cm

Pfl. aufsteigend; B. meist zu 4, quirlig, schmal lanzettlich, 1nervig, mit Grannenspitze; Blütenstand wenigblütig; Krone trichterförmig, 4spaltig, rosa, 2–3 mm; Frucht körnig-rau. Δ Kalkmagerrasen, sonnige Wald- und Wegränder, Kiefernwälder; zerstreut. Mittel- und Südeuropa.

Hartriegelgewächse
Cornaceae

6 Schwedischer Hartriegel
Cornus suecica L.

7–8 ↕ 5–20 cm

Krautige Pfl.; St. unverzweigt, aufrecht, 4kantig, mit je einer endständigen Dolde aus 8–25 dunkelroten, 2 mm lg. Blüten, umgeben von 4 weißen, 5–8 mm lg., eiförmigen Hüllb.; B. eiförmig, sitzend, 3–5nervig, unterseits blaugrün. Δ Moore, Zwergstrauchheiden, Torfböden; selten. Nordwestdeutschland, sonst vor allem Nordeuropa. GefGr. 1!

6
3
4
1
5
2

Röte- oder Krappgewächse
Rubiaceae

1 Wiesen-Labkraut
Galium mollugo L.

5–9 ↕ 25–80 cm

Pfl. niederliegend, aufsteigend oder kletternd; St. 4kantig; B. lineal-lanzettlich, 2–8 mm br., mit aufgesetzter Spitze, zu 6–9 im Quirl; Blütenstand pyramidenförmig, rispenartig; Krone 4zählig, radförmig, 2–5 mm br.; Kronzipfel grannenartig zugespitzt; Blütenstiele etwas länger als die Blüten Δ Fettwiesen, Wegraine, Gebüsche, Waldränder; häufig. Europa.

2 Sumpf-Labkraut
Galium palustre L.

5–9 ↕ 15–80 cm

St. dünn, von gekrümmten, feinen Stacheln rau; B. schmal ei-lanzettlich, vorne breiter, stumpf, 1nervig, zu 4–6 im Quirl, getrocknet schwärzlich; Blütenstand locker; Krone 4zipfelig, weiß, 3–5 mm br.; Staubbeutel purpurn; Frucht fast glatt. Δ Röhrichte, Nasswiesen, Gräben, Ufer, Erlenbrüche; verbreitet. Fast ganz Europa.
Ähnlich ist das **Moor-Labkraut,** *G. uliginosum* L., aber B. lineal-lanzettlich, stachelspitzig; Staubbeutel gelb; Frucht feinkörnig-rau. Δ Moorwiesen.

3 Nordisches Labkraut
Galium boreale L.

6–8 ↕ 30–50 cm

St. steif, aufrecht; B. zu 4 quirlständig, derb, lanzettlich, stumpf, 3nervig; Blütenstand pyramidenförmig; Krone 4zählig, weiß, 3–5 mm br. Δ Flachmoore, Magerwiesen, Auenwiesen, auch Kiefern- und Eichenwälder; zerstreut. Nord- und Mitteleuropa, Gebirge Südeuropas.

4 Wald-Labkraut
Galium sylvaticum L.

6–8 ↕ 30–100 cm

St. stielrund, fein 4rippig; B. blaugrün, stachelspitz, meist zu 8 im Quirl; Blütenstand locker-rispig, ausgebreitet, mit feinen Blütenstielen; Krone weiß, 2–3 mm br., mit zugespitzten Zipfeln. Δ Laubwälder, Waldränder; ziemlich häufig. Hauptsächlich Mitteleuropa.

5 Waldmeister
Galium odoratum (L.) Scop.
(*Asperula odorata* L.)

5–6 ↕ 15–30 cm

B. lanzettlich, die unteren zu 6, die oberen zu 8 im Quirl, stachelspitz, beiderseits grün; Blütenstand doldig; Krone trichterig, weiß, 4spaltig, 4–5 mm br.; Früchte mit Widerhaken. Δ Krautreiche Buchen- und Laubmischwälder; verbreitet. Fast ganz Europa.

6 Blaugrünes Labkraut
Galium glaucum L.,
(*Asperula glauca* (L.) Bess.)

5–7 ↕ 30–80 cm

Pfl. blaugrün; St. verzweigt, mit 4 Längsrippen; B. linealisch, zu 8–10 quirlig, am Rand umgerollt, 1nervig; Blütenstand locker, schirmförmig; Krone weiß, trichterförmig, 4teilig, 4–5 mm br.; Früchte glatt. Δ Kalkmagerrasen, sonnige, steinige Hänge; ziemlich selten. Mittel- und Südeuropa.

1
2
3
4
5
6

Rötegewächse
Rubiaceae

1 Kletten-Labkraut
Galium aparine L.

❀ 6–10 ↕ 60–200 cm

Pfl. klimmend; St. behaart, B. linealisch, 4–8 mm br., am Rand wie der St. mit rückwärts gerichteten Stacheln, zu 6–8 im Quirl; Krone 4zipfelig, weiß, 2 mm br.; Frucht kugelig, hakig-borstig, 4–6 mm br. Δ Äcker, Schutt, Ufer, Hecken, Auenwälder; verbreitet. Europa.

2 Rundblättriges Labkraut
Galium rotundifolium L.

❀ 6–9 ↕ 10–25 cm

Pfl. aufsteigend, dünn, zart; B. br.-eiförmig, stachelspitz, 1–2 cm lg., zu 4 im Quirl; Blütenstand locker; Krone weiß, 3 mm br.; Früchte mit Widerhaken. Δ Tannen- und Fichtenwälder, Fichtenforste; zerstreut. Hauptsächlich Gebirge Mittel- und Südeuropas.

Sandelgewächse
Santalaceae

3 Alpen-Leinblatt
Thesium alpinum L.

❀ 6–7 ↕ 10–30 cm

Pfl. ähnlich dem Geschnäbelten Leinblatt (s. S. 66), bogig aufsteigend; Schuppenb. am St.grund entfernt stehend; B. schmal lanzettlich, 1–4 mm br., 1nervig; Blütenstand meist 1seitswendig; jede Blüte mit 3 Tragb.; Blüten meist 4zählig; Blütenhülle zur Fruchtzeit nur an der Spitze eingerollt, kürzer als die Frucht. Δ In den Alpen bis etwa 2400 m; ziemlich selten. Gebirge Europas, nördlich bis Südschweden.

Hahnenfußgewächse
Ranunculaceae

4 Aufrechte Waldrebe
Clematis recta L.

❀ 5–7 ↕ 50–150 cm

Pfl. aufrecht, nicht kletternd oder windend, krautig; St. selten verholzt, kantig, hohl; B. mit 5, 7 oder 9 ganzrandigen, eiförmigen, spitzen Fiederb.; Blüten in endständiger Rispe, weiß; Blütenb. nur am Rand dicht filzig behaart. Δ Steinige Hänge, Laubmischwälder; wärmeliebend; selten. Süddeutschland, Elbegebiet, Thüringen, Südalpen, Pyrenäen. Süd- und Osteuropa. GefGr. 3!

Nachtkerzengewächse
Onagraceae oder Oenotheraceae

5 Alpen-Hexenkraut
Circaea alpina L.

❀ 6–8 ↕ 5–15 cm

B. glänzend, kahl, br.-lanzettlich, 1–3 cm lg., ausgeschweift gezähnt; B.stiel geflügelt; Blüten mit 1 mm lg., leicht abfallenden Tragb. Δ Schlucht- und Auenwälder, Nadelmischwälder; ziemlich selten. Nord- und Mitteleuropa, Alpen, Pyrenäen, Apennin, Korsika, Gebirge der Balkanhalbinsel.

6 Großes Hexenkraut
Circaea lutetiana L.

❀ 6–8 ↕ 20–60 cm

St. zerstreut behaart; B. matt, br.-lanzettlich, allmählich zugespitzt, gestielt, 5–10 cm lg., am Grund abgerundet, gezähnt, auf den Nerven behaart; Blüten in lg. endständiger Traube; Blütenstiele mit Drüsenhaaren, ohne Tragb.; Kelchb. 2; Kronb. 2, tief ausgerandet, 2–4 mm lg., weiß oder rötlich; Frucht 3–4 mm lg. Δ Laub- und Nadelmischwälder, Auen; verbreitet. Fast ganz Europa.

1
2
3
4
5
6

Liliengewächse
Liliaceae

1 Salomonssiegel, Duftende Weißwurz
Polygonatum odoratum (Mill.) Druce (*P. officinale* All.)

5–6 ↕ 15–40 cm

St. scharfkantig; bogig überhängend; B. br.-elliptisch, 2zeilig; Blüten zu je 1–2, etwas bauchig, 5–7 mm br., bis 2 cm lg.; Blütenb. 6, röhrig verwachsen, weiß, an den freien Zipfeln grünlich, kahl; Staubfäden kahl. Giftig! Δ Waldränder, Gebüsche, Eichen- und Kiefernwälder; zerstreut. Europa.

2 Vielblütige Weißwurz
Polygonatum multiflorum (L.) All.

5–6 ↕ 30–70 cm

Pfl. ähnlich Salomonssiegel, aber St. stielrund; B. ± in einer Ebene ausgerichtet; Blüten zu je 3–5, vorne trichterig erweitert, Zipfel behaart; Staubfäden flaumig behaart; Beeren dunkelblau, 8–10 mm. Giftig! Δ Buchen-, Eichen- und Nadelmischwälder. Fast ganz Europa, nördlich bis Südskandinavien.

3 Quirlblättrige Weißwurz
Polygonatum verticillatum (L.) All.

5–6 ↕ 30–70 cm

St. aufrecht, kantig; B. zu je 3–7 quirlständig, schmal-lanzettlich, 5–15 cm lg.; Blüten zu je 1–4, 6–10 mm lg.; Beeren zuerst rot, dann dunkelblau. Giftig! Δ Bergwälder, Hochstaudenfluren, in den Alpen bis etwa 2000 m; zerstreut. Gebirge Europas.

4 Bär-Lauch
Allium ursinum L.

5–6 ↕ 20–50 cm

Pfl. mit Lauchgeruch; Zwiebeln länglich; B. grundständig, meist zu 2, mit 2–5 cm br., ei-lanzettlicher Spreite und 5–15 cm lg. Stiel; Blütenstand doldig, 5–20 blütig, ohne Zwiebeln; Blütenb. 6, frei, weiß; Staubb. 6, etwa 1/2 so lg. wie die Blütenb. Δ Auenwälder, Laub- und Bergmischwälder; ziemlich häufig. Fast ganz Europa. Eine weitere br.blättrige Art ist der **Allermannsharnisch,** *A. victorialis* L., St. beblättert; B. 2–5 cm br., elliptisch-lanzettlich, kurz gestielt; Blüten grünlich gelb, in kugeliger Scheindolde; Hochstaudenfluren, alpine Matten; in den Alpen bis 3000 m. Δ Alpen, Jura, Schwarzwald, Vogesen, Gebirge Südeuropas. Geschützt!

5 Weißer Affodill
Asphodelus albus Miller

6–8 ↕ 60–120 cm

Wurzel rübenartig verdickt; Grundb. fleischig, binsenförmig, bis 70 cm lg. und 2,5 cm br.; Blütenschaft kräftig, b.los; Blüten zahlreich, in dichter Traube, oft noch mit seitenständiger Traube; Tragb. braun, lanzettlich; Blütenb. 6, frei oder am Grund verwachsen, mit braunem Nerv; Staubb. 6, nach unten verbreitert. Δ Trockene Wiesen und Weiden, Gebüschsäume. Süd- und Westalpen, Südeuropa.

2
3
4
1
5

Liliengewächse
Liliaceae

1 Traubige Graslilie
Anthericum liliago L.

5–6 30–70 cm

B. grundständig, grasartig, 4–5 mm br., etwa so lg. wie der Blütenschaft; Blüten in 1facher Traube; Blütenb. 6, alle gleich, 15–20 mm lg., weiß, 2mal so lg. wie die Staubb.; Griffel bogig gekrümmt; Tragb. lanzettlich, 1/2 so lg. wie die Blütenstiele; Frucht eine eiförmige, spitze Kapsel. Δ Trockenrasen, Waldsäume, lichte Eichen- und Kiefernwälder; ziemlich selten. Mittel- und Südeuropa, nördlich bis Südschweden.

2 Ästige Graslilie
Anthericum ramosum L.

6–8 30–70 cm

Pfl. ähnlich Traubiger Graslilie, aber Blütenstand rispig verzweigt; Blütenb. 8–13 mm lg., die inneren breiter als die äußeren, so lg. wie die Staubb.; Griffel gerade; Tragb. 1/5 so lg. wie die Blütenstiele; Fruchtkapsel fast kugelig; B. viel kürzer als der Blütenschaft. Δ Halbtrockenrasen, Waldränder; ziemlich selten. Hauptsächlich Mittel- und Südeuropa.

3 Dolden-Milchstern
Ornithogalum umbellatum L.

4–5 10–30 cm

Pfl. mit kugeligen Zwiebeln; B. grundständig, linealisch, 2–5 mm br., mit weißem Mittelstreifen; Blütenstand doldentraubig, aufrecht; Blütenb. 6, 15–25 mm lg., 4–8 mm br., weiß, am Rücken mit grünem Streifen. Δ Wegränder, Weinberge, Gebüsche; zerstreut. Mittel- und Südeuropa.

4 Trichterlilie, Paradieslilie
Paradisia liliastrum (L.) Bertol.

6–7 30–50 cm

B. grundständig, linealisch, grasartig, bis 40 cm lg.; Blütenschaft b.los; Blütenstand 3–10blütig, 1seitswendig; Blüten trichterförmig, weiß; Blütenb. 6, frei, 3–5nervig, bis 6 cm lg., unten zu einer schlanken Röhre verwachsen; Tragb. häutig, länger als die Blütenstiele. Geschützt! Δ Bergwiesen zwischen 1000 und 2500 m. Zentral-, West- und Südalpen, Schweizer Jura, Pyrenäen, Zentralplateau, Apennin, Abruzzen.

1
4
3
2

Liliengewächse
Liliaceae

1 Maiglöckchen
Convallaria majalis L.

❀ 5–6 ↕ 10–25 cm

B. meist 2, br.-lanzettlich, 10–20 cm; Blüten nickend, glockenförmig, in lg. gestielter, 1seitswendiger Traube; Blütenb. 6, verwachsen, Zipfel nach außen gebogen; Frucht eine rote Beere. Giftig! Geschützt! Δ Eichen- und Buchenwälder, Kiefernwälder, Felsschutt; in den Alpen bis 2200 m; verbreitet. Fast ganz Europa, im Süden nur in den Gebirgen.

2 Weißer Germer
Veratrum album L.

❀ 6–8 ↕ 50–150 cm

B. wechselständig (im Gegensatz zu Enzian-Arten), br.-eiförmig, stark längsfaltig; Blütenrispe 30–60 cm lg.; Blüten sternförmig, 8–15 mm br., weiß oder gelblich, außen grünlich, die unteren 2geschlechtig, die oberen meist rein ♂. Giftig! Δ Moorwiesen, Alpenweiden, Hochstaudenfluren; verbreitet. Gebirge Mittel- und Südeuropas.

Schwertliliengewächse
Iridaceae

3 Frühlings-Krokus
Crocus albiflorus Kit.

❀ 3–4 ↕ 8–15 cm

Pfl. mit Knolle, ohne oberirdischen St.; B. grundständig, grasartig, schmal-linealisch, mit weißem Mittelstreifen: Blüten weiß, violett oder gestreift: Blütenb. unten zu einer Röhre verwachsen. Geschützt! Δ Bergwiesen und -weiden, in den Alpen bis 2800 m; verbreitet. Gebirge Mittel- und Südeuropas.

Amaryllisgewächse
Amaryllidaceae

4 Weiße Narzisse
Narcissus poeticus L.

❀ 4–5 ↕ 20–40 cm

Pfl. 1blütig; B. linealisch, fleischig, blaugrün, 5–10 cm br.; Blüten 3–6 cm br., weiß, mit kurzer, schüsselförmiger, gelber Nebenkrone mit krausem, rotem Rand; Blütenb. 6, unten röhrig verwachsen. Giftig! Geschützt! Δ Bergwiesen, Gartenpfl. und oft verwildert. Hauptsächlich Südwesteuropa.

5 Frühlings-Knotenblume, Märzenbecher
Leucojum vernum L.

❀ 2–4 ↕ 10–30 cm

B. linealisch, 20–30 cm lg., 1 cm br., hellgrün; Blüten zu 1 oder 2, nickend, glockenförmig, weiß, mit gelbem Saum; alle Blütenb. gleich lg., oval, plötzlich in eine stumpfe, gelbe Spitze verschmälert. Giftig! Geschützt! Δ Gebüsche, Auen- und Schluchtwälder, Wiesen, Ufer; Zierpfl.; zerstreut. Hauptsächlich Mitteleuropa, südlich bis Mittelitalien. GefGr. 3!

1
2
3
4
5

Seerosengewächse
Nymphaeaceae

1 Weiße Seerose
Nymphaea alba L.

6–8 ↕ 50–300 cm

Wasserpfl. mit dickem Rhizom; B. schwimmend, rundlich, 10–30 cm lg.; Seitennerven gegen den Rand miteinander verbunden; B.stiele je nach Wassertiefe bis 3 m lg.; Blüten 10–12 cm br.; Kelchb. 4, grün; Kronb. 15–25, weiß, so lg. oder länger als die Kelchb.; Staubfäden der inneren Staubb. fadenförmig; Narbenscheibe flach, 12–24strahlig, meist gelb. Geschützt! Δ Nährstoffreiche, stehende oder langsam fließende Gewässer; zerstreut. Fast ganz Europa.

Hahnenfußgewächse
Ranunculaceae

2 Flutender Hahnenfuß
Ranunculus fluitans Lamk.

6–8 ↕ 50–600 cm

Im Wasser flutend; Schwimmb. fehlend; Wasserb. fein zerteilt, 5–20 cm lg., mit parallel vorgestreckten, fadenförmigen Zipfeln, diese außerhalb des Wasses pinselartig zusammenfallend; Blüten 1–2 cm br., weiß; Fruchtboden (fast) kahl. Giftig! Δ Bäche, Flüsse, mit meist schnell strömendem, sauerstoffreichem Wasser; ziemlich häufig. Südschweden, Mitteleuropa, südlich bis Südfrankreich, Norditalien.

3 Wasser-Hahnenfuß
Ranunculus aquatilis L.

5–8 ↕ 10–200 cm

Schwimmb. rundlich, meist auf 2/3 3–5lappig, Abschnitte nochmals eingeschnitten; Wasserb. bis 5 cm lg., mehrfach 3teilig, zuletzt gabelig; Zipfel im Wasser ausgebreitet, außerhalb des Wasses pinselartig zusammenfallend; Blüten 1–2 cm br., Kronb. sich berührend oder überlappend, weiß. Giftig! Δ Nährstoffreiche, stehende oder langsam fließende Gewässer; zerstreut. Europa.
Sehr ähnlich ist noch der **Schild-Hahnenfuß,** *R. peltatus* Schrank, aber Schwimmb. nur bis etwa zur Mitte 3teilig, Abschnitte grob gekerbt; Blüten 2–3 cm br.; zerstreut.

4 Spreizender Hahnenfuß
Ranunculus circinatus Sibth.

5–8 ↕ 50–200 cm

Zipfel der Wasserb. starr, auch außerhalb des Wassers nicht zusammenfallend; Zipfel in 1 Ebene, am Grund 3teilig, dann mehrfach gabelig; Schwimmb. fehlend; Kronb. weiß, sich überlappend, 6–10 mm lg. Giftig! Δ Nährstoffreiche Gewässer, Seerosenbestände; zerstreut. Fast ganz Europa.
Ähnlich ist der **Haarblättrige Hahnenfuß,** *R. trichophyllus* Chaix (*R. flaccidus* Pers.), aber B.zipfel der Wasserb. nicht in einer Ebene, außerhalb des Wassers meist pinselartig zusammenfallend; Schwimmb. fehlend; Kronb. 3–6 mm lg., sich nicht überlappend; Pfl. meist brüchig; nährstoffreiche Gewässer; verbreitet. Giftig!

1
3
4
2

Hahnenfußgewächse
Ranunculaceae

1 Alpen-Hahnenfuß
Ranunculus alpestris L.

❀ 5–9 ↕ 5–15 cm

Grundb. lg. gestielt, 3–5lappig, Zipfel grob gekerbt, glänzend, dunkelgrün; St.b. fehlend oder schmal-linealisch; Blüten 20–25 mm br., zu 1–2, weiß; Kronb. schwach ausgerandet. Giftig! Δ Feinschutt, Schneetälchen, feuchte Felsspalten, etwa 1500–2700 m, gelegentlich bis in die Täler; häufig. Gebirge Mittel- und Südeuropas.

2 Gletscher-Hahnenfuß
Ranunculus glacialis L.

❀ 7–8 ↕ 5–15 cm

Pfl. aufrecht oder aufsteigend; Grundb. gestielt, fleischig, dunkelgrün, bis zum Grund 3teilig, Abschnitte 3- bis vielspaltig; St.b. sitzend, handförmig 3–5spaltig; Blüten 20–30 mm br.; Kronb. weiß oder rosa, außen meist dunkler, nach der Blüte bleibend; Kelchb. außen stark dunkelbraun behaart. Giftig! Δ Silikatschutt, Moränen, etwa 2000–4200 m; zerstreut. Arktis, Skandinavien, Alpen, Sierra Nevada, Pyrenäen, Karpaten.

3 Eisenhutblättriger Hahnenfuß
Ranunculus aconitifolius L.

❀ 5–7 ↕ 20–60 cm

Grundb. 3–7teilig, lg. gestielt, Abschnitte br. eiförmig, ungleich gesägt, der Mittellappen kurz gestielt; St.b. sitzend; Blüten weiß, 1–2 cm br.; Blütenstiele behaart; St. mit gespreizten Ästen. Giftig! Δ Staudenreiche Bergwälder, Bäche, Quellen, Hochstaudenfluren, in den Alpen bis 2600 m; zerstreut. Gebirge Mittel- und Südeuropa.

4 Christrose, Schneerose
Helleborus niger L.

❀ 1–4 ↕ 10–30 cm

B. überwinternd, 7–9teilig, 10–20 cm br., Abschnitte nur oberwärts gesägt; St. meist 1blütig, nur oben mit 1–2 ovalen, ganzrandigen B.; Blüten 5–10 cm br., weiß oder rosa, später grün werdend; Blütenb. ausgebreitet; Nektarb. gelb oder gelbgrün. Giftig! Geschützt! Δ Laubmisch- und Kiefernwälder; zerstreut. Alpen und südosteuropäische Gebirge. GefGr. 3!

5 Narzissenblütiges Windröschen
Anemone narcissiflora L.

❀ 5–8 ↕ 20–40 cm

Pfl. abstehend behaart; grundständige B. handförmig 3–5teilig, deren Abschnitte in schmale, lg. Zipfel zerteilt; St.b. ähnlich; Blüten 2–3 cm br., zu 3–8 in einer Dolde, darunter 3 ungleich tief gespaltene, sitzende Hochb.; Blütenb. 5–6, weiß, beiderseits kahl, außen oft rötlich. Geschützt! Δ Kalkhaltige Bergwiesen und Matten, etwa 1400–2400 m; zerstreut. Gebirge Mittel- und Südeuropas.

5
4
3
2
1

Hahnenfußgewächse
Ranunculaceae

1 Busch-Windröschen
Anemone nemorosa L.

❀ 3–4 ↕ 10–25 cm

B. zu 3, fast quirlständig, gestielt, bis zum Grund 3teilig, 3–6 cm lg., Abschnitte tief 2–3spaltig und grob gezähnt; Blüten einzeln, 2–4 cm br., Blütenb. 6–8, weiß oder außen rosa, kahl. Δ Laub- und Nadelwälder, Bergwiesen, Obstgärten; verbreitet. Fast ganz Europa.

2 Großes Windröschen
Anemone sylvestris L.

❀ 4–6 ↕ 15–40 cm

Grundb. und St.b. rundlich, handförmig 5teilig, 4–10 cm br., locker behaart, Abschnitte grob gezähnt; Blüten meist 1,4–7 cm br.; Blütenb. 5–6, weiß, außen seidenhaarig. Geschützt! Δ Waldränder, Böschungen, Hohlwege, Kiefernwälder, wärmeliebend; selten. Mitteleuropa, nördlich bis Nordrussland, Sibirien, südlich bis Nordspanien, Südalpen, Gebirge der Balkanhalbinsel. GefGr. 3!

3 Alpen-Anemone
Pulsatilla alpina (L.) Del.

❀ 6–8 ↕ 15–45 cm

St.b. quirlständig, doppelt 3teilig, mit gesägten Zipfeln, behaart; Blüten einzeln, 4–5 cm br., lg. gestielt; Blütenb. 6, eiförmig, innen weiß, außen oft violett überlaufen, behaart; Griffel sich zur Fruchtreife bis auf 5 cm verlängernd, dient als Flugorgan zur Verbreitung der Samen. Geschützt! Δ Bergwiesen, steinige Matten, kalkhaltiger Boden, etwa 1500–2800 m; zerstreut. Gebirge Mittel- und Südeuropas.

4 Frühlings-Anemone, Frühlings-Kuhschelle
Pulsatilla vernalis (L.) Mill.

❀ 4–6 ↕ 5–15 cm

Pfl. zur Reife bis 35 cm hoch; B. überwinternd, lederig, gefiedert, mit ungleich 2–5spaltigen Fiedern; St. filzig behaart, mit stark zerschlitztem, dicht behaartem Hochb.quirl und 1 nickenden, später aufrechten, 3–6 cm br. Blüte; Blütenb. meist 6, innen weiß oder blasslila, außen violett, rosarot oder bläulich und seidenhaarig; Griffel zur Reife 3–4 cm lg., zottig. Geschützt! Δ Silikatmagerrasen, lichte Kiefernwäldern, Zwergstrauchheiden; Ebene bis 3600 m; zerstreut. Nordeuropa, Dänemark, Norddeutschland, Gebirge Mittel- und Südeuropas. GefGr. 1!

2
3
4
1

Nelkengewächse
Caryophyllaceae

1 Felsen-Leimkraut
Silene rupestris L.

7–8 10–25 cm

Pfl. kahl; B. ei-lanzettlich, spitz, sitzend, bläulichgrün; Blütenstand gabelig verzweigt, mit lg. gestielten, weißen bis rosaroten Blüten; Kronb. ausgerandet, 2mal so lg. wie die blassgrünen, stumpfzähnigen Kelchb. Δ Trockene, steinige, kalkarme Hänge; ziemlich selten. Gebirge Europas.

2 Gemeines Leimkraut, Taubenkropf
Silene vulgaris (Moench) Garke
(*S. cucubalus* Wib., *S. inflata* Sm.)

5–9 10–50 cm

B. eiförmig-lanzettlich bis br.-eiförmig (sehr variabel), blaugrün, meist kahl; Blütenstand rispig; Kelch kugelig aufgeblasen, stark netzaderig, 20nervig; Kronb. tief 2teilig, weiß. (Formenreiche Sammelart mit vielen Kleinarten.) Δ Wege, Böschungen, Steinbrüche, Gebüschsäume, Magerrasen, in den Alpen bis 2500 m; häufig. Europa.

3 Nickendes Leimkraut
Silene nutans L.

5–8 30–60 cm

Pfl. mit nichtblühender B.rosette; untere B. spatelförmig, obere lanzettlich; Blütenstand locker, vielblütig, 1seitswendig, nickend; Kelch drüsenhaarig, 10nervig, Kelchzähne 1/3 so lg. wie die Kelchröhre; Kronb. 5, tief 2teilig, weiß, mit 1–3 mm lg. Nebenkrone. Δ Kalkmagerrasen, Felsen, lichte Eichenwälder; ziemlich häufig. Fast ganz Europa.

4 Weiße Lichtnelke
Silene alba (Mill.) Krause
(*Melandrium album* (Mill.) Garcke)

6–9 30–100 cm

Pfl. oben kurzhaarig-drüsig; B. br.-lanzettlich; Blüten 1geschlechtig, 2–3 cm br., erst nachmittags sich öffnend; Kelchröhre 18–25 mm lg.; Kronb. tief 2teilig, weiß, mit Nebenkrone; Griffel 5; Zähne der Fruchtkapsel aufrecht. Δ Wege, Schutt, Äcker, Gebüschsäume; ziemlich häufig. Europa.

5 Kriechendes Gipskraut
Gypsophila repens L.

5–8 8–25 cm

Pfl. bläulich bereift; B. lanzettlich, etwas fleischig, 1–3 cm lg.; Blütenstand rispig; Blüten 5zählig; Kronb. 6–10 mm lg., weiß oder rosa. Δ Kalkschutthalden, etwa 1000–2800 m, im Kies der Alpenflüsse tiefer; verbreitet. Gebirge Mittel- und Südeuropas.

1
2
3
4
5

Nelkengewächse
Caryophyllaceae

1 Quendel-Sandkraut
Arenaria serpyllifolia L.

❀ 5–9 ↕ 5–30 cm

Pfl. graugrün; B. eiförmig, spitz, 5–8 mm br., am Rand bewimpert, sitzend, nur die untersten gestielt; Blüten 5–7 mm br., weiß; Kronb. nicht ausgerandet, kürzer als die ei-lanzettlichen Kelchb. Δ Äcker, Mauern, Trockenrasen; verbreitet. Europa.

2 Dolden-Spurre
Holosteum umbellatum L.

❀ 3–5 ↕ 5–25 cm

Pfl. bläulichgrün; B. eiförmig, spitz, in grundständiger Rosette und am St. gegenständig sitzend; Blütenstand doldig; Blütenstiele zuletzt zurückgeschlagen; Kronb. weiß, 4–6 mm lg., vorn gezähnt. Δ Äcker, Brachland, sandige Böden; verbreitet. Mittel- und Südeuropa.

3 Acker-Spergel
Spergula arvensis L.

❀ 6–10 ↕ 10–50 cm

B. linealisch, 2–3 cm lg., unterseits mit Längsfurche, quirlig angeordnet; St. zerstreut drüsenhaarig; Blüten 5–8 mm br., in lockeren, gabelig verzweigten Blütenständen; Kronb. 5, ungeteilt, stumpflich, weiß, 2–4 mm lg., fast so lg. wie die drüsenhaarigen Kelchb.; Same mit schmalem Hautrand. Δ Kalkarme Äcker, sandige Wegraine, Waldschläge; häufig. Europa.

4 Alpen-Hornkraut
Cerastium alpinum L.

❀ 7–9 ↕ 5–20 cm

Pfl. lockerrasig, mit abstehend behaarten, graugrünen Sprossen; B. ei-lanzettlich, behaart, 5–20 mm lg.; Blüten weiß; Kronb. tief ausgerandet, 2mal so lg. wie die zottig behaarten Kelchb. Δ Kalkarme Böden, Grate, etwa 1900–2800 m; zerstreut. Nordeuropa, Gebirge Mittel- und Südeuropas.

5 Acker-Hornkraut
Cerastium arvense L.

❀ 4–7 ↕ 15–30 cm

Pfl. lockerrasig, behaart; B. länglich lanzettlich, in den Achseln oft mit B.büscheln; Hochb. an der Spitze br. hautrandig; Kronb. 11–15 mm lg., tief 2teilig, weiß; Kelch und Blütenstiele drüsig; Griffel 5. Δ Wege, Dünen; ziemlich häufig. Fast ganz Europa.

6 Gewöhnliches Hornkraut
Cerastium holosteoides Fries
(*C. caespitosum* Gilib.)

❀ 4–10 ↕ 10–40 cm

Pfl. dicht abstehend behaart; B. länglich eiförmig, dunkel grüngrau, 1–3 cm lg.; Kronb. weiß, 2lappig, etwa so lg. wie die hautrandigen, 4–6 mm lg. Kelchb. Δ Wiesen, Weiden, Wegränder, Äcker; häufig. Europa.

7 Echtes Seifenkraut
Saponaria officinalis L.

❀ 6–9 ↕ 30–80 cm

St. aufrecht, fein flaumig; B. elliptisch, 3nervig, 5–10 cm lg.; Blüten endständig, büschelig gehäuft; Kelch röhrig, kahl, grün oder rötlich, 2 cm lg.; Kronb. rosa bis weiß, schwach ausgerandet, mit 2 Schlundschuppen. Δ Unkrautfluren, Flussufer, Hecken; ziemlich häufig. Fast ganz Europa.

1
2
3
4
5
6
7

Nelkengewächse
Caryophyllaceae

1 Große Sternmiere
Stellaria holostea L.

✿ 6–8 ↕ 10–30 cm

St. 4kantig, unten kahl, oben zerstreut behaart; B. steif, schmal-lanzettlich, sitzend; Kronb. bis zur Mitte 2spaltig, weiß, doppelt so lg. wie die 6–8 mm lg. Kelchb. Δ Krautreiche Mischwälder, Gebüsche; häufig. Fast ganz Europa, nördlich bis Südskandinavien.

2 Hain-Sternmiere
Stellaria nemorum L.

✿ 5–7 ↕ 20–50 cm

Pfl. mit weit kriechenden Ausläufern; St. stielrund, oberwärts drüsig-weichhaarig; B. gegenständig, herz-eiförmig, spitz, am Rand gewimpert, die unteren gestielt; Blüten 5zählig; Kelchb. 4–6 mm lg., Kronb. doppelt so lg., fast bis zum Grund 2teilig, weiß. Δ Krautreiche Mischwälder, Auen, Bergwälder, Hochstaudenfluren, in den Alpen bis 2200 m; häufig. Europa.

3 Gras-Sternmiere
Stellaria graminea L.

✿ 4–6 ↕ 10–50 cm

St. schlaff; B. lineal-lanzettlich, grasgrün, 2–4 cm lg.; Kronb. 3–5 mm lg., weiß, fast bis zum Grund geteilt, so lg. wie die 3nervigen Kelchb.; Griffel 3; Fruchtkapsel 6klappig. Δ Flachmoorwiesen, Magerweiden, Wegränder; verbreitet. Europa.

4 Moor-Sternmiere
Stellaria alsine Grimm

✿ 6–7 ↕ 10–30 cm

Pfl. niederliegend, lockerrasig; B. blaugrün, länglich eiförmig, spitz, fast sitzend, 1–2 cm lg., am Grund bewimpert; Kronb. 1–3 mm lg., weiß, bis zum Grund geteilt, kürzer als die Kelchb. Δ Quellfluren, Waldwege; verbreitet. Europa, im Süden nur in den Gebirgen.

5 Vogelmiere
Stellaria media (L.) Cyr.

✿ 3–10 ↕ 5–30 cm

Pfl. rasenbildend; St. niederliegend, 1reihig behaart, rund; B. eiförmig, spitz; Kronb. tief 2teilig, weiß, so lg. oder kürzer als die Kelchb.; Griffel 3. Δ Äcker, Gärten, Weinberge, Ufer; häufig. Europa.

6 Wassermiere, Wasserdarm
Myosoton aquaticum (L.) Moench
(*Malachium aquaticum* (L.) Fries)

✿ 6–9 ↕ 20–60 cm

Pfl. liegend oder klimmend; St. 4kantig; B. gegenständig, ei-lanzettlich, spitz, mit herzförmigem Grund sitzend, 3–8 cm lg.; Kronb. 5, weiß, fast bis zum Grund 2teilig, 7–10 mm lg.; Griffel 5 (*Stellaria* hat 3 Griffel); Fruchtkapsel 5klappig aufspringend. Δ Gräben, feuchte Lehm- und Schlammböden, Auen; häufig. Fast ganz Europa.

7 Salzmiere
Honkenya peploides (L.) Ehrh.

✿ 6–7 ↕ 5–25 cm

Pfl. mit kriechenden, an den Knoten wurzelnden St.; B. fleischig, sitzend, oval, dicht stehend, 4zeilig, gelbgrün, 5–20 mm lg.; Blüten 1geschlechtig, weiß, 6–10 mm br. Δ Feuchter Dünensand, Spülsäume der Küsten Nord-, Mittel- und Westeuropas; zerstreut.

kraut&rüben
Jetzt
3 Ausgaben
für nur 9,90 €
testen!
kraut&rüben
kraut&rüben
Magazin für biologisches Gärtnern und naturgemäßes Leben
kraut&rüben
Magazin für biologisches Gärtnern und naturgemäßes Leben
Blumen für Bienen
Salat für Ungeduldige
Kräuter aus dem Teich
Duft aus alter Zeit
Die Nelken sind wieder da
Biogarten
Die besten Tipps & Tricks
Kräutertees halten Pflanzen fit
Hochbeet selber bauen
Gartenkräuter
Die besten Arten und Sorten
blv

1
3
6
2
4
5
7

Nelkengewächse
Caryophyllaceae

1 Taubenkropf, Hühnerbiss
Cucubalus baccifer L.

❀ 7–9 ↕ 50–150 cm

Pfl. stark ästig, klimmend, kurz behaart; B. eiförmig, spitz, kurz gestielt; Blüten in lockeren Blütenständen, mit ungleich 5zähnigem, glockig aufgeblasenem Kelch und tief 2teiligen, grünlich weißen Kronb.; Griffel 3; Frucht eine 6–8 mm lg., schwarze Scheinbeere. Δ Auenwälder, Gebüsche, nährstoffreiche Schlickböden in Flusstälern; ziemlich selten. Mittel- und Südeuropa, nördlich bis Südengland.

2 Dreinervige Nabelmiere
Moehringia trinerva (L.) Clairv.

❀ 5–7 ↕ 10–30 cm

Pfl. aufsteigend; St. einzeln, nicht rasig, kurz behaart; B. eiförmig spitz, meist 3nervig, kurz behaart, die unteren gestielt, die oberen fast sitzend; Blüten 5–6 mm br., weiß, einzeln, b.achselständig oder zu mehreren am Ende der Zweige, Kronb. 5, kürzer als der Kelch; Kelchb. 5, br.-hautrandig, 3nervig, kurzhaarig. Δ Laub- und Nadelmischwälder, Waldschläge, Waldwege, Gebüsche; verbreitet. Fast ganz Europa, im Süden nur in den Gebirgen.

3 Frühlings-Spergel
Spergula morisonii Bor.
(*S. vernalis* Willd.)

❀ 4–6 ↕ 5–25 cm

B. schmal-linealisch, 1–2 cm lg., unterseits nicht gefurcht (wie bei *S. arvensis*); Kronb. br. eiförmig, stumpflich, sich berührend; Staubb. 10; Same mit br. Hautrand. Δ Sandtrockenrasen, trockene Kiefernwälder; kalkmeidend; zerstreut. Mittel- und Südeuropa.

4 Knotiges Mastkraut
Sagina nodosa (L.) Fenzl

❀ 6–8 ↕ 5–15 cm

Obere St.b. 1–2 cm lg., mit b.achselständigen Kurztrieben; Kelchb. und Kronb. 5; die Kronb. weiß, doppelt so lg. wie die Kelchb. Δ Wege, Moorwiesen; zerstreut bis selten. Hauptsächlich Nord- und Mitteleuropa. GefGr. 2!

5 Weiße Zaunrübe
Bryonia alba L.

❀ 6–7 ↕ 2–3 m

Rankende Pfl., 1häusig; Ranken spiralfederartig; B. in 5 3eckige, scharf gezähnte Lappen geteilt; Blüten mit Fruchtknoten und Staubb.; Narbe kahl; Krone grünlich weiß, etwa 1 cm br.; reife Beeren schwarz. Giftig! Δ Zäune, Wege, Gebüschsäume; ziemlich selten. Mittel- und Südeuropa.

Diapensiengewächse
Diapensiaceae

6 Diapensie
Diapensia lapponica L.

❀ 5–6 ↕ 2–6 cm

Immergrüne Polsterpfl.; B. lederig, spatelförmig, 5–10 cm lg., in dichten Rosetten; Blüten einzeln, an 5–40 mm lg. Stielen; Krone 5zählig, weiß, 10–15 mm br.; Narbe 3lappig. Δ Felsspalten, steinige Matten. Nordeuropa, in den Alpen fehlend.

5
2
3
6
1
4

Wintergrüngewächse
Pyrolaceae

1 Rundblättriges Wintergrün
Pyrola rotundifolia L.

6–7 ↕ 15–30 cm

St. unten stumpfkantig, meist grün, selten rot; B. rundlich-eiförmig; Blüten zu 8–15 in aufrechter, allseitswendiger Traube; Krone weiß, offen, glockenförmig; Kelchzipfel lanzettlich, spitz, abstehend. Δ Nadelwälder, saure Buchen- und Eichenwälder, Birkenmoore; ziemlich selten. Nord- und Mitteleuropa. GefGr. 3!

2 Kleines Wintergrün
Pyrola minor L.

6–7 ↕ 10–20 cm

B. rundlich-eiförmig; Blüten kugelig, geschlossen, zu 5–20 in allseitswendiger Traube; Griffel kürzer als die Blüten, nicht verdickt; Kelchzipfel der Krone angedrückt. Δ Nadelwälder, saure Eichen- und Buchenwälder, Birkenmoore; zerstreut. Nord- und Mitteleuropa, südlich bis Mittelitalien.

3 Nickendes Wintergrün
Orthilia secunda (L.) House (*Pyrola s.* L.)

6–7 ↕ 5–25 cm

B. im unteren Drittel des St. (nicht in einer grundständigen Rosette), eiförmig, spitz; Blüten in 1seitswendiger, reichblütiger, 5–15 cm lg. Traube, grünlichweiß, glockig bis fast kugelig; Kronb. 3–4 mm lg. Geschützt! Δ Nadelwälder, bodensaure Laubmischwälder; zerstreut bis selten; Heilpfl. Fast ganz Europa.

4 Moosauge, Einblütiges Wintergrün
Moneses uniflora A. Gray (*Pyrola u.* L.)

5–7 ↕ 5–10 cm

B. in grundständiger Rosette, rundlich-spatelförmig, bis 2 cm lg., mit fein gezähneltem Rand; Blüten einzeln, weiß, 2 cm br.; Kronb. flach ausgebreitet. Δ Nadelwälder, bodensaure Eichenwälder; zerstreut. Nord- und Mitteleuropa, südlich bis Pyrenäen, Korsika, Bulgarien, Kaukasus.

5 Winterlieb
Chimaphila umbellata (L.) Bart. (*Pyrola u.* L.)

6–8 ↕ 5–20 cm

B. lederig, ei-lanzettlich, 3–5 cm lg., scharf gesägt; Blüten zu 3–7 in Schirmtrauben, nickend; Kronb. 5–6 mm lg., zusammenneigend, weiß bis hellrosa; Griffel kurz, dick, mit schildförmiger Narbe. Geschützt! Δ Trockene Kiefernwälder, sandige Böden; selten. Mittel- und Nordeuropa. GefGr. 2!

Heidekrautgewächse
Ericaceae

6 Rosmarinheide
Andromeda polifolia L.

5–8 ↕ 10–30 cm

B. immergrün, schmal-lanzettlich, Rand umgerollt, oberseits dunkelgrün, unterseits weißlich; Blüten zu 2–8, rosa; Staubb. 10, in der kugeligen Krone eingeschlossen. Giftig! Δ Hoch- und Übergangsmoore; zerstreut. Nord- und Mitteleuropa, Alpen, Karpaten, Pyrenäen. GefGr. 3!

6
4
3
5
2
1

Primelgewächse
Primulaceae

1 Milchweißer Mannsschild
Androsace lactea L.

❀ 5–7 ↕ 5–15 cm

Rosettenpfl., lockerrasig; B. linealisch, zugespitzt, 1–2 cm lg., spärlich bewimpert; Blüten in 2–6blütiger Dolde; Krone 8 mm br., weiß, mit gelbem Schlund; Kronzipfel ausgerandet. Geschützt! Δ Kalkfelsbänder, steinige Matten, etwa 1600–2200 m; zerstreut. Gebirge Mittel- und Südeuropas (östlich).

2 Europäischer Siebenstern
Trientalis europaea L.

❀ 5–7 ↕ 5–20 cm

B. lanzettlich, ganzrandig, 2–4 cm lg., am Ende des St. quirlartig gehäuft; Blüten einzeln, b.achselständig, lg. gestielt; Krone weiß, 10–15 mm br., flach ausgebreitet, fast bis zum Grund in 7 spitze Zipfeln zerteilt; Kelch 4–6 mm lg., mit 7 lanzettlichen Zipfeln. Δ Fichtenwälder, Birkenmoore, bodensaure Laubwälder, Heiden, Magerrasen, kalkmeidend; ziemlich selten. Nord- und Mitteleuropa.

3 Wasserfeder
Hottonia palustris L.

❀ 5–6 ↕ 20–50 cm

Wasserpfl.; B. untergetaucht, kammartig bis auf den Mittelnerv fiederteilig, in Rosetten; Blütenschaft aufrecht, über dem Wasser; Blüten weiß oder rötlich, innen am Grund gelb. Geschützt! Δ Mäßig nährstoffreiche, flache, stehende Gewässer, über torfigen Schlammböden, Altwässer, Gräben, Moorseen, oft mit Wasserschlauch (*Utricularia*) und Arten der Schwimmblattgesellschaften; selten. Fast ganz Europa, nördlich bis Südskandinavien. GefGr. 3!

4 Salzbunge
Samolus valerandi L.

❀ 5–6 ↕ 10–50 cm

Pfl. mit grundständiger B.rosette; obere B. wechselständig, verkehrt eiförmig, ganzrandig, 1–8 cm lg.; Blüten winzig, 2–3 mm br.; Krone glockenförmig, weiß, mit 5 gerundeten Zipfeln. Δ Salzreiche Schlickböden, Küsten, Teichböden; an den Küsten verbreitet, sonst selten. Fast ganz Europa. GefGr. 2!

Rosengewächse
Rosaceae

5 Silberwurz
Dryas octopetala L.

❀ 5–8 ↕ 2–10 cm

Pfl. spalierartig, reich verzweigt; B. oval, stumpf gekerbt, gestielt, 1–3 cm lg., oberseits dunkelgrün, unterseits weißfilzig; Blüten einzeln, 2–3 cm br., lg. gestielt; Kronb. 7–9, weiß; Kelchb. 7–9, braunfilzig. Δ Kalkschutt, Kalkmagerrasen, lichte Föhrenwälder, etwa 800–2500 m; im Flusskies oft herabgeschwemmt; häufig. Nordeuropa, Alpen, Pyrenäen, Karpaten, Apennin, Gebirge der Balkanhalbinsel, Kaukasus.

5
1
4
2
3

Rosengewächse
Rosaceae

1 Knollen-Spierstaude
Filipendula vulgaris Moench
(*F. hexapetala* Gilib.)

❁ 5–7 ↕ 30–80 cm

Pfl. mit knollig verdickter Wurzel; B. gefiedert, jederseits mit 10–40 länglichen, 1–2 cm lg., grob und doppelt gezähnten oder fiederspaltigen Fiederb.; Blütenstand vielblütig, rispig; Kronb. meist 6, oval, 5–10 mm lg., weiß bis blassrosa. Δ Kalkmagerrasen, Waldränder, lichte Eichen- und Kiefernwälder; zerstreut. Fast ganz Europa, nördlich bis Südskandinavien.

2 Mädesüß
Filipendula ulmaria (L.) Maxim.

❁ 6–7 ↕ 50–150 cm

Pfl. mit großen, gefiederten B.; Fiederb. eiförmig, 4–6 cm lg., doppelt gesägt, oberseits dunkelgrün, unterseits hellgrün oder weißfilzig; Endfieder meist 3teilig; Blüten in dichten, reichblütigen Blütenständen; Kronb. 5–6, rundlich bis eiförmig, 2–5 mm lg., gelblichweiß. Δ Nass- und Moorwiesen, Gräben, Ufer, Auenwälder, Bachläufe; häufig. Europa.

3 Steinbeere
Rubus saxatilis L.

❁ 5–6 ↕ 10–30 cm

Pfl. 1jährig, nicht verholzend, mit feinen Stacheln; B. 3zählig, lg. gestielt, beiderseits grün, grob doppelt gezähnt; Blüten zu 3–10; Kronb. weiß, 5 mm lg.; Frucht hellrot (mit Johannisbeergeschmack). Δ Mischwälder, Gebüsche, in den Alpen bis 2000 m; ziemlich selten. Europa, im Süden in den Gebirgen.

4 Moltebeere
Rubus chamaemorus L.

❁ 5–6 ↕ 5–20 cm

Pfl. 2häusig, mit unterirdisch kriechenden Trieben; B. herz-nierenförmig, mit 5–7 rundlichen, gezähnten Lappen und seichten Buchten; Nebenb. eiförmig, papierartig; St. stachellos; Blüten einzeln, endständig, weiß, 2 cm br.; Kronb. 5 oder zu mehreren, viel länger als die kurz drüsenhaarigen Kelchb.; Frucht hellrot bis orange, essbar. Geschützt! Δ Hoch- und Übergangsmoore; selten. Nordwestdeutschland, sonst hauptsächlich Nordeuropa. GefGr. 1!

3
1
4
2
4

Rosengewächse
Rosaceae

1 Weißes Fingerkraut
Potentilla alba L.

❀ 4–6 ↕ 5–20 cm

B. 5zählig gefingert, oberseits grün, unterseits silberweiß, seidenhaarig; Fiederb. lanzettlich, 3–6 cm lg., jederseits mit 1–4 kleinen Zähnen; St. behaart, 1–5blütig; Kronb. 5, weiß, herzförmig, ausgerandet, wenig länger als die Kelchb.; Staubfäden kahl. Δ Waldränder, lichte Eichen- und Eichen-Kiefern-Wälder trockener und warmer Gebiete; selten. Mittel- und Osteuropa. GefGr. 3!

2 Erdbeer-Fingerkraut
Potentilla sterilis (L.) Garcke

❀ 3–5 ↕ 5–10 cm

Pfl. mit lg., an der Spitze B.rosetten bildenden Ausläufern; Grundb. 3zählig, erdbeerartig, jedes B.chen jederseits mit 4–6 Zähnen, oberseits locker, unterseits dicht behaart; B.stiele abstehend behaart; Blüten 10–15 mm br.; Kronb. weiß, nicht übereinander greifend; Staubfäden kahl, nach oben dünner werdend. Δ Gebüsche, krautreiche Laubwälder, Waldränder, Grasraine; verbreitet. Mitteleuropa, nördlich bis Schottland, Südskandinavien, südlich bis Mittelspanien, Norditalien, Slowenien.

3 Felsen-Fingerkraut
Potentilla rupestris L.

❀ 5–7 ↕ 30–50 cm

Grundständige B. gefiedert, lg. gestielt; Fiederb. oval, 1–3 cm lg., gezähnt, obere B. 3zählig; Blüten 5zählig, 1–2 cm br.; Kronb. weiß, oval, 1–2mal so lg. wie die lanzettlichen Kelchb.; Staubfäden kahl; Früchtchen kahl. Δ Sonnige, lichte Eichen- und Kiefernwälder, Mauern; wärmeliebend; selten. Mittel- und Südeuropa. GefGr. 3!

4 Stängel-Fingerkraut
Potentilla caulescens Turn.

❀ 7–9 ↕ 10–30 cm

Pfl. behaart; Grundb. 5zählig, 2–4 cm lg., jederseits mit 2–5 Zähnen, am Rand seidig bewimpert; B.stiel 5–15 cm lg.; Blüten 15–20 mm br., in dichten, Blütenständen; Kronb. 5, weiß, die Kelchb. kaum überragend. Δ Kalkfelsspalten, oft unter überhängenden Felsen, etwa 900–2400 m; verbreitet. Gebirge Mittel- und Südeuropas.

5 Wald-Erdbeere
Fragaria vesca L.

❀ 5–6 ↕ 5–20 cm

Pfl. mit lg. Ausläufern; B. 3zählig, B.chen eiförmig, sitzend, gesägt, locker behaart, unterseits seidenhaarig; Blüten 1–1,5 cm br.; Kronb. 5, weiß; Kelchb. zur Fruchtzeit waagrecht abstehend oder zurückgeschlagen (vergleiche Knack-Erdbeere, unten), beim Pflücken der reifen, roten, weichen Beere zurückbleibend. Δ Waldränder, Kahlschläge, Waldlichtungen; häufig. Europa.

6 Hügel-Erdbeere, Knack-Erdbeere
Fragaria viridis Duch.

❀ 5–6 ↕ 5–15 cm

B. 3zählig, gezähnt, mittleres B.chen gestielt, die seitlichen sitzend, oberseits grün, locker behaart, unterseits dicht silbrig behaart; B.stiele und St. abstehend behaart; Blüten gelblich-weiß; Kelchb. der Beere angedrückt, wird beim Pflücken der reifen, gelblichen, seltener roten Beere mit abgerissen (nicht bei der Wald-Erdbeere mit abstehenden Kelchb.). Δ Halbtrockenrasen, lichte Eichen- und Kiefernwälder; zerstreut. Hauptsächlich Mittel- und Südeuropa, nördlich bis Südskandinavien.

6
4
5
1
2
3

Sonnentaugewächse
Droseraceae

1 Rundblättriger Sonnentau
Drosera rotundifolia L.

7–8 5–15 cm

B. in Rosetten, rund, mit lg., klebrigen Drüsenhaaren; Kronb. 5, 4–6 mm lg., weiß. Geschützt! Δ Hoch- und Zwischenmoore; zerstreut. Nord- und Mitteleuropa, südlich bis Mittelspanien, Italien, Korsika, Balkanhalbinsel. GefGr. 3!

2 Langblättriger Sonnentau
Drosera anglica Huds.

6–8 8–20 cm

B. länglich-keilförmig, 1–4 cm lg., Blütenst. in der Mitte der B.rosette entspringend, aufrecht. Geschützt! Δ Hoch- und Übergangsmoore; selten. Nord- und Mitteleuropa, Alpen, Pyrenäen, Karpaten. GefGr. 2!

Dickblattgewächse
Crassulaceae

3 Englische Fetthenne
Sedum anglicum Huds.

6–9 5–15 cm

Pfl. graugrün, oft rötlich überlaufen, mit aufrechten blühenden und kriechenden nichtblühenden St.; B. stielrund, 3–5 mm lg., am Grund gespornt; Kronb. 3–5 mm lg., zugespitzt, rosa oder weiß mit. Δ Küstenfelsen. Westeuropa, Südskandinavien.

4 Weißer Mauerpfeffer
Sedum album L.

6–7 8–20 cm

Pfl. lockerrasig, mit aufrechten blühenden und mit kriechenden nichtblühenden St.; B. grün oder rötlich, walzig, beiderseits gewölbt; Blütenstand meist kahl; Kronb. 3–5 mm lg., stumpf, weiß, außen oft rosa. Δ Felsköpfe, Mauern; häufig. Südskandinavien, Mittel- und Südeuropa.

5 Felsen-Nabelkraut
Umbilicus pendulinus DC.

5–8 10–40 cm

Pfl. kahl, mit knollig verdickter Wurzel; B. fleischig, rundlich, 2–6 cm br., gekerbt; B.stiel etwa in der Mitte der B.spreite angeheftet; Blüten röhrenförmig, weiß oder gelblich, selten rötlich; Kronb. 7–10 mm lg., zu 3/4 verwachsen; Δ Felsspalten, schattige Mauern. Süd- und Westeuropa, Westalpen, nördlich bis Schottland.

Steinbrechgewächse
Saxifragaceae

6 Sumpf-Herzblatt
Parnassia palustris L.

7–9 10–30 cm

Grundständige B. herzförmig, lg. gestielt; St.b. 1, st.umfassend; St. 1blütig; Blüten 1–3 cm br.; weiß. Geschützt! Δ Flach- u. Quellmoore, Alpen auf wasserzügigen Schutthängen, bis über 2500 m; zerstreut. Europa, im Süden nur in Gebirgen. GefGr. 3!

7 Moos-Steinbrech
Saxifraga hypnoides L.

5–6 10–30 cm

Pfl. lockerrasig; Rosettenb. lg. gestielt, etwas fleischig, in 3–9 linealische, stachelspitze Zipfel zerteilt; St. bogig aufsteigend, mit 3–12 Blüten; Kronb. weiß, 3nervig, 2mal so lg. wie die spitzen, drüsenhaarigen Kelchb.; nichtblühende Triebe mit Brutknospen in den B.achseln. Geschützt! Δ Silikatfelsspalten, Mauern, oft gepflanzt und verwildert. Westeuropa, Vogesen.

4
3
2
1
5
6
7

Steinbrechgewächse
Saxifragaceae

1 Blaugrüner Steinbrech
Saxifraga caesia L.

❀ 6–9 ↕ 2–10 cm

Pfl. kompakte Kugelpolster bildend; B. blaugrün, 3–6 mm lg., bogig zurückgekrümmt, oberseits mit 5–9 Kalkdrüsen; St. mit 2–6 weißen Blüten. Geschützt! Δ Kalkfelsen, Steinrasen, etwa 1600–3000 m; im Geröll der Alpenflüsse tiefer steigend; verbreitet. Gebirge Mittel- und Südeuropas.

2 Trauben-Steinbrech
Saxifraga paniculata Mill.
(*S. aizoon* Jacq.)

❀ 5–8 ↕ 10–40 cm

B. zungenförmig, 3–5 cm lg., am Rand mit Kalkgrübchen; Blüten weiß, oft punktiert, in reichblütigen Rispen. Geschützt! Δ Kalkfelsspalten, steinige Rasen; in den Alpen 1300–3400 m; verbreitet. Gebirge Europas.

3 Sternblütiger Steinbrech
Saxifraga stellaris L.

❀ 6–8 ↕ 4–15 cm

B. in Rosetten, verkehrt-eiförmig, keilig, vorne grob gezähnt, fleischig, glänzend; Blütenstand 3–15blütig; Kronb. 5 (selten 6), 2–3 mm lg., weiß, mit 2 gelben Punkten. Geschützt! Δ Flache Quellbäche, überrieselte Felsen; in den Alpen bis 3000 m; verbreitet. Arktis, Gebirge Europas.

4 Rundblättriger Steinbrech
Saxifraga rotundifolia L.

❀ 6–9 ↕ 20–70 cm

B. lg. gestielt, hellgrün, rundlich, grob gekerbt; Blüten in lockeren Rispen, weiß, am Grund rot punktiert. Geschützt! Δ Bergmischwälder, Hochstaudengebüsch, Bachufer, in den Alpen bis über 2200 m; verbreitet. Gebirge Mittel- und Südeuropas.

5 Knöllchen-Steinbrech
Saxifraga granulata L.

❀ 3–5 ↕ 15–40 cm

Pfl. 1jährig, am Grund mit unterirdischen Knöllchen; Grundb. rosettig, rundlich nierenförmig, tief gekerbt, zur Blütezeit vertrocknet; St. verzweigt, drüsenhaarig; Blütenstand eine lockere Rispe; Kronb. 10–15 mm lg., weiß. Geschützt! Δ Wege, Dämme, Kiesdächer, lückige Trockenrasen; verbreitet. Fast ganz Europa.

6 Schnee-Steinbrech
Saxifraga nivalis L.

❀ 7–8 ↕ 5–20 cm

Pfl. mit grundständiger B.rosette; B. 15–35 mm lg., verkehrt-eiförmig bis spatelig, in den kurzen, br. geflügelten Stiel verschmälert, stumpf gezähnt, fleischig, unterseits meist rot; St. b.los, oberseits drüsig; Blütenstand dicht, fast kopfig; Blüten 5–10 mm br.; Kronb. weiß, seltener rosa, etwas länger als die Kelchb. Geschützt! Δ Silikatfelsschutt; Eiszeitrelikt. Sudeten, Gebirge Großbritanniens, Nordeuropa.

Leingewächse
Linaceae

7 Wiesen-Lein, Purgier-Lein
Linum catharticum L.

❀ 6–7 ↕ 5–30 cm

Pfl. aufrecht, gabelästig; B. gegenständig, ei-lanzettlich, 1 cm lg., sehr fein gezähnt; Blütenknospen hängend; Kelchb. 4–5, 2–3 mm lg., am Rand drüsenhaarig, 1nervig; Kronb. 4–5, 3–6 mm lg., weiß, am Grund gelb. Δ Kalkmagerrasen, Moorwiesen; häufig. Europa, im Süden nur in den Gebirgen.

6
4
1
2
7
3
5

Sauerkleegewächse
Oxalidaceae

1 Wald-Sauerklee
Oxalis acetosella L.

❀ 4–5 ↕ 5–12 cm

B. 3zählig; Blüten einzeln, an lg. Stielen; Kronb. 5, weiß, seltener rosa oder bläulich, purpurn geadert, 10–15 mm lg.; Kelchb. länglich-eiförmig. Δ Nadel- und Laubmischwälder, Zwergstrauchgesellschaften; in den Alpen bis über 2000 m; häufig. Europa, im Süden nur in den Gebirgen.

Sandelgewächse
Santalaceae

2 Wiesen-Leinblatt, Pyrenäen-Leinblatt
Thesium pyrenaicum Pourr.

❀ 6–7 ↕ 10–40 cm

B. schwach 3nervig; Blütenstand allseitswendig; Blüten 5zählig, nach dem Verblühen nur an der Spitze eingerollt; jede Blüten mit 3 kleinen Hochb.; Äste zur Fruchtzeit fast waagrecht abstehend. Δ Saure Magerrasen, Halbtrockenrasen; ziemlich selten. Mittel- und Südeuropa. GefGr. 3!

3 Geschnäbeltes Leinblatt
Thesium rostratum Mert. et Koch

❀ 5–7 ↕ 20–30 cm

St. mit einem blütenlosen B.schopf endend; B. sehr schmal-lanzettlich, 1nervig; Blütenstand traubig; jede Blüten nur mit 1 Hochb. 5zählig, weiß; Blütenhülle zur Fruchtzeit etwa 2mal so lg. wie die Frucht, diese dadurch geschnäbelt. Δ Steinige Böden, lichte, kalkreiche Kiefernwälder; ziemlich selten. Alpen und Vorland, Süddeutschland. GefGr. 3!

4 Berg-Leinblatt
Thesium bavarum Schrank

❀ 6–9 ↕ 20–60 cm

Pfl. ohne Ausläufer; B. br.-lanzettlich, 2–7 mm br., 3–5nervig, bläulichgrün; Blüten meist 5teilig, weiß, mit je 1 größerem und 2 kleineren Tragb.; Blütenb. zur Fruchtzeit bis auf den Grund eingerollt. Δ Sonnige Waldränder, Kiefernwälder, Halbtrockenrasen; selten. Mittel- und Südosteuropa.

Geißblattgewächse
Caprifoliaceae

5 Moosglöckchen
Linnaea borealis L.

❀ 6–8 ↕ 5–15 cm

St. fadenförmig, bis 2 m lg.; B. wintergrün, rundlich, 7–12 mm lg., unterseits blaugrün; Blüten zu 1–2 auf lg. Stielen, glockig, 7–10 mm lg., mit 5 br. Zipfeln, weiß oder rosa. Geschützt! Δ Nadelwälder über Moospolster kriechend; in den Alpen bis etwa 2400 m, selten. Nordeuropa, Norddeutschland, Alpen, Sudeten, Karpaten, Kaukasus. GefGr. 3!

Fieberkleegewächse
Menyanthaceae

6 Fieberklee, Bitterklee
Menyanthes trifoliata L.

❀ 4–5 ↕ 15–30 cm

Pfl. mit dickem, lg. kriechendem Rhizom; B. 3zählig; Blüten weiß oder rötlich, bärtig, in aufrechter Traube. Geschützt! Δ Flach- und Quellmoore, Moorschlenken; zerstreut bis selten; Heilpfl. Nord- und Mitteleuropa, Gebirge Südeuropas. GefGr. 3!

3
2
1
4
5
6

Windengewächse
Convolvulaceae

1 Zaunwinde
Calystegia sepium (L.) R. Br.
(*Convolvulus sepium* L.)

6–9 ↕ 1–3 m

Pfl. windend; B. tief herzförmig, 8–15 cm lg.; Blüten einzeln, b.achselständig, lg. gestielt; Krone trichterförmig, weiß, 3–5 cm lg. und br.; Kelch von 2 herzförmigen Vorb. eingeschlossen; Narbenlappen flach. Δ Unkrautfluren, Ufer, Weiden- und Erlengebüsch; verbreitet. Europa.

Nachtschattengewächse
Solanaceae

2 Schwarzer Nachtschatten
Solanum nigrum L.

6–10 ↕ 10–60 cm

B. eiförmig oder 3eckig, buchtig gezähnt, seltener ganzrandig, gestielt; Krone flach ausgebreitet, 5teilig, weiß, 6–10 mm br.; Kelchzipfel durch spitze Buchten getrennt; Staubbeutel länger als die Staubfäden; Beeren schwarz, selten grünlichgelb, 6–10 mm br. Giftig! Δ Schuttplätze, Gärten, Äcker; verbreitet. Europa.

3 Stechapfel
Datura stramonium L.

6–10 ↕ 20–100 cm

B. eiförmig, spitz, buchtig gezähnt, 10–20 cm lg.; Blüten einzeln, b.achselständig; Krone trichterförmig, mit 5 spitzen Zipfeln, 6–8 cm lg., weiß, selten violett; Frucht eiförmig, stachelig, grün, 5–7 cm lg. Giftig! Δ Schutt, Wege, Gärten; wärmeliebend; ziemlich selten. Europa.

Borretschgewächse
Boraginaceae

4 Echter Steinsame
Lithosperum officinale L.

5–7 ↕ 30–100 cm

St. reich verzweigt, dicht beblättert; B. lanzettlich, 4–8 cm lg., sitzend, unterseits mit deutlichen Fiedernerven; Krone weiß oder gelblich, 6–8 mm br.; Kronröhre 4–5 mm lg, im Kronschlund mit 5 behaarten Falten. Δ Sommerwarme Auenwälder, lichte Laubwälder; zerstreut; Heilpfl. Europa.

5 Acker-Steinsame
Lithospermum arvense L.

4–6 ↕ 10–50 cm

Pfl. rauhaarig; B. verkehrt-eiförmig bis lanzettlich, 1nervig, 3–5 cm lg.; St. locker beblättert; Krone 3–4 mm br., trichterförmig, schmutzigweiß; Nüsschen braun, warzig. Δ Getreidefelder; verbreitet. Europa.

Schwalbenwurzgewächse
Asclepiadaceae

6 Weiße Schwalbenwurz
Vincetoxicum hirundinaria Med.
(*Vincetoxicum officinale* Moench)

5–8 ↕ 30–120 cm

St. hohl, flaumig; B. länglich, herz-eiförmig, 8–12 cm lg., dunkel- bis blaugrün; Blütenstand zusammengesetzt, Blüten in den Teilblütenständen knäuelig gehäuft, 5zählig, radiär; Krone trichterförmig, weiß bis gelbgrün, 4–7 mm br., mit kleiner Nebenkrone. Fruchtknoten oberständig, mit den 5 Staubb. zu einem Säulchen verwachsen. Giftig! Δ Eichen- und Kiefernwälder, sonnige Gebüsche, warme Steinschuttfluren; zerstreut. Hauptsächlich Mittel- und Südeuropa.

1
2
3
4
5
6

Knabenkrautgewächse oder Orchideen Orchidaceae

1 Sommer-Wendelorchis
Spiranthes aestivalis (Poir.) Rich.

7 ↕ 10–30 cm

St. am Grund mit schmal-lanzettlichen, gelblichgrünen, netzadrigen 6–10 cm lg. B.; St.b. schuppenförmig; Blütenähre locker; Blüten weiß und grünlich geadert, schraubig angeordnet, wohlriechend; Tragb. lanzettlich; Blütenb. 4–6 mm lg., Lippe länglich-eiförmig, vorne kreisförmig verbreitert, am Rand gekerbt. Geschützt! Δ Kalkreiche Flachmoore; selten. Mittel- und Südeuropa. GefGr. 2!

2 Herbst-Wendelorchis, Schraubenstendel
Spiranthes spiralis (L.) Chev. (*S. autumnalis* Rich.)

8–9 ↕ 10–30 cm

St. nur mit Schuppenb., am Grund mit seitenständiger Rosette aus eiförmigen B.; Blütenstand dicht, schraubig gedreht; Blüten grünlich weiß; Blütenb. schmal-lanzettlich, an der Spitze nach außen gebogen; Lippe ungeteilt, oval, mit krausem Rand. Geschützt! Δ Silikatmagerrasen, magere Schafweiden, wechseltrockene Böden; selten. Fast ganz Europa, nördlich bis Irland, Dänemark. GefGr. 2!

3 Weißzüngel
Pseudorchis albida (L.) A. et D. Löve (*Leucorchis* a. E. Mey.)

6–8 ↕ 10–30 cm

Blüten länglich bis verkehrt-eiförmig; Blütenähre dicht, 3–6 cm lg.; Blüten weiß bis gelblich weiß, schwach duftend; Blütenhüllb. klein, 3–4 mm lg., zusammenneigend, Lippe 3teilig; Sporn walzlich, 1/2mal so lg. wie der Fruchtknoten. Geschützt! Δ Saure, kalkfreie Magerrasen; ziemlich selten. Hauptsächlich Gebirge Europas. GefGr. 2!

4 Kriechstendel, Netzblatt
Goodyera repens R. Br.

7–8 ↕ 10–30 cm

Grundb. eiförmig bis ei-länglich, 1–3 cm lg., obere St.b. schmal-lanzettlich; St. dicht drüsenhaarig; Blütenstand 10–15blütig, 1seitswendig; Blüten klein, weiß oder rahmgelb, außen grünlich, süßlich riechend; Blütenb. 4 mm lg.; Lippe ungeteilt, rinnig und schnabelartig abwärts gebogen. Geschützt! Δ Moosige Nadelwälder; in den Alpen bis über 2000 m; ziemlich selten. Nord- und Mitteleuropa, Alpen, Pyrenäen, Balkanhalbinsel. GefGr. 3!

5 Weiße Waldhyazinthe, Kuckucksstendel
Platanthera bifolia (L.) Rich.

5–7 ↕ 20–40 cm

B. meist 2, nahe dem B.grund, eiförmig, 5–15 cm lg., 2–5 cm br.; obere St.b. klein, lanzettlich; Blütentraube locker, 5–15 cm lg.; Blüten weiß, stark duftend, 11–18 mm br., äußere 3 Blütenb. lanzettlich, abstehend, innere 2 Blütenb. kürzer und schmäler, aufwärts gerichtet, Lippe bandförmig, 6–10 mm lg.; Staubbeutelfächer parallel; Sporn fädlich, spitz, 15–22 mm lg. Geschützt! Δ Lichte Laub- und Nadelwälder, besonders Föhrenwälder, Waldränder, Magerrasen, Feuchtwiesen; zerstreut. Europa. GefGr. 3!

6 Grünliche Waldhyazinthe, Berg-Waldhyazinthe
Platanthera chlorantha (Gust.) Rchb.

5–6 ↕ 20–50 cm

Sehr ähnlich der Weißen Waldhyazinthe, aber Blüten grünlichweiß, geruchlos, Staubbeutelfächer nicht parallel, nach unten auseinander spreizend; Lippe 10–16 mm lg.; Sporn keulig, stumpf, 20–40 mm lg. Geschützt! Δ Nadelmischwälder, quellige, moorige Wiesen; ziemlich selten. Fast ganz Europa. GefGr. 3!

3
6
5
2
5
1
4

Knabenkrautgewächse oder Orchideen Orchidaceae

1 Sumpf-Stendelwurz, Sumpfwurz
Epipactis palustris (Mill.) Crantz

6–8 ↕ 20–50 cm 

B. länglich-lanzettlich, 1–2 cm br.; äußere 3 Blütenb. 10–12 mm lg., bräunlich, innere 2 Blütenb. kürzer, weiß; Lippe 10–12 mm lg., mit einem rundlichen, am Rand wellig gekerbten, weißen oder rosa geaderten Vorderglied; Blütentraube 8–15blütig. Geschützt! Δ Flachmoore, Moorwiesen; ziemlich selten. Fast ganz Europa, nördlich bis Südskandinavien. GefGr. 3!

2 Langblättriges Waldvöglein
Cephalanthera longifolia (L.) Fritsch

5–6 ↕ 20–50 cm 

St. kahl; B. lanzettlich, gefaltet, 2zeilig, bis 10 cm lg.; Blütenstand 10–20blütig; Blütenb. reinweiß, spitz, 10–15 mm lg.; Blüten mindest 10mal so lg. wie br.; mittlere und obere Tragb. kürzer als der kahle Fruchtknoten. Geschützt! Δ Lichte Eichen- und Buchenwälder, Kiefernmischwälder, Gebüsche, wärmeliebend; ziemlich selten. Mittel- und Südeuropa, nördlich bis Südskandinavien.

3 Weißes Waldvögelein, Bleiches Waldvöglein
Cephalanthera damasonianum (Mill.) Druce (*C. alba* Simk., *C. grandiflora* S. F. Gray)

5–6 ↕ 20–50 cm 

B. eiförmig, spitz, bis 10 cm lg., nicht gefaltet, mit 5–10 Nerven; Blütenstand 3–8blütig; Blütenb. gelblichweiß, stumpf, 15–20 mm lg.; Blüten höchstens 4mal so lg. wie br.; Tragb. länger als der halbe Fruchtknoten; Lippe innen rötlichgelb. Geschützt! Δ Buchen- und Buchen-Tannen-Wälder, seltener Eichen- und Föhrenwälder; zerstreut. Mittel- und Südeuropa, nördlich bis England.

Erdrauchgewächse Fumariaceae

4 Hohler Lerchensporn
Corydalis cava (L.) Schw. et Koerte

3–5 ↕ 15–30 cm  

Pfl. mit kugeliger, hohler Knolle; B. doppelt 3zählig, blaugrün; Blüten 15–25 mm lg., in 6–20blütigen, aufrechten Trauben, purpurn oder weiß; Tragb. der Blüten eiförmig, ganzrandig; äußere Kronb. 2, das obere nach rückwärts gespornt und vorne verbreitert (Oberlippe), das untere vorne verbreitert (Unterlippe), innere Kronb. 2, an der Spitze verwachsen. Δ Laubwälder, Auenwälder, Obstgärten, Gebüsche; zerstreut. Hauptsächlich Mitteleuropa, nördlich bis Südschweden.

Veilchengewächse Violaceae

5 Sand-Veilchen
Viola rupestris F. W. Schmidt

5–6 ↕ 3–8 cm  

B. grund- und st.ständig, rundlich-herzförmig, stumpf, 15–20 mm lg., graugrün, schwach gekerbt bis ganzrandig; B. und St. meist flaumig behaart; Kronb. blauviolett, am Grund weiß, seltener ganz weiß, Sporn hellviolett, 5 mm lg.; Kelchb. spitz. Δ Kalkmagerrasen, lichte, trockene Kiefernwälder, Sandböden; ziemlich selten. Nordeuropa, Mecklenburg, Süddeutschland, Alpen und Vorland, südlich bis Pyrenäen, Cevennen, Kaukasus. GefGr. 3!

3
2
1
5
4

Lippenblütengewächse
Labiatae oder Lamiaceae

1 Immenblatt, Waldmelisse
Melittis melissophyllum L.

5–7 ↕ 20–60 cm 

Pfl. dicht weichhaarig; B. eiförmig, grob gekerbt, 3–9 cm lg.; Blüten 2–4 cm lg., zu 1–3 in den Achseln der oberen B.; Kelch glockenförmig, 10nervig; Krone 2lippig, rosa oder weiß, mit rotvioletten Flecken auf der Unterlippe, diese 3teilig, mit br., ausgerandetem Mittelzipfel; Staubb. 4. Δ Lichte, warme Eichen-, Hainbuchen-, Linden- oder Buchenmischwälder, Gebüsche; ziemlich selten. Mittel- und Südeuropa.

2 Weiße Taubnessel
Lamium album L.

4–10 ↕ 20–50 cm 

Pfl. behaart; B. lg. zugespitzt, brennnesselartig, scharf gesägt, 3–7 cm lg.; Blüten in Scheinquirlen; Krone 20–25 mm lg., weiß, 2lippig; Oberlippe helmartig; Kronröhre aufwärts gebogen, innen mit schrägem Haarring. Δ Wege, Zäune, Mauern, Viehläger, Hecken; Stickstoffzeiger; häufig. Europa.

3 Gewöhnliche Katzenminze
Nepeta cataria L.

6–9 ↕ 40–100 cm 

Pfl. aufrecht, dicht kurzhaarig, herb zitronenartig riechend; Blüten 3eckig-herzförmig, grob gezähnt, lg. gestielt, unterseits graufilzig; Blüten in vielblütigen, quirlartigen, oben dicht übereinander stehenden Teilblütenständen; Krone 2lippig, weiß oder rötlich, 1 cm lg.; Kelch 6–8 mm lg., oft violett überlaufen, mit 5 ungleichen, schmallanzettlichen Zähnen. Δ Unkrautgesellschaften, Wege, Mauern; selten. Fast ganz Europa. <u>GefGr. 3!</u>

4 Basilienkraut
Ocimum basilicum L.

6–9 ↕ 20–40 cm 

Pfl. kahl, aromatisch riechend; B. eiförmig bis lanzettlich, gestielt, ganzrandig oder gezähnt, 3–5 cm lg.; Blüten kurz gestielt, in 6blütigen, übereinander stehenden Scheinquirlen; Krone weiß oder rötlich, 10–15 mm lg., Oberlippe stumpf 4lappig, Unterlippe ungeteilt; Staubb. auf der Kronunterlippe liegend; Kelch 2lippig, mit ungeteilter Oberlippe und tief 4spaltiger Unterlippe. Δ Gewürz- und Heilpfl., selten verwildert. Herkunft Vorderindien.

Kreuzblumengewächse
Polygalaceae

5 Zwergbuchs
Polygala chamaebuxus L.

4–6 ↕ 10–20 cm  

Pfl. niederliegend bis aufsteigend, unten verholzt; B. lederig, immergrün, unterseits hellgrün; Blüten 13–15 mm lg., schmetterlingsförmig, zu 1–2 in den Achseln der oberen B., gelb, oft rot überlaufen; Kelchb. gefärbt, kronb.artig, die 2 inneren (Flügel) groß, 10–15 mm lg.; Kronb. 5, das untere (Schiffchen) groß, mit fransigem Anhängsel. Δ Kalkmagerrasen, Zwergstrauchgesellschaften, trockene Kiefernwälder; zerstreut. Gebirge Mittel- und Südeuropas.

5
3
1
4
2

Schmetterlingsblütengewächse
Fabaceae oder Papilionaceae

1 Weißer Steinklee
Melilotus alba Med.

❀ 6–9 ↕ 30–120 cm

Blüten weiß, 4–5 mm lg., Blütentraube 4–6 cm lg., 40–80blütig; Fruchthülse 3–5 mm lg., kahl, netznervig, runzelig, zur Reife schwarz. Δ Unkrautfluren, Bahngelände; verbreitet. Fast ganz Europa.

2 Alpen-Spitzkiel
Oxytropis campestris (L.) DC.

❀ 7–8 ↕ 5–15 cm

B. unpaarig gefiedert, beiderseits behaart, graugrün, mit 10–12 ei-lanzettlichen Fiederpaaren; Blüten zu 10–18 in kopfigen, lg. gestielten Trauben; Kelch mit lg. weißen und kurzen schwarzen Haaren besetzt; Krone gelblichweiß, Schiffchen lg. zugespitzt, oft beiderseits mit violettem Fleck. Δ Steinige Matten, Berggrate; ziemlich selten. Alpen, Apennin, Karpaten, Pyrenäen, Gebirge der Balkanhalbinsel, Schottland, Skandinavien.

3 Vogelfuß-Klee
Trifolium ornithopodioides L.
(*Trigonella o.* (L.) DC.)

❀ 6–7 ↕ 5–10 cm

Pfl. niederliegend bis aufsteigend, kahl; B. 3zählig, B.chen verkehrt ei- oder herzförmig, 4–10 mm lg., kurz gestielt, fein gezähnt; Blütenköpfe 2–4blütig; Krone 6–8 mm lg., rosa oder weiß; Kelchzähne etwas ungleich, länger als die Kelchröhre; Hülsen 5–10samig, 6–8 mm lg. Δ Sandtrockenrasen, Dünen. Schleswig-Holstein, England, Irland, Niederlande, Italien, Westeuropa.

Braunwurzgewächse
Scrophulariaceae

4 Gewöhnlicher Augentrost
Euphrasia officinalis L.

❀ 5–10 ↕ 5–25 cm

Pfl. oben meist drüsenhaarig, B. eiförmig, jederseits mit 3–6 spitzen Zähnen; Blüten einzeln in den Achseln der oberen B.; Krone 8–14 mm lg., weiß, manchmal mit violetter Oberlippe und gelbem Fleck auf der Unterlippe. (Sammelart mit zahlreichen Kleinarten.) Δ Magere Wiesen, Moorwiesen, Trockenrasen; häufig. Fast ganz Europa.

Wasserschlauchgewächse
Lentibulariaceae

5 Alpen-Fettkraut
Pinguicula alpina L.

❀ 5–7 ↕ 5–15 cm

B. in grundständiger Rosette, 3–6 cm lg., mit Kleb- und Verdauungsdrüsen; Blüten weiß, mit kurzem, kegelförmigem Sporn. Geschützt! Δ Quell- und Flachmoore, feuchte, bemooste Felsen, von der Ebene bis 2700 m; zerstreut bis selten. Hauptsächlich Alpen und Vorland, Pyrenäen, Skandinavien. GefGr. 3!

Glockenblumengewächse
Campanulaceae

6 Wasser-Lobelie
Lobelia dortmanna L.

❀ 7–8 ↕ 40–70 cm

B. untergetaucht, linealisch, fast stielrund, in grundständiger Rosette; Blüten 1–2 cm lg., weißlich, mit bläulicher Kronröhre; Krone 2lippig. Geschützt! Δ Nährstoffarme, kalkarme Seen; selten. Nordwestdeutschland, Nordwesteuropa. GefGr. 1!

4
2
3
6
1
5

Aronstabgewächse
Araceae

1 Sumpf-Calla, Schlangenwurz
Calla palustris L.

5–9 ↕ 15–30 cm

Pfl. kriechend; B. herzförmig, lg. gestielt; Blütenscheide eiförmig, 3–7 cm lg., außen grünlich, innen weiß; Blütenkolben 2–4 cm lg., bis zur Spitze mit Blüten besetzt; Beeren rot. Giftig! Geschützt! Δ Großseggengesellschaften, Moorschlenken, Erlenbruch; selten. Nord- und Mitteleuropa. GefGr. 3!

Hahnenfußgewächse
Ranunculaceae

2 Christophskraut
Actaea spicata L.

5–6 ↕ 30–60 cm

Grundb. fehlend; St.b. lg. gestielt, doppelt 3zählig bis gefiedert, mit ovalen, unregelmäßig und grob gezähnten Abschnitten; B.spreite 20–30 cm lg.; Blüten weiß, klein, 4teilig, in vielblütigen Trauben; Frucht eine grüne, später schwarze Beere. Giftig! Δ Laubmischwälder, Schluchtwälder; zerstreut. Fast ganz Europa, hauptsächlich in den Gebirgen.

Rosengewächse
Rosaceae

3 Wald-Geißbart
Aruncus sylvestris Kost.
(*A. vulgaris* Rafin., *A. dioicus* aut.)

4–7 ↕ 80–150 cm

Pfl. 1geschlechtig, 2häusig; B. 2–3fach 3zählig; Fiederb. eiförmig, scharf doppelt gesägt; Blütenstand rispig, bis 50 cm lg.; Blüten klein, 2–4 mm br., ♂ Blüten gelblichweiß, mit über 20 Staubb., ♀ Blüten reinweiß, sehr zahlreich; Kronb. und Kelchb. 5. Δ Schluchtwälder, Gebirgsbäche, Hochstaudenfluren; zerstreut. Gebirge Mitteleuropas, Alpen, Pyrenäen, Apennin, Gebirge der Balkanhalbinsel.

4 Mädesüß
Filipendula ulmaria (L.) Maxim.

6–7 ↕ 50–150 cm

Pfl. mit großen, gefiederten B.; Fiederb. eiförmig, 4–6 cm lg., doppelt gesägt, oberseits dunkelgrün, unterseits hellgrün oder weißfilzig; Endfieder meist 3teilig; Blüten in dichten, reichblütigen Blütenständen; Kronb. 5–6, rundlich bis eiförmig, 2–5 mm lg., gelblichweiß. Δ Nass- und Moorwiesen, Gräben, Ufer, Auenwälder, Bachläufe; häufig. Europa.

1
3
2
4

Knöterichgewächse
Polygonaceae

1 **Floh-Knöterich**
Polygonum persicaria L.

7–10 ↕ 10–80 cm

Pfl. ähnlich Ampfer-Knöterich, aber B.scheiden eng anliegend, kurz behaart, am oberen Rand lg. bewimpert; B. glänzend; Ährenstiele und Blüten drüsenlos; Blüten rosa oder weiß. Δ Äcker, Schutt, Schlammböden; häufig. Europa.

2 **Ampfer-Knöterich**
Polygonum lapathifolium L.

7–1 ↕ 20–80 cm

Pfl. meist aufrecht; B. ei-lanzettlich, im unteren Drittel am breitesten; B.stiel weit unter der Mitte der B.scheiden abgehend; B.scheide locker, kahl oder spinnwebig; Blüten in dichter, gebogener Scheinähre; Ährenstiele und Blütenb. drüsig; Blüten rosa oder weiß. (Sammelart mit mehreren Kleinarten.) Δ Ufer, Gräben, Äcker, Schlammböden; häufig. Europa.

3 **Knöllchen-Knöterich**
Polygonum viviparum L.

6–8 ↕ 10–25 cm

B. kahl, oben dunkelgrün, unten blaugrün, Rand umgerollt; Blüten in lg. Scheinähre; im unteren Teil Brutknöllchen, die nach dem Abfallen einwurzeln. Δ Bergwiesen, Matten, etwa 1000–3000 m; verbreitet. Nordeuropa, Gebirge Mittel- und Südeuropas.

4 **Stauden-Knöterich**
Reynoutria japonica

8–9 ↕ 100–200 cm

Wuchernde Pfl.; St. hohl, blaugrün bis rötlich; B. br.-eiförmig, plötzlich lg. zugespitzt, bis 12 cm; Blüten weiß, 5zählig, in den Achseln der oberen B. Δ Wegränder, Schutt, Gebüschsaum, Wälder. Herkunft Zentralasien, in Mitteleuropa eingebürgert und verwildert.

Glockenblumengewächse
Campanulaceae

5 **Ährige Teufelskralle**
Phyteuma spicatum L.

5–7 ↕ 20–60 cm

Grundb. lg. gestielt, ei-herzförmig, 1–2mal so lg. wie br., doppelt gesägt; St.b. etwas schmäler, die unteren gestielt, die oberen sitzend; Blüten in 4–10 cm lg., walziger Ähre; Krone gelblichweiß, 1 cm lg.; Kronb. an der Spitze verwachsen. Δ Krautreiche Wälder, Bergwiesen; verbreitet. Fast ganz Europa.

4
3
1
5
2

Schmetterlingsblütengewächse
Fabaceae oder Papilionaceae

1 Weiß-Klee
Trifolium repens L.

❀ 5–9 ↕ 15–45 cm

Pfl. kriechend, an den Knoten wurzelnd; B. 3zählig, B.chen eiförmig, fein gezähnt, kahl; Nebenb. trockenhäutig; Blütenköpfe kugelig, einzeln; Einzelblüten gestielt, nach dem Verblühen hängend; Kelch 10nervig; Krone 7–12 mm lg., weiß, später bräunlich. Δ Fettweiden, Wiesen, Parkrasen, Wegränder, Äcker; häufig. Europa.

2 Berg-Klee
Trifolium montanum L.

❀ 5–7 ↕ 15–40 cm

Pfl. aufrecht oder aufsteigend, dicht behaart; B. 3zählig, B.chen fein gezähnt, unterseits weichhaarig; Blütenstand kugelig bis eiförmig, 1–2 cm lg.; Blüten kurz gestielt; Kelchröhre 10nervig, behaart, mit schmalen, gleich lg. Zähnen; Krone 7–10 mm lg., weiß. Δ Kalkmagerrasen, Waldränder; zerstreut. Europa, nördlich bis Südskandinavien, im Süden in den Gebirgen.

3 Schweden-Klee
Trifolium hybridum L.

❀ 5–9 ↕ 20–40 cm

Pfl. aufsteigend, nicht an den Knoten wurzelnd; B. 3zählig, B.chen fein gezähnt, Nebenb. krautig; Blütenköpfe kugelig oder eiförmig; Stiele der Einzelblüten 2–3mal so lg. wie die 5nervige Kelchröhre; Krone weiß bis rötlich. Δ Fett- und Nasswiesen, Wegränder; Kulturpfl.; verbreitet. Fast ganz Europa.

4 Deutscher Backenklee
Dorycnium germanicum (Gremli) Rikli

❀ 7–8 ↕ 15–30 cm

Pfl. am Grund verholzt; B. 3–5fach gefingert; B.chen 2–4 mm br., anliegend seidig behaart; Blütenköpfe 6–14blütig; Blütenstiele 1–2 mm lg., kürzer als die Kelchröhre; Krone 5–7 mm lg., weiß, mit violetter Schiffchenspitze; Flügel mit taschenförmiger Längsfalte; Hülsen eiförmig, 3–5 mm lg. Δ Lichte Kieferntrockenwälder, Kalkmagerrasen; selten. Alpenvorland, Ostalpen, Südosteuropa.

Doldengewächse
Umbelliferae oder Apiaceae

5 Strahlen-Breitsame, Großblütige Strahlendolde
Orlaya grandiflora (L.) Hoffm.

❀ 6–8 ↕ 10–30 cm

St. kahl, kantig gefurcht; B. 2–3fach gefiedert, mit linealischen, fein zugespitzten Zipfeln; Dolde 5–12strahlig; Hüllb. 5–8, lanzettlich, Hüllchenb. meist 5, br. hautrandig; die nach außen gerichteten Kronb. der Randblüten 10–15 mm lg., 7–8mal so lg. wie die übrigen Kronb.; Frucht 6–8 mm lg., mit 2–3 Stachelreihen. Δ Getreidefelder, Brachland, Trockenrasen; auf Kalk; selten. Mittel-, Süd- und Südosteuropa. GefGr. 1!

4
2
5
3
1

Doldengewächse
Umbelliferae oder Apiaceae

1 Gefleckter Schierling
Conium maculatum L.

❁ 6–9 ↕ 50–200 cm

Pfl. unangenehm riechend; St. stielrund, fein gerieft, blaugrün, unten meist rot gefleckt; B. 2–3fach fiederteilig, oberseits dunkelgrün, unterseits graugrün, Abschnitte länglich-lanzettlich, grob gezähnt; Dolde 8–15strahlig; Hüllb. zurückgeschlagen; Frucht rundlich, 3 mm lg., mit welligen Rippen. Sehr giftig! Δ Gräben, Schuttplätze, Wegränder; zerstreut. Südskandinavien, Mittel- und Südeuropa.

2 Gewöhnliche Sichelmöhre
Falcaria vulgaris Berh.

❁ 7–9 ↕ 30–80 cm

Pfl. blaugrün, reich verzweigt; B. doppelt 3zählig, mit scharf gesägten, linealischen, 10–15 mm br., leicht sichelförmigen Abschnitten; Dolden 10–20strahlig; Hüllb. und Hüllchenb. zahlreich, lanzettlich; Blüten weiß; Frucht länglich eiförmig, 3–4 mm lg. Δ Weg- und Ackerränder, Brachland, sonnige Gebüschränder; auf Kalk; zerstreut. Mittel- und Südeuropa, vereinzelt bis Südschweden.

3 Gewöhnlicher Wasserfenchel, Rosskümmel, Rebendolde
Oenanthe aquatica (L.) Poir.

❁ 6–8 ↕ 30–120 cm

Pfl. mit dickem, schwammigem Rhizom und dünnen, büscheligen Wurzelfasern; B. 2–3fach gefiedert, Fiedern ei-lanzettlich, 4–6 mm lg.; untergetauchte B. selten, mit haarfeinen Zipfeln; Dolden kurz gestielt, b.gegenständig, 8–15strahlig; Hüllb. meist fehlend; Hüllchenb. zahlreich; Frucht etwa 4 mm lg. Δ Gräben, Tümpel, Altwasser, Sümpfe; zerstreut. Fast ganz Europa.

4 Röhriger Wasserfenchel
Oenanthe fistulosa L.

❁ 6–7 ↕ 30–60 cm

Pfl. mit Ausläufern; St. und B.stiele röhrig; untere B. doppelt, obere B. 1fach fiederteilig, mit linealischen, oft 3spaltigen Fiedern; B.spreite viel kürzer als der B.stiel; Dolden endständig, 2–5strahlig; Hüllb. 0–2; Randblüten der Döldchen lg. gestielt und etwas größer, mittlere Blüten fast ungestielt; Frucht stumpfkantig, 3–4 mm lg. Giftig! Δ Ufer, Gräben, Sümpfe; zerstreut. Südskandinavien, Mittel- und Südeuropa (westlich). GefGr. 3!

5 Acker-Haftdolde
Caucalis platycarpus L.
(*C. lappula* (Web.) Grande)

❁ 5–7 ↕ 10–30 cm

Pfl. meist borstig behaart; B. 2–3fach gefiedert; Hüllb. 0–2, Hüllchenb. 3–5, kaum hautrandig; Blüten weiß; Frucht 6–12 mm lg., mit 4 Stachelreihen. Δ Getreidefelder, Brachland, wärmeliebend, auf Kalk; selten. Mittel- und Südeuropa. GefGr. 3!

1
2
3
4
5

Doldengewächse
Umbelliferae oder Apiaceae

1 Faserschirm
Trinia glauca (L.) Dum.

❀ 4–5 ↕ 20–80 cm

Pfl. am Grund reich verzweigt, 2häusig, ♂ Pfl. kleiner als die ♀; am Grund mit Faserschopf; B. blaugrün, 2–4fach gefiedert, mit fädlichen bis schmal linealischen Zipfeln, oberste B. mit aufgeblasener B.scheide und wenigen Fiederzipfeln; Blütendöldchen zahlreich; Kronb. der ♂ Blüten mit schmalem, grünem, die der ♀ Blüten mit br., rötlichem Mittelstreifen. Δ Sonnige Trockenrasen, Dünen, steinige Hänge; selten. Mittel- und Südeuropa. GefGr. 2!

2 Bärwurz
Meum athamanticum Jacq.

❀ 5–6 ↕ 15–50 cm

Pfl. stark würzig riechend, am Grund mit braunem Faserschopf, mit dickem Rhizom; B. 2–4fach gefiedert, mit haarfeinen, 2–6 mm lg., fein zugespitzten Zipfeln; St. kantig gerieft; Blütendolde 5–15strahlig; Hüllb. 0–6; Hüllchenb. allseitswendig, zu mehreren; Blüten weiß, blassgelb oder rosa; Frucht 6–8 mm lg. und 3–4 mm br., kaum abgeflacht, mit stark hervortretenden Rippen. Δ Silikatmagerrasen und -weiden, Bergwiesen; kalkmeidend; zerstreut. Arznei- und Gemüsepfl. Hauptsächlich Gebirge Europas.

3 Wilde Möhre
Daucus carota L.

❀ 6–9 ↕ 30–100 cm

Wurzel dick, weiß, nach Möhren riechend; B. 2–3fach gefiedert, behaart; Dolden zur Blütezeit flach oder gewölbt, zur Reife in der Mitte eingesenkt, nestförmig; Hüllb. 3- oder fiederteilig, bewimpert; Hüllchenb. meist 1fach; randliche Blüten weiß, strahlig vergrößert, mittlere Blüten meist verkümmert und dunkelrot. Δ Magerrasen, Wege, Steinbrüche; häufig. Europa.

4 Wiesen-Kümmel
Carum carvi L.

❀ 4–6 ↕ 30–80 cm

B. 2–3fach gefiedert, mit schmal-linealischen, 1 mm br. spitzen Fiederb.chen, am B.grund mit herabgerückten, nebenb.artigen Fiedern; B.scheiden häutig berandet; Blütendolde 8–16strahlig; Hüllb. 0, Hüllchenb. 0–2; Krone weiß oder rosa, 2–3 mm br.; Frucht eiförmig, 3–4 mm lg. Δ Wiesen und Weiden, besonders im Gebirge, Wegränder; verbreitet. Fast ganz Europa.

4
2
1
3

Doldengewächse
Umbelliferae oder Apiaceae

1 Meisterwurz
Peucedanum ostruthium (L.) Koch
(*Imperatoria o.* L.)

❀ 7–8 ↕ 50–100 cm

Pfl. mit Ausläufern; St. rund, hohl; B. doppelt 3zählig, 10–30 cm lg.; B.abschnitte br. eiförmig, 2–7 cm br., gesägt, oder eingeschnitten, unterseits blassgrün; B.scheiden bauchig; Hüllb. 0–1; Dolde 20–50strahlig; Hüllchenb. wenig, fädlich; Krone weiß bis rosa; Frucht rundlich, 4–6 mm, mit br. Seitenrippen. Δ Subalpine Hochstaudenfluren, Gebirgswiesen, Grünerlengebüsch; früher im Gebirge als Gewürz- und Arzneipfl. angebaut und verwildert; verbreitet. Hauptsächlich Alpen und mitteleuropäische Mittelgebirge.

2 Geißfuß, Giersch
Aegopodium podagraria L.

❀ 6–8 ↕ 50–100 cm

Pfl. mit lg. unterirdischen Ausläufern; Grundb. doppelt 3zählig; Fiederb. ei-länglich, 5–10 cm lg., gezähnt; B.stiel 3kantig, markig (bei *Angelica silvestris* B.stiel hohl); Dolde 15–25strahlig; Hüllb. und Hüllchenb. fehlend; Krone weiß; Frucht länglich-eiförmig, 3 mm lg., kümmelähnlich. Δ Auen- und Schluchtwälder, Waldränder, Ufer, Gärten; häufig. Fast ganz Europa.

3 Große Bibernelle
Pimpinella major (L.) Huds.

❀ 6–9 ↕ 40–100 cm

B. 1fach gefiedert, glänzend, jederseits mit 2–4 eiförmigen, 1–4 cm lg., grob gezähnten Fiederb. und schwach 3lappiger, gezähnter Endfieder; St. kantig gefurcht; Blütendolde 10–15strahlig; Hülle und Hüllchen fehlend; Krone 2–3 mm br., weiß oder rosa; Griffel nach dem Abblühen länger als die junge Frucht. Δ Wiesen, Staudenfluren; häufig. Europa, nördl. bis Südskandinavien, südlich bis Nordspanien, Kalabrien.

4 Kleine Bibernelle
Pimpinella saxifraga L.

❀ 7–9 ↕ 15–50 cm

Pfl. ähnlich Großer Bibernelle, aber St. fein gerillt, oben fast b.los; Fiedern der Grundb. eiförmigstumpflich, 10–15 mm lg., matt; Fiedern der St.b. linealisch; Krone weiß oder rosa; Griffel nach dem Abblühen kürzer als die Frucht. Δ Silikatmagerrasen, trockene Kiefernwälder, Heiden; verbreitet; früher Arzneipfl. Fast ganz Europa.

5 Aufrechte Berle, Wassersellerie
Berula erecta (Huds.) Cov.
(*Sium erectum* Huds.)

❀ 7–8 ↕ 30–80 cm

Pfl. mit Ausläufern; St. stielrund, gestreift; B. 1fach gefiedert, Fiedern ungleich, untere eiförmig, obere lanzettlich, grob gesägt, Endfieder oft 3teilig; Blütendolde b.gegenständig; Frucht rundlich, 2 mm lg. Giftig! Δ Bäche, Gräben, Teiche; verbreitet. Fast ganz Europa.

1
4
3
5
2

Doldengewächse
Umbelliferae oder Apiaceae

1 Wiesen-Kerbel
Anthriscus sylvestris (L.) Hoffm.

4–6 60–150 cm

Pfl. mehrjährig; B. 2–3fach gefiedert, Fiederb.chen lanzettlich, zugespitzt; Blütendolde 8–15strahlig; Hüllb. fehlend; Hüllchenb. 4–8, br.-lanzettlich, plötzlich lg. zugespitzt, am Rand gewimpert, 2–5 mm lg.; Blüten weiß, gleich groß; Frucht 6–10 mm lg., etwas kürzer als ihr Stiel. Δ Fettwiesen, Wegraine, Hecken, Waldränder, Auenwälder; häufig. Europa.

2 Wiesen-Bärenklau
Heracleum sphondyleum L.

6–9 80–150 cm

St. 5–20 mm dick, steifborstig, kantig gefurcht; Grundb. im Umriss rundlich oder eiförmig, 20–50 cm lg., fiederteilig oder gefiedert, mit großen, br.-eiförmigen bis lanzettlichen, tief gelappten oder grob gezähnten Abschnitten; Dolde 15–30strahlig; Hüllb. 0–3; Krone weiß oder grüngelb, äußere Blüten mit sehr ungleich lg. Kronb.; Frucht 7–11 mm lg., oval, abgeflacht, am Rand geflügelt. Δ Fettwiesen, Ufer, Gräben, Auenwälder, Hochstaudenfluren; häufig. Europa.

3 Riesen-Bärenklau, Herkulesstaude
Heracleum mantegazzianum Sommier et Levier

7–9 2–4 m

St. am Grund bis 10 cm dick, meist purpurn gefleckt; Blütendolden bis 50 cm br., mit 50–100 Doldenstrahlen; Blüten weiß; Frucht eiförmig, 10–14 mm lg.; B. tief fiederteilig, mit grob gezähnten, scharf zugespitzten Lappen, unterseits kurzhaarig; untere B. mit Stiel bis 3 m lg. Δ Feuchte Wiesen, Wegränder, Auen, Flussufer. Aus dem Kaukasus um 1900 eingebürgert und in weiten Teilen Europas verwildert. Die Pfl. verursacht durch Photosensibilisierung starke Hautreizungen.

2
1
3

Doldengewächse
Umbelliferae oder Apiaceae

1 Wasserschierling
Cicuta virosa L.

✿ 7–9 ↕ 60–120 cm

Pfl. mit dickem, durch Querwände gekammertem Wurzelstock; B. 2–3fach gefiedert, Fiedern schmal-lanzettlich, scharf gezähnt, bis 8 cm lg.; Dolde 15–25strahlig; Hüllb. 0–2; Hüllchenb. zahlreich, zuletzt zurückgeschlagen. Giftig! Δ Ufer, Gräben, Altwasser; zerstreut. Nord- und Mitteleuropa, südlich bis Poebene.

2 Gemeiner Klettenkerbel
Torilis japonica (Houtt.) DC.
(*T. anthriscus* C. Gmel.)

✿ 6–8 ↕ 30–120 cm

Pfl. anliegend borstig behaart; B. 2fach gefiedert, mit zugespitzten Fiedern; Dolden lg. gestielt, 4–12strahlig; Hülle 5–12blättrig; Blüten weiß; Frucht 2–3 mm lg., mit rauen, schwach gebogenen Stacheln besetzt.
Δ Unkrautgesellschaften, Waldwege, Kahlschläge; häufig. Fast ganz Europa.

3 Wald-Engelwurz
Angelica sylvestris L.

✿ 7–9 ↕ 80–200 cm

St. stielrund, oft bereift; B. 2fach gefiedert, dunkelgrün; Fiederb. eiförmig bis br.-lanzettlich, 6–12 cm lg., fein gesägt; B.scheiden groß, bauchig aufgeblasen; B.stiele oberseits rinnig, im Querschnitt mit halbmondförmiger Höhlung; Dolde 20–40strahlig, Doldenstrahlen flaumig zottig; Hüllb. 0–3; Hüllchenb. viele; Kronb. weiß oder rötlich, anfangs grünlich; Frucht oval, 4–6 mm lg.
Δ Ufer, Auenwälder, Nasswiesen; verbreitet. Europa.
Ähnlich ist noch: **Echte Engelwurz,** *Angelica archangelica* L., aber B.stiele stielrund; B. hellgrün, stark riechend; Fiederb. teilweise fiederschnittig; Doldenstrahlen nur oberwärts flaumig zottig; Blüten grünlich; Δ Flussufer, Gräben, Weidengebüsch; selten.

4 Alpen-Mutterwurz
Ligusticum mutellina (L.) Crantz

✿ 6–8 ↕ 10–50 cm

Pfl. aromatisch riechend; B. 2–3fach gefiedert, mit häutigen B.scheiden; Dolden 7–10strahlig; Hüllchen 3- bis mehrblättrig; Blüten weiß, rosa bis purpurn. Δ Bergwiesen, Hochstaudenfluren, bis 2800 m; verbreitet. Gebirge Mittel- und Südeuropas.

1
3
4
2

Doldengewächse
Umbelliferae oder Apiaceae

1 Rüben-Kälberkropf, Kerbelrübe
Chaerophyllum bulbosum L.

✽ 6–8 ↕ 80–180 cm

Pfl. 1–2jährig, mit knolliger oder rübenartig verdickter Wurzel; St. oberwärts kahl, oft bereift, unten steifhaarig, rot gefleckt, an den Knoten verdickt; B. 3–4fach gefiedert, mit schmal-lanzettlichen, spitzen Fiedern; Dolde 5–12strahlig; Hüllb. fehlend; Hüllchenb. 4–8, meist kahl, unterschiedlich lg.; Kronb. weiß, kahl; Frucht 4–6 mm lg. Δ Flussufer, Gräben, lichte Auenwälder; zerstreut. Mittel-, Ost- und Südosteuropa.
Ähnlich sind noch: **Gold-Kälberkropf,** *Ch. aureum* L., aber Pfl. 60–120 cm, ausdauernd, nicht mit verdickter Wurzel, aber mit dickem, ästigem Rhizom, schwer aus dem Boden ziehbar; B. 3–4fach gefiedert, mit fein zugespitzten Zipfeln, unterseits meist weichhaarig; Hüllb. 5–10, lanzettlich, hautrandig, lg. bewimpert; Kronb. weiß, vorne mit eingeschlagenen Läppchen; Frucht 8–11 mm lg., zur Reife gelblich. Δ Gräben, Ufer, Schutt, Hecken, Waldränder, überdüngte Bergwiesen. Mitteleuropa, südlich bis Pyrenäen, Apennin.
Der **Hecken-Kälberkropf,** *Ch. temulum* L., hat spindelförmige, leicht aus dem Boden ziehbare Wurzel, steifhaarigen, rot gefleckten St. und 2–3fach gefiederte B. mit stumpfen, eiförmigen B.abschnitten und gerundeten Zipfeln und Zähnen. Δ Schattige Unkrautfluren, nährstoffreiche Hecken und Waldränder. Mittel- und Südeuropa.

2 Rauhaariger Kälberkropf
Chaerophyllum hirsutum L.

✽ 5–6 ↕ 50–100 cm

B. 2–3fach gefiedert, behaart; die beiden untersten Fiederabschnitte fast so groß wie das übrige B., Abschnitte nochmals in unregelmäßige, grob gezähnte Fiedern zerteilt; oberste B.scheiden 10–60 mm lg.; Dolde 10–20strahlig; Hüllb. fehlend; Hüllchenb. 5–10, lanzettlich, mit bärtigem, bewimpertem Rand; Kronb. bewimpert, weiß oder rosa; Frucht 8–12 mm lg. Δ Bergwälder, Auen, Ufer, Hochstaudenfluren; in Gebirgen Mitteleuropas häufig, in Norddeutschland selten.

3 Berg-Kälberkropf
Chaerophyllum villarsii Koch

✽ 5–8 ↕ 50–100 cm

Pfl. sehr ähnlich *Ch. hirsutum*, aber die beiden untersten Fiederabschnitte viel kleiner als das übrige B.; Abschnitte feiner und regelmäßiger zerteilt; Fiedern bis fast zum Mittelnerv zerteilt; oberste B.scheiden 3–10 mm lg. Δ Bergwiesen, Erlengebüsch, Hochstaudenfluren, lichte Bergwälder; verbreitet. Gebirge Mittel- und Südeuropas.

4 Österreichischer Rippensame
Pleurospermum austriacum (L.) Hoffm.

✽ 6–8 ↕ 60–150 cm

St. röhrig, 2–3 cm br., gefurcht; B. dunkelgrün, glänzend, 2–3fach gefiedert, Fiedern ungleich grob gesägt und eingeschnitten; Dolde 12–20strahlig, bis 25 cm br.; Hüllb. fiederspaltig, groß; Hüllchenb. lanzettlich; Blüten weiß; Kronb. bis 3 mm lg., nicht ausgerandet; Frucht 6–10 mm lg., mit flügelartigen Rippen. Δ Auenwälder, Waldränder, Flussufer, Hochstaudenfluren; zerstreut; in den Alpen bis über 2000 m. Hauptsächlich Alpen und Vorland, Jura, Rhön, Riesengebirge, nördlich bis Südschweden, südlich bis Dalmatien, Bulgarien, Rumänien.

4
1
2
3

Doldengewächse
Umbelliferae oder Apiaceae

1 Breitblättriges Laserkraut
Laserpitium latifolium L.

❁ 7–8 ↕ 50–150 cm

Pfl. am Grund mit großem Faserschopf; St. stielrund, fein gerillt, kahl, bis 2 cm br.; B. sehr groß, bis 1 m lg., 1–2fach 3zählig, blaugrün, kahl; Fiederb. br.-eiförmig, gesägt, 3–15 cm lg., gestielt; Dolde 20–40strahlig; Hüllb. hautrandig; Hüllchenb. fädlich, kaum hautrandig; Krone weiß. Δ Lichte, trockene Wälder, Gebüsche, Hochstaudenfluren, steinige Rasen; in den Alpen bis über 2000 m; zerstreut. Fast ganz Europa.

2 Berg-Laserkraut
Laserpitium siler L.

❁ 6–8 ↕ 30–120 cm

Pfl. würzig riechend, am Grund mit starkem Faserschopf; St. fein gerillt; B. 2–4fach gefiedert, bis 1 m lg., blaugrün; Fiederb. lineal-lanzettlich, ganzrandig, kahl, 1–5 cm lg., mit hellem Knorpelrand; Dolde bis 25 cm br., 20–40strahlig; Hüllb. derb, lanzettlich, Hüllchenb. ei-lanzettlich, br. hautrandig; Krone weiß; Frucht 5–12 mm lg. Δ Eichen- und Kiefernwälder, sonnige Gebüsche; wärmeliebend; zerstreut bis selten. Alpen und Vorland, Jura, nordspanische Gebirge, Pyrenäen, Apennin, Gebirge der Balkanhalbinsel.

3 Sumpf-Haarstrang
Peucedanum palustre (L.) Moench

❁ 7–8 ↕ 80–150 cm

St. röhrig, kantig gefurcht; B. 2–3fach gefiedert, Zipfel lineal-lanzettlich, 1–2 mm br.; Dolde 15–30strahlig; Hüllb. und Hüllchenb. br. hautrandig; Frucht eiförmig, 3–5 mm lg. Δ Moore, Sümpfe, Erlenbrüche; zerstreut. Mitteleuropa, südlich bis Norditalien, Südfrankreich.

4 Meerfenchel
Crithmum maritimum L.

❁ 7–9 ↕ 15–50 cm

Pfl. kahl, blaugrün, reich verzweigt; St. gerieft; B. fleischig, 2–3fach gefiedert, mit linealischen, spitzen Abschnitten; Dolde 8–20strahlig; Hülle und Hüllchen vielblütig; Blüten gelblich oder grünlichweiß; Frucht eiförmig, mit vorspringenden Rippen. Δ Küstenfelsen. West- und Südeuropa.

1
2
3
4

Doldengewächse
Umbelliferae oder Apiaceae

1 **Große Sterndolde**
Astrantia major L.

❁ 6–8 ↕ 30–100 cm

Pfl. oben gabelig verzweigt; grundständige B. lg. gestielt, im Umriss 5–7eckig, 10–20 cm br., tief handförmig, 5–7teilig, Abschnitte nochmals 2–3teilig und grob gezähnt, die seitlichen teilweise verwachsen; St.b. ähnlich, kleiner; Blüten lg. gestielt, in 1facher, kopfiger Dolde, sternförmig umgeben von auffälligen, weißen oder rötlichen Hüllb., diese 11–30 mm lg., derb; Krone meist rötlich; Kelchzähne ei-lanzettlich, stachelspitz. Δ Schlucht- und Auenwälder, Gebüsche, Nadelmischwälder, Bergwiesen, Hochstaudenfluren; in den Alpen bis über 2000 m; verbreitet. Gebirge Mittel- und Südeuropas.

2 **Wald-Sanikel**
Sanicula europaea L.

❁ 5–6 ↕ 20–50 cm

Grundständige B. immergrün, lg. gestielt, 5–8 cm br., 5eckig, bis zum Grund handförmig 5teilig, Abschnitte grob gezähnt; St.b. kleiner, fast sitzend; Blüten in einer endständigen Dolde; Döldchen kopfig, mit sitzenden und gestielten Blüten; Hüllchenb. 4–8; Krone weiß oder gelblich, 3 mm br.; Frucht kugelig, dicht mit Stacheln besetzt, 4–5 mm br. Δ Laubwälder mit Eiche und Buche, Nadelmischwälder; ziemlich häufig. Fast ganz Europa.

Baldriangewächse
Valerianaceae

3 **Sumpf-Baldrian**
Valeriana dioica L.

❁ 5–6 ↕ 10–30 cm

Grundb. rundlich-nierenförmig; St.b. gefiedert, mit ovaler, größerer Endfieder; Blütenstand schirmförmig; Krone der ♀ Blüten 1 mm lg., weiß, Krone der ♂ Blüten 3 mm lg., rosa. Δ Kalkarme Moorwiesen, Flach- und Quellmoore; verbreitet. Fast ganz Europa.

Wegerichgewächse
Plantaginaceae

4 **Mittlerer Wegerich**
Plantago media L.

❁ 5–7 ↕ 20–40 cm

B. in grundständiger Rosette, br.-eiförmig, in den kurzen, br. Stiel verschmälert, anfangs dicht kurzhaarig; Blütenähre walzig, 2–6 cm lg., viel kürzer als der St. (bei *P. major* Ähre länger als der St.); Blüten wohlriechend; Krone 4 mm lg., mit weißen Kronzipfeln; Staubb. lila. Δ Halbtrockenrasen, magere Wiesen und Weiden; verbreitet. Fast ganz Europa, im Süden selten.

Lippenblütengewächse
Labiatae oder Lamiaceae

5 **Ufer-Wolfstrapp, Wolfsfuß**
Lycopus europaeus L.

❁ 7–8 ↕ 20–80 cm

B. lanzettlich, tief und grob gezähnt, untere B. fiederteilig; Blüten quirlartig in den B.achseln der oberen B.paare sitzend; Kelchzähne 5, steif, langspitzig; Krone 4–6 mm lg., weiß. Δ Ufer, Gräben, Erlenbruchwälder; ziemlich häufig. Europa.

1
2
3
4
5

Korbblütengewächse
Compositae oder Asteraceae

1 Acker-Hundskamille
Anthemis arvensis L.

✿ 5–10 ↕ 10–50 cm

Pfl. aromatisch riechend; B. 2–3fach fiederteilig, kahl oder schwach behaart; Blütenköpfe 2–3 cm br., mit weißen Strahlenblüten und gelben Scheibenblüten; Blütenkopfboden kegelförmig, mit Spreub., diese allmählich in eine Stachelspitze verschmälert; Frucht stumpf 4kantig und gefurcht. Δ Getreidefelder, Wege; ziemlich häufig. Europa.

2 Österreichische Hundskamille
Anthemis austriaca Jacq.

✿ 7–9 ↕ 30–50 cm

B. kammförmig fiederspaltig; Blütenkopfboden halbkugelig; Spreub. mit aufgesetzter Stachelspitze; Blütenköpfe 2–4 cm br.; Frucht abgeflacht 4kantig. Δ Äcker, Wege, Flussufer, sommerwarme, trockene, kalkhaltige Plätze; selten. Mittel- und Südosteuropa.

3 Geruchlose Kamille
Matricaria maritima L.
(*Tripleurospermum m.* (L.) Koch, *T. inodorum* (L.) Schultz-Bip.)

✿ 6–10 ↕ 10–50 cm

Pfl. geruchlos; B. 2–3fach fiederteilig; Blütenköpfe 2–4 cm br., mit 12–30 weißen Strahlenblüten und gelben Scheibenblüten; Kopfboden halbkugelig, markig, ohne Spreub. Δ Schutt, Wege, Äcker, Dünen; häufig. Europa.

4 Echte Kamille
Chamomilla recutita (L.) Rauschert
(*Matricaria chamomilla* auct.)

✿ 5–7 ↕ 15–40 cm

Pfl. aromatisch riechend, B. 2–3fach fiederteilig, mit schmal-linealischen Zipfeln; Blütenköpfe lg. gestielt, 10–25 mm br., mit weißen, bald herabgeschlagenen Strahlenblüten und gelben, 5zähnigen Scheibenblüten; Kopfboden kegelförmig, hohl. Δ Getreidefelder, Wege, Schutt; Heilpfl.; ziemlich häufig, heute aber seltener werdend. Europa.

5 Straußblütige Wucherblume
Tanacetum corymbosum (L.) Schultz-Bip. (*Chrysanthemum c.* L.)

✿ 6–8 ↕ 50–100 cm

B. mit 7–15 ei-länglichen, nochmals fiederteiligen Fiedern mit linealischen, gezähnten Zipfeln; Blütenköpfe 1–2 cm br., zu 6–20 in Schirmrispen; Zungenblüten schmal-linealisch, 1–2 cm lg. weiß; Röhrenblüten gelb. Δ Lichte Laubwälder und Waldränder, Gebüsche, wärmeliebend; zerstreut. Mittel- und Südeuropa.

6 Kleinblütiges Knopfkraut, Franzosenkraut
Galinsoga parviflora Cav.

✿ 5–10 ↕ 20–70 cm

Pfl. oberwärts spärlich anliegend behaart; B. eiförmig, spitz, fein gezähnt, gegenständig; Blütenköpfe 3–5 mm lg. und br., mit meist 5 kurzen, weißen Strahlenblüten und gelben Scheibenblüten; Spreub. nach vorne verbreitert, meist 3spaltig. Δ Äcker, Gärten, Schutt; häufig. Europa.

4
6
2
1
5
3

Korbblütengewächse
Compositae oder Asteraceae

1 Mutterkraut
Tanacetum parthenium (L.) Schultz-Bip.

❀ 5–8 ↕ 30–80 cm

Pfl. stark duftend; B. zart, fiederteilig, mit 3–9 eiförmigen, fiederspaltigen oder gesägten Fiedern; Blütenköpfe 1,5–2 cm br., in doldenartigen Trauben oder Rispen; Strahlenblüten kurz, verkehrt eiförmig, weiß; Scheibenblüten gelb; Frucht 10kantig. Δ Wegränder, Schutt; zerstreut; Zierpfl. Ursprünglich Südosteuropa, heute fast ganz Europa.

2 Gewöhnliche Wucherblume, Margerite
Leucanthemum vulgare Lamk.
(*Chrysanthemum leucanthemum* L.)

❀ 6–10 ↕ 20–50 cm

B. länglich-lanzettlich, grob gesägt, die unteren gestielt, die oberen sitzend; St.b. kleiner; St. 1fach oder verzweigt; Blütenköpfe 3–6 cm br.; Hüllb. schwarz oder braun berandet. (Formenreich, mit vielen Kleinarten.) Δ Wiesen, Weiden, Wegränder, Äcker; häufig. Fast ganz Europa.

3 Schwarzrandige Wucherblume
Chrysanthemum atratum Jacq.

❀ 7–9 ↕ 10–30 cm

B. etwas fleischig, kahl, dunkelgrün, scharf gesägt-gezähnt; Blütenköpfe 3–5 cm br.; Hüllb. schwarz berandet. Δ Kalkschutt, etwa 1500–2800 m; verbreitet. Ostalpen.

4 Kanadisches Berufkraut
Conyza canadensis (L.) Cronq.
(*Erigeron c.* L.)

❀ 7–1 ↕ 30–100 cm

B. lanzettlich, ganzrandig oder fein gezähnt, 2–5 cm lg., behaart; Blütenköpfe 3–5 mm br., in dichter Rispe; Zungenblüten kaum länger als die Röhrenblüten; Hüllb. linealisch, fast kahl. Δ Schuttplätze; häufig. Fast ganz Europa (ursprünglich Nordamerika).

5 Einjähriges Berufkraut
Erigeron annuus (L.) Pers.

❀ 6–10 ↕ 50–100 cm

St. zerstreut bis dicht abstehend behaart, oben verzweigt; untere B. br.-lanzettlich, grob gezähnt, plötzlich in den Stiel verschmälert, obere B. schmäler, sitzend; Blütenköpfe 15–20 mm br., in lockeren Schirmrispen; Zungenblüten länger als die Scheibenblüten; bei ssp. *strigosus* (Mühlb.) Wagtz. und bei ssp. *septentrionalis* (Fern. et Wieg.) Wagtz. 4–6 mm lg., weiß, bei ssp. *annuus* 7–10 mm lg., meist lila. Δ Ufer, Dämme, Wegränder, Kiesgruben, Auenwälder; häufig. Europa (ursprünglich Nordamerika).

6 Gänseblümchen, Maßliebchen
Bellis perennis L.

❀ fast ganzjährig ↕ 5–15 cm

St. anliegend behaart, b.los, 1köpfig; B. in grundständiger Rosette, spatelförmig, stumpf gezähnt; Blütenkopf 1–3 cm br.; randliche Blüten zungenförmig, meist 1reihig, ♀, weiß oder rosa, innere Blüten röhrenförmig, 2geschlechtig, gelb. Δ Wiesen und Weiden; häufig. Fast ganz Europa.

7 Gewöhnliches Katzenpfötchen
Antennaria dioica (L.) Gaertn.

❀ 5–6 ↕ 5–20 cm

Pfl. mit oberirdischen Ausläufern und grundständiger B.rosette; untere B. oval, obere spatelförmig, 1nervig, unterseits weißfilzig; Blütenköpfe 5–8 mm br., zu 3–12; Hüllb. der ♂ Köpfe weiß, die der ♀ rosa. Geschützt! Δ Silikatmagerrasen, Heiden, Kiefernwälder; ziemlich häufig. Europa, im Süden nur in den Gebirgen. GefGr. 3!

6
1
3
4
2
5
7

Korbblütengewächse
Compositae oder Asteraceae

1 Weiße Pestwurz
Petasites albus (L.) Gaertn.

✿ 3–5 ↕ 15–60 cm

Pfl. zur Blütezeit 15–30 cm, zur Fruchtzeit bis 60 cm; Grundb. nach der Blüte erscheinend; St. nur mit bleichen Schuppenb.; B. rundlich-herzförmig, unregelmäßig gezähnt, unterseits graufilzig, mit engmaschigem Nervennetz; B.stiel oben rund (bei *Tussilago*, siehe S. 172, oben rinnig); Blütenköpfe in dichten Trauben; Blüten weißlich. Δ Krautreiche Laubmischwälder, Schluchtwälder, Ufer; zerstreut. Fast ganz Europa, hauptsächlich in den Gebirgen.

2 Wiesen-Schafgarbe
Achillea millefolium L.

✿ 6–10 ↕ 15–50 cm

Pfl. aromatisch duftend; B. länglich, bis auf den Mittelnerv 2–3fach fiederteilig, 2–3 cm br.; Blütenköpfe 3–6 mm br., in doldenartigen Blütenständen, randliche Blüten zungenförmig, zu 3–5, kürzer als die Hülle, weiß oder rötlich; Hüllb. braun berandet. Δ Wiesen, Weiden, Halbtrockenrasen, Äcker; häufig. Europa.

3 Sumpf-Schafgarbe
Achillea ptarmica L.

✿ 7–9 ↕ 20–100 cm

B. schmal-lanzettlich, ungeteilt, fein gezähnt, meist kahl, glänzend; Blütenköpfe 12–17 mm br., zu 5–30 am St.; Zungenblüten 8–13, weiß, ausgebreitet, 4–6 mm lg.; Hüllb. filzig behaart, mit Hautrand. Δ Nasswiesen, Gräben, Ufer; zerstreut. Südskandinavien, Mitteleuropa, südlich bis Nordspanien, Norditalien.

4 Schwarze Schafgarbe
Achillea atrata L.

✿ 7–9 ↕ 10–25 cm

B. 1fach fiederschnittig, mit 2–3spaltigen Fiedern; Blütenköpfe 12–18 mm br., zu 3–12; Zungenblüten 7–12, weiß, Röhrenblüten gelb.; Hüllb. schwarz berandet. Geschützt! Δ Kalkschutt, etwa 1700–4200 m; verbreitet. Ostalpen.

5 Silberdistel
Carlina acaulis L.

✿ 7–9 ↕ 10–30 cm

Pfl. mit dicker Pfahlwurzel und sehr kurzem St., meist 1köpfig; B.rosettig gehäuft, ganz oder nahe bis auf den Mittelnerv fiederspaltig, dornig (bei ssp. *simplex* (W. et Kit.) Arc. B. kraus, stark gegliedert, mit pfriemlichen, 2–6 mm br. Fiedern; bei ssp. *acaulis* B. flach, wenig gegliedert, mit eiförmigen, 6–14 mm br. Fiedern); Blütenköpfe 4–7 cm br.; innere Hüllb. silberweiß, 3–4 cm lg.; nur mit Röhrenblüten, diese weißlich oder rosa; Pappus 10–15 mm lg. Geschützt! Δ Sonnige Magerrasen, lichte Wälder. Gebirge Mittel- und Südeuropas.

6 Edelweiß
Leontopodium alpinum Cass.

✿ 7–9 ↕ 5–10 cm

Pfl. dicht wollig-filzig; B. lanzettlich, gegen den Grund allmählich verschmälert, filzig; Blütenstand aus 5–10 halbkugeligen, 5–6 mm br., gelblichen, doldenartig gehäuften Blütenköpfen bestehend, sternförmig umgeben von 5–15 stark weißfilzigen Hochb., die die Scheinblüte bilden. Geschützt! Felsbänder, kalkreiche, sonnige Steinrasen, etwa 1700–3400 m; zerstreut bis selten. Gebirge Mittel- und Südeuropas. GefGr. 2!

1
5
6
3
4
2

Mohngewächse
Papaveraceae

1 Bündner Alpenmohn
Papaver rhaeticum Ler.

7–8 ↕ 5–15 cm

B. blaugrün, in grundständiger Rosette, 1–2fach fiederteilig; Abschnitte eiförmig, stumpf, 2–6 mm br., zu 2–4 Paaren; Blüten goldgelb, 4–5 cm br.; Kronb. 4, Staubb. zahlreich. Geschützt! Δ Kalkschutt, Felsbänder, etwa 1500–3000 m; zerstreut. Südwest- und Ostalpen, Ostpyrenäen.

2 Gelber Hornmohn
Glaucium flavum Crantz

6–7 ↕ 20–80 cm

Pfl. blaugrün, bereift; B. fiederteilig, 6–10 cm lg.; Kronb. 4, gelb, 2–3 cm lg.; Frucht eine 2–3 cm lg., gebogene, raue Schote. Δ Küsten, Schutt, trockene Stellen; im Küstengebiet Süd- und Westeuropas verbreitet, sonst selten, nördlich bis Südschweden.

3 Schöllkraut
Chelidonium majus L.

5–9 ↕ 30–70 cm

Pfl. mit gelbem Milchsaft; B. fiederteilig, unterseits blaugrün, mit ovalen, stumpf gezähnten Abschnitten; Blüten 1–2 cm br., gelb, in 2–8blütigen Dolden; Kelchb. 2; Narbe 2lappig; Frucht eine 2–5 cm lg. Schote. Giftig! Δ Unkrautfluren, Wald- und Wegränder, Mauern; verbreitet. Südskandinavien, Mittel- und Südeuropa.

Kreuzblütengewächse
Cruciferae oder Brassicaceae

4 Sophienkraut
Descurainia sophia (L.) Webb
(*Sisymbrium sophia* L.)

5–9 ↕ 20–80 cm

Pfl. im oberen Teil verzweigt; B. graugrün, 2–3fach gefiedert, mit linealischen, unter 1 mm br. Zipfeln; Kronb. hellgelb, 2 mm lg., so lg. oder kürzer als die Kelchb.; Schoten 15–25 mm lg. Δ Sandböden, Wege, Schutt, Mauern; zerstreut. Fast ganz Europa (östlich).

5 Acker-Senf
Sinapis arvensis L.

6–10 ↕ 30–60 cm

B. buchtig gezähnt; Kronb. schwefelgelb, 8–12 mm lg.; Kelchb. 5–6 mm lg., fast waagrecht abstehend; Schoten 2–4 cm lg. und 2–3 mm br., fast kahl, mit 10–15 mm lg. Schnabel; Schotenwand 3–5nervig; Samen schwarz. Δ Äcker, Brachland; häufig. Fast ganz Europa.

5
4
1
3
2

Kreuzblütengewächse
Cruciferae oder Brassicaceae

1 Raps, Kohlrübe
Brassica napus L.

✽ 4–9 ↕ 60–120 cm

Alle B.blaugrün, bereift, fast kahl, halbst.umfassend, fiederteilig, mit jederseits 1–4 ovalen Seitenabschnitten und viel größerem Endabschnitt; Kronb. gelb, 10–14 mm lg., doppelt so lg. wie die Kelchb.; Blütenstiele wenig länger als die Blüten; Schote linealisch, 5–10 mm lg., Schotenwand 1nervig. Δ Öl-, Gemüse- und Futterpfl., an Wegen und Schuttplätzen verwildert.
Ähnlich ist der **Rübenkohl** oder **Rübsen,** *B. rapa* L., aber Rosettenb. grasgrün, St.b. etwas blaugrün, alle B. st.umfassend, meist stark behaart; offene Blüten die Blütenknospen überragend; Kronb. 7–11 mm lg.; Kelchb. waagrecht abstehend; seit der jüngeren Steinzeit als Öl-, Gemüse- und Futterpfl. angebaut.
Der **Schwarze Senf**, *B. nigra* (L.) Koch, hat gestielte, fiederteilige B. mit unregelmäßig gezähnten Abschnitten; obere B. ungeteilt; Kronb. 6–9 mm lg., gelb; Schoten 4kantig, 1–2 cm lg., mit 2–3 mm lg. Schnabel, an 2–3 mm lg. Stielen, dem St. dicht angedrückt; Schutt, Ufer, feuchte Äcker; häufig; seit der Römerzeit als Senflieferant angebaut.

2 Orientalische Zackenschote
Bunias orientalis L.

✽ 5–8 ↕ 30–120 cm

Pfl. oben reichästig; Rosettenb. länglich, buchtig-fiederspaltig; St.b. lanzettlich, fiederlappig bis unregelmäßig grob gezähnt; Blüten gelb, 8 mm br., in dichter, reichblütiger Traube; Schötchen schief-eiförmig, 6–10 mm lg., mit unregelmäßigen Höckern. Δ Wege, Schutt, Dämme, Ufer; zerstreut. Ost- und Südosteuropa, in Mitteleuropa eingeschleppt.

3 Stinkrauke, Schmalblättriger Doppelsame
Diplotaxis tenuifolia (L.) DC.

✽ 5–8 ↕ 30–80 cm

Pfl. am Grund verholzend; St. reich beblättert; B. tief fiederteilig, mit schmalen, schräg nach vorne gerichteten Abschnitten, kahl, etwas blaugrün, beim Zerreiben mit scharfem Geruch; Kronb. gelb, 8–14 mm lg.; Blütenstiele 2–3mal so lg. wie die Blüten; Schoten 2–6 cm lg., an ebenso lg. Stielen; Samen in jedem Fach 2reihig. Δ Unkrautgesellschaften; zerstreut. Mittel- und Südeuropa.

4 Französische Hundsrauke
Erucastrum gallicum (Willd.) O.E. Schulz

✽ 5–10 ↕ 20–60 cm

B. fiederteilig, Endabschnitt kaum größer als die seitlichen Abschnitte; untere Blüten mit kleinen Hochb.; Kronb. 6–8 mm lg., blassgelb, grünlich geadert; Kelchb. aufrecht, 3–5 mm lg., Schoten länglich, 2–4 cm lg., mit kegelförmigem Schnabel, deren Stiele 4–10 mm lg. Δ Äcker, Brachland, Ufer; zerstreut. Mitteleuropa.

4
4
1
3
2

Kreuzblütengewächse
Cruciferae oder Brassicaceae

1 Acker-Rettich, Hederich
Rhaphanus rhaphanistrum L.

5–9 ↕ 30–80 cm

Pfl. rauhaarig, 1jährig; untere B. mit schmalen Fiederlappen und großem Endlappen, obere B. ungeteilt; Blüten 2–3 cm br., weiß oder blassgelb, meist violett geadert, Kelchb. aufrecht; Schoten 2–10 cm lg., perlschnurartig gegliedert, mit lg., samenlosem Schnabel. Δ Äcker, Getreidefelder, Schutt; häufig. Europa.

2 Acker-Schöterich
Erysimum cheiranthoides L.

5–8 ↕ 20–50 cm

B. lanzettlich, ganzrandig oder entfernt gezähnt, mit 2–4strahligen Haaren; Blüten gelb, 5–8 mm br.; Blütenstiele 2–3mal länger als der etwa 2 mm lg. Kelch; Kronb. 2–5 mm lg.; Schoten 2–3 cm lg., deren Stiele 1/3–1/2 so lg. Δ Äcker, Wege, Schutt, feuchte Ruderalstellen; zerstreut. Fast ganz Europa.

3 Wilde Sumpfkresse
Rorippa silvestris (L.) Bess.

6–9 ↕ 15–60 cm

Pfl. mit Ausläufern, kahl; B. gefiedert, jederseits mit 3–7 gezähnten oder nochmals fiederteiligen Abschnitten; Blüten 4–6 mm br., goldgelb; Schoten schmal-linealisch, 8–20 mm lg. Δ Ufer, Wege, feuchte Äcker und Ruderalstellen; ziemlich häufig. Europa.

4 Gewöhnliche Sumpfkresse
Rorippa palustris (L.) Bess.
(*R. islandica* aut.)

6–9 ↕ 15–50 cm

B. gefiedert, jederseits mit 3–7 schmal ovalen, unregelmäßig gezähnten Fiederb. und größerer Endfieder; Kronb. hellgelb, etwa so lg. wie die Kelchb.; Schoten 5–12 mm lg., gedunsen, so lg. wie ihre Stiele. Δ Ufer, Gräben, feuchte Äcker und Wege, Altwasser, Pionierpfl.; ziemlich häufig. Fast ganz Europa.

5 Echtes Barbarakraut
Barbarea vulgaris R. Br.

5–7 ↕ 30–90 cm

Untere B. gestielt, gefiedert, jederseits mit 2–5 ei-länglichen Fiedern und großer, rundlicher Endfieder, obere B. sitzend, tief gezähnt; Blüten gelb, 7–9 mm br.; Kronb. doppelt so lg. wie die Kelchb.; Schoten 15–25 mm lg., auf dünnen, 4–6 mm lg. Stielen. Δ Wege, Dämme, Ufer, Kiesbänke, Flussauen; häufig. Europa.

2
3
5
1
4

Kreuzblütengewächse
Cruciferae oder Brassicaceae

1 Färber-Waid
Isatis tinctoria L.

❁ 5–6 ↕ 50–120 cm

Pfl. oberwärts blaugrün, bereift; untere St.b. gestielt, lanzettlich, obere St.b. pfeilförmig st.umfassend; Blüten gelb, 3–6 mm br., in dichten verzweigten Blütenständen; Schötchen hängend, flach, keilförmig, geflügelt, zur Reife schwarz, 10–25 mm lg., 3–7 mm br. Δ Wege, Dämme, Steinbrüche, Kalkmagerrasen; wärmeliebend; zerstreut. Fast ganz Europa.

2 Turm-Gänsekresse
Arabis turrita L.

❁ 4–6 ↕ 10–70 cm

Grundb. schmal-eiförmig, in den Stiel verschmälert, unregelmäßig gezähnt; St.b. länglich, mit herzförmig geöhrtem Grund st.umfassend; Blütenstand unten beblättert; Kronb. 4, 6–8 mm lg., gelblichweiß; Schoten bogig überhängend, 8–12 cm lg., 2–3 mm br. Δ Lichte Wälder, Gebüsche, felsige Hänge; wärmeliebend; selten. Süddeutschland, Jura, Alpen, Südeuropa.

3 Ackerkohl
Conringia orientalis (L.) Dum.

❁ 5–7 ↕ 10–50 cm

Pfl. kahl; B. blaugrün, wechselständig, eiförmig-elliptisch, ganzrandig, st.umfassend; Blüten gelblich- oder grünlichweiß, 15–20 mm br.; Schote 6–10 cm lg., 4kantig, aufrecht-abstehend, deren Stiele etwa 1/5 so lg. Δ Äcker, Brachland, Schutt; selten. Mittel- und Sudosteuropa. GefGr. 2!

4 Runzeliger Rapsdotter
Rapistrum rugosum (L.) All.

❁ 6–10 ↕ 25–60 cm

Pfl. 1jährig, mit kleiner Pfahlwurzel; untere B. geigenförmig fiederlappig, mit gezähntem, rundlichem Endlappen, obere B. ungeteilt; Blüten zitronengelb, Schoten 2gliedrig, anfangs borstig behaart, 5–10 mm lg., oberes Glied kugelig, plötzlich in den dünnen Griffel zusammengezogen, dieser so lg. wie das obere Glied, unteres Glied schmäler, walzenförmig. Δ Lehmige Äcker; zerstreut. Süddeutschland, Südeuropa.

5 Weg-Rauke
Sisymbrium officinale (L.) Scop.

❁ 5–8 ↕ 30–60 cm

Untere B. tief bis fast auf den Mittelnerv fiederteilig, Abschnitte 3eckig bis eiförmig, gezähnt, obere B. ungeteilt oder mit nur 2 seitlichen Lappen; Blüten gelb, 3–6 mm br.; Schoten linealisch, zugespitzt, 1–2 cm lg., dem St. angedrückt. Δ Wege, Schutt, Dämme, Ufer; häufig. Europa.

4
2
3
1
5

Kreuzblütengewächse
Cruciferae oder Brassicaceae

1 Saat-Leindotter
Camelina sativa (L.) Crantz

❀ 5–6 ↕ 30–90 cm

Pfl. kahl, oben verzweigt, 1jährig; B. lanzettlich, meist ganzrandig, pfeilförmig st.umfassend; Kronb. 4–5 mm lg., gelb; Schötchen birnenförmig, 7–8 mm lg., Fruchtklappen mit deutlichem Mittelnerv. Δ Getreidefelder, Äcker, trockene Ruderalstellen; heute selten geworden.

2 Kelch-Steinkraut
Alyssum alyssoides (L.) Nath.
(*A. calycinum* L.)

❀ 4–9 ↕ 5–20 cm

Pfl. 1jährig; B. länglich eiförmig, in den kurzen Stiel verschmälert, 2 cm lg., beiderseits durch Sternhaare grau; Kelchb. 1,5–2,5 mm lg., sternhaarig; Kronb. 2–4 mm lg., gelb, nach dem Verblühen weiß; Schötchen fast kreisrund, 3–6 mm, flach behaart, 4samig. Δ Kalkmagerrasen, Steinbrüche, sandige Brachen; zerstreut. Hauptsächlich Mittel- und Südeuropa.

3 Berg-Steinkraut
Alyssum montanum L.

❀ 3–5 ↕ 10–20 cm

Pfl. am Grund verholzend; B. schmal-lanzettlich, bis 2 cm lg., sternhaarig; Krone goldgelb, 4–6 mm lg.; Blütenstand anfangs doldentraubig; Schötchen 4–6 mm lg., fast kreisrund, behaart. Geschützt! Δ Sonnige, meist kalkreiche Trockenrasen, Felsfluren; ziemlich selten. Mittel- und Südeuropa.

4 Finkensame, Ackernüsschen
Neslia paniculata (L.) Desv.

❀ 5–7 ↕ 15–80 cm

Pfl. rauhaarig; untere St.b. lanzettlich, gestielt, obere mit pfeilförmigem Grund st.umfassend; Blüten goldgelb, 4–5 mm br.; Schötchen kugelig, 2–3 mm br., grobnetzig, deren Stiele 3–5mal so lg. Δ Getreidefelder; zerstreut. Fast ganz Europa. GefGr. 3!

5 Brillenschötchen
Biscutella laevigata L.

❀ 5–8 ↕ 15–30 cm

Rosettenb. keilförmig, länglich, in den B.stiel verschmälert, ganzrandig oder gezähnt, steifhaarig oder kahl; Blüten 4zählig; Kelchb. gelbgrün; Kronb. gelb, 4–8 mm lg.; Schötchen brillenförmig. Geschützt! Δ Steinschutt, Trockenrasen, felsige Hänge, Flusskies der Alpenflüsse, Quellmoore; zerstreut. Mittel- und Südeuropa.

6 Immergrünes Felsenblümchen
Draba aizoides L.

❀ 4–8 ↕ 5–10 cm

B. schmal-lanzettlich, 1–2 cm lg., von steifen Borsthaaren kammförmig gewimpert, in kugeligen Rosetten; St. b.los; Blüten in 3–18blütiger Doldentraube; Kronb. 4, gelb, 4–6 mm lg.; Schötchen schmal-elliptisch, 6–10 mm lg., auf lg. Stielen. Δ Kalkfels, Ruhschutt, Steinrasen, etwa 1600–3400 m; verbreitet. Gebirge Mittel- und Südeuropas.

7 Weiße Zahnwurz, Quirlblättrige Zahnwurz
Dentaria enneaphyllos L.

❀ 4–5 ↕ 20–30 cm

St.b. zu 3, fast quirlständig, 3zählig; Krone gelblichweiß. Δ Buchen- und Buchen-Tannenwälder; selten. Gebirge Mittel- und Südeuropas (östlich).

1
2
3
4
5
6
7

Dickblattgewächse
Crassulaceae

1 Rosenwurz
Sedum rosea (L.) Scop. (*Rhodiola r.* L.)

✿ 6–8 ↕ 10–35 cm

Grundachsen mit rosenartigem Duft; St. aufrecht, dickfleischig, mit wechselständigen, flachen, lanzettlichen, bläulichgrünen, vorne gezähnten B.; Blüten in dichten Trugdolden; ♂ und ♀ Blüten auf verschiedenen Pfl.; ♂ Blüten mit 8 Staubb. und 4 gelblichen oder rötlichen Kronb.; ♀ Blüten mit verkümmerten Kronb. Δ Silikatfelsspalten, steinige, kalkarme Rasengesellschaften; selten. Schwarzwald, Vogesen, Alpen, Pyrenäen, Apennin, Gebirge der Balkanhalbinsel, Nordeuropa.

Rosengewächse
Rosaceae

2 Blutwurz
Potentilla erecta (L.) Räusch.

✿ 6–8 ↕ 15–30 cm

Pfl. kriechend, niederliegend bis aufsteigend, nie wurzelnd, mit verdicktem, innen rötlichem Rhizom; B. mit 3 keilförmigen, grob gezähnten Fiederb. und großen, fingerig gelappten Nebenb., dadurch B. scheinbar mehrzählig; St.b. sitzend oder nur 5 mm lg. gestielt; Blüten lg. gestielt, meist mit 4 gelben, ei-herzförmigen, 4–5 mm lg. Kronb. Δ Moorwiesen, Heiden, Magerrasen, lichte Wälder; häufig. Heilpfl. Europa.

Rötegewächse
Rubiaceae

3 Echtes Labkraut
Galium verum L.

✿ 6–9 ↕ 20–70 cm

St. oben mit 4 erhabenen Linien; B. zu 6–12 quirlig, linealisch, 1 mm br., 1nervig, am Rand umgerollt, unterseits weichhaarig; Blüten in vielblütigen, dichten, rispenartigen, kaum unterbrochenen Blütenständen; Krone 4teilig, gelb, 2–4 mm br., mit 4 spitzen Zipfeln. Δ Kalkmagerrasen, Wegränder, Föhrenwälder, auch Moorwiesen; häufig. Europa.

4 Gewimpertes Kreuzlabkraut
Cruciata laevipes Opiz
(*Galium cruciata* (L.) Scop.)

✿ 4–6 ↕ 10–50 cm

St. und Blütenstand abstehend behaart; B. eiförmig, 3nervig, 1–2 cm lg., behaart, zu 4 im Quirl, gelblichgrün; Blüten in b.achselständigen Quirlen; Krone 2–3 mm br., gelb; Blütenstiele behaart. Δ Auenwälder, Hecken, Zäune, Unkrautgesellschaften; ziemlich häufig. Fast ganz Europa.

Nachtkerzengewächse
Oenotheraceae oder Onagraceae

5 Gewöhnliche Nachtkerze
Oenothera biennis L.

✿ 6–8 ↕ 50–100 cm

Pfl. aufrecht, meist unverzweigt; B. ei-lanzettlich, 8–15 cm lg., gesägt oder ganzrandig; Blütenstand aufrecht; Blüten tellerförmig; Kronb. 3–6 cm lg., gelb; Blütenröhre 2–5 cm lg. (Formenreiche Sammelart mit mehreren Kleinarten.) Δ Sandige, kiesige Plätze, Dämme, Steinbrüche, Sandtrockenrasen; verbreitet. Ursprünglich Nordamerika, heute fast ganz Europa.

3
4
1
5
2

Liliengewächse
Liliaceae

1 Wald-Gelbstern
Gagea lutea (L.) Ker-Gawl.
(*G.* .sylvatica Loud.)

✿ 4–5 ↕ 10–30 cm

Pfl. nur mit 1 Zwiebel, Nebenzwiebeln fehlend; mit 1 grundständigen B., 6–12 mm br.; Blütenstand doldenartig; Blütenb. frei, sternförmig abstehend, gelb. Δ Auenwälder, Laubwälder, Gebüsche, Obstgärten; verbreitet. Fast ganz Europa.

2 Gewöhnliche Simsenlilie
Tofieldia calyculata (L.) Wahlb.

✿ 5–7 ↕ 10–30 cm

Grundständige B. 2zeilig, grasähnlich, 2–4 mm br., 5–10nervig; Blüten in den Achseln eines Tragb., gelblich, 3–5 mm br., mit 3lappiger, kelchartiger Außenhülle, in 2–8 cm lg. Traube; Blütenb. 6, lanzettlich. Δ Kalkhaltige Flach- und Quellmoore; zerstreut. Südskandinavien, Gebirge Mitteleuropas, Alpen, Pyrenäen, Balkanhalbinsel. GefGr. 3!

3 Weißer Germer
Veratrum album L.

✿ 6–8 ↕ 50–150 cm

B. wechselständig (im Gegensatz zu Enzian-Arten), br.-eiförmig, stark längsfaltig; Blütenrispe 30–60 cm lg.; Blüten sternförmig, 8–15 mm br., weiß oder gelblich, außen grünlich, die unteren 2geschlechtig, die oberen meist rein ♂. Giftig! Δ Moorwiesen, Alpenweiden, Hochstaudenfluren; verbreitet. Gebirge Mittel- und Südeuropas.

4 Südliche Tulpe
Tulipa australis Link

✿ 4–6 ↕ 20–40 cm

B. gewöhnlich 2, linealisch, 1 cm br.; Blüten glockenförmig, 2–3 cm lg.; Blütenb. schmallanzettlich, zugespitzt, innen gelb, außen rot überlaufen; Fruchtkapsel etwa so lg. wie br. Geschützt! Δ Gebirgswiesen, lichte Bergwälder, Felsbänder; zerstreut. Westalpen, Apennin, Gebirge Südwesteuropas.

5 Gelber Affodill
Asphodeline lutea (L.) Reichb.

✿ 4–5 ↕ 60–100 cm

Pfl. ähnlich dem Weißen Affodill (s. S. 34); St. bis oben beblättert; B. linealisch, stachelspitz, dicht gestellt, im Querschnitt 3eckig; Blüten gelb, 2–3 cm lg., in dichter, 10–15 cm lg. Traube; Blütenb. mit grünem Mittelnerv, etwas ungleich, das untere Blütenb. länger und schmäler; Tragb. eiförmig, spitz, länger als die Blütenstiele; Frucht kugelig, 10–15 mm lg. Δ Trockene Wiesen, Felshänge. Süd- und Südwesteuropa; Zierpfl.

6 Beinbrech, Ährenlilie
Narthecium ossifragum (L.) Huds.

✿ 7–8 ↕ 10–30 cm

B. 2zeilig, schwertförmig; Blüten innen gelb, außen grünlich, lg. gestielt, in 6–7 cm lg., lockeren Trauben; Staubbeutel orangerot, Staubfäden dicht gelbhaarig; Narbe 3lappig; Tragb. lanzettlich. Geschützt! Δ Heidemoore; selten. Nordwestdeutschland, Westeuropa. GefGr. 3!

4
1
5
6
2
3

Amaryllisgewächse
Amaryllidaceae

1 Gelbe Narzisse
Narcissus pseudonarcissus L.

❀ 3–4 ↕ 15–40 cm

Alle B. grundständig, linealisch, 7–15 mm br., fleischig; Blütenstand meist 1blütig; Blüten 5–10 cm br.; Blütenb. 6, unten zu einer 5–15 mm lg. Röhre verwachsen, freie Abschnitte abstehend, hellgelb; Nebenkrone becherförmig, 3–5 cm br., mit krausem Rand, dottergelb. Giftig! Geschützt! Δ Kalkarme Bergwiesen, Borstgrasmatten; selten. Westeuropa, östlich bis Eifel, Hunsrück, Vogesen, Bodenseegebiet, Meran; Zierpfl. und mancherorts verwildert. GefGr. 3!

Schwertliliengewächse
Iridaceae

2 Zwerg-Schwertlilie
Iris pumila L.

❀ 4–5 ↕ 5–15 cm

B. schwertförmig, graugrün, stachelspitz, 1–2 cm br.; St. niederliegend, 1blütig; Blütenb. 6, die äußeren 3 zurückgeschlagen und oberseits durch einen Längsstreifen dichter Haare bärtig; Blüten violett, seltener hellblau, weiß oder gelb. Geschützt! Δ Trockenrasen, Felssteppen. Hauptsächlich Osteuropa; Niederösterreich (Wachau, Wiener Becken), Mähren.

3 Bunte Schwertlilie
Iris variegata L.

❀ 5–6 ↕ 20–40 cm

B. 1–3 cm br., etwa so lg. wie der St.; Blüten 4–6 cm lg., zu 2–4; Tragb. zur Blütenzeit grün; äußere Blütenb. gelb und rotviolett geadert, zurückgeschlagen, innere Blütenb. aufrecht, innen bärtig, reingelb. Geschützt! Δ Trockene Wiesen, Mauern, Felsbänder; selten. Zierpfl., gelegentlich verwildert. Süddeutschland, Südosteuropa. GefGr. 1!

4 Wasser-Schwertlilie
Iris pseudacorus L.

❀ 5–6 ↕ 50–100 cm

Pfl. mit dickem Rhizom; B. schwertförmig, 1–3 cm br., kürzer als der runde, mehrblütige St.; Blüten gelb; äußere 3 Blütenb. 4–8 cm lg., eiförmig, innere 3 Blütenb. linealisch, viel kürzer, die Narben nicht überragend; Fruchtkapsel stumpf 3kantig, 4–5 cm lg. Geschützt! Δ Sümpfe, Ufer, Gräben, Altwasser, Verlandungsgesellschaften; verbreitet. Fast ganz Europa.

1

4

3

2

Seerosengewächse
Nymphaeaceae

1 Gelbe Teichrose, Mummel
Nuphar lutea (L.) Sm.

❀ 6–8 ↕ 50–300 cm

Wasserpfl. mit dickem, verzweigtem Rhizom; B. schwimmend, br.-eiförmig, 10–30 cm lg., Seitennerven nicht miteinander verbunden; B.stiele bis 3 m lg.; Blüten 3–5 cm br.; Blütenb. 5, gelb, außerdem 7–24 spatelförmige, gelbe Nektarb.; Narbenscheibe 15–20strahlig, in der Mitte trichterförmig vertieft; Frucht birnenförmig. Geschützt! Δ Nährstoffreiche, stehende oder langsam fließende Gewässer bis in 4 m Wassertiefe; ziemlich häufig. Fast ganz Europa.

Hahnenfußgewächse
Ranunculaceae

2 Sumpf-Dotterblume
Caltha palustris L.

❀ 4–6 ↕ 15–40 cm

St. hohl, mehrblütig; B. herz- bis nierenförmig, gekerbt, dunkelgrün, glänzend, bis 15 cm br.; Blütenb. 5, innen glänzend, leuchtend gelb. Giftig! Δ Sumpfwiesen, Ufer, Gräben, Auenwälder; in den Alpen bis über 2400 m; verbreitet, aber durch Entwässerungen mancherorts gefährdet. Europa.

3 Brennender Hahnenfuß
Ranunculus flammula L.

❀ 6–10 ↕ 10–50 cm

Untere B. elliptisch, obere lanzettlich, sitzend, bis 10 cm lg.; St. niederliegend bis aufsteigend, nur an den unteren Knoten wurzelnd (beim Ufer-Hahnenfuß, *R. reptans* L., St. an allen Knoten wurzelnd); Blüten 8–15 mm br. gelb. Giftig! Δ Sumpfwiesen, Gräben, Schlammböden; Erstbesiedler; verbreitet. Fast ganz Europa.

4 Zungen-Hahnenfuß
Ranunculus lingua L.

❀ 6–8 ↕ 50–150 cm

Alle B. ungeteilt, ganzrandig oder schwach gezähnt, lanzettlich, bis 25 cm lg.; St. dick, hohl, aufrecht; Blüten 3–4 cm br. gelb. Giftig! Geschützt! Δ Ufer, Gräben, flache Gewässer, auf schlammigem Boden, Röhricht; selten. Fast ganz Europa. GefGr. 3!

5 Ufer-Hahnenfuß
Ranunculus reptans L.

❀ 6–8 ↕ 5–30 cm

St. fadenförmig, kriechend, an allen Knoten wurzelnd; B. lineal-lanzettlich bis spatelförmig, gestielt, 1–5 cm lg.; Blüten einzeln, 5–10 mm br. Giftig! Δ Zeitweise überschwemmte Ufer, Flutmulden; ziemlich selten. Nord- und Mitteleuropa. GefGr. 1!

5
3
2
4
1

Hahnenfußgewächse
Ranunculaceae

1 Knolliger Hahnenfuß
Ranunculus bulbosus L.

5–7 ↕ 10–40 cm

Pfl. meist abstehend behaart; St. am Grund knollig verdickt; Grundb. 3teilig, Abschnitte bis zur Mitte nochmals 3teilig und gesägt; Blüten 2–3 cm br., gelb; Kelchb. zurückgeschlagen, lg. behaart; Blütenstiele gefurcht; Früchtchen mit kurzem, gekrümmtem Schnabel. Giftig! Δ Kalkmagerrasen, magere Wiesen, Böschungen; ziemlich häufig. Europa.

2 Gold-Hahnenfuß
Ranunculus auricomus L.

4–6 ↕ 15–50 cm

St.b. und Grundb. sehr verschieden; Grundb. im Umriss rundlich bis nierenförmig, kahl, glänzend, fast ungeteilt bis tief 5teilig eingeschnitten, mit br.-keilförmigen, gelappten Abschnitten; St.b. bis zum Grund in lanzettliche Abschnitte zerteilt; Blüten gelb, 1–3 cm br.; Blütenstiele rund, nicht gefurcht; Früchtchen behaart; Fruchtboden kahl oder behaart. Giftig! Δ Laubmischwälder, Auenwälder, Wiesen; verbreitet. Fast ganz Europa. (Sammelart mit fast unzähligen Kleinarten; diese haben oft ein sehr kleines Verbreitungsgebiet.)

3 Kriechender Hahnenfuß
Ranunculus repens L.

5–8 ↕ 10–40 mm

Pfl. mit lg. an den Knoten wurzelnden Ausläufern; Grundb. 3teilig, mittlerer Abschnitt lg. gestielt, alle Abschnitte 3spaltig, gezähnt; Blüten 2–3 cm br., dottergelb; Blütenstiele gefurcht; Schnabel der Früchtchen kurz, gerade. Giftig! Δ Äcker, Brachland, Ufer, Wiesen, Auenwälder; häufig. Europa.

4 Gift-Hahnfuß
Ranunculus sceleratus L.

6–10 ↕ 20–60 cm

Pfl. kahl; St. hohl, gerieft; B. dicklich, glänzend, 3–5teilig; Blüten 5–10 mm br., blassgelb; Kelchb. zurückgeschlagen; Früchtchen kahl, 1 mm lg., in walzigen, 6–10 mm lg. Köpfen. Giftig! Δ Gräben, Teichufer, Schlammböden; zerstreut. Europa.

5 Acker-Hahnenfuß
Ranunculus arvensis L.

5–7 ↕ 20–60 cm

Pfl. 1jährig; B. stark zerteilt, mit 3spaltigen, linealischen oder lanzettlichen Abschnitten; Blüten hellgelb, 4–12 mm br.; Kelchb. aufgerichtet; Früchtchen zu 3–8, je 5–6 mm lg., auffällig stachelig, mit kantigem Rand und gekrümmtem Schnabel. Giftig! Δ Lehmige, tonige Getreideäcker, zerstreut bis selten. Europa. GefGr. 3!

3
4
5
1
2

Hahnenfußgewächse
Ranunculaceae

1 Scharfer Hahnenfuß
Ranunculus acris L.

5–9 ↕ 30–100 cm

Pfl. anliegend behaart oder kahl; Grundb. 3–5teilig, die Abschnitte nochmals tief in lineal-lanzettliche Zipfel zerteilt; Blütenstiele rund (nicht gefurcht); Blüten 5zählig, 2–3 cm br.; Kelchb. den Kronb. anliegend; Früchtchen mit kurzem Schnabel. Giftig! Δ Wiesen, Weiden, Wegränder; häufig. Europa.

2 Wolliger Hahnenfuß
Ranunculus lanuginosus L.

5–7 ↕ 30–70 cm

Pfl. abstehend dicht behaart; grundständige B. handförmig geteilt, Abschnitte mit br.-eiförmigen, gesägten Zipfeln; Blütenstiele rund, nicht gefurcht; Blüten orangegelb, 2–2,5 cm br.; Früchtchen mit hakig gebogenem bis eingerolltem Schnabel; Fruchtboden kahl. Giftig! Δ Mischwälder, Auen- und Schluchtwälder; zerstreut. Mittel- und Südeuropa (östlich).

3 Hain-Hahnenfuß, Wald-Hahnenfuß
Ranunculus nemorosus DC.

5–7 ↕ 20–80 cm

Pfl. mit dunkelgrünen, im Umriss 5eckigen, bis fast zum Grund 3teiligen Grundb.; B.abschnitte keilförmig, gelappt und gezähnt; Blütenstiele stark gefurcht, locker behaart; Blütenstand vielblütig; Blüten leuchtend gelb; Kronb. 15–20 mm lg.; Früchtchen mit 1,5 mm lg., an der Spitze eingerolltem Schnabel. Giftig! Δ Laubmischwälder, Bergwiesen, Trockenrasen; verbreitet. (Sammelart mit mehreren Kleinarten.) Mittel- und Südeuropa, nördlich bis Dänemark, in Großbritannien und Skandinavien eingeführt.

4 Vielblütiger Hahnenfuß
Ranunculus polyanthemos L.

5–7 ↕ 30–60 cm

Pfl. ähnlich dem Hain-Hahnenfuß, aber mit 5teiligen Grundb.; B.abschnitte tief eingeschnitten, mit linealischen bis lineal-lanzettlichen, gezähnten Zipfeln; Blütenstiele schwach gefurcht, angedrückt behaart; Kronb. gelb, 7–14 mm lg.; Früchtchen mit 0,5 mm lg., schwach gebogenem, nicht eingerolltem Schnabel. Giftig! Δ Lichte Eichenwälder, Waldränder, sonniges Gebüsch; zerstreut bis selten. Mittel- und Nordeuropa. GefGr. 3!

5 Berg-Hahnenfuß
Ranunculus montanus Willd.

4–8 ↕ 5–30 cm

Pfl. vielgestaltig; St. aufrecht, 1–3blütig; Grundb. gestielt, glänzend, 3–5teilig, mit verkehrt-eiförmigen, gezähnten, dunkelgrünen Abschnitten; obere St.b. sitzend, mit linealischen Abschnitten; Blüten goldgelb, 12–25 mm br.; Früchtchen seitlich flach gedrückt, mit kurzem, gekrümmtem Schnabel. Giftig! Δ Bergwiesen und -weiden, auch lichte Wälder, etwa 1000–3000 m, auch im Alpenvorland an feuchten Stellen; häufig. Alpen, Schwarzwald, Jura, Karpaten.

3
1
5
4
2

Hahnenfußgewächse
Ranunculaceae

1 Scharbockskraut
Ranunculus ficaria L.
(*Ficaria verna* Huds.)

3–5 ↕ 5–20 cm

Pfl. niederliegend, oft an den Knoten wurzelnd; B. rundlich-herzförmig, entfernt stumpf gezähnt, stark glänzend; Blüten gelb, 2–3 cm br.; Blütenb. 3, kelchb.artig; Nektarb. 8–12, kronb.artig, ei-länglich, gelb. Δ Auenwälder, Mischwälder, Obstgärten, Hecken; verbreitet. Europa.

2 Trollblume
Trollius europaeus L.

5–7 ↕ 30–60 cm

B. handförmig geteilt, deren Abschnitte 3teilig, mit ungleichen Zipfeln; Blüten zu 1–3, kugelförmig, 3–5 cm br.; Blütenhüllb. 10–15, gelb. Giftig! Geschützt! Δ Sumpfwiesen, Flachmoore, Bachränder, Bergwiesen; in den Alpen bis 2400 m; zerstreut. Nord- und Mitteleuropa, Gebirge Südeuropas.
GefGr. 3!

3 Winterling
Eranthis hyemalis (L.) Salisb.

2–3 ↕ 5–15 cm

Grundb. meist erst nach der Blütezeit erscheinend, rundlich, bis zum Grund 5–7teilig, Abschnitte 2–3lappig; St. rotbraun, mit einem B.quirl unter der gelben, 2–3 cm br. Blüte; Früchtchen bis 15 mm lg. Giftig! Δ Feuchte Laubwälder Südosteuropas, in Mitteleuropa in Gärten, Parkanlagen, Weinbergen, Gebüschen; zerstreut. Ursprünglich Süd- und Südosteuropa.

4 Gelbes Windröschen
Anemone ranunculoides L.

4–5 ↕ 10–20 cm

Grundb. zur Blütezeit noch fehlend; St.b. 3, fast quirlständig, kurz gestielt oder fast sitzend, 4–8 cm lg., bis zum Grund 3teilig, Abschnitte grob gezähnt oder eingeschnitten; Blüten 2 cm br., meist zu 2; Blütenb. 5, gelb, außen behaart; Früchtchen dicht borstig kurzhaarig. Giftig! Δ Auenwälder, feuchte Laubmischwälder; ziemlich selten. Fast ganz Europa, nördlich bis Südskandinavien, südlich bis Nordspanien, Mittelitalien, Albanien.

5 Frühlings-Adonisröschen
Adonis vernalis L.

4–5 ↕ 10–30 cm

B. fast ungestielt, mehrfach fiederteilig, dicht stehend, mit 1 mm br. Zipfeln; Blüten 4–8 cm br.; Kronb. 10–20, goldgelb. Geschützt! Δ Trockenrasen, Steppen, Kiefernwälder; selten. Mittel-, Süd- und Osteuropa.
GefGr. 3!

6 Schwefel-Anemone
Pulsatilla alpina (L.) Del.,
ssp. *apiifolia* (Scop.) Nym.

6–8 ↕ 20–50 cm

Pfl. ähnlich der Alpen-Anemone (s. S. 44), aber Blüten schwefelgelb. Geschützt! Δ Kalkarme oder saure Böden, Matten, steinige Magerrasen, Zwergstrauchheiden, etwa 1500–2800 m; zerstreut. Gebirge Mittel- und Südeuropas.

3
6
5
2
1
4

Johanniskrautgewächse
Hypericaceae

1 Liegendes Johanniskraut
Hypericum humifusum L.

❀ 6–10 ↕ 5–15 cm

St. fadenförmig, kriechend, fast 2kantig; B. eiförmig, 10–15 mm lg., unterseits am Rand mit schwarzen, sitzenden Drüsen; Kronb. 4–8 mm lg., gelb, am Rand mit schwarzen Drüsen; Kelchb. länglich, ganzrandig; Staubb. 15–20. Δ Feuchte Äcker, Wege, Waldschläge, Ufer; verbreitet. Südskandinavien, Mittel- und Südeuropa.

2 Schönes Johanniskraut
Hypericum pulchrum L.

❀ 7–9 ↕ 30–60 cm

Pfl. am Grund verholzt; B. herzförmig, fast 3eckig, stumpflich, sitzend, 1–2 cm lg., am Rand nicht drüsig punktiert; Blüten goldgelb; Kelchb. stumpflich, am Rand mit sitzenden oder kurz gestielten, schwarzen Drüsen; Kronb. oft rot überlaufen, am Rand schwarzdrüsig. Δ Laubwälder, Waldränder, Heiden; kalkmeidend; verbreitet. Mitteleuropa, Südskandinavien.

3 Echtes Johanniskraut
Hypericum perforatum L.

❀ 7–8 ↕ 30–60 cm

St. 2kantig, markig; B. ei-länglich, dicht durchscheinend punktiert; Blüten 5zählig; Kelchb. lanzettlich, spitz, 4–5 mm lg., länger als der Fruchtknoten; Kronb. goldgelb, 10–15 mm lg. Δ Magerrasen, Brachland, sonnige Waldränder; verbreitet. Europa.

4 Rauhaariges Johanniskraut
Hypericum hirsutum L.

❀ 6–8 ↕ 40–100 cm

St. stielrund, wie die B. dicht behaart; B. eiförmig, 2–6 cm lg.; Blüten gelb; Kelchb. und Kronb. am Rand mit schwarzen, gestielten Drüsen. Δ Laubmischwälder, Waldwege, Ufer; verbreitet. Europa.

5 Berg-Johanniskraut
Hypericum montanum L.

❀ 6–8 ↕ 30–80 cm

Pfl. aufrecht; St. stielrund; B. ei-länglich, 2–8 cm lg., am Rand drüsig punktiert, halb st.umfassend sitzend; Blütenstand kopfig; Blüten blassgelb; Kelchb. spitz, schwarzdrüsig gewimpert. Δ Lichte, Laubwälder, sonnige Gebüsche; zerstreut. Fast ganz Europa.

Zistrosengewächse
Cistaceae

6 Gewöhnliches Sonnenröschen
Helianthemum nummularium (L.) Mill.

❀ 6–9 ↕ 10–30 cm

B. lederig, eiförmig, Rand nach unten umgerollt, unterseits graufilzig, mit lanzettlichen Nebenb.; Blüten 15–25 mm br., gelb. Δ Kalkmagerrasen, trockene Kiefernwälder; ziemlich häufig. Mittel- und Südeuropa.

7 Zwerg-Sonnenröschen
Fumana procumbens (Dun.) Gr. et Godr.

❀ 6–10 ↕ 5–20 cm

Pfl. niederliegend, am Grund verholzt; B. nadelförmig, 2–12 mm lg.; Blüten meist einzeln in den Achseln von Tragb., 15–20 mm br.; Kronb. 5, gelb, ungleich groß. Δ Kalktrockenrasen, steinige Hänge; wärmeliebend; selten. Mittel- und Südeuropa. GefGr. 3!

1
7
4
3
5
2
6

Primelgewächse
Primulaceae

1 Gewöhnliche Schlüsselblume, Wald-Primel
Primula elatior (L.) Hill

❀ 3–5 ↕ 10–20 cm

B. grundständig, 10–20 cm lg., allmählich in den geflügelten Stiel verschmälert, unregelmäßig gezähnt; Blüten in vielblütiger, 1seitswendiger Dolde; Kelch 8–13 mm lg., eng anliegend, schlank, mit lanzettlichen Kelchzähnen; Krone hellgelb, mit flachem Saum. Δ Krautreiche Laubwälder, Auen, Bergwiesen; häufig. Mitteleuropa.

2 Frühlings-Schlüsselblume, Wiesen-Schlüsselblume
Primula veris L. (*P. officinalis* L.)

❀ 4–6 ↕ 10–20 cm

B.spreite vom geflügelten Stiel scharf abgesetzt; Kelch bauchig, glockig, mit eiförmigen Kelchzähnen; Krone dottergelb, mit roten Schlundflecken. Δ Waldränder, Eichenwälder, Kalkmagerrasen; verbreitet. Mitteleuropa.

3 Aurikel
Primula auricula L.

❀ 4–7 ↕ 5–30 cm

B. dick, fleischig, grau-grün, mehlig bestäubt, 5–12 cm lg.; Blüten 8–15 mm br., gelb, zu 4–12 in 1seitswendiger Dolde. Geschützt! Δ Kalkfelsspalten, Felsbänder, Steinrasen, selten Flachmoore, etwa 1500–2500 m; verbreitet. Gebirge Mittel- und Südeuropas. GefGr. 3!

4 Gewöhnlicher Gilbweiderich
Lysimachia vulgaris L.

❀ 6–8 ↕ 50–150 cm

St. rundlich, zottig; B. gegenständig oder zu 3 quirlständig, ei-lanzettlich, bis 14 cm lg., drüsig punktiert; Blüten in kurzen, gestielten Trauben oder Rispen; Kronb. oval, 7–12 mm lg., gelb; Kronzipfel am Rand kahl; Kelchzipfel rötlich berandet. Δ Quellen, Gräben, Ufer, Streuwiesen, Erlenbruch- und Auenwälder; verbreitet. Europa.

5 Hain-Gilbweiderich
Lysimachia nemorum L.

❀ 5–8 ↕ 10–30 cm

Pfl. niederliegend bis aufsteigend; St. am unteren Teil wurzelnd; B. gegenständig, eiförmig, zugespitzt, 2–3 cm lg., kurz gestielt; Blüten einzeln in den Achseln der oberen B., 10–15 mm br., gelb; Kelchzipfel pfriemlich. Δ Feuchte Laubmischwälder, Waldwege, quellige Waldstellen; zerstreut. Fast ganz Europa.

6 Pfennigkraut
Lysimachia nummularia L.

❀ 5–8 ↕ 10–50 cm

Pfl. niederliegend, weit kriechend; B. gegenständig, rundlich oder elliptisch, stumpf; Blüten in den Achseln der mittleren B., gelb, 1–2 cm br.; Kelchzipfel herzförmig. Δ Auenwälder, Ufer, Gräben, feuchte Wiesen und Weiden; verbreitet. Fast ganz Europa, im Mittelmeerraum fehlend.

6
2
1
3
4
5

Rosengewächse
Rosaceae

1 Kriechende Nelkenwurz, Gletscher-Petersbart
Geum reptans L.

❀ 7–8 ↕ 5–15 cm

Pfl. mit lg., oberirdischen Ausläufern; B. gefiedert, Endfieder wenig größer (im Gegensatz zu *Geum montanum*) als die eingeschnittenen Seitenfiedern; Blüten 3–5 cm br., 6–8zählig, gelb; Kelch rotbraun, behaart; Griffel zur Reife zu einem federig behaarten Flugorgan auswachsend. Δ Feuchter Silikatschutt, Gletschermoränen, etwa 1500–3400 m; verbreitet. Gebirge Mittel- und Südeuropas.

2 Echte Nelkenwurz
Geum urbanum L.

❀ 5–9 ↕ 30–60 cm

Grundb. lg. gestielt, gefiedert, mit großer Endfieder, alle Fiederb. grob gezähnt und eingeschnitten; Nebenb. groß, b.artig; St. mehrblütig; Blüten 5zählig, aufrecht, ausgebreitet, 1–2 cm br.; Kronb. gelb, so lg. wie die inneren Kelchb.; Griffel hakig gekrümmt, unten kahl, oben federig. Δ Laubmischwälder, Gebüsche, Mauern, schattige Zäune; verbreitet. Fast ganz Europa.

3 Gewöhnlicher Odermennig, Kleiner Odermennig
Agrimonia eupatoria L.

❀ 7–9 ↕ 30–100 cm

St. oben meist verzweigt, dicht rauhaarig, mit sitzenden Drüsen; B. gegenständig, 10–15 cm lg., unterseits weißfilzig, mit 5–9 großen, grob gezähnten Fiederpaaren und großer Endfieder, dazwischen mit kleinen Fiederb.; Blüten 5zählig; Kronb. gelb, kaum ausgerandet; Kelchbecher gefurcht, mit abstehenden, zur Reife harten Stacheln. Δ Hecken, Waldränder, Magerrasen, Halbtrockenrasen; verbreitet. Fast ganz Europa.

4 Gänse-Fingerkraut
Potentilla anserina L.

❀ 5–7 ↕ 10–30 cm

Pfl. mit bis 80 cm lg., oft rötlichen Ausläufern, an den Knoten wurzelnd; B. gefiedert, oberseits grün, unterseits silberhaarig, 5–25 cm lg., mit 6–10 ei-länglichen, größeren Fiederpaaren und abwechselnd kleineren Fiederpaaren; Fiedern grob gezähnt; Blüten einzeln, lg. gestielt, gelb, 2–3 cm br.; Kronb. 5, rundlich. Δ Wege, Ufer, Schutt, Dünen, Brachland; häufig. Fast ganz Europa.

5 Englisches Fingerkraut
Potentilla anglica Laich.

❀ 6–8 ↕ 15–30 cm

St. niederliegend, an den Knoten oft wurzelnd; Grundb. 3–5zählig, deren B.chen jederseits mit 4–6 Zähnen; St.b. 1–2 cm lg. gestielt, Nebenb. meist ganzrandig; Blüten 4(–5) zählig, gelb; Kronb. 5–7 mm lg. Δ Waldwege, feuchte Wälder, Sumpfwiesen; selten. Bastardart aus *P. erecta* × *P. reptans*. Mittel- und Nordeuropa. Ähnlich ist die Blutwurz, *P. erecta*, siehe S. 116.

1
2
3
4
5

Rosengewächse
Rosaceae

1 Kriechendes Fingerkraut
Potentilla reptans L.

6–8 ↕ 10–20 cm

Pfl. mit bis 1 m lg., kriechenden, an den Knoten wurzelnden St.; B. lg. gestielt, 5–7zählig gefingert, Fiedern grob gesägt; Blüten in den B.achseln einzeln stehend, goldgelb, 1–2 cm br.; Kronb. 5, ausgerandet. Δ Wegränder, Böschungen, Äcker, Schutt, Hecken; oft mit folgender Art zusammen; häufig. Europa.

2 Aufrechtes Fingerkraut, Hohes Fingerkraut
Potentilla recta L.

6–7 ↕ 30–70 cm

Pfl. aufrecht, oben verzweigt; Grundb. 5–7zählig, beiderseits grün, oft lg. behaart, tief gesägt, an 5–20 cm lg. Stielen; St. und B.stiele mit lg., weichen und kurzen, borstigen Haaren; Blüten 20–25 mm lg. Δ Magerrasen, Wege, Kiesgruben, Sandtrockenrasen; zerstreut bis selten. Mitteleuropa, Südosteuropa.

3 Silber-Fingerkraut
Potentilla argentea L.

6–8 ↕ 10–40 cm

Pfl. aufrecht oder niederliegend; B. 5–7zählig gefingert, unterseits weißfilzig, Fiederb. am Rand umgerollt, grob tief gezähnt; Blütenstand rispig; Blüten 1–1,5 cm br., Kronb. gelb, gestutzt oder ausgerandet, wenig länger als die lanzettlichen Kelchb. Δ Silikatmagerrasen, Sandboden, Wege, Dämme; ziemlich häufig. Fast ganz Europa.

4 Frühlings-Fingerkraut
Potentilla tabernaemontani Aschers. (*P. verna* auct.)

4–6 ↕ 5–15 cm

Pfl. mit blütenlosen Rosettentrieben, daher lockere Polster bildend; B. 5–7zählig gefingert, beiderseits grün, behaart; Nebenb. der Grundb. linealisch, die der St.b. ei-lanzettlich; Blüten gelb, 1–2 cm br.; Griffel nach oben keulig verdickt. Δ Sandige Trockenrasen, trockene Kiefernwälder, Felshänge, verbreitet. Mitteleuropa, nördlich bis Südskandinavien, südlich bis Südfrankreich.

5 Gold-Fingerkraut
Potentilla aurea L.

6–8 ↕ 5–20 cm

Grundb. 5zählig, glänzend, vorne scharf gezähnt; Nebenb. lanzettlich; St.b. 3zählig; Blüten goldgelb. Δ Steinrasen, Silikatmagerrasen, Weiden, etwa 1100–3000 m; verbreitet. Gebirge Mittel- und Südeuropas.

2
3
4
5
1

Dickblattgewächse
Crassulaceae

1 Scharfer Mauerpfeffer, Fetthenne
Sedum acre L.

❁ 6–7 ↕ 5–15 cm

Pfl. reich verzweigt, bogig aufsteigend, rasenbildend; B. dick, eiförmig, am Grund abgerundet, ohne Sporn, 4 mm lg. und 3 mm br., stumpf, in 6 Längsreihen, meist scharf schmeckend; Kronb. 6–7 mm lg., fein zugespitzt, goldgelb. Giftig! Δ Sandtrockenrasen, Felsbänder, Mauern, trockene Kiefernwälder; verbreitet. Europa.

2 Felsen-Mauerpfeffer
Sedum reflexum L. (*S. rupestre* L.)

❁ 6–8 ↕ 15–35 cm

Am Grund verholzt, bogig aufsteigend, nichtblühende Triebe dicht beblättert; B. stielrund, 1–2 cm lg., stachelspitz, am Grund gespornt; blühende Triebe locker beblättert; Blütenstand doldenartig; Kronb. 6–7 mm lg., zitronengelb; Kelchb. 3–4 mm lg., kahl. Δ Sandtrockenrasen, Mauern, Felsspalten; zerstreut. Fast ganz Europa.

3 Einjähriger Mauerpfeffer
Sedum annuum L.

❁ 6–7 ↕ 5–15 cm

Pfl. 2jährig, kahl, nur mit blühenden St.; B. linealisch, halbstielrund, am Grund kurz gespornt, locker stehend; Blüten 5zählig, gelb, in ährenartigen Blütenständen; Kronb. 2mal so lg. wie die Kelchb., gekielt, spitz. Δ Felsköpfe, Mauern, Steinschutt; Pionierpfl; selten. Hauptsächlich Gebirge Europas. GefGr. 3!

Steinbrechgewächse
Saxifragaceae

4 Kies-Steinbrech
Saxifraga mutata L.

❁ 6–7 ↕ 15–30 cm

Pfl. mit großer B.rosette; B. zungenförmig, 3–5 cm lg., fast ganzrandig; St.b. wechselständig, drüsig; St. rispig verzweigt, reichblütig; Blüten rötlichgelb. Geschützt! Δ Bachufer, feuchter Kies, überrieselte Nagelfluh- und Molassefelsen; ziemlich selten. Alpen und Vorland. GefGr. 2!

5 Fetthennen-Steinbrech
Saxifraga aizoides L.

❁ 6–8 ↕ 3–15 cm

B. fleischig, linealisch, stachelspitz, am Rand kurz bewimpert; Blüten zu 5–12, zitronengelb bis dunkelorange, oft mit orangeroten Punkten. Geschützt! Δ Quellfluren, überrieselter Fels und Schutt; in den Alpen über 3000 m; verbreitet. Nordeuropa, Alpen, Pyrenäen, Karpaten.

Sauerkleegewächse
Oxalidaceae

6 Europäischer Sauerklee
Oxalis europaea Jord. (*O. stricta* auct.)

❁ 6–9 ↕ 10–30 cm

Pfl. aufrecht; B. 3zählig, kleeb.artig, gegen- oder quirlständig; Blüten hellgelb, 8–10 mm br., zu 1–6 in lg. gestielten, achselständigen, doldenähnlichen Blütenständen; Kronb. vorne abgerundet; Blütenstiele nach dem Verblühen aufrecht. Δ Äcker, Gärten, Wege; häufig. Europa.

1
2
3
4
5
6

Fieberkleegewächse
Menyanthaceae

1 Seekanne
Nymphoides peltata (Gmelin) Kuntze
(*Limnanthemum nymphoides* Link)

✿ 7–8 ↕ 80–150 cm

St. flutend; B. rundlich-herzförmig, wie kleine Seerosenb.; Blüten gelb, 3–5 cm br., innen bärtig, lg. gestielt, über die Wasseroberfläche ragend. Geschützt! Δ Stehende oder langsam fließende, nährstoffreiche Gewässer mit etwa 50–150 cm Tiefe, meist in tieferen, sommerwarmen Lagen; ziemlich selten. Mittel- und Südeuropa. GefGr. 3!

Enziangewächse
Gentianaceae

2 Gelber Enzian
Gentiana lutea L.

✿ 7–8 ↕ 40–140 cm

St. mit gegenständigen, elliptischen, bläulichgrünen, von starken Bogennerven durchzogenen B.; Blüten zu 3–10, kurz gestielt, in den Achseln schalenförmiger Hochb.; Krone radförmig, bis zum Grund 5–6teilig, goldgelb. Geschützt! Δ Matten, Geröllfluren, etwa 1000–2500 m; zerstreut. Gebirge Mittel- und Südeuropas. GefGr. 3!

3 Punktierter Enzian
Gentiana punctata L.

✿ 7–8 ↕ 20–60 cm

St. im oberen Teil oft metallisch glänzend; B. eiförmig-länglich, zugespitzt; Blüten meist zu mehreren in den B.achseln, blassgelb, meist dunkelviolett punktiert; Kelch mit 5–8 ungleichen Zähnen. Geschützt! Δ Magerrasen, Geröllfluren; kalkmeidend, etwa 1400–3000 m; zerstreut. Gebirge Mittel- und Südeuropas.

4 Durchwachsener Bitterling, Bitterenzian
Blackstonia perfoliata (L.) Huds.

✿ 6–8 ↕ 10–40 cm

Pfl. aufrecht, bläulich bereift; St. oben 4kantig; B. gegenständig, 3eckig-eiförmig, paarweise am Grund verwachsen; Blüten 6–8teilig; Kelch fast bis zum Grund geteilt, kürzer als die Krone; Krone gelb, mit kurzer, glockiger Röhre und 6–8 ausgebreiteten Zipfeln. Geschützt! Δ Kalkmagerrasen, Zwergbinsengesellschaften; selten. Mittel- und Südeuropa, nördlich bis Irland, England (westlich). GefGr. 2!

Borretschgewächse
Boraginaceae

5 Krim-Lotwurz
Onosma tauricum Willd.

✿ 5–7 ↕ 20–50 cm

B. lineal-lanzettlich, mit 1–4 mm lg. Borsthaaren auf scheibenförmigen Höckern; Blüten in Achseln von Tragb.; Kelch zylindrisch, tief 5teilig; Krone 15–25 mm lg., gelb. Geschützt! (Artenreiche Gattung mit sehr ähnlichen Arten.) Δ Trockenrasen, Felsensteppen, lichte Föhrenwälder; selten. Südalpen, Apennin, Südosteuropa.

6 Knoten-Beinwell
Symphytum tuberosum L.

✿ 4–5 ↕ 25–50 cm

Pfl. mit unregelmäßig knollig verdicktem Rhizom, ohne Ausläufer; St. 1fach oder nur oben ästig; B. ei-länglich, 3–12 cm lg., allmählich in den Stiel verschmälert, kaum herablaufend (im Gegensatz zum Gemeinen Beinwell); Blüten 15–20 mm lg., blassgelb; Schlundschuppen die Kronzipfel nicht überragend. Δ Krautreiche Laubwälder, Auenwälder; zerstreut bis selten. Süddeutschland, Alpen und Vorland, Südeuropa.

1
2
3
4
5
6

Borretschgewächse
Boraginaceae

1 Kleine Wachsblume
Cerinthe minor L.

❀ 5–7 ↕ 15–60 cm

Pfl. blaugrün; Grundb. oft weiß gefleckt, obere St.b. st.umfassend, spatelförmig; Blütenstand mit großen, krautigen Tragb.; Krone 5spaltig, fast bis zur Mitte in lanzettliche Zipfel geteilt, gelb, oft rot gefleckt. Δ Weg- und Ackerränder, Dämme, Brachland; ziemlich selten. Mittel- und Südosteuropa.

Braunwurzgewächse
Scrophulariaceae

2 Schwarze Königskerze
Verbascum nigrum L.

❀ 6–8 ↕ 50–150 cm

St. oben kantig; untere B. am Grund herzförmig, lg. gestielt, alle B. oberseits fast kahl, unterseits graufilzig; Blütenstand verlängert, selten ästig; Blüten in ährig angeordneten Knäueln; Krone 12–22 mm br., gelb, am Grund purpurn gefleckt; Staubfäden violettwollig. Δ Schutt, Dämme, Waldschläge; ziemlich selten. Fast ganz Europa.

3 Kleinblütige Königskerze
Verbascum thapsus L.

❀ 7–9 ↕ 20–150 cm

B. ei-länglich, filzig behaart, bis 40 cm lg., am St. herablaufend, dieser dadurch geflügelt; Blüten kurz gestielt, in ährigen Knäueln; Krone weittrichterförmig, 15–22 mm br., hellgelb; die 3 oberen Staubfäden weißwollig, die unteren 2 kahl. Δ Schutt, Dämme, Ufer, Waldlichtungen; ziemlich häufig. Europa.

4 Großblütige Königskerze
Verbascum densiflorum Bertol.
(*V. thapsiforme* Schrader)

❀ 7–9 ↕ 30–200 cm

Pfl. ähnlich der Kleinblütigen Königskerze; B. gelbgrün, wollig behaart, gekerbt, lg.spitzig, am St. herablaufend; Blütenstand unten kurz verzweigt; Krone flach, 30–35 mm br., hellgelb. Sonnige Unkrautfluren, Waldschläge, Wegränder; zerstreut. Mittel- und Südeuropa.

Glockenblumengewächse
Campanulaceae

5 Strauß-Glockenblume
Campanula thyrsoidea L.

❀ 7–9 ↕ 10–40 cm

Pfl. aufrecht, dicht beblättert, rauhaarig; B. lanzettlich, gegen den Grund verschmälert; Blüten zahlreich, in kolbenförmiger Ähre; Krone trichter- bis glockenförmig, 15–25 mm lg., gelblich, behaart. Geschützt! Δ Sonnige Matten, Bergwiesen, etwa 1500–2600 m; zerstreut. Gebirge Mittel- und Südeuropas.

4
5
3
2
1

Knabenkrautgewächse oder Orchideen Orchidaceae

1 Blasses Knabenkraut
Orchis pallens L.

❀ 4–5 ↕ 15–40 cm

B. br.-eiförmig, stumpf, bis 4 cm br., glänzend; Blütenstand dichtblütig, eiförmig, kurz; Tragb. häutig, 1nervig; Blüten blassgelb; äußere Blütenb. abstehend oder zurückgeschlagen, innere zusammenneigend; Lippe seicht 3lappig. Geschützt! Δ Lichte Laubwälder, Gebüsche, Halbtrockenrasen; selten. Süddeutschland, Thüringen, Alpen und Vorland, Wiener Becken, Siebenbürgen, Südeuropa. GefGr. 3!

2 Frauenschuh
Cypripedium calceolus L.

❀ 5–7 ↕ 15–50 cm

B. eiförmig bis länglich, 6–12 cm lg., st.umfassend, hellgrün, am Rand und auf den Nerven fein behaart; Blüten zu 1–2, auffällig, groß; Blütenb. rotbraun, lanzettlich, die beiden unteren auf 4/5 verwachsen; Lippe pantoffel- oder schuhförmig, gelb und dunkel geadert und gefleckt, 3–4 cm lg. und bis 3 cm br.; Staubb. 2 (übrige Gattungen nur mit 1 Staubb.). Geschützt! Δ Lichte, gras- und krautreiche Laub- und Nadelwälder, Gebüsche, kalkhaltige Böden; in den Alpen bis etwa 1600 m (selten höher); selten, vielerorts ausgerottet. Hauptsächlich Nord- und Mitteleuropa, im Mittelmeerraum fehlend. GefGr. 3!

3 Glanzorchis, Glanzstendel
Liparis loeselii (L.) Rich.

❀ 6–7 ↕ 6–20 cm

Pfl. gelbgrün, mit 1–3 grundständigen, fettig glänzenden, lanzettlichen B. und 3–7 gelbgrünen, kleinen Blüten; Lippe 4–5 mm lg., elliptisch, rinnig gefaltet, am Rand klein gekerbt. Geschützt! Δ Kalkhaltige Flach- und Zwischenmoore, Quellsümpfe; selten. Nord- und Mitteleuropa, südlich bis Pyrenäen, Apennin und nördliche Balkanhalbinsel. GefGr. 2!

4 Honigorchis, Elfenstengel
Herminium monorchis (L.) R. Br.

❀ 5–6 ↕ 8–25 cm

Pfl. mit kurzen Ausläufern; B. grundständig, 2–5, lanzettlich, 5–10 cm lg.; St. gelegentlich mit 1–3 kleinen B.; Ähre schmal, 1seitswendig, mit kleinen, grünlichgelben, nach Honig duftenden Blüten; Lippe 3teilig, 3–4 mm lg. Geschützt! Δ Kalkmagerrasen, Magerweiden, Moorwiesen; selten. Südskandinavien, Mitteleuropa, Alpen, Pyrenäen, Apennin, Gebirge der Balkanhalbinsel. GefGr. 2!

5 Kleingriffel, Einblatt
Malaxis monophyllos (L.) Sw.
(*Microstylis m.* (L.) Lindb.)

❀ 6–7 ↕ 8–30 cm

Pfl. mit meist 1 grundständigen, länglich eiförmigen, 4–6 cm lg. B. und vielblütiger, lockerer Traube; Blüten klein, grünlichgelb; Tragb. lanzettlich, spitz; äußere 3 Blütenb. lanzettlich, die beiden seitlichen linealisch; Lippe eiförmig, plötzlich schmal zugespitzt, nach oben gestellt. Geschützt! Δ Auenwälder, Waldbäche, moorige, schattige Wiesen; selten. Nord- und Mitteleuropa, vor allem Alpen und Vorland, Schwarzwald.

5
1
2
4
3

Hahnenfußgewächse
Ranunculaceae

1 Gelber Eisenhut, Wolfs-Eisenhut
Aconitum vulparia Rchb.

6–8 50–150 cm

Pfl. ähnlich dem Blauen Eisenhut (s. S. 300); B. handförmig 5–7teilig, mit br. Abschnitten; Blüten gelb oder weißlich, mit hohem, schlankem Helm, in 1facher oder ästiger Traube. Giftig! Geschützt! Δ Schlucht- und Auenwälder, feuchte Laubmischwälder, Hochstaudenfluren, in den Alpen bis 2400 m. Gebirge Mittel- und Südeuropas.

Erdrauchgewächse
Fumariaceae

2 Gelber Lerchensporn
Corydalis lutea (L.) DC.

5–9 15–30 cm

Pfl. reich verzweigt, dicht beblättert; B. 2–3fach gefiedert, Fiedern oval; Blüten 1–2 cm lg., in 5–15blütigen Trauben, gelb, mit Sporn; Kelchb. 4–6 mm lg., gezähnt. Δ Mauerspalten, Felsen, Geröll; Zierpfl. Südalpen, sonst verwildert.

Osterluzeigewächse
Aristolochiaceae

3 Gewöhnliche Osterluzei
Aristolochia clematitis L.

5–6 30–70 cm

St. unverzweigt, hin und her gebogen; B. ei-herzförmig, hellgrün, 6–10 cm lg.; Blüten zu 2–8 in B.achseln, mit gebogener, am Grund bauchiger Röhre, gelblich; Staubb. 6. Giftig! Δ Weinberge, Gebüschsaum, feuchte Wälder; wärmeliebend; Heilpfl.; ziemlich selten. Mittel- und Südeuropa.

Veilchengewächse
Violaceae

4 Acker-Stiefmütterchen
Viola arvensis Murray

4–10 5–20 cm

Nebenb. mit ei-lanzettlichen gesägten Mittellappen; Krone cremefarben und meist noch etwas violett, etwa so lg. wie der Kelch; Sporn etwa so lg. wie die Kelchanhängsel. Δ Äcker, Schutt; häufig. Europa.

5 Wildes Stiefmütterchen
Viola tricolor L.

5–10 10–40 cm

Pfl. sehr variabel; B. herzförmig, gesägt; Nebenb. gefingert, mit lanzettlichen Mittellappen; Krone länger als der Kelch, blauviolett und gelb; Sporn fast 2mal so lg. wie die Kelchanhängsel. Δ Brachland, Wege; verbreitet. Fast ganz Europa.

6 Gelbes Veilchen
Viola biflora L.

5–8 8–12 cm

St. mit 2 br.-nierenförmigen, gekerbten B. und 1–2 gelben Blüten. Δ Feuchtes Geröll, schattige Stellen, bis 3000 m; verbreitet. Gebirge Mittel- und Südeuropas.

Resedengewächse
Resedaceae

7 Wilde Resede
Reseda lutea L.

6–9 20–50 cm

B. 1–2fach fiederteilig; Blüten hellgelb, geruchlos; Kronb. 6, die oberen 2 länger, 4–5 mm lg. Δ Wege, Dämme, Schutt, Steinbrüche; häufig. Mittel- und Südeuropa.

1
2
3
4
5
6
7

Schmetterlingsblütengewächse
Fabaceae oder Papilionaceae

1 Spargelschote
Tetragonolobus maritimus (L.) Roth
(*Lotus siliquosus* L.)

5–6 ↕ 10–25 cm

Pfl. niederliegend; B. mit 5 graugrünen, etwas fleischigen B.chen, das untere Paar dicht am St. und etwas kleiner; Blüten zu 1 oder 2 in den B.achseln, lg. gestielt, blassgelb, 2–3 cm lg.; Hülse 4kantig oder 4flügelig, 4–5 cm lg. und 3 mm br. Δ Kalkmagerrasen, lichte Kiefernwälder, Moorwiesen; salzertragend; zerstreut. Mittel- und Südeuropa, nördlich vereinzelt bis Südskandinavien. GefGr. 3!

2 Wundklee
Anthyllis vulneraria L.

5–8 ↕ 15–30 cm

Pfl. mit Pfahlwurzel; B. gefiedert, Endfieder größer, seitliche Fiederb. oval bis lanzettlich; Grundb. oft nur mit Endfieder; Blütenstand, kopfig; Krone 1–2 cm lg., hellgelb bis orangegelb. Sehr formenreich: Beim **Alpen-Wundklee**, ssp. *alpestris* (Kit.) A. et Gr. (2b) Kelch 13–16 mm lg., zottig behaart; Krone goldgelb; Grundb. nur mit großer, elliptischer Endfieder, kahl, fleischig. Beim **Strand-Wundklee**, ssp. *maritima* Schweigg., Kelch 8–11 mm lg., Krone orangerot; St. stark ästig, dicht seidig behaart; B. oberseits kahl, unterseits grau seidenhaarig bis filzig; St.b. mit 3–5 Paar lineal-lanzettlichen Fiederb.
Beim **Gemeinen Wundklee**, ssp. *vulneraria* (2a), St. wenig verzweigt, kurz anliegend behaart; B. beiderseits behaart, St.b. und Grundb. mit vergrößerter Endfieder und 3–5 Paar elliptischer Fiederb.; Krone leuchtend gelb. Δ Kalkmagerrasen, Wege; alpine Steinrasen (ssp. *alpestris*); Sanddünen der Nord und Ostsee (ssp. *maritima*); ziemlich häufig.

3 Gewöhnlicher Hornklee
Lotus corniculatus L.

5–8 ↕ 5–30 cm

Pfl. bogig aufsteigend; St. markig oder engröhrig; B. mit 5 ovalen Fiederb., das untere B.chenpaar dicht am St., von den übrigen 3 B.chen entfernt; Blüten 6–14 mm lg., in 3–8blütigen, kopfigen Dolden, gelb; Schiffchen mit rechtwinkeligem Knie, Schiffchenspitze oft rötlich. Δ Wiesen, Weiden, Magerrasen, Steinbrüche; verbreitet. Europa.

4 Gewöhnlicher Steinklee
Melilotus officinalis (L.) Pallas

6–9 ↕ 30–100 cm

Pfl. ähnlich dem Weißen Steinklee (s. S. 76); B. 3zählig; Blüten gelb, 5–7 mm lg., in lockeren, 4–10 cm lg. Trauben; Frucht 3–4 mm lg., kahl, mit Querrunzeln, zur Reife braun. Δ Sonnige Unkrautfluren, Dünen, Steinbrüche, Schutt; häufig. Europa.

5 Ranken-Platterbse
Lathyrus aphaca L.

5–7 ↕ 10–30 cm

St. aufsteigend oder kletternd, ungeflügelt; B. in eine Ranke umgewandelt, mit 2 (gegenständigen) großen, laubb.artigen, 1–4 cm lg. Nebenb.; Blüten zu 1–2, gelb, 10–15 mm lg.; Kelch kahl; Frucht 2–3 cm lg., kahl. Δ Kalkarme Getreidefelder; wärmeliebend; zerstreut. Mittel- und Südeuropa. GefGr. 3!

6 Wiesen-Platterbse
Lathyrus pratensis L.

6–8 ↕ 30–100 cm

B. mit 2 länglich lanzettlichen, parallelnervigen Fiederb. und Endranke; Nebenb. fast so groß wie die Fiederb.; St. kantig; Blüten 10–15 mm lg., gelb, in 3–10blütigen Trauben. Δ Fettwiesen, Moorwiesen, Ufer, Waldränder; verbreitet. Fast ganz Europa.

1
2a
2b
3
4
5
6

Schmetterlingsblütengewächse
Fabaceae oder Papilionaceae

1 Färber-Ginster
Genista tinctoria L.

❀ 6–8 ↕ 30–60 cm

Pfl. aufrecht, dornenlos; B. lanzettlich, 1–4 cm lg., am Grund mit 2 kleinen, schmallanzettlichen Nebenb.; Blüten in endständigen Trauben, gelb; Krone 8–16 mm lg., kahl; Hülse 2–3 cm lg., kahl. Δ Magerrasen, Wald-, Wegränder, lichte Eichenwälder; ziemlich häufig. Mittel- und Südeuropa, nördlich bis Südschweden.

2 Deutscher Ginster
Genista germanica L.

❀ 5–6 ↕ 20–50 cm

Ältere Zweige b.los, dornig, junge Zweige dornenlos, beblättert, aufrecht, abstehend behaart, mit endständigen, reichblütigen Blütentrauben; B. 1fach, lanzettlich, 1–1,5 cm lg., grasgrün, ohne Nebenb.; Kelch behaart; Krone 7–11 mm lg., Fahne kahl, kürzer als das kurz behaarte Schiffchen; Hülsen 7–12 mm lg., behaart. Δ Heiden, Waldränder; zerstreut. Mittel- und Osteuropa, nördlich bis Südschweden, südlich bis Norditalien.

3 Flügel-Ginster
Genista sagittalis L. (*Chamaespartium sagittale* (L.) P. Gibbs)

❀ 5–6 ↕ 10–30 cm

Pfl. mit kriechenden, verholzten St. und aufsteigenden, meist 1fachen, jungen Zweigen; St. und Zweige br. geflügelt, abstehend behaart; B. klein, hinfällig; Blüten in kurzen, dichten Trauben; Kelch abstehend behaart, mit 2teiliger Oberlippe und 3teiliger Unterlippe; Krone 10–15 mm lg., gelb. Δ Magerrasen, Wald- und Wegränder, felsige Hänge; verbreitet. Mittel- und Südeuropa.

4 Regensburger Zwergginster, Geißklee
Chamaecytisus ratisbonensis (Schaef.) Rothm. (*Cytisus r.* Schaef.)

❀ 5–6 ↕ 10–30 cm

Äste liegend, vorne aufsteigend, angedrückt seidenhaarig; B. 3zählig, gestielt; Blüten meist zu 2, b.achselständig, kurz gestielt; Kelch röhrenförmig, 2mal so lg. wie br.; Krone 1–2 cm lg., goldgelb, Fahne rotbraun. Δ Trockenrasen, Waldsäume, lichte, trockene Kiefernwälder; ziemlich selten. Mittel- und Südeuropa (östlich).

5 Schwärzender Geißklee
Lembotropis nigricans (L.) Griseb. (*Cytisus nigricans* L.)

❀ 6–8 ↕ 50–150 cm

Pfl. beim Trocknen schwarz werdend; Zweige anliegend kurzhaarig, rutenförmig; B. 3zählig, oberseits kahl, unterseits behaart; Blüten in endständigen, reichblütigen, b.losen Trauben; Krone 10–12 mm lg., gelb; Blütenstiele 1–2mal so lg. wie der glockenförmige, kurze Kelch; Hülsen 2–3 cm lg. Δ Lichte Wälder, sonnige Waldränder; wärmeliebend; selten. Süddeutschland, Südalpen, Osteuropa.

6 Sichelklee
Medicago falcata L.

❀ 6–9 ↕ 20–50 cm

Pfl. niederliegend bis aufsteigend; B. 3zählig, B.chen vorne in der Ausrandung stachelspitz; Blüten etwa 1 cm lg., in fast kugeligen Trauben; Fruchthülse sichelförmig, 8–15 mm lg. Δ Trockenrasen, Kalkmagerrasen, trockene Wald- und Wegränder; zerstreut. Fast ganz Europa, nördlich bis Südskandinavien.

6
2
4
1
3
5

Schmetterlingsblütengewächse
Fabaceae oder Papilionaceae

1 Stängelloser Tragant
Astragalus exscapus L.

✿ 6–7 ↕ 3–8 cm

Pfl. zottig behaart, (fast) st.los; B. und Blütenstand grundständig; B. mit 25–39 eiförmigen, gerundeten oder ausgerandeten, dicht behaarten Fiederb.; Blüten zu 3–9; Krone 20–25 mm lg., gelb; Hülse eiförmig. Δ Trockenrasen, Felsensteppen, auf Kalk oder Gips; selten. Thüringen, Zentral- und Südalpen, Ost- und Südeuropa. GefGr. 3!

2 Bärenschote, Süßer Tragant
Astragalus glycyphyllos L.

✿ 6–7 ↕ 50–150 cm

St. und B. kahl; B. mit 11 oder 13 eiförmigen, 2–5 cm lg. Fiederb.; Blüten zu 8–30; Krone 13–15 mm lg., gelbgrün; Hülsen kahl, linealisch, schwach gebogen. Δ Waldränder, Gebüsche, steinige Hänge; verbreitet. Südskandinavien, Mitteleuropa, in Südeuropa selten.

3 Kicher-Tragant
Astragalus cicer L.

✿ 6–8 ↕ 20–60 cm

St. und B. anliegend behaart; B. mit 17–25 länglich-lanzettlichen Fiederb.; Blüten zu 8–25 in dichten Trauben; Krone 12–16 mm lg., hellgelb; Hülsen aufgeblasen, rauhaarig. Δ Gebüsche, Waldränder; kalkhaltige Böden, wärmeliebend; ziemlich selten. Mittel- und Südeuropa. GefGr. 3!

4 Zottiger Spitzkiel
Oxytropis pilosa (L.) DC.

✿ 6–7 ↕ 10–30 cm

Pfl. abstehend zottig behaart; B. mit 19–27 lanzettlichen, kahlen oder unterseits anliegend behaarten, 5–20 mm lg. Fiederb.; Blüten zu 5–25 in aufrechten Trauben; Kelchzähne fast so lg. wie die Kelchröhre; Krone 10–12 mm lg., hellgelb, Schiffchen mit aufgesetzter Spitze; Hülsen linealisch, kurzhaarig. Geschützt! Δ Sonnige Steppenrasen, Felsenhänge, lichte Föhrenwälder; selten. Süddeutschland, Thüringen, Südschweden, Alpen, Apennin, Osteuropa. GefGr. 2!

5 Hufeisenklee
Hippocrepis comosa L.

✿ 5–7 ↕ 5–20 cm

B. lg. gestielt, mit 5–15 ovalen bis schmallanzettlichen Fiederb.; Dolde 4–10blütig; Krone gelb, 8–12 mm lg.; Hülse 1–3 cm lg., abstehend oder etwas hängend, mit hufeisenförmigen Gliedern. Δ Sonnige Kalkmagerrasen, Wege, Steinbrüche, lichte Kiefernwälder; ziemlich häufig.

6 Berg-Kronwicke
Coronilla coronata L. (*C. montana* Scop.)

✿ 5–7 ↕ 30–50 cm

Pfl. aufrecht; B. unpaarig gefiedert, mit 7–13 ovalen, unterseits blaugrünen, etwas fleischigen Fiederb.; Nebenb. fädlich, bald abfallend, die unteren verwachsen, die oberen frei; Blüten in 12–20blütigen Dolden; Krone gelb, 7–10 mm lg.; Hülsen eingeschnürt, 2–3 cm lg., Glieder mit 4 stumpfen Kanten. Δ Lichte Wälder, Gebüsche, sonnige, trockene Hänge; kalkhaltige Böden, wärmeliebend; selten. Mittel- und Südeuropa (östlich), hauptsächlich Gebirge.

1
5
3
6
2
4

Springkrautgewächse
Balsaminaceae

1 Echtes Springkraut, Rühr-mich-nicht-an
Impatiens noli-tangere L.

7–8 30–80 cm

B. wechselständig, eiförmig, stumpf gezähnt, 3–10 cm lg.; Blüten zu 1–4, 2–3 cm lg., mit gekrümmtem Sporn, goldgelb; Fruchtkapsel 2–3 cm lg., zur Reife aufspringend. Δ Auen, Schluchtwälder; häufig. Fast ganz Europa, südlich bis Mittelitalien.

2 Kleinblütiges Springkraut
Impatiens parviflora DC.

6–9 30–60 cm

B. eiförmig, zugespitzt, scharf gezähnt; Blüten 8–10 mm lg., in 4–10blütiger Traube, hellgelb, mit geradem Sporn; Fruchtkapsel keulenförmig, 15–20 mm lg. Δ Hecken, nährstoffreiche Laubwälder, Gärten. Ursprünglich Asien, etwa seit 1840 aus botanischen Gärten verwildert; häufig.

Kreuzblumengewächse
Polygalaceae

3 Zwergbuchs
Polygala chamaebuxus L.

4–6 10–20 cm

Pfl. niederliegend bis aufsteigend, unten verholzt; B. lederig, immergrün, unterseits hellgrün; Blüten 13–15 mm lg., schmetterlingsförmig, zu 1–2 in den Achseln der oberen B., gelb, oft rot überlaufen; Kelchb. gefärbt, kronb.artig, die 2 inneren (Flügel) groß, 10–15 mm lg.; Kronb. 5, das untere (Schiffchen) groß, mit fransigem Anhängsel. Δ Kalkmagerrasen, Zwergstrauchgesellschaften, trockene Kiefernwälder; zerstreut. Gebirge Mittel- und Südeuropas.

Braunwurzgewächse
Scrophulariaceae

4 Wiesen-Wachtelweizen
Melampyrum pratense L.

5–9 10–50 cm

St. 4kantig; B. lanzettlich, 3–6 cm lg.; Blütenstand 1seitswendig; Krone, mit lg., gerader Röhre, gelblich weiß; Blüten fast waagrecht. Δ Lichte Wälder, Waldränder, Moore, Heiden; verbreitet. Fast ganz Europa.

5 Hain-Wachtelweizen
Melampyrum nemorosum L.

6–9 10–50 cm

St. 4kantig, auf 2 Seiten kurzhaarig; B. lanzettlich; Tragb. br.-herzförmig bis spießförmig, jederseits mit 1–5 mm lg. Zähnen, blauviolett; Blütenstand 1seitswendig; Krone goldgelb, später orange, mit rotbrauner Kronröhre; Kelch wollig-zottig. Δ Laubwälder; selten. Mittel- und Nordeuropa.

6 Acker-Wachtelweizen
Melampyrum arvense L.

5–9 20–60 cm

Blüten in allseitswendigen Ähren; Krone purpurn, mit hellgelber Röhre und gelbem Schlund; Tragb. mit grannenförmigen Zähnen, purpurn, selten gelbgrün. Δ Wege, sonnige Hecken; zerstreut. Fast ganz Europa.

7 Echtes Tännelkraut
Kickxia elatine (L.) Dum.

7–10 10–40 cm

St. drüsig-weichhaarig, fadenförmig; B. spieß- bis pfeilförmig; Blüten an lg. Stielen b.achselständig; Krone 5–7 mm lg. (ohne Sporn), hellgelb; Kronoberlippe innen violett. Δ Getreidefelder; ziemlich selten. Mittel- und Südeuropa, Südskandinavien.

3
4
6
5
7
1
2

Braunwurzgewächse
Scrophulariaceae

1 Zottiger Klappertopf
Rhinanthus alectorolophus (Scop.) Poll.

✿ 5–7 ↕ 10–60 cm

St. 1fach oder verzweigt, oben zottig behaart; St.b. oval bis ei-lanzettlich, scharf gesägt, kurzhaarig, gegenständig; Blüten einzeln in den Achseln bleichgrüner, zottig behaarter Tragb., diese mit gleichmäßigen, spitzen Zähnen; Krone 18–23 mm lg.; Zahn der Oberlippe länger als br., blauviolett; Kronröhre schwach oder nur allmählich gekrümmt. Δ Fettwiesen, Halbtrockenrasen, Getreidefelder; verbreitet. Hauptsächlich Mitteleuropa.
Ähnlich sind noch: **Großer Klappertopf**, *Rh. serotinus* (Schönh.) Oborny, Kronröhre ebenfalls schwach gekrümmt, aber St. fast kahl, Kelch und Tragb. kahl, letztere zugespitzt, ungleich gezähnt; St.b. länglich-lanzettlich, mit fast angedrückten Zähnen. Feuchte Magerwiesen, Trockenrasen, Dünen; verbreit bis zerstreut.
Der **Begrannte Klappertopf**, *Rh. aristatus* Celak, hat eine plötzlich stark aufwärts gebogene Kronröhre, kahlen Kelch und Tragb. mit grannenartig zugespitzten Zähnen. Kalkmagerrasen, Brachen, alpine Steinrasen; verbreitet bis zerstreut.

2 Kleiner Klappertopf
Rhinanthus minor L.

✿ 5–8 ↕ 15–40 cm

Pfl. kaum behaart; B. lanzettlich, kahl; Tragb. grün, 3eckig, spitz; Kelch kahl; Krone 13–15 mm lg., hellgelb, mit gerader Röhre, diese kürzer als der Kelch; Zahn der Oberlippe breiter als lg., 0,5–1 mm lg., gerundet, weißlich oder blasslila. Δ Magere Wiesen, Flachmoore; ziemlich häufig. Fast ganz Europa.

3 Karlszepter
Pedicularis sceptrum-carolinum L.

✿ 6–8 ↕ 30–100 cm

Stattlichste Art der Gattung; B. 10–30 cm lg., bis auf den Mittelnerv fiederteilig; Blütenstand locker, lang; Krone hellgelb, 3 cm lg.; Unterlippe rot gerandet, Oberlippe sichelförmig. Geschützt! Δ Moorwiesen, Flachmoore; selten. Nord- und Mitteleuropa. GefGr. 1!

4 Großblütiger Fingerhut
Digitalis grandiflora Mill.
(*D. ambigua* Murray)

✿ 6–8 ↕ 60–120 cm

B. länglich-lanzettlich, unterseits steifhaarig; Krone glockig-bauchig, 3–4 cm lg., hellgelb, innen braun gezeichnet. Giftig! Geschützt! Δ Laubwälder, Kahlschläge, sonnige Waldränder, Geröllhalden; in den Alpen bis etwa 1600 m; zerstreut. Mitteleuropa, südlich bis Südalpen, Nordgriechenland, Kaukasus.

5 Gewöhnliches Leinkraut
Linaria vulgaris Mill.

✿ 6–10 ↕ 20–60 cm

B. wechselständig, linealisch bis lanzettlich, 3–8 cm lg.; Blütenstand reichblütig; Krone mit lg., geradem Sporn, 15–30 mm lg., schwefelgelb, mit orangefarbenem Schlund. Δ Sonnige Unkrautfluren, Bahndämme, Steinbrüche; verbreitet. Europa.

3
1
2
4
5

Wasserschlauchgewächse
Lentibulariaceae

1 Gewöhnlicher Wasserschlauch
Utricularia vulgaris L.

❀ 6–8 ↕ 10–200 cm

Pfl. meist frei schwimmend, untergetaucht, nur Blüten über dem Wasser; B. 2–8 cm lg., mehrfach in haarförmige Abschnitte zerteilt, daran 1–4 mm große Fangbläschen oder Schläuche zum Einfangen von Plankton (zusätzliche Ernährung); Blüten zu 3–15 in Trauben, leuchtend gelb, 13–20 mm lg. Δ Stehende oder langsam fließende, meist nährstoffreiche Gewässer, Gräben; zerstreut bis selten. Europa.

2 Mittlerer Wasserschlauch
Utricularia intermedia Hayne

❀ 7–8 ↕ 10–20 cm

Pfl. mit farblosen Schlammsprossen im Boden verankert und mit grünen, untergetauchten Wassersprossen; Fangblasen nur an den Schlammsprossen; B. der Wassersprosse im Umriss rundlich, 5–20 mm lg., mit bandförmigen, 0,5 mm br. Zipfeln, diese auf jeder Seite mit 2–10 Wimperborsten und vorne mit aufgesetzter Spitze; Blüten (selten) mit walzlichem, 1 cm lg. Sporn. Geschützt! Δ Moorschlenken von Flach- und Übergangsmooren, auf Torfschlamm, in 10–50 cm Wassertiefe; zerstreut. Mittel- und Nordeuropa, südlich bis Norditalien, Pyrenäen. GefGr. 2!

Lippenblütengewächse
Labiatae oder Lamiaceae

3 Gelber Günsel
Ajuga chamaepitys (L.) Schreb.

❀ 5–9 ↕ 5–15 cm

Pfl. behaart; B. dicht stehend, 1–3 cm lg., 3teilig, mit linealischen Zipfeln, obere B. ungeteilt; Blüten einzeln, kurz gestielt, b.achselständig; Krone 7–15 mm lg., gelb, mit sehr kurzer Oberlippe und 3teiliger, bräunlich gezeichneter Unterlippe. Δ Getreidefelder, Weinberge, Brachland; wärmeliebend; selten. Süddeutschland, Südeuropa. GefGr. 3!

4 Goldnessel
Galeobdolon luteum Huds.
(*Lamium galeobdolon* L.)

❀ 4–7 ↕ 20–50 cm

Pfl. mit oberirdischen Ausläufern; B. ei-lanzettlich, spitz, gezähnt, 3–8 cm lg.; Blüten zu mehreren in den Achseln der oberen B.; Krone 15–25 mm lg., gelb, Unterlippe mit roten Flecken; bei ssp. *galeobdolon* ist der St.grund nur an den Kanten behaart, die obersten B. eiförmig, gekerbt und die Blütenhalbquirle 2–3blütig; bei ssp. *montanum* (Pers.) Hayek ist der St.grund ringsum behaart, die obersten B. lanzettlich und scharf gezähnt und die Blütenhalbquirle 4–8blütig. Δ Laub- und Nadelwälder; verbreitet. Fast ganz Europa.

5 Aufrechter Ziest
Stachys recta L.

❀ 6–10 ↕ 20–60 cm

B. eiförmig-lanzettlich, rauhaarig, untere gestielt, obere sitzend; Blütenquirl 6–10blütig; Kelchzähne 3eckig, mit kahler Stachelspitze. Δ Kalkmagerrasen, sonnige Waldränder, lichte Kiefern- und Eichenwälder; zerstreut. Mittel- und Südeuropa.

5
1
3
2
4

Lippenblütengewächse
Labiatae oder Lamiaceae

1 Berg-Gamander
Teucrium montanum L.

6–9 ↕ 5–35 cm

Pfl. niederliegend, aromatisch riechend; B. schmal-lanzettlich, 5–20 mm lg., ganzrandig, immergrün, lederig, unterseits dicht weißfilzig; Blüten am Ende der Zweige kopfig gehäuft, weißlich oder hellgelb; Kelch fast regelmäßig 5zähnig; Krone nur mit 5teiliger Unterlippe. Δ Sonnige Kalkmagerrasen, Fels- und Schuttfluren; zerstreut. Mittel- und Südeuropa.

2 Wald-Gamander
Teucrium scorodonia L.

7–9 ↕ 30–60 cm

Pfl. unangenehm riechend; B. gestielt, eiförmig, am Grund herzförmig, netzrunzelig, stumpf und unregelmäßig gezähnt, 3–7 cm lg.; Blüten gelblich, 10–14 mm lg., in lockerer, schlanker Ähre; Kelch 4–6 mm lg., 2lippig, Oberlippe 1fach, Unterlippe 4zähnig. Δ Bodensaure, lichte Eichen- und Kiefernwälder, Heiden, Waldränder; verbreitet. Mitteleuropa, nördlich bis Südskandinavien, südlich bis Südfrankreich, Oberitalien, Kroatien (westlich).

3 Klebriger Salbei
Salvia glutinosa L.

7–10 ↕ 50–120 cm

Pfl. drüsenhaarig, klebrig; B. lg. gestielt, Spreite am Grund spießförmig, grob gezähnt, 8–15 cm lg.; Blütenstand aus vielen quirlartigen, 4–6blütigen Teilblütenständen; Blüten 3–10 mm lg. gestielt, hellgelb, rotbraun punktiert, 3–5 cm lg.; Staubb. 2; Kelch eng glockenförmig, klebrig-drüsig behaart. Δ Laubwälder, Bergmischwälder, Kahlschläge, Hochstaudenfluren; zerstreut. Gebirge Mittel- und Südeuropas.

4 Bunter Hohlzahn
Galeopsis speciosa Mill.

6–10 ↕ 30–80 cm

St. an den Knoten verdickt, abstehend borstig behaart; B. eiförmig, 3–10 cm lg., grob gezähnt; Blüten 25–40 mm lg., gelb, mit violleter Unterlippe; Kelch mit lg., gelben Drüsenhaaren. Δ Waldschläge, lehmige Äcker, Wege; zerstreut. Fast ganz Europa.

4
3
1
2

Hahnenfußgewächse
Ranunculaceae

1 Glänzende Wiesenraute
Thalictrum lucidum L.

✿ 6–7 ↕ 60–120 cm

B. 2fach gefiedert; Fiederb. länglich, keilförmig oder linealisch, oberseits dunkelgrün, glänzend; Blüten an den Enden der Rispenäste gedrängt; Blüten und Staubb. aufrecht, gelblich. Δ Auenwälder, Moorwiesen; selten. Mitteleuropa (Mecklenburg, Ostpreußen, Thüringen, Donau- und Maingebiet, Alpen), Südosteuropa. GefGr. 3!

2 Kleine Wiesenraute
Thalictrum minus L.

✿ 5–8 ↕ 30–100 cm

B. am St. gleichmäßig verteilt, 3–4fach gefiedert; Fiederb. rundlich oder rundlich keilig, blaugrün, unterseits hellgrün; St. gefurcht; Blütenstand rispig, oft mit abstehenden Ästen; Blütenb. und Staubfäden gelblich, hängend; Früchtchen sitzend, spindelförmig, längs-gerippt, Δ Lichte, trockene Wälder, Trockengebüsch, Trockenrasen an Waldrändern; ziemlich selten. Hauptsächlich Mittel- und Südeuropa, nördlich bis Südskandinavien.

Steinbrechgewächse
Saxifragaceae

3 Wechselblättriges Milzkraut
Chrysosplenium alternifolium L.

✿ 3–5 ↕ 5–20 cm

Pfl. rasenbildend, mit fadenförmigen Ausläufern; Grundb. rundlich-nierenförmig, 2–5 cm br., gekerbt, lg. gestielt; St.b. ähnlich, wechselständig; St. 3kantig; Blütenstand doldenartig, mit gelblichen Hochb.; Blütenhülle 1fach, 4zählig, grünlichgelb, 5–6 mm br.; Staubb. 8. Δ Auenwälder, Schluchtwälder, Ufer; ziemlich häufig. Fast ganz Europa, südlich bis Mittelitalien.

Primelgewächse
Primulaceae

4 Strauß-Gilbweiderich
Lysimachia thyrsiflora L.

✿ 5–6 ↕ 30–60 cm

Pfl. aufrecht, B. lanzettlich, sitzend, kreuzweise gegenständig: Blüten in dichten, gestielten Trauben in den Achseln der mittleren St.b. stehend; Kronb. 5–6, schmal-lanzettlich, 4–5 mm lg., gelb, gegen die Spitze rot punktiert. Δ An Ufern von Teichen oder langsam fließenden Gewässern, auf nassen, oft überschwemmten, torfigen Böden; selten. Europa. GefGr. 3!

Wolfsmilchgewächse
Euphorbiaceae

5 Warzen-Wolfsmilch
Euphorbia brittingeri Opiz
(*E. verrucosa* L.)

✿ 5–6 ↕ 20–50 cm

Pfl. bogig aufsteigend; B. wechselständig, oval, sitzend, fein gezähnt, hellgrün; Scheindolde meist 5strahlig; Hochb.hülle der Einzelblütenstände oval, nicht verwachsen, kurz gestielt; Drüsen des Blütenbechers oval, gelb; Frucht 3–4 mm lg., mit halbkugeligen oder zylindrischen Warzen. Giftig!
Δ Kalkmagerrasen, sonnige Böschungen; zerstreut. Mittel und Südeuropa.

1
2
3
4
5

Wolfsmilchgewächse
Euphorbiaceae

1 Sonnenwend-Wolfsmilch
Euphorbia helioscopia L.

❀ 4–11 ↕ 10–40 cm

St.b. wechselständig, verkehrt-eiförmig bis keilförmig, hellgrün, kurz gestielt, vorne fein gezähnt, 2–4 cm lg.; Blütendolde 5strahlig; Hüllb. den St.b. ähnlich; Drüsen des Blütenbechers gelb, rundlich-oval; Fruchtkapsel glatt. Giftig! Δ Äcker, Gärten, Weinberge; nährstoffreiche Böden; häufig. Europa.

2 Strand-Wolfsmilch
Euphorbia paralias L.

❀ 5–9 ↕ 30–60 cm

Pfl. steif, blaugrün, am Grund mit Schuppenb.; B. dick, fleischig, eiförmig, spitz, dachziegelig, 5–20 mm lg.; Blütendolde 3–6strahlig; Hochb.hülle br.-eiförmig, nicht verwachsen; Drüsen des Hüllbechers mit kurzen Hörnern; Frucht feinwarzig. Giftig! Δ Küstensand; zerstreut. West- und Südeuropa.

3 Süße Wolfsmilch
Euphorbia dulcis L.

❀ 4–6 ↕ 20–50 cm

B. wechselständig, länglich-eiförmig, in den kurzen Stiel verschmälert, oberseits dunkelgrün, unterseits blaugrün; Blütenstand meist 5strahlig; Drüsen des Hüllbechers rundlich-oval, anfangs gelbgrün, später rotbraun; Hochb. des Einzelblütenstandes nicht verwachsen; Fruchtkapsel mit halbkugeligen Warzen. Δ Krautreiche Laubwälder, Nadelmischwälder; zerstreut. Mitteleuropa, südlich bis Nordspanien, Mittelitalien, Balkanhalbinsel.

4 Steppen-Wolfsmilch
Euphorbia seguieriana Neck.

❀ 4–6 ↕ 15–30 cm

Pfl. mit dickem, verholztem, oft waagrecht verlaufendem Rhizom; B. wechselständig, lanzettlich, 4–6 mm br., stachelspitz, blaugrün; Scheindolde 8–15strahlig, Strahlen nochmals 1–2mal gabelig verzweigt; Drüsen des Blütenbechers oval, gelb; Frucht glatt, kahl, 3 mm lg. Giftig! Δ Trockenrasen, Kalksanddünen, Steppenrasen; selten. Mittel- und Südeuropa. GefGr. 3!

5 Zypressen-Wolfsmilch
Euphorbia cyparissias L.

❀ 4–6 ↕ 15–35 cm

B. wechselständig, schmal linealisch, 2–3 mm br., hellgrün; nichtblühende Triebe dicht beblättert, tannenwedelartig; Scheindolde 9–15strahlig; Hochb.hülle der Einzelblütenstände hellgelb, später rot, nicht verwachsen; Drüsen des Blütenbechers halbmondförmig, 2hörnig, gelb; Frucht warzig, dadurch fein punktiert. Giftig! Δ Magerrasen, Wege, Böschungen; häufig. Oft von Rostpilzen befallen (Zwischenwirt des Erbsenrostes, *Uromyces pisi*). Europa.

6 Mandelblättrige Wolfsmilch
Euphorbia amygdaloides L.

❀ 4–5 ↕ 30–60 cm

Pfl. mit vielen nichtblühenden, dicht beblätterten St., diese verholzen und treiben im nächsten Jahr blühende St.; B. wechselständig, ei-lanzettlich, 3–6 cm lg., wintergrün, unter dem Blütenstand gedrängt stehend; Blütenstand reichästig; Drüsen des Hüllbechers halbmondförmig; die beiden Hochb. der Einzelblütenstände zu einem rundlichen B. verwachsen; Fruchtkapsel kahl, fein punktiert, 3furchig. Giftig! Δ Krautreiche Laubwälder; zerstreut. Mittel- und Südeuropa.

1
2
3
4
5
6

Schmetterlingsblütengewächse
Fabaceae oder Papilionaceae

1 Zwerg-Schneckenklee
Medicago minima (L.) Burtal.

❀ 5–6 ↕ 5–25 cm

Pfl. niederliegend bis aufsteigend; B. 3zählig, seidig behaart; Nebenb. ganzrandig oder mit kurzen Zähnen; Blüten 3–5 mm lg., gelb, in 3–8blütigen Köpfchen; Hülsen schneckenförmig gerollt, stark dornig, mit 2–6 engen Windungen, 3–5 mm br. (ohne Dornen). Δ Kalkmagerrasen, Sanddünen, Schafweiden, Wege; ziemlich selten. Mittel- und Südeuropa.

2 Hopfenklee, Gelbklee
Medicago lupulina L.

❀ 5–10 ↕ 10–40 cm

B. 3zählig, unterseits anliegend behaart; B.chen mit Spitzchen (im Gegensatz zu *Trifolium dubium*); Blütenköpfe 10–50blütig; Blüten 3–5 mm lg.; Hülse nierenförmig, ohne Stacheln, 2–3 mm lg. Δ Magerrasen, trockene Wiesen, Wegränder, Äcker; verbreitet. Europa.

3 Kleiner Klee, Faden-Klee
Trifolium dubium Sibth. (*T. minus* Sm.)

❀ 5–9 ↕ 5–15 cm

Pfl. niederliegend; B. 3zählig, bläulichgrün, kahl, mittleres B.chen länger gestielt als die seitlichen, ohne Spitzchen (vergleiche *Medicago lupulina*); Nebenb. eiförmig-lanzettlich; Blütenköpfe 10–20blütig, 6–8 mm br.; Krone gelb, 3–4 mm lg. Δ Wiesen, Weiden, Wegränder; verbreitet. Fast ganz Europa.

4 Feld-Klee
Trifolium campestre Schreb.

❀ 6–9 ↕ 10–20 cm

B. 3zählig, mittleres B.chen länger gestielt als die seitlichen; Nebenb. eiförmig, am Grund verbreitert, kürzer als der B.stiel; Blütenköpfe dicht, 20–40blütig, 7–10 mm lg.; Blüten 5 mm lg., hellgelb, verblüht hellbraun. Δ Kalkmagerrasen, Sandfelder, Wege; ziemlich häufig. Europa.

5 Moor-Klee
Trifolium spadiceum L.

❀ 6–8 ↕ 10–30 cm

Pfl. aufrecht oder aufsteigend, obere St.b. fast gegenständig; B. 3zählig, B.chen sitzend oder gleich kurz gestielt; Nebenb. länglich-lanzettlich; Blütenköpfe zuletzt walzig, 6–25 mm lg. und 10–13 mm br., gelb bis gelbbraun, von obenher schwarzbraun abblühend; Blütenstiel viel kürzer als die Kelchröhre; Krone 5–6 mm lg. Δ Moorwiesen, Wege, Grabenränder, magere Bergwiesen; selten. Fast ganz Europa, hauptsächlich in den Gebirgen. GefGr. 2!

6 Blassgelber Klee
Trifolium ochroleucon Huds.

❀ 6–7 ↕ 20–40 cm

Pfl. aufsteigend; B. und St. dicht behaart; B. 3zählig; B.chen länglich-elliptisch, 1–3 cm lg.; Nebenb. mit lg., ausgezogener Spitze; Blütenköpfe einzeln, kugelig oder eiförmig, 15–30 mm lg., kurz gestielt; Kelchröhre 10nervig, behaart; Kelchzähne ungleich; Krone 13–18 mm lg., gelblichweiß, blassgelb. Δ Magerrasen, trockene Moorwiesen, Waldränder; selten. Mittel- und Südeuropa, nördlich bis England, Südpolen und Südrussland. GefGr. 3!

1
2
3
4
5
6

Doldengewächse
Umbelliferae oder Apiaceae

1 Echter Dill
Anethum graveolens L.

❁ 7–9 ↕ 50–120 cm

Pfl. kahl; St. stielrund; B. 2–4fach fiederschnittig, mit linealischen, fast borstlichen Abschnitten; B.scheiden kurz; Dolde 15–40strahlig; Hüllb. und Hüllchenb. fehlend; Kronb. gelb; Frucht linsenförmig, 4 mm lg. Δ Als Gewürzpflanze kultiviert, selten verwildert, Unkrautfluren. Fast ganz Europa. Ähnlich ist der **Fenchel,** *Foeniculum vulgare* Mill., aber Pfl. blaugrün, Wurzelstock spindelförmig (Wildsippen) oder eine große Zwiebel bildend; B.scheiden lg.; als Gewürzpfl. kultiviert, gelegentlich verwildert; wärmeliebend.

2 Gewöhnlicher Pastinak
Pastinaca sativa L.

❁ 6–9 ↕ 40–120 cm

St. glänzend, kantig gefurcht; B. gelbgrün, 1fach gefiedert, mit ei-länglichen, gelappten oder grob gezähnten, etwa 5 cm lg. Fiedern; Blüten gelb; Hüllb. und Hüllchenb. meist fehlend; Dolde 5–15strahlig; Frucht eiförmig, 5–8 mm lg., schmal geflügelt. Ssp. *urens* (Req.) Celak. ist grau behaart, matt; Pfl. mit sparrigem Wuchs, bis 250 cm; St. rund; Blütendolde 5–7strahlig. Ssp. *sylvestris* (Mill.) Rouy et Cam. ist ebenfalls grau behaart, aber St. kantig gefurcht und Dolde 7–15strahlig. Δ Unkrautfluren, Steinbrüche, Wege, Wiesen; verbreitet. Ursprünglich Westasien, seit dem Altertum als Futter- und Heilpfl. angebaut, heute fast ganz Europa.

3 Breitblättriger Merk
Sium latifolium L.

❁ 7–8 ↕ 60–120 cm

Pfl. ohne Ausläufer; St. kantig gefurcht; St.b. 1fach gefiedert, Abschnitte ei-lanzettlich, fein scharf gesägt, 3–6 cm lg., untergetauchte B. doppelt fiederteilig, mit linealischen Zipfeln; Blütendolde endständig, 15–25strahlig; Frucht länglich-eiförmig, 4 mm lg. Giftig! Δ Gräben, Ufer, nährstoffreiche Gewässer; ziemlich selten. Südskandinavien, Mittel- und Südeuropa.

4 Wiesen-Silau, Rossfenchel
Silaum silaus (L.) Sch. et Thell.

❁ 6–9 ↕ 30–100 cm

B. 3fach gefiedert; Fiederb.chen schmallanzettlich, 1–3 mm br., mit feiner Spitze; Dolde 5–10strahlig; Hüllb. 0–3; Hüllchenb. viele, weißhäutig berandet; Krone gelbgrün, 2 mm br.; Frucht eiförmig, 4 mm lg., mit scharfkantigen, flügelartigen Rippen. Δ Moor-, Nass- und Fettwiesen; zerstreut. Hauptsächlich Mitteleuropa.

5 Sichelblättriges Hasenohr
Bupleurum falcatum L.

❁ 6–9 ↕ 20–100 cm

Pfl. am Grund verholzt, mehrfach verzweigt; untere B. länglich spatelförmig, mit sehr lg., kaum geflügelten Stielen, obere B. lanzettlich, 5–7nervig; Hüllb. und Hüllchenb. schmal-lanzettlich, nicht verwachsen; Frucht 3–4 mm lg., braun. Δ Gebüsche, lichte Eichen- und Kiefernwälder, Trockenrasen; wärmeliebend; zerstreut bis selten. Mitteleuropa, südlich bis Mittelspanien, Albanien.

1
2
3
4
5

Korbblütengewächse
Compositae oder Asteraceae

1 Gold-Aster
Aster linosyris (L.) Bernh.

✿ 8–9 ↕ 15–45 cm

B. linealisch, 1–2 mm br., 1nervig; Blütenköpfe 8–10 mm br., in doldenartiger Traube; Zungenblüten fehlend, Röhrenblüten goldgelb; Pappus gelblich; Früchte 3 mm lg. Δ Sandtrockenrasen, Trocken- und Halbtrockenrasen, sonnige Hänge, Waldränder; ziemlich selten. Mittel- und Südeuropa.

2 Filzige Schafgarbe
Achillea tomentosa L.

✿ 5–7 ↕ 5–20 cm

Pfl. dicht zottig; St. 1fach oder verzweigt; B. im Umriss lanzettlich, bis zum Mittelnerv mehrfach fiederschnittig, fein zerteilt, mit borstlich-linealen, stachelspitzigen Zipfeln, dicht wollig behaart; Blütenköpfe winzig, in dichten Doldenrispen; Zungenblüten 4–6, goldgelb, halb so lg. wie die Hülle; Scheibenblüten gelb; Hüllb. stumpf, hellbraun berandet, weißwollig. Δ Trockenrasen, Felsensteppen, lichte Föhrenwälder. Alpen (z.B. Wallis, Aostatal, Vintschgau), Pyrenäen, Südeuropa.

3 Sand-Strohblume
Helichrysum arenarium (L.) Moench

✿ 7–8 ↕ 10–30 cm

Pfl. weißwollig; Rosettenb. spatelförmig, gestielt; St.b. linealisch, stumpf, sitzend, alle B. wollig behaart; Blütenköpfe 6–7 mm br., kugelig, in dichter, endständiger Schirmtraube; Hüllb. glänzend goldgelb oder orange; Zungenblüten fehlend, Röhrenblüten gelblich. Geschützt! Δ Sandtrockenrasen, lichte Kiefernwälder, Wegränder, Dünen; zerstreut bis selten. Mittel- und Südeuropa. GefGr. 3!

4 Gewöhnliche Goldrute
Solidago virgaurea L.

✿ 7–10 ↕ 20–100 cm

B. länglich-elliptisch, 3–4mal so lg. wie br., meist gezähnt; Blütenköpfe 7–8 mm lg. und 10–15 mm br., in aufrechter, allseitswendiger Traube oder Rispe; Zungenblüten 6–12, länger als die linealischen, grünlich gelben, hautrandigen Hüllb. Δ Krautreiche Laub- und Mischwälder, Heiden, Magerweiden; verbreitet. Europa.

5 Kanadische Goldrute
Solidago canadensis L.

✿ 8–9 ↕ 100–200 cm

Mehrjährige Pfl. mit goldgelben, 5–6 mm lg. Blütenköpfen in aufrechten, 1seitswendigen Rispen; St. dicht abstehend kurzhaarig; B. 10–15 cm lg., lanzettlich, zugespitzt, vorne gezähnt. Δ Unkrautfluren, Auwälder. Herkunft Nordamerika, in fast ganz Europa eingebürgert.

6 Wermut, Absinth
Artemisia absinthium L.

✿ 7–9 ↕ 40–100 cm

Pfl. halbstrauchig, filzig behaart, stark aromatisch und bitter schmeckend; B. 2–3fach fiederteilig, mit 2–3 mm br., beiderseits seidig filzigen, stumpfen Zipfeln; B.stiele am Grund nicht geöhrt; Blütenköpfe kugelig, 3–4 mm br., gelb, kurz gestielt, nickend, in meist schmaler Rispe. Δ Wegränder, Mauern, Schafweiden, Felsen, in sommerwarmen und niederschlagsarmen Gebieten, in den Alpen bis 2000 m; verbreitet bis zerstreut. Arznei- und Gewürzpflanze. Fast ganz Europa.

5
1
3
4
2
6b
6a

Korbblütengewächse
Compositae oder Asteraceae

1 Rainfarn
Tanacetum vulgare L.
(*Chrysanthemum vulgare* (L.) Bernh.)

7–9 ↕ 60–120 cm

B. fiederteilig, 5–25 cm lg., Fiedern jederseits zu 8–12, lanzettlich, fiederschnittig gesägt; Blütenköpfe 7–12 mm br., in Schirmrispen, goldgelb; Strahlenblüten fehlend; Hüllb. hellgrün, hautrandig, kahl. Δ Wege, Schutt, Dämme, Ufer; häufig. Europa.

2 Huflattich
Tussilago farfara L.

2–4 ↕ 5–20 cm

Blüten vor den B. erscheinend; Blütenschaft 1köpfig, mit rötlichen Schuppen; Blütenkopf 2–3 cm br., gelb; Hüllb. 1reihig; B. grundständig, rundlich-herzförmig, 10–30 cm br., schwärzlich gezähnt, unterseits graufilzig; B.stiel oben rinnig (im Gegensatz zu *Petasites*, siehe S. 104). Δ Wege, Kiesgruben, Äcker, Ufer, Erdanrisse; häufig. Europa.

3 Strahlenlose Kamille
Chamomilla suaveolens (Pursh) Rydb.
(*Matricaria discoidea* DC.,
M. matricarioides auct.)

5–8 ↕ 5–30 cm

Blütenköpfe kegelförmig, kurz gestielt, grünlichgelb, 5–8 mm br., ohne Strahlenblüten, Scheibenblüten 4zähnig. Δ Trittrasen, stickstoffreiche Unkrautfluren; häufig. Europa.

4 Großes Flohkraut
Pulicaria dysenterica (L.) Bernh.

7–8 ↕ 30–60 cm

B. eiförmig, mit herzförmigem Grund st.umfassend, oft wellig, gezähnt, unterseits graufilzig, 3–8 cm lg.; Blütenköpfe 15–30 mm br.; Strahlenblüten gelb, ausgebreitet, 2mal so lg. wie die grüne, drüsenhaarige Hülle. Δ Moorwiesen, Gräben, Nassweiden; zerstreut. Mittel- und Südeuropa.

5 Färberkamille
Anthemis tinctoria L.

6–9 ↕ 20–50 cm

Pfl. aufrecht oder aufsteigend; B. gefiedert, mit kammförmig gesägten Fiederb., behaart; Blütenköpfe 2–5 cm br.; Blütenkopfboden halbkugelig, mit lanzettlichen, spitzen Spreub.; Randblüten zungenförmig, 8–15 mm lg., gelb, innere Blüten röhrenförmig; Hüllb. filzig, dachziegelig; Hülle halbkugelig. Δ Trockenrasen, Wegränder, Felssteppen; zerstreut; früher wurden die Blüten zum Färben verwendet. Europa.

6 Topinambur
Helianthus tuberosus L.

8–10 ↕ 100–200 cm

St. rau; B. gegenständig, nur die obersten wechselständig, eiförmig bis eilänglich, gesägt, 10–25 cm lg., oberseits rau; Blütenköpfe 5–15 cm br., lg. gestielt; Strahlenblüten 3–4 cm lg., gelb; Hüllb. dunkelgrün bis schwärzlich, äußere abstehend; Pfl. mit Wurzelknolle. Δ Wegränder, Flussufer, Brachen. Herkunft Nordamerika, als Futter- sowie Gemüsepfl. kultiviert und in Mittel- und Osteuropa häufig verwildert.

5
6
3
2
1
4

Korbblütengewächse
Compositae oder Asteraceae

1 Rauer Alant
Inula hirta L.

✽ 6–7 ↕ 15–45 cm

St. abstehend behaart; B. eiförmig, beiderseits rauhaarig, hervortretend netznervig, mit abgerundetem Grund sitzend; Blütenköpfe 2–5 cm br., zu 1–3; Zungenblüten 15–20 mm lg., gelb. Δ Lichte Eichen- und Kiefernwälder, sonnige Hecken, Trockenrasen; selten. Hauptsächlich Mittel- und Osteuropa. GefGr. 3!

2 Weiden-Alant
Inula salicina L.

✽ 6–10 ↕ 25–80 cm

St. kahl; B. länglich-lanzettlich, mit herzförmigem Grund st. umfassend, kahl am Rand gewimpert, netznervig; Blütenköpfe 25–35 mm br.; Hüllb. lanzettlich, am Rand bewimpert, Spitze zurückgebogen; äußere Blüten zungenförmig, innere röhrenförmig, gelb. Δ Halbtrockenrasen, Moorwiesen, Waldränder; zerstreut. Mittel- und Osteuropa, südlich bis Oberitalien.

3 Wiesen-Alant
Inula britannica L.

✽ 7–9 ↕ 20–80 cm

Pfl. oben verzweigt; B. lanzettlich, unterseits wollig-zottig, die unteren in den kurzen Stiel verschmälert, die oberen mit herzförmigem Grund sitzend; Blütenköpfe 3–5 cm br., gelb, einzeln oder in lockeren Doldenrispen; Zungenblüten viel länger als die Röhrenblüten; Hüllb. abstehend oder zurückgekrümmt. Δ Feuchtwiesen, Ufer; salzertragend; ziemlich selten. Südskandinavien, Mitteleuropa, südlich bis Mittelitalien.

4 Dreiteiliger Zweizahn
Bidens tripartita L.

✽ 7–10 ↕ 15–100 cm

St. braunrot, mit abstehenden, weit ausladenden Ästen; B. dunkelgrün, 3–7teilig, Abschnitte ei-lanzettlich, grob gezähnt, spitz; Zähne gerade, vorwärts gerichtet; Blütenköpfe 1–2 cm br., ohne oder mit gelben, zungenförmigen Randblüten; Röhrenblüten bräunlich; äußere Hüllb. 5–8, b.artig; innere Hüllb. gelbbraun; Frucht auf der Fläche glatt, am Rand von rückwärts gerichteten Haaren rau. Δ Teichränder, Gräben, vernässte Äcker, auch Schuttplätze; auf stickstoffreichen, tonig-schlammigen oder sumpfigen Böden; verbreitet. Fast ganz Europa.

5 Nickender Zweizahn
Bidens cernua L.

✽ 8–10 ↕ 10–100 cm

Pfl. 1jährig; B. ungeteilt, lanzettlich, grob gezähnt, sitzend; Blütenköpfe nickend, 2–4 cm br., oft mit zungenförmigen Randb.; äußere Hüllb. 5–8, krautig, am Rand bewimpert, viel länger als die br.-eiförmigen, braun gestreiften, inneren Hüllb.; Frucht flach, 4kantig, mit hakigen Borsten. Δ Dorfteiche, Gräben, nährstoffreiche Schlammböden; ziemlich selten. Fast ganz Europa, nördlich bis Südskandinavien.

2
1
4
3
5

Korbblütengewächse
Compositae oder Asteraceae

1 Weidenblättriges Ochsenauge
Buphthalmum salicifolium L.

6–9 ↕ 20–60 cm

B. ei-lanzettlich, seidenhaarig, ganzrandig oder fein gezähnt; Blütenköpfe 3–6 cm br., einzeln, endständig; Blütenkopfboden mit lanzettlichen Spreub.; randliche Blüten zungenförmig, 2–3 mm br., gelb, innere Blüten röhrenförmig, zahlreich; randständige Frucht geflügelt-3kantig. Δ Kalkmagerrasen, Waldränder, lichte Eichen- und Kiefernwälder; verbreitet. Gebirge Mittel- und Südeuropas.

2 Großblütige Gämswurz
Doronicum grandiflorum Lam.

7–8 ↕ 15–50 cm

St. reichdrüsig, unten dicht beblättert; untere B. gestielt, br.-eiförmig, am Grund gestutzt oder herzförmig, grob buchtig gezähnt; obere B. herzförmig st.umfassend; Blütenköpfe meist 1, 4–7 cm br., gelb; Früchte 2 mm lg., 10rippig. Δ Kalkschutt, Felsbänder, steinige Matten, etwa 1500–3100 m; verbreitet. Gebirge Mittel- und Südeuropas.

3 Arnika, Bergwohlverleih
Arnica montana L.

6–7 ↕ 20–50 cm

Pfl. mit grundständiger, meist 4blättriger Rosette; St.b. gegenständig, eiförmig, spitz; Blütenköpfe 1 (selten bis 5), 5–8 cm br.; randliche Blüten zungenförmig, 2–3 cm lg. und 4–6 mm br. Geschützt! Δ Silikatmagerrasen, Moorwiesen; in den Alpen bis etwa 2500 m; zerstreut. Hauptsächlich Gebirge Mitteleuropas, nördlich bis Südschweden, südlich bis Nordspanien, Pyrenäen. GefGr. 3!

4 Gämswurz-Greiskraut
Senecio doronicum L.

7–8 ↕ 20–50 cm

St. spinnwebig-wollig; B. lederig, derb, untere länglich-eiförmig, gestielt, grob gezähnt, obere lanzettlich, sitzend; Blütenköpfe 3–6 cm br., gelb, zu 1–5, meist lg. gestielt; Hüllb. wollig, von einer Außenhülle umgeben; Früchte 5–6 mm lg., 10–12rippig. Δ Kalkhaltige Steinrasen, Matten, Zwergstrauchgebüsch, etwa 1600–3100 m; verbreitet. Gebirge Mittel- und Südeuropas.

5 Wasser-Greiskraut
Senecio aquaticus Huds.

6–8 ↕ 15–60 cm

B. fiederteilig, gelbgrün, mit nach vorne gerichteten, schmalen Abschnitten und großem Endlappen; Grundb. oft ungeteilt; Blütenköpfe 2–3 cm br., in doldenartiger Rispe, mit 1–3blättriger, kurzer Außenhülle; Zungenblüten 10–12 mm lg., gelb. Δ Nass- und Moorwiesen, Gräben, Quellen; häufig. Fast ganz Europa (siehe auch *S. erucifolius* und *S. erraticus*, S. 178).

6 Sumpf-Greiskraut
Senecio paludosus L.

7–9 ↕ 60–200 cm

St. aufrecht, hohl, gerieft, bis zur Spitze beblättert, mit aufrecht abstehenden B.; B. lineal-lanzettlich, sitzend, scharf gesägt, 12–16 cm lg.; Blütenköpfe 3–4 cm br., zu12–16 in Schirmrispen; Zungenblüten 10–15 mm lg., hellgelb; Aussenhüllb. 7–12, kaum halb so lg. wie die Hüllb. Δ Ufer, Gräben, Großseggenbestände, Röhrichte, Erlenbrüche; zerstreut bis selten. Fast ganz Europa, im Mittelmeerraum fehlend.

1
2
3
4
5
6

Korbblütengewächse
Compositae oder Asteraceae

1 Frühlings-Greiskraut
Senecio vernalis W. et K.

5–11 ↕ 15–50 cm

St. und B. spinnwebig-wollig; B. fiederschnittig, mit eiförmigen, gezähnten B.abschnitten, obere B. sitzend, am Grund br. geöhrt; Blütenköpfe 2–3 cm br.; Außenhülle an der Spitze kahl, fast bis zur Hälfte schwarz; Strahlenblüten 8–10 mm lg., gelb; Frucht dicht weißhaarig. Δ Äcker, Brachland, Wege; zerstreut. Mittel- und Südosteuropa.

2 Klebriges Greiskraut
Senecio viscosus L.

6–10 ↕ 15–50 cm

Pfl. unangenehm riechend, drüsenhaarig-klebrig; B. fiederteilig, zerstreut spinnwebig behaart und dicht drüsenhaarig; Blütenköpfe 8–12 mm br., mit kurzen, zurückgerollten Strahlenblüten; Außenhüllb. halb so lg. wie die inneren, drüsig behaarten Hüllb. Δ Brachland, Bahngelände, Waldschläge, steinige Böden; wärmeliebend; häufig. Südskandinavien, Mittel- und Südeuropa.

3 Gemeines Greiskraut
Senecio vulgaris L.

2–11 ↕ 10–30 cm

B. fiederteilig, meist kahl, mit länglichen, gezähnten, etwas fleischigen Lappen; Blütenköpfe 10 mm lg. und 4–5 mm br.; Außenhüllb. 8–12, an der Spitze schwarz, etwa 1/4 so lg. wie die 21 grünen, kahlen, spitzen Hüllb.; Strahlenblüten meist fehlend. Δ Äcker, Schutt, Waldschläge; häufig. Europa.

4 Fuchs-Greiskraut
Senecio fuchsii C. C. Gmelin

7–8 ↕ 60–150 cm

B. lanzettlich, die oberen über 5mal so lg. wie br., fein gesägt, kahl, kurz gestielt oder mit verschmälertem Grund sitzend; Blütenköpfe 2–3 cm br., in doldenartiger Rispe; Hülle meist 8blättrig, walzlich; Zungenblüten 5, gelb. Δ Kahlschläge, krautreiche Mischwälder; in den Alpen bis über 2000 m; häufig. Hauptsächlich Mitteleuropa.

5 Raukenblättriges Greiskraut
Senecio erucifolius L.

8–10 ↕ 30–120 cm

B. im Umriss eiförmig, tief 1–2fach fiederteilig, mit linealischen B.zipfeln; Blütenköpfe etwa 1,5 cm br., in doldenartiger Rispe; Hülle meist glockenförmig, dazu noch eine 4–6blättrige Außenhülle; randliche Blüten zungenförmig, 6–8 mm lg., gelb; Frucht 1–2 mm lg., 6–8rippig, Pappus 6 mm lg. Δ Kalkmagerrasen, Halbtrockenrasen, trockene Moorwiesen, Raine; häufig. Europa, nördlich bis Südskandinavien. Sehr ähnlich ist das **Jakobs-Greiskraut**, *Senecio jacobaea* L., aber B. mit breiteren B.abschnitten und größerem Endlappen; Außenhülle 1–3blättrig; Wegraine, Gebüsche, Waldränder; verbreitet. Fast ganz Europa. Giftig!

6 Spreizblättriges Greiskraut
Senecio erraticus Bert.

7–8 ↕ 30–100 cm

Ähnlich Raukenblättrigem Greiskraut, aber Außenhülle sehr kurz, 1–2blättrig; B. dunkelgrün, ungleich geteilt, mit großem Endlappen, Seitenzipfel der B. fast senkrecht abstehend; St. mit sparrig abstehenden Zweigen. Δ Unkrautgesellschaften, feuchte Wald- und Wegränder; zerstreut. Mittel- und Südeuropa. Siehe auch Wasser-Greiskraut, *S. aquaticus* Huds., S. 176.

1
2
3
4
5
6

Korbblütengewächse
Compositae oder Asteraceae

1 Schmalblättriges Greiskraut
Senecio inaeqidens DC.

7–11 ↕ 30–80 cm

St. stark verzweigt; Bl. schmal-linealisch, 1–3 mm br., fein gezähnt, oft mit zurückgerolltem Rand, am Grund halbst.umfassend geöhrt; Blütenköpfe 20–25 mm br., mit 10–15 zitronengelben, 14 mm lg. Zungenblüten; Hülle mit 10–20 Außenhüllb. Δ Straßenränder, Bahnanlgagen, Schutt, oft massenweise auftretend. Herkunft Südafrika, eingeschleppt: Norditalien (seit 1947), Belgien, Niederlande, Frankreich, Deutschland.

2 Wiesen-Bocksbart
Tragopogon pratensis L.

5–7 ↕ 30–70 cm

B. schmal-lanzettlich, lg. zugespitzt, ganzrandig; Stiele unter den Blütenköpfen nicht oder kaum verdickt; Hüllb. meist 8, 2–3 cm lg., über dem Grund eingeschnürt; Blütenköpfe 3–5 cm br., nur mit Zungenblüten, gelb; Frucht geschnäbelt, Pappushaare federig, ineinander verwebt. (Formenreich, mit mehreren Kleinarten, siehe auch *T. dubius*). Δ Fettwiesen, Wegränder, Halbtrockenrasen; verbreitet. Fast ganz Europa.

3 Großer Bocksbart
Tragopogon dubius Scop.

5–7 ↕ 20–60 cm

Pfl. meist unverzweigt, am Grund mit B.resten vorjähriger B.; B. schmal-lanzettlich, lg. zugespitzt, ganzrandig; Stiel der Blütenköpfe oberwärts keulig verdickt, hohl; Blütenkopf 4–6 cm br., hellgelb; Hüllb. über dem Grund nicht eingeschnürt; Frucht (mit Schnabel) 20–35 mm lg., 5kantig. Δ Sonnige Unkrautgesellschaften, Trockenrasen; selten. Mittel- und Südeuropa.

4 Niedrige Schwarzwurzel
Scorzonera humilis L.

5–6 ↕ 10–40 cm

Pfl. am Grund ohne Faserschopf (vgl. Österreichische Schwarzwurzel); St. und Hülle wollig; Grundb.. lanzettlich, ganzrandig, stielartig verschmälert; St.b. fehlend oder schuppenförmig; St. unverzweigt, 1köpfig; Blüten hellgelb, 2mal so lg. wie die Hülle; äußere Hüllb. halb so lg. wie die inneren; Früchte 5–7 mm lg., braun behaart. Geschützt! Δ Kalkfreie Moorwiesen, Magerrasen, Heiden, Föhrenwälder; ziemlich selten. Südskandinavien, Mitteleuropa, im Süden nur in den Gebirgen. GefGr. 3!

5 Österreichische Schwarzwurzel
Scorzonera austriaca Willd.

4–5 ↕ 5–30 cm

Pfl. am Grund mit braunen Fasern vorjähriger B.(Faserschopf); St. 1köpfig; B. grundständig, lineal-lanzettlich, bläulichgrün, kahl oder wollig flaumig, 10–30 mm br., so lg. wie der blühende St.; Köpfe nur mit Zungenblüten, 3–4 cm lg., gelb. Geschützt! Δ Felssteppen, trockene Kiefernwälder, kalkhaltige Böden in warmen Lagen; selten. Süddeutschland, Südeuropa, Trockentäler der Alpen (Rhône, Wallis, Aosta, Vintschgau). GefGr. 1!

1
5
2
3
4

Korbblütengewächse
Compositae oder Asteraceae

1 Herbst-Löwenzahn
Leontodon autumnalis L.

❀ 7–9 ↕ 10–40 cm

St. verzweigt, mehrköpfig, unter den Köpfen verdickt, oberwärts mit vielen Schuppenb.; grundständige B. tief fiederteilig, mit schmal-lanzettlichen Abschnitten, kahl; Köpfe vor dem Aufblühen aufrecht; Hülle kahl bis dicht behaart; Blüten gelb; Früchte mit gelblichweißem Pappus. Δ Fettwiesen und -weiden, Parkrasen, Wegränder; verbreitet. Europa.

2 Rauer Löwenzahn
Leontodon hispidus L.

❀ 6–10 ↕ 10–40 cm

St. 1köpfig, unter dem Kopf oft verdickt, mit 0–2 Schuppenb.; grundständige B. buchtig gezähnt, kahl oder mit Gabelhaaren; Blütenköpfe 2–4 cm br., vor dem Aufblühen nickend, nur mit Zungenblüten, gelb; Hülle borstig oder kahl; alle Früchte mit schmutzigweißem oder bräunlichem Pappus und gefiederten Pappushaaren. (Sehr formenreich.) Δ Fettwiesen und -weiden, Moor- und Nasswiesen, Steinschutt der Hochgebirge; verbreitet. Fast ganz Europa.

3 Gemeiner Löwenzahn, Wiesen-Löwenzahn
Taraxacum officinale Web.

❀ 4–7 ↕ 10–40 cm

Pfl. mit lg. Pfahlwurzel; B. rosettenständig, länglich, stark gelappt, fiederspaltig oder gezähnt, grasgrün; St. 1köpfig, hohl, b.los; äußere Hüllb. der 3–6 cm br. Blütenköpfe zurückgeschlagen, linealisch; Blüten gelb; Frucht lg. geschnäbelt. Δ Fettwiesen und -weiden, Wege, Äcker, Schutt; häufig. Europa.

4 Gewöhnliches Ferkelkraut
Hypochoeris radicata L.

❀ 5–8 ↕ 20–60 cm

Pfl. mit grundständiger B.rosette; B. tief gezähnt, kahl oder rauhaarig; St. blaugrün, 1fach oder verzweigt, b.los oder mit schuppenförmigen B.; St. unter dem Blütenkopf wenig verdickt; Blütenköpfe 2–4 cm br., gelb; Blütenboden mit Spreub.; Früchte lg. geschnäbelt; Pappus gelblichweiß, 2reihig, innere Pappushaare gefiedert, ineinander verwebt. Δ Magerrasen, Trockenrasen, magere Weiden. Fast ganz Europa.

5 Kronenlattich
Calycocorsus stipitatus (Jacq.) Rauschert (*Willemetia s.* (Jacq.) Cass.)

❀ 6–8 ↕ 15–40 cm

St. unten kahl, oben abstehend schwarzhaarig, mit 1–2 kleinen B.; Rosettenb. kahl, schwach bläulichgrün, eiförmig, buchtig gezähnt bis ganzrandig; Blütenköpfe zu 1–5, gelb; Hüllb. 2reihig; Früchte geschnäbelt, mit 6–7 mm lg. Pappus. Δ Flach- und Quellmoore, Bachufer; zerstreut. Gebirge Mittel- und Südeuropas, Alpen und Vorland, Bayerischer Wald.

2
3
1
5
4

Korbblütengewächse
Compositae oder Asteraceae

1 Acker-Gänsedistel
Sonchus arvensis L.

❀ 7–10 ↕ 50–150 cm

St. 1fach, erst an der Spitze doldig verzweigt, unten kahl, oben gelbdrüsig; B. kahl, lanzettlich, buchtig gezähnt oder fiederteilig; St.b. am Grund mit abgerundeten, angedrückten Öhrchen; Blütenköpfe 4–5 cm br., gelb, in Schirmrispen; Hülle und Kopfstiele meist gelbdrüsig. Δ Äcker, Ufer, Gräben, Dünen; verbreitet. Europa.

2 Raue Gänsedistel
Sonchus asper (L.) Hill

❀ 6–10 ↕ 30–80 cm

St. ästig; B. derb, dunkelgrün, glänzend, oft ungeteilt, stachelig gezähnt, am Grund mit abgerundeten, anliegenden Öhrchen; Blütenköpfe sattgelb, in lockeren Rispen; Hülle fast kahl; Frucht mit 3 Längsrippen, zwischen den Rippen glatt. Δ Äcker, Gärten, Schutt; verbreitet. Europa.
Ähnlich ist die **Kohl-Gänsedistel**, *S. oleraceus* L., aber B. blaugrün, matt, ungleich gezähnt, nicht stachelig; Öhrchen spitz, nach hinten abstehend; Frucht mit 3 Längsrippen, zwischen den Rippen querrunzelig; Unkrautfluren; verbreitet. Fast ganz Europa, ursprünglich Südeuropa.

3 Kohldistel
Cirsium oleraceum (L.) Scop.

❀ 7–9 ↕ 50–150 cm

Pfl. weichdornig; St. entfernt beblättert; B. weich, kaum stechend, hellgrün, untere fiederteilig, obere ungeteilt, eiförmig, st.umfassend; Blütenköpfe zu mehreren gehäuft, von bleichen, br.-eiförmigen Hochb. umgeben; Blüten gelblichweiß; Hüllb. nicht klebrig. Δ Nasswiesen, Auenwälder, Bachufer, Staudenfluren; in den Alpen bis 2000 m; verbreitet. Südskandinavien, Mitteleuropa, südlich bis Westalpen, Nordapennin, Bulgarien.

4 Golddistel
Carlina vulgaris L.

❀ 7–9 ↕ 15–40 cm

St. mehrköpfig; B. länglich-lanzettlich, buchtig dornig gezähnt, wellig; Blütenköpfe 2–3 cm br.; innere Hüllb. strohgelb. Δ Sonnige Magerrasen, Weg- und Waldränder, lichte Eichen- und Kiefernwälder; verbreitet. Europa.

2
3
1
4

Korbblütengewächse
Compositae oder Asteraceae

1 Mauerlattich
Cicerbita muralis (L.) Dum.
(*Lactuca m.* L.)

❁ 7–8 ↕ 40–80 cm

St. hohl, oben rispig verzweigt; B. tief fiederteilig, mit eckigen Seitenfiedern und großen Endlappen, dunkelgrün, oft rot überlaufen; Blütenköpfe 5blütig, in lockeren Rispen; Blüten blassgelb; Δ Krautreiche Laub- und Nadelwälder, Kahlschläge, schattige Mauern; verbreitet. Fast ganz Europa.

2 Rainkohl
Lapsana communis L.

❁ 6–9 ↕ 30–100 cm

B. 3eckig-eiförmig, buchtig gezähnt, die unteren jederseits noch am geflügelten B.stiel mit 1–2 lanzettlichen Fiederabschnitten; Blütenköpfe hellgelb, 1–2 cm br., mit 8–15 Einzelblüten; Hüllb. 2reihig, die inneren viel länger als die äußeren; Früchte 3–5 mm lg., mit 20 Längsrippen, Pappus fehlend. Δ Äcker, Wegränder, Schutt; häufig. Fast ganz Europa.

3 Gewöhnliches Bitterkraut
Picris hieracioides L.

❁ 7–10 ↕ 30–80 cm

Pfl. sparrig verzweigt; St. reich beblättert; B. länglich-lanzettlich, buchtig gezähnt oder ganzrandig, die oberen halb st.umfassend sitzend; B. und St. steifborstig behaart; Blütenköpfe gelb, in lockerer, doldenartiger Rispe; Hüllb. der Blütenköpfe dachziegelartig angeordnet, die äußeren abstehend, mit steifborstigem Mittelstreifen; Früchte 3–5 mm lg., kurz geschnäbelt, querrunzelig und mit Längsrippen; Pappushaare gefiedert. (Formenreich.) Δ Wege, Dämme, Steinbrüche, Halbtrockenrasen; wärmeliebend; verbreitet. Mittel- und Südeuropa, Südskandinavien.

4 Natternkopf-Bitterkraut, Wurmlattich
Picris echioides L.

❁ 7–9 ↕ 30–60 cm

Pfl. 1jährig, steifborstig behaart; untere B. verkehrt-eiförmig, in den schmal geflügelten Stiel verschmälert, die oberen B. herzförmig st.umfassend sitzend; äußere Hüllb. 3–5, vergrößert, herz-eiförmig, 4–7 mm br., eine Außenhülle bildend; Frucht lg. geschnäbelt, 6–9 mm lg., ohne Längsrippen. Δ Äcker, Gärten, Schutt; wärmeliebend; Arzneipfl.; selten. Südeuropa, in Mitteleuropa eingeschleppt.

2
1
3
4

Korbblütengewächse
Compositae oder Asteraceae

1 Löwenzahn-Pippau
Crepis taraxacifolia Thuill.

❀ 5–6 ↕ 20–50 cm

St. beblättert, vielköpfig; B. buchtig gezähnt bis fiederspaltig, die unteren in den geflügelten Stiel verschmälert; Blütenköpfe aufrecht, in sparrigen, doldigen Blütenständen; Krone gelb, die randlichen Kronb. außen rötlich; Hülle kahl oder spärlich borstig, 8–12 mm lg.; äußere Hüllb. br. hautrandig; Frucht 10rippig, allmählich in einen lg. Schnabel verschmälert, insgesamt 6–8 mm lg. Δ Wege, Mauern, Böschungen, meist kalkhaltige Böden; zerstreut. Mittel- und Südeuropa (westlich). (Artenreiche Gattung.)

2 Dach-Pippau, Mauer-Pippau
Crepis tectorum L.

❀ 5–7 ↕ 10–60 cm

Pfl. 1jährig, graugrün, mit weißlicher, dünner Pfahlwurzel; B. schmal-lanzettlich, ganzrandig oder entfernt fiederspaltig; St.b. mit pfeilförmigem Grund sitzend, obere B. am Rand umgerollt; Hülle der Blütenköpfe glockenförmig, behaart; Blütenkopfboden kurz behaart; Krone gelb, 11–13 mm lg.; Frucht 3–4 mm lg., 10rippig, nach oben verschmälert, aber sonst ungeschnäbelt; Pappushaare weiß, weich, biegsam, ungefiedert. Δ Brachland, Mauern, Wege, sommerwarme, trockene, steinige Böden; zerstreut. Fast ganz Europa.

3 Zweijähriger Pippau, Wiesen-Pippau
Crepis biennis L.

❀ 5–6 ↕ 30–100 cm

Pfl. 2jährig; St. verzweigt, vielköpfig; B. länglich, buchtig gezähnt bis fiederteilig, untere in den Stiel verschmälert, obere sitzend oder st.umfassend; Blütenköpfe 20–35 mm br., gelb; Hülle glockenförmig, behaart, oft mit gelben oder schwarzen Drüsenhaaren; Früchte ungeschnäbelt, 4–6 mm lg., oben verschmälert, Pappus weiß. Δ Fettwiesen, Wegränder; verbreitet. Fast ganz Europa.

4 Sumpf-Pippau
Crepis paludosa (L.) Moench

❀ 6–8 ↕ 40–80 cm

Pfl. oben locker verzweigt; grundständige B. schmal-eiförmig bis lanzettlich, unregelmäßig buchtig gezähnt; St.b. herz- oder pfeilförmig st.umfassend, unterseits bläulich; Blütenköpfe gelb; Hülle drüsenhaarig; Früchte 5 mm lg., 10rippig, nach oben wenig verschmälert; Pappus gelblichweiß, brüchig. Δ Nasswiesen, Flachmoore, Auenwälder; verbreitet. Fast ganz Europa.

1
4
2
3

Korbblütengewächse
Compositae oder Asteraceae

1 Gold-Pippau
Crepis aurea (L.) Cass.

7–9 ↕ 5–20 cm

B. in grundständiger Rosette, tief buchtig gezähnt, löwenzahnartig, kahl; St. unverzweigt, b.los, oben schwarz behaart; Blütenköpfe 2–4 cm br., nur mit orangegelben bis roten Zungenblüten; Hülle abstehend schwarzhaarig; Früchte 6 mm lg., nach oben verschmälert, 15–20rippig. Δ Bergwiesen, Matten, etwa 900–2900 m; verbreitet. Gebirge Mittel- und Südeuropas (östlich).

2 Stinkender Hainsalat
Aposeris foetida (L.) Less.

6–8 ↕ 5–25 cm

Pfl. stinkend; St. 1fach, 1köpfig, b.los; B. in grundständiger Rosette, fiederteilig, löwenzahnartig; Hüllb. 2reihig; Blütenkopf 2–3 cm br., nur mit Zungenblüten, gelb. Δ Bergmischwälder, besonders mit Buchen, Eichen-Hainbuchenwälder; in den Alpen bis über 2000 m; verbreitet. Alpen und Vorland, Gebirge Mittel- und Südeuropas.

3 Doldiges Habichtskraut
Hieracium cymosum L.

5–7 ↕ 30–60 cm

Pfl. ohne Ausläufer; St. 1–3blättrig, 10–50köpfig, mit kurzen, rauen Haaren; grundständige B. lanzettlich, in den Grund allmählich verschmälert, beiderseits sternhaarig; Hülle mehrreihig, 5–10 mm lg.; Blüten goldgelb bis braunrot; Früchte 1,5–2,5 mm lg. Δ Halbtrockenrasen, kalkhaltige, trockene, steinige Böden; selten. Mittel- und Osteuropa. GefGr. 3!

4 Kleines Habichtskraut, Mausohr
Hieracium pilosella L.

5–10 ↕ 5–25 cm

Pfl. mit oberirdischen, entfernt und klein beblätterten Ausläufern; St. b.los oder nur mit 1–2 schuppigen B., 1köpfig; grundständige B. schmal-eiförmig, ganzrandig, unterseits graufilzig; Hüllb. 1–2 mm br., linealisch, graufilzig; nur mit Zungenblüten, diese hellgelb, außen oft rot gestreift; Früchte 1–2,5 mm lg., mit weißem Pappus. Δ Magerrasen, Heiden, lichte Föhrenwalder; verbreitet. Fast ganz Europa.

5 Orangerotes Habichtskraut
Hieracium aurantiacum L.

6–8 ↕ 20–50 cm

Pfl. mit Ausläufern; Rosettenb. ei-lanzettlich, allmählich in den Grund verschmälert, rauhaarig; St.b. 1–4, rasch an Größe abnehmend; Blütenköpfe 2–3 cm br., zu 2–12 in verkürzter Doldentraube, nur mit gelborangenen bis braunroten Zungenblüten; Hüllb. schmal, schwarzdrüsig. Δ Magerrasen, Weiden, etwa 1200–2400 m; verbreitet. Nordeuropa, Norddeutschland, Gebirge Mittel- und Südeuropas.

6 Zottiges Habichtskraut
Hieracium villosum Jacq.

7–8 ↕ 10–30 cm

Pfl. lg. zottig weißhaarig; Rosettenb. länglich-lanzettlich, ganzrandig blaugrün; St.b. 1–4, nur mit hellgelben Zungenblüten; Hüllb. spitz, rauhaarig. Δ Steinrasen, kalkreiche Wiesen, Felsbänder, etwa 1200–2800 m; verbreitet. Gebirge Mittel- und Südeuropas (östlich).

2
3
5
6
4
1

Korbblütengewächse
Compositae oder Asteraceae

1 Gemeines Habichtskraut
Hieracium lachenalii C. C. Gmelin

6–8 ↕ 30–100 cm

Pfl. zur Blütezeit mit grundständiger B.rosette; St. 3–8blättrig; B. grün, meist ungefleckt, eiförmig bis ei-lanzettlich, grob gezähnt bis eingeschnitten, allmählich in den Stiel verschmälert; St.b. nach oben kleiner werdend; Kopfstiele und Hülle sternhaarig und schwarzdrüsig; Hüllb. nicht dachziegelig. (Formenreiche Art mit mehreren Kleinarten.) Δ Lichte, bodensaure Laub- und Nadelwälder, Heiden, Magerrasen, Felsbänder; verbreitet. Europa.

2 Stängelumfassendes Habichtskraut
Hieracium amplexicaule L.

6–8 ↕ 10–50 cm

Pfl. klebrig-drüsig; St. gabelig verzweigt, meist mit 3–6 St.b.; Grundb. rosettig, ei-länglich, in den oft geflügelten Stiel verschmälert, mit groben Zähnen, dunkelgrün; St. mit herzförmigem Grund st.umfassend sitzend; Blütenköpfe zu 2–12; Hülle 10–16 mm lg., drüsenhaarig; Zungenblüten vorne bewimpert. Δ Steinige Hänge, Bergwiesen, Felsfluren; verbreitet. Gebirge Mittel- und Südeuropas.

3 Wald-Habichtskraut
Hieracium sylvaticum L. (*H. murorum* L.)

5–8 ↕ 20–60 cm

St. b.los oder mit 1–2 kleinen B.; Grundb. eiförmig, mit herzförmigem Grund, meist lg. gestielt, grob gezähnt, weich, dunkelgrün; Blütenköpfe zu 2–15, in Doldenrispen; Kopfstiele und Hüllb. meist drüsig. (Sehr formenreiche Art mit mehreren Kleinarten.) Δ Laub- und Nadelwälder, schattige Felsen und Mauern; häufig. Europa.

4 Savoyer Habichtskraut
Hieracium sabaudum L.

8–10 ↕ 50–150 cm

Pfl. zur Blütezeit ohne grundständige B.rosette; St. gleichmäßig beblättert oder untere B. gedrängt sitzend; B. ei-lanzettlich, grob gesägt, unterseits blaugrün, obere B. halb st.umfassend sitzend; Blütenköpfe in lockeren Rispen, gelb; Hüllb. regelmäßig dachziegelig, stumpf, dunkel. Δ Lichte, bodensaure Laubwälder, Waldränder, Wegböschungen, Steinbrüche; verbreitet. Hauptsächlich Mitteleuropa.

1
2
3
4

Mohngewächse
Papaveraceae

1 Klatsch-Mohn
Papaver rhoeas L.

✽ 5–7 ↕ 20–80 cm

Pfl. mit Milchsaft; B. fiederteilig, mit gezähnten Abschnitten, behaart; Blüten einzeln endständig; Kronb. 2–4 cm lg., rot, am Grund oft mit schwarzem Fleck; Staubfäden dunkelviolett; Narbenstrahlen, 8–12; Kapsel br.-eiförmig. Giftig! Δ Getreidefelder, Schutt, Wege; häufig. Europa.

2 Saat-Mohn
Papaver dubium L.

✽ 5–7 ↕ 30–60 cm

Pfl. ähnlich Klatsch-Mohn, aber B. 2fach fiederteilig; Narbenstrahlen 5–8; Kapsel keulenförmig, am Grund verschmälert, kahl; Staubfäden linealisch, nicht verdickt; Staubbeutel bläulich. Giftig! Δ Ähnlich Klatsch-Mohn; zerstreut. Fast ganz Europa.

3 Sand-Mohn
Papaver argemone L.

✽ 4–6 ↕ 15–30 cm

Pfl. ähnlich Klatsch-Mohn, aber B. bis fast auf den Mittelnerv 2fach fiederteilig; Staubfäden oben keulig verdickt; Fruchtkapsel länglich-keulenförmig, borstig, mit 4–5 Narbenstrahlen. Δ Kalkarme Getreidefelder, Sandböden; wärmeliebend; selten. Mittel- und Südeuropa.

Kreuzblütengewächse
Cruciferae oder Brassicaceae

4 Rundblättriges Täschelkraut
Thlaspi rotundifolium (L.) Grand.

✽ 7–9 ↕ 5–15 cm

Pfl. rasenbildend, mit tiefer Pfahlwurzel; St. im Geröll kriechend; B. bläulichgrün, etwas fleischig, eiförmig, die unteren gestielt, die oberen am Grund br. geöhrt und st.umfassend; Blüten hellviolett, in Doldentrauben; Kronb. 6–8 mm lg.; Schötchen elliptisch, 4–8 mm lg. Δ Kalkschutt, etwa 1300–3300 m; verbreitet. Alpen.

5 Steintäschel
Aethionema saxatile (L.) R. Br.

✽ 4–6 ↕ 5–20 cm

Pfl. aufsteigend bis aufrecht; B. eiförmig bis lanzettlich, 1–2 cm lg., bläulich bereift, ganzrandig; Kronb. fleischrot oder weiß, 2–4 mm lg.; Kelchb. hautrandig; Schötchen linsenförmig, abgeflacht, br.-geflügelt, auf bogig abstehenden Stielen. Δ Steinschutt, Flussgeröll, Felsen; ziemlich selten. Alpen (bis 1900 m) und Vorland, Südeuropa.

6 Sandkresse
Cardaminopsis arenosa (L.) Hayek

✽ 4–8 ↕ 10–40 cm

Pfl. unten abstehend behaart, mit grundständiger B.rosette; B. meist fiederspaltig oder grob gezähnt, obere St.b. lanzettlich, gezähnt oder ganzrandig; Kronb. 6–8 mm lg., weiß, manchmal blasslila; Schoten 2–4 cm lg., 1 mm br., deutlich abgeflacht, an 1–2 cm lg. Stielen. Δ Sandtrockenrasen, Bahndämme, entwässerte Moore, Steinschutt; zerstreut. Ursprünglich Osteuropa, sich in ganz Europa ausbreitend.

7 Meersenf
Cakile maritima Scop.

✽ 7–10 ↕ 15–60 cm

B. fleischig, blaugrün, fiederteilig; Blüten duftend; Kronb. 6–14 mm lg., 2mal so lg. wie der Kelch, violett, rosa oder weißlich; Schote 10–25 mm lg., 2gliederig, das obere Glied viel länger. Δ Spülsäume und Sanddünen der Küsten Europas; verbreitet.

5
6
7
1
4
2
3

Nachtkerzengewächse
Onagraceae oder Oenotheraceae

1 Schmalblättriges Weidenröschen
Epilobium angustifolium L.

✿ 7–8 ↕ 50–150 cm

St. stumpfkantig; B. wechselständig, schmallanzettlich, 8–12 cm lg. und 1–2 cm br., kahl, unterseits blaugrün, mit hervortretenden Seitennerven; Blüten 2–3 cm br., rosa; Kronb. kurz gestielt; Narbe 4spaltig. Δ Waldschläge, Waldwege, Gebüsche; verbreitet. Fast ganz Europa.

2 Vierkantiges Weidenröschen
Epilobium adnatum Griseb.

✿ 7–8 ↕ 30–100 cm

St. 2- oder 4kantig, ± kahl; B. gegenständig, länglich-lanzettlich, hellgrün, dicht gezähnelt; Kronb. 5–7 mm lg., rot; Narbe keulig. Δ Gräben, Ufer, nasse Staudenfluren; zerstreut. Mittel- und Südeuropa, nördlich bis Südschweden, in den Alpen selten.

3 Rauhaariges Weidenröschen
Epilobium hirsutum L.

✿ 6–9 ↕ 60–120 cm

St. ästig, abstehend behaart; B. 6–12 cm lg., scharf gezähnt, halb st.umfassend, weichhaarig; Krone 15–22 mm br., rotviolett; Narbe 4spaltig. Δ Gräben, Quellen, Ufer; verbreitet. Fast ganz Europa.

4 Berg-Weidenröschen
Epilobium montanum L.

✿ 6–9 ↕ 10–80 cm

St. 1fach oder oben wenigästig, oben mit abstehenden Drüsenhaaren; B. eiförmig, dicht gezähnt, fast sitzend, 4–7 cm lg., 15–35 mm br., grasgrün; Blüten 8–12 mm lg.; Narbe 4spaltig; Kelch und Frucht abstehend drüsenhaarig. Δ Laub- und Nadelmischwälder, Hecken, Schläge; verbreitet. Europa.

5 Rosmarin-Weidenröschen
Epilobium dodonei Vill.

✿ 6–8 ↕ 30–90 cm

St. aufrecht; B. lanzettlich, bis 5 mm br., wechselständig; Narbe 4spaltig (5b); Blüten rosa, 25–30 mm br. Δ Pionierpfl. auf Flussschotter, in Kiesgruben, Sandböden, zerstreut. Alpen und Vorland, Mittel- und Südeuropa.

Dickblattgewächse
Crassulaceae

6 Rosenwurz
Sedum rosea (L.) Scop. (*Rhodiola r.* L.)

✿ 6–8 ↕ 10–35 cm

St. aufrecht, dickfleischig, mit wechselständigen, flachen, lanzettlichen, bläulichgrünen, vorne gezähnten B.; Blüten in dichten Trugdolden; ♂ und ♀ Blüten auf verschiedenen Pfl.; ♂ Blüten mit 8 Staubb. und 4 gelblichen oder rötlichen Kronb.; ♀ Blüten mit verkümmerten Kronb. Δ Steinige, kalkarme Rasengesellschaften; selten. Schwarzwald, Vogesen, Alpen, Pyrenäen, Apennin, Gebirge der Balkanhalbinsel, Nordeuropa.

Heidekrautgewächse
Ericaceae

7 Gemeine Moosbeere
Oxycoccus palustris Pers.
(*Vaccinium oxycoccus* L.)

✿ 6–8 ↕ 10–80 cm

Pfl. mit fadenförmigen, kriechenden Zweigen; B. immergrün, eiförmig, 4–8 mm lg.; Blütenstiele rot, fein behaart; Krone rosa, Kronzipfel zurückgeschlagen; Beere rot, 8–10 mm br. Δ Hochmoorbulte, zwischen Torfmoosen; ziemlich selten. Nord- und Mitteleuropa. GefGr. 3!

7
3
5b
5a
2
4
1
6

Liliengewächse
Liliaceae

1 Schachblume
Fritillaria meleagris L.

❀ 4–5 ↕ 15–30 cm

Pfl. mit fast kugeliger Zwiebel; B. wechselständig, meist 4–5, linealisch, rinnig, graugrün, am ganzen St. verteilt; Blüten meist einzeln, seltener zu 2–3, bauchig-glockenförmig, überhängend, 3–4 cm lg. und etwa 2 cm br., purpurbraun, schachbrettartig gemustert; Blütenb. stumpf, an der Spitze umgebogen, am Grund mit Nektardrüse; Narbe 3lappig. Giftig! Geschützt! Δ Flachmoorwiesen, nasse, häufig überschwemmte, sumpfige Auenwiesen; selten. Südskandinavien, Mittel- und Südeuropa; Zierpfl. und gelegentlich verwildert. GefGr. 2!

2 Hunds-Zahnlilie
Erythronium dens-canis L.

❀ 3–5 ↕ 10–25 cm

St. mit 2 eiförmigen bis ei-lanzettlichen, gegenständigen, 6–10 cm lg., braungrün, dunkelgrün bis graugrün gescheckten B. und 1 (selten 2) nickenden Blüten; Blütenb. 6, frei, zurückgebogen, 3 cm lg., rosa bis rotviolett. Δ Waldränder, Gebüsche, Gebirgswiesen; zerstreut. Gebirge Südeuropas, Südalpen, Kaukasus.

3 Türkenbund-Lilie
Lilium martagon L.

❀ 6–7 ↕ 30–100 cm

B. länglich-spatelförmig, in der Mitte des St. fast quirlständig, sonst wechselständig; Blüten hängend; Blütenb. 6, frei, zurückgerollt, fleischrot, mit dunklen Flecken, 3–6 cm lg. Geschützt! Δ Bergmischwälder, Buchenwälder, Hochstaudenfluren, Bergwiesen in den Alpen bis etwa 2500 m; zerstreut bis selten. Gebirge Mittel- und Südeuropas.

4 Weinberg-Lauch
Allium vineale L.

❀ 6–8 ↕ 30–60 cm

B. fast stielrund, kahl, oberseits rinnig, 2–3 mm br., bläulich-grün; Blütendolde kugelig, dicht, mit einem spitzen, bald abfallenden Hüllb., wenigblütig, oft nur mit Brutzwiebeln; Blütenb. 4–5 mm lg., rot, selten grünlich; Staubb. fast 2mal so lg. wie die Blütenb., innere Staubb. verbreitert; beiderseits mit je 1 lg., spitzen Zahn. Δ Weinberge, Wegränder; verbreitet. Südskandinavien, Mittel- und Südeuropa.

5 Herbstzeitlose
Colchicum autumnale L.

❀ 8–11 ↕ 5–30 cm

Pfl. mit Knolle; zur Blütezeit im Herbst b.los; B. br.-lanzettlich, grundständig, etwas fleischig, 12–20 cm lg. und 2–5 cm br., im Frühjahr zusammen mit der Fruchtkapsel erscheinend; Blütenb. 6, lila, unten zu einer bis 20 cm lg. Röhre verwachsen, freier Teil der Blütenb. 4–6 cm lg. Sehr giftig! Δ Feuchte Wiesen, Auenwälder; verbreitet. Hauptsächlich Mitteleuropa.

1
2
3
4
5

Liliengewächse
Liliaceae

1 Feuer-Lilie
Lilium bulbiferum L.

6–7 ↕ 50–100 cm

B. lineal-lanzettlich, wechselständig, bis 10 cm lg.; in den Achseln der oberen St.b. oft mit Brutzwiebeln; Blüten aufrecht, orange, mit schwarzen Flecken, einzeln oder zu 2–5; Blütenb. nicht zurückgebogen. Geschützt! Δ Waldwiesen, Waldränder, Gebüsche, Bergwiesen; häufig kultiviert, gelegentlich verwildert, ursprüngliche Verbreitung unklar, wohl Gebirge Mittel- und Südeuropas (östlich). GefGr. 3!

Schwanenblumengewächse
Butomaceae

2 Schwanenblume
Butomus umbellatus L.

6–8 ↕ 50–150 cm

B. grundständig, linealisch, 3kantig, am Grund scheidig, 1 cm br., bis 100 cm lg., aus dem Wasser ragend; Blütenschaft b.los, stielrund, länger als die B.; Blütenstand doldenartig; Blütenb. 6, rötlichweiß, dunkler geadert. Δ Ufer, Gräben, Röhrichte, stehende und langsam fließende, nährstoffreiche Gewässer; ziemlich selten. Fast ganz Europa.

Hahnenfußgewächse
Ranunculaceae

3 Sommer-Adonisröschen, Blutströpfchen
Adonis aestivalis L.

6–8 ↕ 25–60 cm

B. mehrfach fiederteilig, mit etwa 1 mm br. Zipfeln; Blüten einzeln, endständig, 1–3 cm br.; Kelchb. grün, kahl, der Krone anliegend; Kronb. 5–8, rot oder blassgelb, am Grund oft schwarz; Früchtchen dicht stehend, mit rein grünem Schnabel. Giftig! Geschützt! Δ Lehmige, kalkreiche Getreidefelder; zerstreut. Mittel- und Südeuropa (östlich). GefGr. 3!

Nelkengewächse
Caryophyllaceae

4 Kornrade
Agrostemma githago L.

6–7 ↕ 30–100 cm

Pfl. zottig graufilzig; B. gegenständig, linealisch; Kelchb. 5, glockig verwachsen, mit lg. Kelchzipfeln; Krone purpurn, 3–5 cm br., von den freien Kelchzipfeln weit überragt; Samen giftig! Δ Getreideäcker; früher verbreitet, heute durch Saatgutreinigung selten. Fast ganz Europa. GefGr. 1!

4
2
3
1

Nelkengewächse
Caryophyllaceae

1 Mauer-Gipskraut
Gypsophila muralis L.

❁ 6–10 ↕ 5–20 cm

Pfl. 1jährig; St. aufrecht, von Grund an ästig; B. linealisch, blaugrün, 5–20 cm lg.; Kelchb. röhrig verwachsen, mit weißhäutigen Streifen zwischen den Nerven; Kronb. rosa, mit dunkleren Nerven, ausgerandet, 3–5 mm lg. Δ Ackerrinnen, Brachland, Ufer, nasse Wege; kalkmeidend; zerstreut. Fast ganz Europa. GefGr. 3!

2 Echtes Seifenkraut
Saponaria officinalis L.

❁ 6–9 ↕ 30–80 cm

Pfl. mit vielen, aufrechten, feinflaumigen St.; B. elliptisch, 3nervig, 5–10 cm lg.; Blüten endständig, büschelig gehäuft; Kelch röhrig, kahl, grün oder rötlich, 2 cm lg.; Kronb. rosa bis weiß, schwach ausgerandet, mit 2 Schlundschuppen. Δ Unkrautfluren, Flussufer, Kiesbänke, Hecken; ziemlich häufig. Fast ganz Europa.

3 Rotes Seifenkraut, Kleines Seifenkraut
Saponaria ocymoides L.

❁ 5–6 ↕ 10–30 cm

St. liegend oder aufsteigend, kurz drüsenhaarig; B. spatelig, 1–3 cm lg.; Blüten kurz gestielt, am Ende der Zweige in Büscheln; Kelch dicht drüsenhaarig; Kronb. 12–18 mm lg., lebhaft rot. Δ Kalkschutt, lichte Kiefernwälder; zerstreut bis selten. Gebirge Mittel- und Südeuropas (westlich).

4 Felsennelke
Petrorhagia saxifraga (L.) Link
(*Tunica s.* (L.) Scop.)

❁ 6–9 ↕ 10–25 cm

B. pfriemlich, 1 cm lg.; Blüten einzeln in lockeren, rispenartigen Blütenständen; Kelch 4–6 mm lg., von 4 trockenhäutigen Schuppen eingehüllt; Kronb. helllila bis rosa, mit 3 dunkleren Adern. Δ Trockenrasen, Felshänge; selten. Süddeutschland, Täler der Zentral- und Südalpen, Südeuropa.

5 Rote Schuppenmiere
Spergularia rubra (L.) J. et C. Presl.

❁ 5–9 ↕ 5–25 cm

Pfl. niederliegend bis aufsteigend, oben drüsig; B. gegenständig, stachelspitzig; Nebenb. silberweiß glänzend; Blüten 5zählig, 6–8 mm br., rosa; Staubb. 10; Samen runzelig, feinwarzig. Δ Ufer, feuchte Äcker; kalkmeidend; verbreitet. Fast ganz Europa.

6 Flügel-Schuppenmiere
Spergularia media (L.) J. et C. Presl.

❁ 7–9 ↕ 5–30 cm

B. fleischig, linealisch, 10–15 mm lg.; Blüten 8–12 mm br.; Kronb. blassrosa, allmählich zum Grund hin weiß; Staubb. 10; Samen mit br. Flügelrand. Δ Salzhaltiger Schlick und Sand der Küsten Europas; zerstreut, im Binnenland selten.

7 Salz-Schuppenmiere
Spergularia salina J. et C. Presl.

❁ 5–9 ↕ 5–20 cm

Ähnlich *S. media,* aber Blüten 6–8 mm br.; Kronb. tiefrosa, am Grund plötzlich weiß; Staubb. 2–5. Δ Küsten Europas; verbreitet, im Binnenland selten.

6
1
4
5
7
3
2

Nelkengewächse
Caryophyllaceae

1 Rote Lichtnelke
Silene dioica (L.) Clairv.
(*Melandrium rubrum* (Weigel) Garcke)

4–6 ↕ 30–80 cm

Pfl. weichhaarig; B. eiförmig, spitz, sitzend; Blüten 2–3 cm lg., in lockeren Blütenständen, 1geschlechtig; Kronb. 5, rot, tief 2lappig; Kelch 10nervig, stark behaart, ± bauchig; Griffel 5; Zähne der Fruchtkapsel nach außen umgerollt. Δ Feuchte Wiesen und Waldränder; verbreitet. Fast ganz Europa.

2 Kuckucks-Lichtnelke
Lychnis flos-cuculi L.

5–7 ↕ 30–80 cm

Grundb. spatelförmig, oft gewimpert, gestielt, obere B. lineal-lanzettlich; Blütenstand locker, gabelig verzweigt; Blüten 3–4 cm br.; Kronb. 5, tief in 4 Zipfeln geteilt, rosarot; Kelch 10nervig, oft rötlich. Δ Feucht- und Moorwiesen, Flachmoore; verbreitet. Europa.

3 Pechnelke
Lychnis viscaria L.
(*Viscaria vulgaris* Bernh.)

5–7 ↕ 30–60 cm

Pfl. mit grundständiger B.rosette; St. unter den Knoten stark klebrig; B. schmal-lanzettlich, dunkelgrün; Blütenstand traubig-rispig, fast quirlig; Kronb. vorne gestutzt oder ausgerandet, rot, mit Schlundschuppen; Griffel 5; Kelch kahl, 10rippig. Δ Magerrasen, Heiden, lichte Wälder; kalkmeidend; zerstreut. Fast ganz Europa, im Süden nur in den Gebirgen.

4 Französisches Leimkraut
Silene gallica L.

6–7 ↕ 10–45 cm

Pfl. 1jährig, ohne sterile Triebe; B. spatelförmig; St. behaart, oberwärts drüsig; Blüten in meist 1seitswendigen, ährenartigen Blütenständen; Kronb. 10–15 mm lg., rosarot, selten weiß, vorne abgerundet bis kurz ausgerandet; Kelch rauhaarig, 7–10 mm lg., mit 10 grünen Nerven; Griffel 3. Δ Äcker, Schutt, Unkrautfluren; ziemlich selten. Süd- und Mitteleuropa.

5 Stängelloses Leimkraut
Silene acaulis (L.) Jacq.

6–8 ↕ 1–3 cm

Polsterpfl., dicht dachziegelig beblättert; B. lineal-pfriemlich, 1nervig, 5–12 mm lg.; Blüten einzeln; Kronb. dunkel- bis blassrot, ausgerandet, 6–14 mm lg.; Griffel 3. Δ Steinige, meist kalkhaltige Böden, Schutthänge, etwa 1500–3600 m; verbreitet. Nordeuropa, Gebirge Mittel- und Südeuropas.

1
2
3
4
5

Nelkengewächse
Caryophyllaceae

1 Karthäuser-Nelke
Dianthus carthusianorum L.

❀ 6–9 ↕ 15–40 cm

Pfl. kahl; B. schmal-lanzettlich, 2–4 mm br.; B.scheiden etwa 4mal so lg. wie die B.breite; Blüten zu 4–10, 20–25 mm br., umgeben von lg. begrannten B.; Kelchschuppen kahl, trockenhäutig, kürzer als der Kelch; Kronb. dunkelpurpurn, vorne gezähnt. Geschützt! Δ Kalkmagerrasen, sonnige Waldränder; ziemlich häufig. Hauptsächlich Mitteleuropa.

2 Heide-Nelke
Dianthus deltoides L.

❀ 6–9 ↕ 10–30 cm

Pfl. kurzflaumig behaart; St.1–3blütig; Krone rot, mit weißen Punkten und dunklem Ring; am Grund der Blüten 2 ovale, kurz begrannte Kelchschuppen; B. schmal spatelig, stumpf. Geschützt! Δ Silikatmagerrasen; zerstreut. Nord- und Mitteleuropa.

3 Stein-Nelke
Dianthus sylvestris Wulf.

❀ 6–7 ↕ 10–40 cm

Pfl. ähnlich der Heide-Nelke, kahl, in lockeren Rasen; B. dunkelgrün, rinnig, 1–2 mm br.; St. meist 1blütig; Kelchschuppen 2, oval, plötzlich in eine kurze Spitze zusammengezogen; Kronb. 8–15 mm lg., rosa, am Grund nicht behaart, vorne gezähnt. Geschützt! Δ Steinige Hänge; selten. Gebirge Mittel- und Südeuropas.

4 Büschel-Nelke, Raue Nelke
Dianthus armeria L.

❀ 6–7 ↕ 15–40 cm

Pfl. 1–2jährig, oben kurz behaart, rau; B. schmal-lanzettlich; Blüten bis 1 cm br., zu 2–20 gebüschelt; Kelchschuppen behaart, grün, fast so lg. wie der Kelch; Kronb. schmutzig rot, vorne gezähnt. Geschützt! Δ Trockenrasen, Wege, Besenginstergebüsch; ziemlich selten. Mittel- und Südeuropa.

5 Pracht-Nelke
Dianthus superbus L.

❀ 6–10 ↕ 30–60 cm

Pfl. kahl; B. schmal-lanzettlich, grasgrün, 3–5 mm br.; Blütenstand locker; Kelchschuppen oval, plötzlich zugespitzt, 1/4–1/3 so lg. wie der Kelch; Kronb. 15–35 mm lg., bis über die Mitte unregelmäßig zerschlitzt, purpurn. Geschützt! Δ Moorwiesen, Eichenwälder; zerstreut bis selten. Fast ganz Europa.

6 Alpen-Nelke
Dianthus alpinus L.

❀ 6–8 ↕ 2–20 cm

Pfl. mit mehreren grundständigen B.rosetten; St. mit 2–5 B.paaren; B. linealisch, 1nervig, am Rand rau; Blüten einzeln; Kelchschuppen halb so lg. wie die gestreifte Kelchröhre; Krone unregelmäßig gezähnt, purpurn, am Grund weiß gesprenkelt. Geschützt! Δ Steinige Matten, etwa 1000–2500 m; zerstreut. Ostalpen.

7 Bart-Nelke
Dianthus barbatus L.

❀ 6–9 ↕ 30–60 cm

St. und B. kahl; B. länglich-lanzettlich, 3–12 cm lg., 0,5–2 cm br., sitzend; Blüten in büscheligen, 5–20blütigen Blütenständen, mit krautigen, lanzettlichen, abstehenden oder zurückgeschlagenen Hochb.; Krone dunkel- bis hellrot, oft weiß punktiert; Außenkelch und Kelchzähne grannenartig zugespitzt. Δ Lichte Wälder, Gebüsche, subalpine Rasen, oft als Gartenpfl. kultiviert und verwildert, in den Alpen bis 2600 m; zerstreut bis selten. Ursprünglich Ost- und Südostalpen sowie Vorland, Apennin, Südkarpaten, in Deutschland und der Schweiz verwildert.

3
6
7
1
2
4
5

Malvengewächse
Malvaceae

1 Echter Eibisch
Althaea officinalis L.

❀ 7–9 ↕ 50–120 cm

Pfl. graufilzig; B. schwach 3–5lappig, graufilzig; Blüten in den B.achseln gebüschelt, 3–5 cm br., helllila; Außenkelchb. 7–9, lanzettlich, kürzer als die eiförmigen, spitzen Kelchb. Geschützt! Δ Gräben, nasse, salzhaltige Böden, Küsten; ziemlich selten; Arzneipfl. Mittel- und Südosteuropa. GefGr. 3!

2 Moschus-Malve
Malva moschata L.

❀ 6–10 ↕ 20–80 cm

B. im Umriss rundlich, handförmig tief 5–7teilig, Abschnitte der oberen B. schmalbandförmig; St. und B. mit 1fachen Haaren; Blüten einzeln, b.achselständig, obere Blüten oft kopfig gehäuft; Außenkelchb. 3, lineal-lanzettlich, 3–5 mm lg., frei, am Grund mit dem Kelch verwachsen; Kronb. 2–4 cm lg., ausgerandet, hellrosa; Teilfrüchte am Rücken stark behaart. Δ Magerrasen, sonnige Wiesen, Wegränder; ziemlich selten. Mittel- und Südeuropa.

3 Gänse-Malve, Weg-Malve, Kleine Käsepappel
Malva neglecta Wallr.

❀ 6–9 ↕ 10–40 cm

B. rundlich, mit 3–5 gerundeten Lappen; Kronb. 8–10 mm lg., tief ausgerandet, rosa bis weiß, 2mal so lg. wie die Kelchb.; Kelchzipfel flach; Teilfrüchte glatt. Δ Wege, Mauern, Gärten, Ackerränder; häufig. Fast ganz Europa.

4 Wilde Malve, Große Käsepappel
Malva sylvestris L.

❀ 6–10 ↕ 40–120 cm

St.b. rundlich, mit 5–7 gesägten spitzen Lappen; Blüten zu 2–6 in den B.achseln; Kronb. 2–3 cm lg., tief ausgerandet, purpurn, mit dunkleren Streifen, 3–4mal so lg. wie der Kelch, dieser bis zur Mitte verwachsen; Außenkelchb. 3, frei, 4–8 mm lg. Δ Wege, Mauern, Schutt, trockene Ruderalstellen; zerstreut. Europa.

5 Rosen-Malve
Malva alcea L.

❀ 6–10 ↕ 50–100 cm

St. oberwärts wie B. und Kelch anliegend sternhaarig; St.b. fast bis zum Grund handförmig geteilt; Kronb. 2–4 cm lg., tief ausgerandet, rosa oder lila; Außenkelchb. eiförmig, am Grund verbreitert, 3–5 mm lg. Δ Wege, sonnige Böschungen, Dämme; zerstreut. Fast ganz Europa (vergleiche auch *M. moschata*).

2
3
5
1
4

Pfingstrosengewächse
Paeoniaceae

1 Echte Pfingstrose
Paeonia officinalis L.

✿ 5–6 ↕ 50–100 cm

Pfl. mit knollig verdickten Wurzeln; Grundb. zur Blütezeit fehlend; St.b. bis zum Grund 2–3fach gefiedert, 20–40 cm lg., mit ei-lanzettlichen Abschnitten, oberseits dunkelgrün, unterseits graugrün; Kronb. 5–8, rundlich, 4–8 cm lg., rot; Kelchb. br.-eiförmig bis lanzettlich, grün bis rot; Fruchtknoten 2–3; reife Früchtchen weißfilzig, 3–5 cm lg. Geschützt! Δ Steinige, trockene Hänge, Trockengebüsche. Südalpen, Südeuropa, Zierpfl.

Heidekrautgewächse
Ericaceae

2 Heidekraut
Calluna vulgaris (L.) Hull

✿ 8–10 ↕ 30–100 cm

B. immergrün, 4zeilig, dachziegelig, lineallanzettlich, 1–4 mm lg.; Blüten in 1seitswendigen, dichten Trauben; Blüten mit 4blättrigem Außenkelch und 4 blassvioletten bis weißlichen, freien Kelchb.; Kronb. 4, verwachsen, gleichfarbig wie die Kelchb. Δ Heiden, Magerrasen, Moore, Kiefern- und Eichenwälder; verbreitet. Europa.

3 Glocken-Heide
Erica tetralix L.

✿ 6–9 ↕ 15–50 cm

B. nadelförmig, 3–5 mm lg., steifhaarig bewimpert, zu 3–4 quirlständig; Blütenstand kopfig, 5–15blütig; Krone rot, 6–8 mm lg.; Staubb. in der Krone eingeschlossen. Δ Hochmoore, Torfböden; selten. Hauptsächlich Westeuropa, Norddeutschland, Schwarzwald.

Primelgewächse
Primulaceae

4 Acker-Gauchheil
Anagallis arvensis L.

✿ 6–10 ↕ 5–25 cm

St. 4kantig, kahl; B. gegenständig, eiförmig, 5–20 mm lg.; Blüten lg. gestielt; Kronb. meist zinnoberrot, selten blau oder rosa, übereinander greifend, bis 7 mm lg. und 6 mm br., vorne ganzrandig oder schwach gekerbt, mit 3zelligen Drüsenhaaren; Kelchb. ganzrandig. Δ Gärten, Äcker, Weinberge; häufig. Europa.

5 Gletscher-Mannsschild
Androsace alpina (L.) Lam.

✿ 7–8 ↕ 2–5 cm

Pfl. in lockeren Polstern; B. dicht, lanzettlich, stumpflich, 3–10 mm lg., mit Sternhaaren; Blüten einzeln, 5–6 mm br., an 2–12 mm lg. Stielen, rosa bis weiß, im Schlund gelb; Kronb. nicht ausgerandet. Geschützt! Δ Feuchter Silikatschutt, Moränen, etwa 2000–4200 m; verbreitet. Alpen.

6 Strand-Milchkraut
Glaux maritima L.

✿ 5–8 ↕ 5–15 cm

B. eiförmig, fleischig, dachziegelig, 4zeilig angeordnet, sitzend, 4–12 mm lg.; Blüten sitzend, b.achselständig, 4–6 mm br., Kronb. fehlend; Kelch 5teilig, glockenförmig, rosa. Δ Salzböden, Salzwiesen, Küsten Europas; verbreitet, im Binnenland selten.

4
6
5
3
1
2

Primelgewächse
Primulaceae

1 Mehl-Primel
Primula farinosa L.

❀ 5–7 ↕ 10–15 cm

B. in grundständiger Rosette, oberseits dunkelgrün, unterseits weiß bestäubt, meist unregelmäßig gezähnt; Blüten 10–15 mm br., rosa oder rotviolett, in aufrechter Dolde. Geschützt! Δ Kalkflachmoore, Sumpfwiesen, quellige Stellen, alpine Steinrasen. In den Alpen und im Vorland verbreitet, sonst selten, durch Entwässerungen vielerorts verschwunden. Nordeuropa, Nordbayern, Bodensee, Jura, Alpen und Vorland, Pyrenäen, Karpaten. GefGr. 3!

2 Behaarte Primel
Primula hirsuta All.

❀ 4–7 ↕ 3–10 cm

Pfl. dicht mit klebrigen Drüsenhaaren besetzt; B. meist grob gezähnt, etwas fleischig, oval, plötzlich in den Stiel verschmälert, 3–6 cm lg.; Blüten 1–2 cm br., rosa; Blütenstiele 3–15 mm lg.; Kronzipfel tief ausgerandet; Kronröhre drüsenhaarig. Geschützt! Δ Silikatfelsspalten, Ruhschutt, etwa 1200–3600 m. Alpen, Pyrenäen.

3 Gewelltrandige Primel
Primula marginata Curt.

❀ 4–7 ↕ 5–20 cm

Pfl. mit kräftigem Wurzelstock; B. weißrandig, scharf gezähnt, eiförmig, in den kurzen Stiel verschmälert, 3–8 cm lg., etwas fleischig, kahl; Blüten zu 3–10, rosa bis violett, 15–25 mm br. Geschützt! Δ Kalkfelsspalten, Felsbänder, etwa 1000–2600 m; zerstreut. Westalpen.

4 Zwerg-Primel
Primula minima L.

❀ 6–7 ↕ 1–4 cm

B. 10–15 mm lg., glänzend, kahl, keilförmig, vorne gestutzt, mit großen, knorpeligen Sägezähnen; Blütenschaft 5–15 mm lg., meist 1blütig; Krone rot, später verblassend, 1–2 cm br.; Schlund weiß, drüsenhaarig; Kronzipfel tief eingeschnitten. Geschützt! Δ Silikatmagerrasen, feuchter Schutt, etwa 1200–3000 m; zerstreut. Gebirge Mittel- und Südeuropa.

5 Wasserfeder
Hottonia palustris L.

❀ 5–6 ↕ 20–50 cm

Wasserpfl.; B. untergetaucht, kammartig bis auf den Mittelnerv fiederteilig, in Rosetten; Blütenschaft aufrecht, über dem Wasser; Blüten weiß oder rötlich, innen am Grund gelb. Geschützt! Δ Mäßig nährstoffreiche, flache, stehende Gewässer, über torfigen Schlammböden, Altwässer, Gräben, Moorseen, oft mit Wasserschlauch *(Utricularia)* und Arten der Schwimmblattgesellschaften; selten. Fast ganz Europa, nördlich bis Südskandinavien. GefGr. 3!

6 Alpenveilchen
Cyclamen purpurascens Mill.
(*C. europaeum* auct.)

❀ 7–9 ↕ 5–15 cm

Pfl. mit kugeliger Knolle; B. nieren- bis herzförmig, kahl, oberseits dunkelgrün, mit hellen Flecken, unterseits rötlich; St. 1blütig; Krone rotviolett, mit zurückgeschlagenen Kronzipfeln. Giftig! Geschützt! Δ Laubmischwälder, Buchen-Tannen-Bergwälder; selten. Gebirge Mittel- und Südeuropas.

1
2
6
3
5
4

Rosengewächse
Rosaceae

1 Bach-Nelkenwurz
Geum rivale L.

❀ 5–6 ↕ 20–100 cm

B. rundlich, auf 2/3 oder bis zum Grund 3teilig, Lappen grob gezähnt; St. locker verzweigt, mehrblütig, abstehend behaart; Blüten 5–6zählig, nickend; Kelchb. rotbraun, lanzettlich, die äußeren kürzer; Kronb. außen rötlich, innen gelb. Δ Ufer, Quellen, Auenwälder; Alpen bis über 2000 m; häufig. Europa, im Süden hauptsächlich in den Gebirgen.

2 Blutauge
Potentilla palustris (L.) Scop.
(*Comarum palustre* L.)

❀ 6–7 ↕ 15–30 cm

Pfl. kriechend, bis 1 m weit; St. bogig aufsteigend, B. gefiedert, mit 3–7 gesägten Fiederb., oberseits dunkelgrün, unterseits grau- bis blaugrün; Blüten dunkelpurpurn; Kronb. bleiben bis zur Fruchtreife, 3–8 mm lg., fein zugespitzt, halb so lang wie die trüb purpurnen Kelchb.; Außenkelch grün. Δ Kalkfreie Flach- und Zwischenmoore, Hochmoorschlenken; in den Alpen bis etwa 2000 m; zerstreut. Fast ganz Europa.

3 Dolomiten-Fingerkraut
Potentilla nitida L.

❀ 7–8 ↕ 3–5 cm

Spalierstrauch, silbergraue Teppiche bildend, mit verholzten, am Boden angedrückten Ästen; B. 3zählig, seidenhaarig; Blüten 2–3 cm br.; Kronb. 5, verkehrteiförmig, ausgerandet, rosarot, 2mal so lg. wie die Kelchb.; Staubbeutel schwarzpurpurn. Δ Sonnige Felsbänder, Kalkschutt, etwa 1500–3200 m; zerstreut. Westalpen und südliche Kalkalpen.

4 Arktische Brombeere
Rubus arcticus L.

❀ 6–7 ↕ 10–20 cm

Pfl. mit unterirdisch kriechenden Trieben; St. stachellos; B. 3zählig, mit eiförmigen, doppelt gesägten Fiederb.; Blüten zu 1–3, rosarot oder rot, 1,5–2,5 cm br.; Kronb. 5–7, oft gezähnt; Kelchb. unbehaart; Frucht dunkelrot. Δ Torfmoore Nordeuropas.

Wintergrüngewächse
Pyrolaceae

5 Winterlieb
Chimaphila umbellata (L.) Bart.
(*Pyrola umbellata* L.)

❀ 6–8 ↕ 5–20 cm

B. lederig, ei-lanzettlich, 3–5 cm lg., scharf gesägt; Blüten zu 3–7 in Schirmtrauben, nickend; Kronb. 5–6 mm lg., zusammenneigend, weiß bis hellrosa; Griffel kurz, dick, mit schildförmiger Narbe. Geschützt! Δ Trockene Kiefernwälder, sandige Böden; selten. Mittel- und Nordeuropa. GefGr. 2!

3
4
2
1
5

Dickblattgewächse
Grassulaceae

1 Berg-Hauswurz
Sempervivum montanum L.

❀ 7–9 ↕ 5–15 cm

Pfl. mit kugeliger, später sternförmig ausgebreiteter B.rosette; B. lanzettlich, mit grüner oder rötlicher Spitze, B.fläche drüsenhaarig; Blüten zu 2–8, 2–3 cm br; Kronb. meist 12, rotviolett. Geschützt! Δ Silikatmagerrasen, etwa 1500–3400 m; zerstreut. Gebirge Mittel- und Südeuropas.

2 Dach-Hauswurz
Sempervivum tectorum L.

❀ 7–8 ↕ 15–50 cm

Pfl. mit 8–12 cm br. B.rosette; B. scharf zugespitzt, blaugrün, oft rötlich überlaufen, kahl, am Rand bewimpert; Blüten hellrot, mit 10–16 Kronb. Geschützt! Δ Mauerkronen, alte Dächer, Steinbrüche; wärmeliebend; zerstreut. Mittel- und Südeuropa.

3 Englische Fetthenne
Sedum anglicum Huds.

❀ 6–9 ↕ 5–15 cm

Pfl. graugrün, oft rötlich überlaufen, mit aufrechten blühenden und kriechenden nichtblühenden St.; B. stielrund, 3–5 mm lg., am Grund gespornt; Blüten 5zählig; Kronb. 3–5 mm lg., zugespitzt, rosa oder weiß; Staubb. 10, mit schwärzlichen Staubbeuteln. Δ Silikatfelsen, kalkfreie Sandböden, Küstenfelsen. Westeuropa, Südskandinavien.

4 Purpur-Fetthenne
Sedum telephium L.

❀ 7–9 ↕ 20–40 cm

St. aufrecht, dick, nicht wurzelnd; B. länglich-eiförmig, gezähnt, mit keilförmigem Grund, obere B. mit abgerundetem Grund sitzend; Blüten 5zählig, 2geschlechtig, in doldenartigen, dichten, vielblütigen Blütenständen; Kronb. 4–5 mm lg., rot, zurückgekrümmt. Δ Steinwälle, Gebüschsaum, Wege, Äcker; zerstreut. Mittel- und Nordeuropa, südlich bis Norditalien und Nordspanien.

Steinbrechgewächse
Saxifragaceae

5 Kies-Steinbrech
Saxifraga mutata L.

❀ 6–7 ↕ 15–30 cm

Pfl. mit großer B.rosette; B. zungenförmig, 3–5 cm lg., fast ganzrandig; St. reichblütig; Blüten rötlich gelb. Geschützt! Δ Bachufer, feuchter Kies, überrieselte Nagelfluh- und Molassefelsen; ziemlich selten. Alpen und Vorland. GefGr. 2!

6 Fetthennen-Steinbrech
Saxifraga aizoides L.

❀ 6–8 ↕ 3–15 cm

B. fleischig, linealisch, stachelspitz, am Rand kurz bewimpert; Blüten zu 5–12, zitronengelb bis dunkelorange. Geschützt! Δ Quellfluren, überrieselter Fels und Schutt; in den Alpen über 3000 m; verbreitet. Nordeuropa, Alpen, Pyrenäen, Karpaten.

7 Roter Steinbrech, Gegenblättriger Steinbrech
Saxifraga oppositifolia L.

❀ 5–7 ↕ 2–6 cm

Pfl. flache Polster bildend; B. elliptisch, stumpf, blaugrün, etwas fleischig, am Rand bewimpert, gegenständig, dicht stehend, 2–5 mm lg.; Blüten einzeln, weinrot bis violett. Geschützt! Δ Kalkschutt, Felsspalten, etwa 1500–3500 m; verbreitet. Nordeuropa, Gebirge Mittel- und Südeuropas.

1
5
4
6
3
2
7

Leingewächse
Linaceae

1 Klebriger Lein
Linum viscosum L.

❀ 5–7 ↕ 30–60 cm

St. abstehend behaart; B. wechselständig, ei-lanzettlich, 4–9 mm br., drüsig bewimpert; Kronb. 1–2 cm lg., rosa; Kelchb. am Rand drüsig. Geschützt! Δ Kalkmagerrasen, lichte Kiefernwälder, Waldränder; selten. Süddeutschland, Alpen und Vorland, Südeuropa. GefGr. 3!

Storchschnabelgewächse
Geraniaceae

2 Glänzender Storchschnabel
Geranium lucidum L.

❀ 5–8 ↕ 10–30 cm

Pfl. 1jährig, kahl; St. zerbrechlich, rot überlaufen; B. glänzend, fast fleischig, im Umriss rundlich, bis zur Mitte in br., stumpfzähnige Abschnitte geteilt, unterseits oft rot überlaufen; Kronb. 7–9 mm lg., rosarot, vorne abgerundet; Kelchb. mit 3 scharf gekielten Nerven. Δ Gebüsche, Waldlichtungen, schattige Mauern; selten. Mittel- und Südeuropa, vereinzelt bis Südskandinavien, Großbritannien.

3 Weicher Storchschnabel
Geranium molle L.

❀ 5–9 ↕ 10–30 cm

St. abstehend zottig weichhaarig; B. rundlich, bis etwa zur Mitte eingeschnitten; Kronb. 4–8 mm lg., rosarot, ausgerandet, kaum länger als die Kelchb. Δ Sonnige Unkrautfluren; ziemlich häufig. Europa.

4 Schlitzblättriger Storchschnabel
Geranium dissectum L.

❀ 5–9 ↕ 10–40 cm

St. abstehend behaart; Blüten paarweise; Kronb. rosarot, ausgerandet, 4–6 mm lg., so lg. wie die Kelchb.; Stiele der Blütenstände kürzer als ihre Tragb., drüsenhaarig; B. bis zum Grund geteilt, mit linealischen Zipfeln. Δ Äcker, Gärten, Wege; verbreitet. Europa.

5 Ruprechts Storchschnabel, Ruprechtskraut, Stinkender Storchschnabel
Geranium robertianum L.

❀ 5–10 ↕ 20–50 cm

Pfl. unangenehm riechend; St. rötlich, zerstreut abstehend drüsenhaarig; B. im Umriss 3–5eckig, bis zum Grund 3–5teilig, aus 3–5 gestielten, bis fast zum Mittelnerv fiederteiligen B.chen bestehend; Blütenstand meist 2blütig; Kronb. 9–12 mm lg., rosa, vorne nicht ausgerandet; Kelchb. 6–7 mm lg.; Staubbeutel rotbraun. Δ Schlucht- und Auenwälder, schattige Mauern und Schuttplätze; häufig. Fast ganz Europa.

6 Gewöhnlicher Reiherschnabel
Erodium cicutarium (L.) L' Hér.

❀ 4–9 ↕ 10–40 cm

Pfl. rauhaarig; B. bis zum Mittelnerv fiederteilig, Fiedern nochmals geteilt, mit schmalen, spitzen Zipfeln; Blüten zu 2–9 in lg. gestielten Blütenständen; Kronb. 5–9 mm lg., rosa oder lila, die beiden oberen oft größer; Fruchtschnabel in 5 korkzieherartige Teilfrüchte aufreißend. Δ Wege, Brachland, Weinberge, Dünen; ziemlich häufig. Europa.

4
5
1
2
3
6

Storchschnabelgewächse
Geraniaceae

1 Sumpf-Storchschnabel
Geranium palustre L.

6–9 ↕ 30–80 cm

B. 5–7teilig, Abschnitte unregelmäßig gezähnt oder eingeschnitten; Blütenstand meist 2blütig; Blütenstiele und Kelch anliegend behaart, drüsenlos (bei *G. pratense* und *G. sylvaticum* drüsenhaarig); Krone 3–4 cm br.; Kronb. gerundet, rotviolett. Δ Gräben, Moorwiesen, Auengebüsch; zerstreut. Südskandinavien, Mittel- und Osteuropa, südlich bis Poebene.

2 Wald-Storchschnabel
Geranium sylvaticum L.

6–8 ↕ 20–60 cm

Grundb. 7-15 cm br., tief in 5–7 Lappen geteilt; B.abschnitte br.-rhombisch, eingeschnitten gesägt; B.stiele und St. im Bereich des Blütenstandes dicht drüsenhaarig; Blüten 3–4 cm br., rotviolett; Staubfäden lanzettlich. Δ Feuchte Bergfettwiesen, subalpine Hochstaudenfluren; Alpen und Mittelgebirge verbreitet, sonst zerstreut. Fast ganz Europa.

3 Blut-Storchschnabel
Geranium sanguineum L.

6–8 ↕ 15–60 cm

Pfl. niederliegend oder aufsteigend; St. abstehend behaart, meist gabelig verzweigt; untere B. im Umriss rundlich-nierenförmig, fast bis zum Grund 7teilig, mit linealischen Abschnitten; Blüten einzeln; Kronb. 15–20 mm lg., vorne abgerundet oder unregelmäßig ausgerandet, purpurrot. Δ Sonnige Waldränder, trockene Gebüsche, lichte Eichen- und Kiefernwälder; wärmeliebend; zerstreut. Südskandinavien, Mittel- und Südeuropa, in den Nordalpen nur in den Föhntälern.

4 Rundblättriger Storchschnabel
Geranium rotundifolium L.

5–10 ↕ 10–30 cm

Pfl. weichhaarig; St. oft rötlich; B. rundlich, bis zur Mitte eingeschnitten; Kronb. 5–6 mm lg., rosarot, nicht ausgerandet. Δ Sonnige Unkrautfluren, Weinberge, Mauern; ziemlich selten. Mittel- und Südeuropa.

5 Pyrenäen-Storchschnabel
Geranium pyrenaicum Burm.

5–10 ↕ 20–60 cm

St. abstehend weichhaarig; B. rundlich, bis etwas über die Mitte in 5–9 keilförmige Lappen geteilt; Blüten paarweise, in lockeren Blütenständen; Kronb. 7–10 mm lg., violettrot, tief ausgerandet, doppelt so lg. wie die Kelchb. Δ Krautreiche Unkrautfluren, Wege, Gebüsche; ziemlich häufig. Fast ganz Europa.

Windengewächse
Convolvulaceae

6 Acker-Winde
Convolvulus arvensis L.

6–9 ↕ 20–80 cm

Pfl. am Boden ausgebreitet oder windend; B. herz- bis pfeilförmig, 3–4 cm lg.; Blüten b.achselständig, lg. gestielt, in der Mitte der Blütenstiele mit 2 fadenförmigen, kurzen Vorb.; Krone weit trichterförmig, 2–3 cm lg. und br., rosa. Δ Äcker, Gärten, Wege; verbreitet. Europa.

2a
1
3
2
4
6
5

Enziangewächse
Gentianaceae

1 **Echtes Tausendguldenkraut**
Centaurium minus Moench
(*C. umbellatum* Gilib.)

❀ 7–9 ↕ 10–30 cm

Pfl. erst oben verzweigt, mit grundständiger Rosette; Rosettenb. eiförmig, über 5 mm br., obere B. ei-lanzettlich bis länglich eiförmig, meist 5nervig; Blüten in lockerer Scheindolde; Krone 5spaltig, rosarot, mit 9–15 mm lg. Röhre und eiförmigen, stumpfen, 5–8 mm lg. Kronzipfeln, Geschützt! Δ Halbtrockenrasen, trockene Waldränder; zerstreut. Südskandinavien, Mittel- und Südeuropa.

Borretschgewächse
Boraginaceae

2 **Weiches Lungenkraut**
Pulmonaria mollis Wolff
(*P. montana* aut.)

❀ 4–6 ↕ 15–35 cm

Pfl. frischgrün; B. und St. stark drüsig und dicht weichhaarig; Grundb. länglich-eiförmig, 4–6 cm br., allmählich in den lg. Stiel verschmälert; St.b. ei-lanzettlich, 2–4 cm br., etwas herablaufend; Blütenstand oben klebrig; Blüten 15–20 mm lg., anfangs rot, dann blauviolett; Kelch dicht kurzdrüsig, klebrig, 5nervig. Geschützt! Δ Waldränder, krautreiche Laubmischwälder, Bergwälder; ziemlich selten. Hauptsächlich Mitteleuropa.

3 **Echtes Lungenkraut**
Pulmonaria officinale L.

❀ 3–5 ↕ 15–30 cm

Grundb. herz-eiförmig, meist weiß gefleckt, plötzlich in den lg. Stiel verschmälert; obere St.b. oval, st.umfassend; Blütenstand steifhaarig; Blüten rosa, dann blau, 1 cm br. Δ Krautreiche Laubmischwälder, Gebüsche, Waldränder; verbreitet. Fast ganz Europa.

4 **Gewöhnliche Ochsenzunge**
Anchusa officinalis L.

❀ 5–9 ↕ 30–80 cm

Pfl. weichhaarig; B. länglich-lanzettlich, die unteren in den Stiel verschmälert, die oberen mit gerundetem Grund sitzend, ganzrandig; Blüten blauviolett, 10–15 mm br.; Kronröhre gerade; Kronschlund von eiförmigen, samtigen Schlundschuppen verschlossen; Blütenstand reichblütig. Δ Trockene sandige Unkrautfluren, Wege, Dämme; wärmeliebend; selten. Fast ganz Europa.

5 **Gemeiner Beinwell**
Symphytum officinale L.

❀ 5–7 ↕ 30–100 cm

B. schmal-lanzettlich, obere bis zum nächsten B. am St. herablaufend, St. daher br. geflügelt; Blüten rotviolett oder gelblichweiß, innen, zwischen den Staubb. mit 5 spitzen Schlundschuppen. Δ Nass- und Moorwiesen, Ufer, Auenwälder; verbreitet; Arzneipfl. Fast ganz Europa.

6 **Pferdezunge**
Mertensia maritima (L.) S. F. Gray

❀ 6–8 ↕ 10–60 cm

Pfl. niederliegend, blaugrün, fleischig; B. lanzettlich bis spatelig, 1–6 cm lg., oberseits rau, die unteren B. gestielt, die oberen sitzend; Blüten rot, dann dunkelblau; Kronröhre walzlich; Kelch kahl; Nüsschen glatt. Δ Küstensand. Nordeuropa, England, Irland.

5
1
4
6
3
2

Knabenkrautgewächse oder Orchideen Orchidaceae

1 Fliegen-Ragwurz, Mückenständel
Ophrys insectifera L.
(*O. muscifera* Huds.)

5–6 15–30 cm

B. lanzettlich, den St. scheidenartig umfassend; Blütenstand 2–10blütig; Blüten etwa 2 cm lg., äußere 3 Blütenb. oval, grünlich, 5–8 mm lg., die 2 seitlichen inneren fadenförmig, rotbraun; Lippe 3lappig, ohne Anhängsel, 2mal so lg. wie br., purpur-braun, samtig, mit großem, grauem Fleck. Geschützt! Δ Kalkmagerrasen, lichte, trockene Kiefernwälder; ziemlich selten. Fast ganz Europa, nördlich bis Irland, Schottland, südlich bis Nordspanien, Mittelitalien. GefGr. 3!

2 Hummel-Ragwurz
Ophrys holoserica (Burm.fil.) Greuter
(*O. arachnites* (L.) Reichard,
O. fuciflora (F. W. Schmidt) Moench)

5–6 15–30 cm

Blüten 1–10; äußere Blütenb. weiß oder rosa, mit grünem Mittelnerv, oval, 10–15 mm lg., innere Blütenb. 3eckig; Lippe ungeteilt, rundlich, fast 4eckig, rotbraun, mit gelblichen Zeichnungen, am Grund beiderseits mit einem kleinen Höcker, vorne mit aufwärts gebogenem Anhängsel. Geschützt! Δ Kalkmagerwiesen, trockene Gebüschsäume; selten. Mittel- und Südeuropa. GefGr. 2!

3 Spinnen-Ragwurz
Ophrys sphegodes Mill.
(*O. araneifera* Huds.)

4–5 15–30 cm

Pfl. ähnlich Hummel-Ragwurz; äußere Blütenb. oval, grünlich, 8–12 mm lg., die 2 inneren Blütenb. schmal-lanzettlich; Lippe ungeteilt, gewölbt, rotbraun, mit H-förmiger, bläulicher Zeichnung, an der Spitze ohne Anhängsel. Geschützt! Δ Kalkmagerrasen, Waldlichtungen; selten. Mittel- und Südeuropa. GefGr. 2!

4 Bienen-Ragwurz
Ophrys apifera Huds.

5–6 15–40 cm

B. ei-lanzettlich; äußere Blütenb. oval, innere 2 Blütenb. fadenförmig, Lippe länger als br., stark gewölbt, braun, mit gelblicher Zeichnung, vorne mit gelbgrünem, lappenförmigem Anhängsel. Geschützt! Δ Kalkmagerrasen, lichte Eichen-Kiefernwälder; selten. Mittel- und Südeuropa. GefGr. 2!

5 Widerbart
Epipogium aphyllum Sw.

7–8 10–20 cm

Pfl. ohne B.grün, gelblich bis braun, oben purpurn überlaufen; St. röhrig, mit scheidigen Schuppenb.; Tragb. oval, dünn, weißlich; Blüten 2–4, blassgelb, rötlich gestrichelt; Blütenb. spreizend, schmal-lanzettlich, 10–14 mm lg.; Lippe aufwärts gerichtet, am Grund mit 2 seitlichen, rundlichen Abschnitten, Mittellappen oval, am Rand kraus. Geschützt! Δ Moosige Nadel- und Laubmischwälder; selten. Nord- und Mitteleuropa, im Süden in den Gebirgen (Pyrenäen, Alpen, Apennin, Olymp). GefGr. 2!

6 Norne
Calypso bulbosa L.

5–6 10–25 cm

Pfl. am Grund mit 1–3häutigen, die rundliche Knolle umgebenden B.scheiden und einem br., eiförmigen, grünen, lg. gestielten B.; St. mit 1–2scheidigen B. und einer einzelnen, endständigen Blüte; die 5 oberen Blütenb. linealisch, purpurn, spreizend; Lippe pantoffelförmig, 15–25 mm lg., weißlich, rosa oder gelb gefleckt, ohne Sporn. Geschützt! Δ Nadelwälder, Sümpfe, Moore. Nordeuropa.

2
1
3
4
5
6

Schwertliliengewächse
Iridaceae

1 Sumpf-Gladiole
Gladiolus palustris Gaud.

✿ 6–7 ↕ 30–60 cm

Pfl. mit Knolle; Knollenhülle faserig, netzadrig; B. 4–9 mm br.; Blüten etwa 3 cm br., zu 2–6 am St., purpurn; Fruchtkapsel etwa 1,5 cm lg., länglich, verkehrt-eiförmig. Geschützt! Δ Moorwiesen; selten. Mittel- und Südosteuropa. GefGr. 2!

Knabenkrautgewächse oder Orchideen Orchidaceae

2 Rotes Waldvöglein
Cephalanthera rubra (L.) Rich.

✿ 5–7 ↕ 20–50 cm

St. oberwärts dicht drüsenhaarig; B. ei-lanzettlich, spitz, 6–12 cm lg.; Blüten zu 4–12; Tragb. so lg. oder länger als der Fruchtknoten; Blütenb. 15–20 mm lg., spitz, glockenförmig zusammenneigend, rosa oder purpurn, die Lippe meist verdeckend; Vorderglied der Lippe mit rotviolettem Rand und violetter Spitze und mit gekräuselten, gelblichen Längsleisten. Geschützt! Δ Buchen-, Eichen- und Kiefernwälder, auch Fichten-Tannenwälder; zerstreut. Mittel- und Südeuropa, nördlich bis Südskandinavien.

3 Große Händelwurz
Gymnadenia conopsea (L.) R. Br.

✿ 5–6 ↕ 20–60 cm

B. lanzettlich, 5–15 cm lg.; Blüten violett, lila, duftend; die 2 seitlichen Blütenhüllb. oval, 5–6 mm lg., Lippe mit 3 eiförmigen, stumpfen, gleich lg. Zipfeln; Sporn dünn, fast 2mal so lang wie der Fruchtknoten. Geschützt! Δ Kalkmagerrasen, lichte Wälder, Moorwiesen; ziemlich häufig. Fast ganz Europa.

Ähnlich ist die **Wohlriechende Händelwurz**, *G. odoratissima* (L.) Rich., aber Sporn höchstens so lg. wie der Fruchtknoten; Mittellappen der Lippe länger, spitz; Blüten rotviolett, stark nach Vanille duftend; Kiefernwälder, Moorwiesen, Bergwiesen, in den Alpen bis über 2200 m; selten. Mittelgebirge und Gebirge Mittel- und Südeuropas, Südskandinavien. Geschützt! GefGr. 3!

4 Spitzorchis, Hundswurz
Anacamptis pyramidalis (L.) Rich.

✿ 6–7 ↕ 25–50 cm

B. lanzettlich; Blütenstand 4–8 cm lg., anfangs kegelförmig, dann walzlich, dichtblütig; Blüten leuchtend purpurrot; äußere 3 Blütenb. abstehend, lanzettlich, 5–7 mm lg.; Lippe so br. wie lg., 6–9 mm, 3teilig; Sporn dünn, fadenförmig, so lg. wie der Fruchtknoten. Geschützt! Δ Kalkmagerrasen, wechseltrockene Wiesen, lichte Wälder; selten. Mittel- und Südeuropa (westlich), nördlich bis Südskandinavien. GefGr. 2!

5 Kugelblütiges Knabenkraut
Traunsteinera globosa (L.) Rchb.

✿ 6–8 ↕ 20–50 cm

Blütenstand anfangs pyramidenförmig, dann kugelig; Blütenb. rosa, zuerst helmartig zusammenneigend, später glockig abstehend; Lippe 3spaltig, dunkelpurpurn punktiert. Geschützt! Δ Gebirgswiesen, Kalkmagerrasen, etwa 1000–2500 m; zerstreut bis selten. Gebirge Mittel- und Südeuropas.

6 Schwarzes Kohlröschen
Nigritella nigra (L.) Rchb.

✿ 6–9 ↕ 8–20 cm

B. grasartig; Blüten schwarzpurpurn, selten rosa, in dichter, kugeliger, 1–2 cm lg. Ähre, nach Vanille duftend; 1nervig, Lippe nach oben gerichtet. Geschützt! Δ Magerrasen, 1500–2800 m; zerstreut. Nordeuropa und Gebirge Mittel- und Südeuropas.

3
2
5
1
4
6

Knabenkrautgewächse oder Orchideen Orchidaceae

1 Breitblättriges Knabenkraut
Dactylorhiza majalis (Rchb.) Hunt. et Summ. (*O. latifolia* aut., *O. majalis* Rchb.)

5–6 15–60 cm

B. br.-lanzettlich, 5–10 cm lg., etwa in der Mitte am breitesten, meist gefleckt; Blütenstand dicht; Tragb. grün bis rot, länger als die Blüten; Blüten rot mit dunklen Flecken; äußere 2 Blütenb. abstehend; Lippe 3teilig, mit herabgeschlagenen Seitenlappen. Geschützt! Δ Nasswiesen, Quellsümpfe, Gräben, Flachmoore; verbreitet. Hauptsächlich Mitteleuropa, nördlich bis Südskandinavien, südlich bis Norditalien, Nordspanien. GefGr. 3!

2 Fleischrotes Knabenkraut
Dactylorhiza incarnata (L.) Soó (*Orchis i.* L.)

5–7 20–60 cm

St. hohl, kantig, mit 3–6 B.; B. gelbgrün, steif aufrecht, ungefleckt, unten am breitesten, an der Spitze kapuzenförmig; Tragb. krautig, kräftig; Blüten fleischfarben, selten gelblich; Lippe ungeteilt oder schwach 3teilig; Sporn kegelförmig, kürzer als der Fruchtknoten. Geschützt! Δ Sumpfwiesen, Flachmoore; zerstreut. Hauptsächlich Nord- und Mitteleuropa. GefGr. 2!

3 Fuchs' Knabenkraut
Dactylorhiza fuchsii (Druce) Soó

6–7 20–70 cm

Untere B. br.-elliptisch bis verkehrt-eiförmig, stumpf, meist mit quer-verlängerten Flecken; Blüten in dichtblütiger kegelförmiger, später walzlicher Ähre, blasslila oder weißlich; seitliche Blütenb. abstehend; Lippe tief 3spaltig, der Mittellappen zugespitzt, etwas länger als die seitlichen; Sporn kegelförmig, etwa so lg. wie der Fruchtknoten. Geschützt! Δ Lichte Wälder, Flachmoore, Heiden; zerstreut bis selten. Europa.
Sehr ähnlich ist das **Gefleckte Knabenkraut**, *D. maculata* (L.) Soó, aber B. lanzettlich bis linealisch, spitz, mit runden Flecken; Blütenlippe seicht 3lappig, ihr Mittellappen kleiner und kürzer; Wälder, Heiden; selten.

4 Stattliches Knabenkraut
Orchis mascula L.

5–6 15–50 cm

B. lanzettlich, die unteren mit abstehender Spreite, die oberen den St. scheidig umfassend; Blütenstand schmal, zylindrisch, 5–15 cm lg., meist lockerblütig; Tragb. häutig, 1nervig, violett überlaufen; Blüten purpurn; Blütenb. lanzettlich, spitz, die 2 seitlichen abstehend oder zurückgeschlagen; Lippe tief 3lappig, dunkel gefleckt, mit abstehenden Seitenlappen; Sporn keulenförmig, etwa so lg. wie der Fruchtknoten, meist aufwärts gerichtet. Geschützt! Δ Gebirgswiesen, Halbtrockenrasen, lichte Laubmischwälder; zerstreut. Europa.

5 Sumpf-Knabenkraut
Orchis palustris Jacq.

4–5 30–50 cm

B. lineal-lanzettlich, rinnig, bis 1 cm br., ungefleckt; Blütenstand 5–10 cm lg., lockerblütig; Tragb. häutig, 3–5nervig; Blüten dunkelrot, seitliche Blütenb. abstehend; Lippe 3lappig, 12–15 mm lg. Geschützt! Δ Flachmoore, Moorwiesen; selten. Mittel- und Südeuropa. GefGr. 2!

2
1
3
5
4

Knabenkrautgewächse oder Orchideen Orchidaceae

1 Kleines Knabenkraut
Orchis morio L.

❀ 4–6 ↕ 10–30 cm

B. schmal-oval, in der Mitte am breitesten, stumpf, ungefleckt, 3–8 cm lg.; Blütenstand lockerblütig; Tragb. häutig, etwa so lg. wie der Fruchtknoten, oft gefärbt, alle 5 Blütenb. helmförmig zusammenneigend, rot, selten, weiß, grün längsgestreift; Lippe mindestens so br. wie lg., 3teilig, der Mittellappen oft ausgerandet; Sporn kürzer als der Fruchtknoten, ± waagrecht. Geschützt! Δ Magerrasen, ungedüngte Wiesen, Silikatmagerrasen; zerstreut bis selten. Fast ganz Europa, nördlich bis Südskandinavien. GefGr. 2!

2 Helm-Knabenkraut
Orchis militaris L.

❀ 5–6 ↕ 25–50 cm

B. schmal oval, 5–15 cm lg., obere B. scheidenartig den St. umfassend; alle 5 Blütenb. helmartig zusammenneigend, außen blassrosa, mit dunklen Nerven; Lippe 10–15 mm lg., lila bis weiß, mit behaarten, dunklen Papillen, die 2 Zipfel des Mittellappens stumpf, kurz, breiter als die seitlichen. Geschützt! Δ Kalkmagerrasen, Gebüschsaum; ziemlich häufig. Fast ganz Europa, nördlich bis Südschweden. GefGr. 3!

3 Affen-Knabenkraut
Orchis simia Lam.

❀ 5–6 ↕ 30–40 cm

Pfl. ähnlich dem Helm-Knabenkraut, aber Blüten von oben nach unten aufblühend (die anderen Arten blühen von unten nach oben auf), alle 4 Zipfel der Lippe schmal-lineal, zugespitzt, etwa gleich lg., aufwärts gekrümmt, Lippe ohne behaarte Papillen. Geschützt! Δ Sonnige Kalkmagerrasen; selten. Hauptsächlich Südeuropa, in Deutschland im Kaiserstuhl, Saarland. GefGr. 2!

4 Purpur-Knabenkraut
Orchis purpurea Huds.

❀ 5–6 ↕ 30–80 cm

B. länglich-eiförmig; Blütenstand meist dichtblütig, 5–15 cm lg., walzlich; Tragb. kurz, häutig, schuppenförmig; alle 5 Blütenb. zusammenneigend, einen kugeligen, eiförmigen Helm bildend, außen braunrot; Lippe hellrot, dunkel punktiert, mit linealischen Seitenlappen und 2 br., fein gezähnten Endlappen; Sporn halb so lg. wie der Fruchtknoten. Geschützt! Δ Wärmeliebende Wälder, Halbtrockenrasen; ziemlich selten. Mittel- und Südeuropa. GefGr. 3!

5 Wanzen-Knabenkraut
Orchis coriophora L.

❀ 6–7 ↕ 10–40 cm

B. lineal-lanzettlich, 6–10 cm lg.; Blütenstand 3–6 cm lg., walzlich, dichtblütig; Blüten nach Wanzen riechend; Blütenb., zusammenneigend, einen spitzen Helm bildend, bräunlichrot, mit grünen Nerven; Lippe 4–6 mm lg., länger als br., der Mittellappen ungeteilt, länger als die Seitenlappen; Sporn kegelförmig, abwärts gerichtet; Tragb. häutig. Geschützt! Δ Magerrasen, Moorwiesen; selten. Mittel- und Südeuropa, nördlich bis Mitteldeutschland. GefGr. 1!

6 Brand-Knabenkraut
Orchis ustulata L.

❀ 5–6 ↕ 20–30 cm

B. lanzettlich; Blütenstand 3–6 cm, dicht, walzlich; Blüten klein, bis 1 cm lg., duftend; Blütenb. einen halbkugeligen Helm bildend, außen schwarzpurpurn; Lippe 3teilig, 5 mm lg., weiß-rot gepunktet, Mittellappen 2spaltig. Geschützt! Δ Kalkmagerrasen, Gebüschsaum; selten. Fast ganz Europa, nördlich bis Südschweden. GefGr. 2!

2
3
5
4
1
6

Erdrauchgewächse
Fumariaceae

1 Hohler Lerchensporn
Corydalis cava (L.) Schw. et Koerte

✽ 3–5 ↕ 15–30 cm

Pfl. mit kugeliger, hohler Knolle; B. doppelt 3zählig, blaugrün; Blüten 15–25 mm lg., in 6–20blütigen, aufrechten Trauben, purpurn oder weiß; Tragb. der Blüten eiförmig, ganzrandig. Δ Laubwälder, Auenwälder, Obstgärten, Gebüsche; zerstreut. Hauptsächlich Mitteleuropa, nördlich bis Südschweden.

2 Fester-Lerchensporn, Finger-Lerchensporn
Corydalis solida (L.) Clairv.

✽ 3–5 ↕ 10–20 cm

Pfl. ähnlich Hohlem Lärchensporn, aber Wurzelknolle voll; Hochb. des Blütenstandes fingerförmig zerteilt; St. am Grund mit schuppenförmigen, bleichen Niederb. Δ Laubmischwälder, Hecken; ziemlich selten. Südschweden, Mitteleuropa, im Süden in den Gebirgen.

3 Gemeiner Erdrauch
Fumaria officinalis L.

✽ 5–9 ↕ 10–30 cm

Pfl. kahl, verzweigt; B. 2fach gefiedert, blaugrün, mit 2–3 mm br. B.zipfeln; Blüten lippenblütenartig, gespornt, 7–9 mm lg., dunkelrot, in dichten, 20–40blütigen Trauben; Kelchb. 2–3 mm lg., leicht abfallend. Δ Unkrautfluren, Äcker, Weinberge, Gärten; häufig. Europa.

4 Rankender Erdrauch
Fumaria capreolata L.

✽ 5–9 ↕ 30–100 cm

Pfl. kahl; St. schlaff, durch Rankenb. kletternd; B. blaugrün, doppelt gefiedert; Blüten 10–12 mm lg., weißlich, mit violetter Spitze, in reichblütigen, lockeren Trauben; Fruchtstiele nach rückwärts gekrümmt. Δ Weinberge, Gärten, Schutt; kalkarme Böden; selten. Mittel- und Südeuropa (westlich).

Rautengewächse
Rutaceae

5 Diptam
Dictamnus albus L.

✽ 5–6 ↕ 60–120 cm

Pfl. stark aromatisch nach Zitrone oder Zimt duftend; B. 1fach gefiedert, mit 7–11 eilanzettlichen, 5–8 cm lg., fein gezähnten Fiederb.; Blüten in endständiger, aufrechter Traube; Kronb. 5, rosa dunkel geadert, 2–3 cm lg., 4 nach oben gerichtet, das 5. herabgebogen; Kelchb. 5, 6–8 mm lg. Geschützt! Δ Sonnige, felsige Hänge, Eichengebüsch, auch lichte Eichen-Föhrenwälder; wärmeliebend; selten. Mittel- und Südeuropa. GefGr. 3!

Schmetterlingsblütengewächse
Fabaceae oder Papilionaceae

6 Vogelfuß-Klee
Trifolium ornithopodioides L.
(*Trigonella o.* (L.) DC.)

✽ 6–7 ↕ 5–10 cm

Pfl. niederliegend bis aufsteigend, kahl; B. 3zählig, B.chen verkehrt ei- oder herzförmig, 4–10 mm lg., kurz gestielt, fein gezähnt; Blütenköpfe 2–4blütig; Krone 6–8 mm lg., rosa oder weiß; Kelchzähne etwas ungleich, länger als die Kelchröhre; Hülsen 5–10samig, 6–8 mm lg. Δ Sandtrockenrasen, Dünen. Schleswig-Holstein, England, Irland, Niederlande, Italien, Westeuropa.

5
4
3
1
6
2

Schmetterlingsblütengewächse
Fabaceae oder Papilionaceae

1 Sumpf-Platterbse
Lathyrus palustris L.

❀ 7–8 ↕ 30–100 cm

St. niederliegend oder kletternd, schmal geflügelt; B. mit 4 oder 6 lanzettlichen, 3–6 cm lg., 5nervigen Fiederb. und endständiger Ranke; B.stiele kaum geflügelt; Blüten zu 3–6, 15–20 mm lg., schmutzig blau oder blauviolett. Δ Moorwiesen, Großseggengesellschaften; ziemlich selten. Nord- und Mitteleuropa. GefGr. 3!

2 Wald-Platterbse
Lathyrus sylvestris L.

❀ 7–8 ↕ 100–200 cm

Pfl. niederliegend, aufsteigend oder kletternd; B. mit 3nervigen, 5–14 cm lg. und 5–15 mm br. Fiederb. und endständiger, verzweigter Ranke; St. und B.stiel br. geflügelt; Flügel der B.stiele schmäler als die des St.; Blütenstand 3–6blütig, etwa so lg. gestielt wie das Tragb.; Krone 12–18 mm, gelblichgrün, rot überlaufen; Hülse 5–7 cm lg. Δ Waldränder, Waldwege, sonnige Hecken, Steinschutt; ziemlich häufig. Fast ganz Europa, nördlich bis Südskandinavien.

3 Schwarze Platterbse
Lathyrus niger (L.) Bernh.

❀ 6–7 ↕ 30–80 cm

Pfl. beim Trocknen schwarz werdend; St. aufrecht, nicht geflügelt; B. mit 8–12 elliptischen bis eiförmigen Fiederb. und grannenartiger, endständiger Spitze; Blütenstand lg. gestielt, 3–10blütig; Krone 10–15 mm lg., purpurn, später violett; Frucht 8–14samig. Δ Lichte Eichen- und Eichen-Kiefernwälder, sonnige Gebüschsäume; wärmeliebend; ziemlich selten. Mittel- und Südeuropa, nördlich bis Südskandinavien (östlich).

4 Berg-Platterbse
Lathyrus linifolius (Reich.) Bässler
(*L. montanus* Bernh.)

❀ 4–6 ↕ 15–30 cm

Pfl. niederliegend bis aufsteigend; St. geflügelt; B. mit 4–8 lanzettlichen bis linealischen, blaugrünen Fiederb. und endständiger, grannenartiger Spitze; B.stiel schmal geflügelt; Blütenstand lg. gestielt, 3–6blütig; Krone 12–18 mm lg., zuerst hellpurpurn, dann trübblau; Kelch mit ungleich lg. Zähnen; Hülse 3–4 cm lg., 6–10samig. Δ Lichte Eichen- und Eichen-Buchenwälder, Waldwege, Magerrasen, Heiden; kalkmeidend; ziemlich häufig. Fast ganz Europa.

5 Frühlings-Platterbse
Lathyrus vernus (L.) Bernh.

❀ 4–5 ↕ 20–40 cm

St. aufrecht, unverzweigt, nicht geflügelt; B. mit 4–8 br. eiförmigen, lg. zugespitzten, 3–7 cm lg. und 1–3 cm br. Fiederb. und endständiger, grannenartiger Spitze; Traube 3–7blütig, so lg. wie ihr Tragb.; Krone purpurn, später blaugrün. Δ Buchen-, Buchen-Tannen-, Eichen-Hainbuchenwälder; verbreitet. Fast ganz Europa, im Süden in den Gebirgen.

2
3
4
1
5

Schmetterlingsblütengewächse
Fabaceae oder Papilionaceae

1 Knollen-Platterbse, Erdnuss-Platterbse
Lathyrus tuberosus L.

❁ 6–8 ↕ 20–100 cm

Pfl. mit Wurzelknollen, niederliegend oder kletternd; St. kantig; B. mit 2 elliptischen, fein zugespitzten Fiedern und einer Endranke; Nebenb. halbpfeilförmig; B. karminrot, 12–16 mm lg., duftend, zu 2–5; Frucht 2–4 mm lg., braun. Δ Lehmige Äcker, Wegränder; zerstreut. Fast ganz Europa.

2 Futter-Wicke, Saat-Wicke
Vicia sativa L.

❁ 5–7 ↕ 30–80 cm

B. mit 4–7 Fiederb.paaren und verzweigter Endranke, Fiedern eiförmig bis linealisch; Blüten zu 1–2 b.achselständig, kurz gestielt, mit bläulicher Fahne und rotvioletten Flügeln; Kelchzähne gleich lg. (bei der ähnlichen **Zaun-Wicke** Kelchzähne ungleich lg., siehe S. 304); Frucht aufrecht, kurzhaarig, zur Reife braun, 3–8 cm lg. Δ Futterpfl., auf Ruderalstandorten verwildert; zerstreut. Europa.

3 Bunte Kronwicke
Coronilla varia L.

❁ 6–8 ↕ 30–80 cm

Pfl. niederliegend bis aufsteigend; B. gefiedert, kurz gestielt, mit 11–23 ovalen Fiederb.; Blüten in 10–20blütiger Dolde; Krone 8–15 mm lg., weiß mit rötlicher Fahne und violetter Schiffchenspitze; Hülse aufrecht abstehend, gerade, 2–8 cm lg. Δ Halbtrockenrasen, Wald- und Gebüschsäume, Böschungen; zerstreut. Mittel- und Südeuropa (östlich).

4 Alpen-Süßklee
Hedysarum hedysarioides (L.) Sch. et Thell.

❁ 7–8 ↕ 10–30 cm

Pfl. aufrecht oder aufsteigend; B. unpaarig gefiedert, mit 11–19 elliptischen, oberseits dunkelgrünen, unterseits hellgrünen B.chen; B. purpurrot, 15–20 mm lg., zu 12–35 in 1seitswendiger Traube; Fruchthülse flach gedrückt, 2–4 cm lg., zur Reife in 2–6 rundliche, 1samige Glieder zerfallend. Δ Bergwiesen, Matten, Zwergstrauchheiden, etwa 1600–2800 m; verbreitet. Gebirge Mittel- und Südeuropas.

5 Kleiner Vogelfuß, Mäusewicke
Ornithopus perpusillus L.

❁ 5–6 ↕ 5–30 cm

Pfl. niederliegend; B. gefiedert, mit 15–27 2–5 mm lg. Fiederb.; Blüten 3–4 mm lg., in 3–7blütigen Dolden oder Köpfen; Krone weiß, mit gelblichem Schiffchen und rotgeaderter Fahne; Frucht 1–2 cm lg., gebogen, aus 4–7 zur Reife zerfallenden Gliedern bestehend; Fruchtstand vogelfußartig. Δ Sandfelder, Dünen, Brachländer; kalkmeidend; ziemlich selten. Mittel- und Westeuropa, nördlich bis Irland, Schottland.

3
4
2
1
5

Schmetterlingsblütengewächse
Fabaceae oder Papilionaceae

1 Dornige Hauhechel
Ononis spinosa L.

❀ 6–8 ↕ 20–50 cm

Pfl. am Grund holzig, mit dornigen Zweigen; St. 1- oder 2reihig behaart; B. meist 3zählig, kahl, B.chen eiförmig, gezähnt, das Endb.chen länger gestielt; Blüten kurz gestielt, in den Achseln der oberen St.b.; Krone 8–25 mm lg., rosa bis violettrot; Hülse so lg. wie der Kelch oder länger. Δ Kalkmagerrasen, Wege, Moorwiesen; häufig. Mitteleuropa, nördlich bis Südskandinavien, südlich bis Pyrenäen, Mittelitalien.

2 Rundblättrige Hauhechel
Ononis rotundifolia L.

❀ 5–7 ↕ 15–30 cm

Pfl. drüsig behaart, am Grund verholzt; B. 3zählig; Fiederb. eiförmig bis rundlich, 2–3 cm lg., buchtig gezähnt, das mittlere lg. gestielt; Blüten zu 1–3 b.achselständig; Krone 15–22 mm lg., rosa. Δ Lichte Föhrenwälder, steinige Hänge. Zentral- und Südalpen, zerstreut; Pyrenäen, Cevennen, Abruzzen.

3 Futter-Esparsette
Onobrychis viciifolia Scop.

❀ 5–7 ↕ 30–60 cm

Pfl. bogig aufsteigend; B. gefiedert, mit 13–27 ei-länglichen, 3–8 mm br. Fiederb.; Blütentraube vor dem Aufblühen ei-länglich; Blütenstiele 1 mm lg.; Kelch 5–8 mm lg., Kelchzähne 2–4mal so lg. wie die Kelchröhre; Krone 10–14 mm lg., rot; Schiffchen fast so lg. wie die Fahne; Frucht 6–10 mm lg., mit dicken Stacheln. Δ Kalkmagerrasen, Wege; Kulturpfl.; häufig. Ursprünglich Südosteuropa, heute fast ganz Europa.

Springkrautgewächse
Balsaminaceae

4 Drüsiges Springkraut
Impatiens glandulifera Royle

❀ 7–9 ↕ 50–200 cm

B. wechsel-, obere quirlständig, ei-lanzettlich, scharf gezähnt, B.stiel mit gestielten Drüsen; Blüten weinrot, selten auch weiß oder lila, 2–4 cm lg., mit gekrümmtem Sporn, in lg. gestielten, 2–15blütigen Trauben. Δ Ufer, Auenwälder; zerstreut; ursprünglich westlicher Himalaja; Gartenpfl.

Weiderichgewächse
Lythraceae

5 Blut-Weiderich
Lythrum salicaria L.

❀ 6–9 ↕ 50–120 cm

Pfl. aufrecht, am Grund verholzt; B. lanzettlich, bis 10 cm lg., gegen- oder zu 3 quirlständig; Blüten purpurrot, quirlständig, in lg. Ähre; Kronb. 6, 8–12 mm lg.; Staubb. 12, verschieden lg. Δ Nasswiesen, Gräben, Ufer, Seggenrieder, nasse Staudenfluren; verbreitet. Fast ganz Europa.

6 Ysop-Blutweiderich
Lythrum hyssopifolia L.

❀ 7–9 ↕ 10–40 cm

St. mit häutigen, schmalen Längskanten; B. meist wechselständig, lineal-lanzettlich, 1,5–2,5 cm lg., 0,5 cm br.; Blüten einzeln oder zu 2, achselständig; Kronb. violettrot, 5–7 mm lg.; alle Kelchzähne gleich lg.; Staubb. 6, gleich lg. Δ Ufer, feuchte Äcker und Rohböden; zerstreut bis selten. Mittel- und Südeuropa, nördlich bis England und Irland.

2
4
5
6
3
1

Braunwurzgewächse
Scrophulariaceae

1 Acker-Wachtelweizen
Melampyrum arvense L.

5–9 ↕ 20–60 cm

B. lineal-lanzettlich; Blüten in allseitswendigen, walzigen Ähren; Krone 20–25 mm lg., purpurn, mit hellgelber Röhre und gelbem Schlund; Oberlippe helmartig; Tragb. eiförmig-lanzettlich, mit grannenförmigen Zähnen, flach, purpurn, selten gelbgrün. Δ Getreidefelder, Wegraine, sonnige Hecken; zerstreut. Fast ganz Europa.

2 Sumpf-Läusekraut
Pedicularis palustris L.

5–7 ↕ 20–50 cm

St. einzeln, aufrecht, ästig, nur oben mit Blüten; B. kahl, tief fiederteilig; Kelch 2lippig, 5zähnig; Krone hellpurpurn, Oberlippe dunkler, Unterlippe bewimpert, so lg. wie die Oberlippe. Geschützt! Δ Flach- und Übergangsmoore; zerstreut. Fast ganz Europa, außer Mittelmeerraum. GefGr. 3!

3 Geschnäbeltes Läusekraut
Pedicularis rostrato-capitata Crantz

6–8 ↕ 5–20 cm

B. lanzettlich, 2fach fiederteilig, 3–10 cm lg.; Grundb. oft violett überlaufen; Kelch röhrig-glockig, mit b.artig gekerbten Zipfeln; Krone purpurrot, 15–25 mm lg.; Oberlippe in einen lg., geraden Schnabel herabgezogen. Geschützt! Δ Kalkreiche, steinige Matten, etwa 1600–2800 m; zerstreut. Ostalpen.

4 Roter Zahntrost
Odontites rubra (Baumg.) Opiz

8–10 ↕ 15–40 cm

Pfl. von Grund an ästig; B. gegenständig, lanzettlich, meist gezähnt; Blüten in lg., 1seitswendigen Trauben; Krone rot, filzig behaart, 8–12 mm lg.; Oberlippe helmartig, Unterlippe kürzer, 3lappig; Tragb. kürzer als die Blüten. Δ Sandtrockenrasen, Trittrasen; ziemlich häufig. Europa.

5 Roter Fingerhut
Digitalis purpurea L.

6–8 ↕ 40–150 cm

St. 1fach, graufilzig; B. ei-lanzettlich, gekerbt, unterseits graufilzig, die unteren gestielt, die oberen sitzend; Blütenstand 1seitswendig; Krone röhrig-glockig, mit schiefem, 4spaltigem Saum, 3–5 cm lg., purpurn, selten weiß, innen rot gefleckt. Giftig! Δ Bergwälder, Waldwege, Säume, Kahlschläge; kalkmeidend; zerstreut; Zier- und Arzneipfl. Hauptsächlich Westeuropa, östlich bis Böhmerwald, Schwarzwald.

6 Schuppenwurz
Lathraea squamaria L.

3–4 ↕ 10–25 cm

Pfl. blauviolett oder rötlich; B. schuppenförmig, rötlich; Blüten 10–15 mm lg., rötlich, in 1seitswendiger, reichblütiger Traube. Δ Auen- und Schluchtwälder; zerstreut; Wurzelschmarotzer auf Erle, Hasel, Buche oder Pappel. Fast ganz Europa.

2
6
3
4
5
1

Lippenblütengewächse
Labiatae oder Lamiaceae

1 Rote Taubnessel
Lamium purpureum L.

3–10 ↕ 10–30 cm

Pfl. oft rotviolett überlaufen, unangenehm riechend; B. ei-herzförmig, ungleich gekerbt, weichhaarig, kurz gestielt; Krone 10–15 mm lg., rosarot, mit gerader Röhre. Δ Äcker, Gärten, Schutt, Wege; verbreitet. Europa.

2 Gefleckte Taubnessel
Lamium maculatum L.

4–9 ↕ 20–60 cm

Ähnlich Weißer Taubnessel (siehe S. 74), aber Krone purpurn, 20–30 mm lg., mit dunkel gefleckter Unterlippe; Kronröhre aufwärts gebogen, innen mit waagrechtem Haarring. Δ Unkrautfluren, Waldränder, Hecken, Auenwälder; häufig. Mittel- und Südeuropa.

3 Stängelumfassende Taubnessel
Lamium amplexicaule L.

4–8 ↕ 10–30 cm

St.b. rundlich-nierenförmig, tief gekerbt, gestielt; Tragb. der quirlständigen Blüten sitzend, st.umfassend, oft breiter als lg.; Blüten sitzend, zu 8–16 im Scheinquirl; Krone 10–15 mm lg., hellpurpurn, selten weiß, oft geschlossen bleibend; Kronröhre weit aus dem Kelch ragend; Kelch 5–8 mm lg, abstehend behaart, mit schmalen, lanzettlichen Zähnen. Δ Lehmige Äcker, Gärten, Weinberge, Schuttplätze; verbreitet. Europa.

4 Kleinblütiger Hohlzahn
Galeopsis bifida Boenningh.

6–10 ↕ 20–60 cm

St. an den Knoten stark verdickt und abstehend borstig behaart; B. ei-lanzettlich, gezähnt; Blütenstand mit gelbköpfigen Drüsenhaaren oder drüsenlos; Krone 10–15 mm lg., blassrot; Kronunterlippe mit länglichen, deutlich ausgerandeten, meist 1farbigem Mittellappen. Δ Äcker, Kahlschläge, Waldränder, gestörte Moore; kalkmeidend; verbreitet. Europa.

5 Schmalblättriger Hohlzahn
Galeopsis angustifolia (Ehrh.) Hoffm.

6–10 ↕ 10–40 cm

St. an den Knoten nicht verdickt; B. schmallanzettlich, 2–6 mm br., ganzrandig oder jederseits mit 1–4 Zähnen; Krone rot, 1–2 cm lg., 3mal so lg. wie der Kelch, dieser oft rot überlaufen; Kronunterlippe mit gelber und dunkelpurpurner Zeichnung. Δ Kalkreiche Äcker, Steinbrüche, Kiesgruben; wärmeliebend; zerstreut. Mittel- und Südeuropa.

6 Stechender Hohlzahn
Galeopsis tetrahit L.

6–10 ↕ 10–60 cm

Pfl. 1jährig; St. 4kantig, an den Knoten stark verdickt, abstehend behaart; B. ei-lanzettlich, 3–10 cm lg., gezähnt; Krone 15–20 mm lg., rot oder weiß, kaum doppelt so lg. wie der borstlich behaarte Kelch; Kronunterlippe gelb und purpurn gefleckt, deren Mittellappen quadratisch, vorne gezähnt; Blütenstand meist schwarzdrüsig; Kelchzipfel derb, stechend. Δ Äcker, Schutt, Wege; verbreitet. Europa.

1
4
6
2
3a
3b
5

Lippenblütengewächse
Labiatae oder Lamiaceae

1 Heilziest, Gemeine Betonie
Betonica officinalis L.
(*Stachys o.* (L.) Trev.)

6–8 ↕ 20–70 cm

Pfl. am Grund verholzt; St. mit 1–3 Laubb.paaren, oben angedrückt behaart; B. lg. gestielt; B.spreite schmal-eiförmig, 3–10 cm lg., schwach gekerbt, netzrunzelig; Blütenstand dicht, walzenförmig; Blüten rot, mit gerader Oberlippe; Kelch mit 5 borstig begrannten Zähnen. Δ Lichte Laubwälder, Moor- und magere Bergwiesen; zerstreut; früher Arzneipfl. Hauptsächlich Mittel- und Südeuropa (westlich), nördlich bis Südskandinavien.

2 Wirbeldost
Clinopodium vulgare L.
(*Satureja vulgaris* (L.) Fritsch)

7–10 ↕ 30–60 cm

St. zottig behaart; B. eiförmig, 2–4 cm lg., ganzrandig, schwach gekerbt, behaart; Blüten zu 10–20 quirlartig in den obersten B.paaren; Kelchzähne lg. begrannt; Krone 1–1,5 cm lg., hellpurpurn. Δ Sonnige Waldränder, lichte Wälder, Gebüsche; ziemlich häufig. Europa.

3 Echtes Bohnenkraut
Satureja hortensis L.

7–9 ↕ 10–30 cm

Pfl. aromatisch riechend; B. schmal-lanzettlich, kurz gestielt, ganzrandig, stumpf, 1–3 cm lg.; Blüten sehr kurz gestielt, zu 1–3 in den Achseln der obersten B.; Krone 4–6 mm lg., bläulich oder weißlich; Kelch glockenförmig, mit 5 fast gleichen, spitzen Zähnen, 3–5 mm lg. Δ Gewürz- und Heilpfl., Bienenfutterpfl.; selten verwildert; wärmeliebend. Ursprünglich Südosteuropa.

4 Basilienkraut
Ocimum basilicum L.

6–9 ↕ 20–40 cm

Pfl. kahl, aromatisch riechend; B. eiförmig bis lanzettlich, gestielt, ganzrandig oder gezähnt, 3–5 cm lg.; Blüten kurz gestielt, in 6blütigen, übereinander stehenden Scheinquirlen; Krone weiß oder rötlich, 10–15 mm lg., Oberlippe stumpf 4lappig, Unterlippe ungeteilt; Staubb. auf der Kronunterlippe liegend; Kelch 2lippig, mit ungeteilter Oberlippe und tief 4spaltiger Unterlippe. Δ Gewürz- und Heilpfl., selten verwildert. Herkunft Vorderindien.

5 Schwarznessel
Ballota nigra L.

7–9 ↕ 30–100 cm

Pfl. unangenehm riechend, dunkelgrün; B. weichhaarig, grob kerbig gesägt, 2–5 cm lg.; Blüten zu 4–10 im Scheinquirl; Krone purpurn, 1–2 cm lg., Unterlippe 3lappig; Kelch trichterförmig, 10nervig, drüsenhaarig. Δ Wege, Zäune, Schutt, Hecken, stickstoffreiche Ruderalstellen; verbreitet. Hauptsächlich Mittel- und Südeuropa (östlich).

6 Herzgespann, Echter Löwenschwanz
Leonurus cardiaca L.

6–9 ↕ 30–100 cm

Pfl. aufrecht; B. behaart, handförmig 3–7teilig, 6–12 cm lg., oberseits dunkelgrün, unterseits hellgrün; die oberen B. 3lappig; Blüten in quirlartigen, übereinander stehenden Teilblütenständen; Krone 2lippig, 8–11 m lg., hellpurpurn; Kelch glockenförmig, regelmäßig 5zähnig, 5–8 mm lg.; Staubb. weit aus der Kronröhre ragend. Δ Wege, Zäune, nährstoffreiche, lehmige Böden; ziemlich selten; alte Arzneipfl. Fast ganz Europa.

5
4
3
2
1
6

Lippenblütengewächse
Labiatae oder Lamiaceae

1 Sumpf-Ziest
Stachys palustris L.

❀ 6–9 ↕ 30–100 cm

Pfl. mit Ausläufern; B. länglich-lanzettlich, mit herzförmigem Grund sitzend oder sehr kurz gestielt, kurzhaarig, gezahnt, 3–12 cm lg.; B. in 6–10blütigen Scheinquirlen; Krone 14–18 mm lg., purpurn, doppelt so lg. wie der kurzhaarige Kelch; Kronoberlippe ganzrandig, Kronunterlippe 3teilig, mit dunklen Zeichnungen. Δ Ufer, Gräben, feuchte Äcker, Wege; verbreitet. Fast ganz Europa.

2 Gewöhnlicher Dost, Wilder Majoran
Origanum vulgare L.

❀ 7–9 ↕ 20–60 cm

Pfl. stark aromatisch riechend; B. kurz gestielt, länglich-eiförmig, unterseits drüsig punktiert, 1–2 cm lg.; Blüten in lockeren Rispen und Doldenrispen mit rundlichen, oft purpurnen Tragb.; Krone hellpurpurn, selten weiß, 4–7 mm lg. Δ Lichte Eichen- und Kiefernwälder, sonnige Waldränder und Hecken, Magerrasen, Böschungen; häufig. Fast ganz Europa.

3 Gewöhnliche Katzenminze
Nepeta cataria L.

❀ 6–9 ↕ 40–100 cm

Pfl. aufrecht, dicht kurzhaarig, herb zitronenartig riechend; Blüten 3eckig-herzförmig, grob gezähnt, lg. gestielt, unterseits graufilzig; Blüten in vielblütigen, quirlartigen, oben dicht übereinander stehenden Teilblütenständen; Krone 2lippig, weiß oder rötlich, 1 cm lg.; Kelch 6–8 mm lg., oft violett überlaufen, mit 5 ungleichen, schmal-lanzettlichen Zähnen. Δ Unkrautgesellschaften, Wege, Mauern; selten. Fast ganz Europa. GefGr. 3!

4 Edel-Gamander
Teucrium chamaedrys L.

❀ 7–8 ↕ 15–30 cm

Pfl. mit unterirdischen Ausläufern; St. behaart; B. gekerbt, mit keilförmigem Grund, 1–2 cm lg.; Blüten meist zu 6 quirlständig in den Achseln der oberen B.; Kelch fast regelmäßig 5zähnig, kurz begrannt; Krone 10–15 mm lg., rosa; Oberlippe scheinbar fehlend, herabgerückt, Unterlippe daher 5zipfelig. Δ Kalkmagerrasen, lichte Eichen- und Kiefernwälder; zerstreut. Mittel- und Südeuropa.

5 Gewöhnlicher Thymian
Thymus pulegioides L.

❀ 6–10 ↕ 5–30 cm

Pfl. kriechend oder aufsteigend, aromatisch riechend; St. 4kantig, auf den Kanten kurzhaarig; B. oval, kahl oder nur am Grund bewimpert; Blütenstand zylindrisch oder kugelig; Krone 3–6 mm lg., hell- bis dunkelpurpurn; obere Kelchzähne meist bewimpert. Sehr formenreich, mit vielen Kleinarten. Δ Magerrasen und -weiden, Wegränder, Böschungen, Kiesgruben; verbreitet. Europa.

1
2
4
3
5

Liliengewächse
Liliaceae

1 Gekielter Lauch
Allium carinatum L.

6–8 ↕ 30–60 cm

B. flach, 2–4 mm br., schwach rinnig; Blütendolde mit grünlichen, sitzenden Brutzwiebeln; Blüten 5–7 mm lg., lilapurpurn; Staubb. viel länger als die Blütenb.; Staubfäden nach unten verbreitert, ohne seitliche Zähne; Blütenstiele 4–6 mal so lg. wie die Blüten. Δ Magerrasen, Moorwiesen, Halbtrockenrasen; selten. Europa. GefGr. 3!

2 Ross-Lauch
Allium oleraceum L.

7–8 ↕ 30–70 cm

B. flach, rinnig, 5 mm br., nicht röhrenförmig, unterseits meist rau; Blütendolde mit sitzenden, rötlichen Brutzwiebeln; Blütenstiele sehr unterschiedlich lg., etwa 2–6mal so lg. wie die rötlichen oder grünlichweißen Blüten; Staubfäden ohne seitliche Zähne; Staubb. die Blütenb. kaum überragend; Hüllb. länger als der Blütenstand. Δ Wegböschungen, Weinbergsmauern, Trockenrasen; zerstreut. Europa.

3 Weinberg-Lauch
Allium vineale L.

6–8 ↕ 30–60 cm

B. fast stielrund, kahl, oberseits rinnig, 2–3 mm br., bläulich-grün; Blütendolde kugelig, dicht, mit einem spitzen, bald abfallenden Hüllb., wenigblütig, oft nur mit Brutzwiebeln; Blütenb. 4–5 mm lg., rot, selten grünlich; Staubb. fast 2mal so lg. wie die Blütenb., innere Staubb. verbreitert; beiderseits mit je 1 lg., spitzen Zahn. Δ Weinberge, Wegränder; verbreitet. Südskandinavien, Mittel- und Südeuropa.

4 Schnittlauch
Allium schoenoprasum L.

6–8 ↕ 10–40 cm

B. röhrenförmig, hohl; Blütenstand dichtblütig, kugelig, rosa. Die ssp. *schoenoprasum*, Gewürzpfl. und gelegentlich verwildert an Flussufern, hat 1–2 mm br. St. und bis 10 mm lg. Blüten; ssp. *sibiricum* (L.) Hartm., auf feuchten Schutthalden, Schneeböden, Bachkies und Flachmooren der Gebirge, hat 3–5 mm br. St. und bis 15 mm lg. Blütenb. Δ Hauptsächlich Gebirge Europas.

5 Kugeliger Lauch
Allium rotundum L.

6–8 ↕ 30–60 cm

B. flach, schmal-linealisch, am Rand glatt, dunkelgrün; Blüten in reichblütiger Scheindolde, mit zerschlitzter, häutiger, 1blättriger Doldenhülle; Blüten purpurn; innere Staubfäden mit 2 langen, fädlichen Zähnen (siehe Abbildung); Blütenstand ohne Zwiebeln. Δ Lückige Halbtrockenrasen, Weinberge, Wegböschungen; ziemlich selten. Südeuropa, nördlich bis Süd- und Mitteldeutschland. GefGr. 3!

Hahnenfußgewächse
Ranunculaceae

6 Akeleiblättrige Wiesenraute
Thalictrum aquilegifolium L.

5–7 ↕ 40–120 cm

B. 3fach gefiedert; Fiederb. rundlich, grob und stumpf gezähnt, blaugrün; Blütenstand rispig, reichblütig; Blütenb. unscheinbar, bald abfallend; Staubfäden oben verdickt, hellviolett, selten weiß; Früchtchen an lg. Stielen hängend, 3kantig geflügelt. Δ Auenwälder, Hochstaudenfluren; in den Alpen bis über 2000 m; zerstreut. Hauptsächlich Mitteleuropa, südlich bis Nordspanien, Pyrenäen, Peleponnes.

5
3
1
6
2
4

Knöterichgewächse
Polygonaceae

1 Floh-Knöterich
Polygonum persicaria L.

7–10 ↕ 10–80 cm

Pfl. ähnlich Ampfer-Knöterich, aber B.scheiden eng anliegend, kurz behaart, am oberen Rand lg. bewimpert; B. glänzend; Ährenstiele und Blüten drüsenlos; Blüten rosa oder weiß. Δ Äcker, Schutt, Schlammböden; häufig. Europa.

2 Ampfer-Knöterich
Polygonum lapathifolium L.

7–10 ↕ 20–80 cm

Pfl. meist aufrecht; B. ei-lanzettlich, im unteren Drittel am breitesten; B.stiel weit unter der Mitte der B.scheiden abgehend; B.scheide locker, kahl oder spinnwebig; Blüten in dichter, gebogener Scheinähre; Ährenstiele und Blütenb. drüsig; Blüten rosa oder weiß. (Sammelart mit mehreren Kleinarten.) Δ Ufer, Gräben, Äcker, Schlammböden; häufig. Europa.

3 Milder Knöterich
Polygonum mite Schrank

7–9 ↕ 10–60 cm

B. lanzettlich, nach beiden Enden allmählich verschmälert, über 10 mm br.; B.scheidenrand lg. bewimpert; Blüten in lockeren, dünnen, oft überhängenden oder gebogenen, dünnen Scheinähren; Blüten rosa oder grünlich. Δ Ufer, Gräben, Quellen, feuchte Waldwege; zerstreut. Europa.

4 Wiesen-Kröterich, Schlangen-Knöterich
Polygonum bistorta L.

5–7 ↕ 30–80 cm

Pfl. mit schlangenartig gewundenem Rhizom; B. eiförmig-länglich, etwas wellig, 10–20 cm lg., die unteren mit geflügeltem Stiel, obere sitzend; B.scheiden lg., spitz; Blütenstand ährenartig, 1–2 cm br.; Blütenb. 5, rötlichweiß, 4–5 mm lg. Δ Feuchte Wiesen, Hochstaudenfluren, Auenwälder; häufig. Hauptsächlich Mitteleuropa, südlich bis nordspanische Gebirge, Apennin, Gebirge der Balkanhalbinsel.

5 Wasser-Knöterich
Polygonum amphibium L.

6–9 ↕ 30–100 cm

Wasserform bis 300 cm; B. bei der Wasserform länglich-eiförmig, kahl mit herzförmigem Grund, bis 10 cm lg. gestielt, bei der Landform B. länglich-lanzettlich, behaart, am Grund abgerundet, kurz gestielt; B.stiel über der Mitte der B.scheide abgehend; Blütenstand dicht, gedrungen, walzlich; Blüten rosa. Δ Teiche, Gräben, Nasswiesen, feuchte Äcker, Röhricht- und Laichkrautgesellschaften; zerstreut. Europa.

3
4
1
2
5

Doldengewächse
Umbelliferae oder Apiaceae

1 Rauhaariger Kälberkropf
Chaerophyllum hirsutum L.

5–6 ↕ 50–100 cm

B. 2–3fach gefiedert, behaart; die beiden untersten Fiederabschnitte fast so groß wie das übrige B., Abschnitte nochmals in unregelmäßige, grob gezähnte Fiedern zerteilt; oberste B.scheiden 10–60 mm lg.; Dolde 10–20strahlig; Hüllb. fehlend; Hüllchenb. 5–10, lanzettlich, mit bärtigem, bewimpertem Rand; Kronb. bewimpert, weiß oder rosa; Frucht 8–12 mm lg. Δ Bergwälder, Auen, Ufer, Hochstaudenfluren; in Gebirgen Mitteleuropas häufig, in Norddeutschland selten.

2 Alpen-Mutterwurz
Ligusticum mutellina (L.) Crantz

6–8 ↕ 10–50 cm

Pfl. aromatisch riechend; B. 2–3fach gefiedert, mit häutigen B.scheiden; Dolden 7–10strahlig; Hüllchen 3- bis mehrblättrig; Blüten weiß, rosa bis purpurn. Δ Bergwiesen, Hochstaudenfluren, bis 2800 m; verbreitet. Gebirge Mittel- und Südeuropas.

3 Langblättriges Hasenohr, Wald-Hasenohr
B. longifolium L.

5–6 ↕ 30–100 cm

B. länglich-eiförmig oder br.-lanzettlich, netzadrig, bis 15 cm lg., die untersten allmählich in den geflügelten Stiel verschmälert, die oberen herzförmig st.umfassend; Blütendolde 4–8strahlig; Hüllb. 3–4, rundlich, am Grund oft verwachsen, 3–7nervig; Blüten gelbgrün, Früchte 4–5 mm lg., fast schwarz. Δ Laubwälder mit Eiche, Hainbuche oder Buche, Gebüsche, Waldränder; wärmeliebend; selten. Gebirge Mitteleuropas, Alpen und Vorland, Karpaten, Gebirge der Balkanhalbinsel.

Rosengewächse
Rosaceae

4 Großer Wiesenknopf
Sanguisorba officinalis L.

7–9 ↕ 30–100 cm

Pfl. mit grundständiger B.rosette; B. unpaarig gefiedert, mit 7–15 Fiederpaaren; Fiederb. eiförmig, gezähnt, gestielt, 2–5 cm lg., unterseits blaugrün; Blüten klein, dunkelrot, in walzlichen, eiförmigen, 1–3 cm lg. Köpfen; Staubb. 4, kurz, so lg. wie der rotbraune Kelch. Δ Nass- und Moorwiesen, Bergwiesen; verbreitet. Fast ganz Europa, nördlich bis Südnorwegen, südlich bis Mittelspanien, Kalabrien.

Strandnelkengewächse
Plumbaginaceae

5 Gewöhnliche Grasnelke
Armeria maritima (Mill.) Willd.

5–11 ↕ 5–30 cm

Polsterpfl., dichtrasig, mit mehrjährigen Rosetten; B. fleischig, linealisch, 1–2 mm br., 1nervig; Blüten in dichten, kugeligen, 1–3 cm br. Köpfen; Blütenschaft b.los; Blütenstand von häutigen, 4–7 mm lg. Hüllb. umgeben; Blüten 5zählig; Krone 6–8 mm lg. rosa. Geschützt! Δ Salzwiesen, Graudünen, Sandböden, bodensaure Trockenrasen, Schwermetallböden, Strandfelsen; zerstreut bis selten. Nord-, Mittel- und Westeuropa. GefGr. 3!

1
2
3
4
5

Schmetterlingsblütengewächse
Fabaceae oder Papilionaceae

1 Wiesen-Klee
Trifolium pratense L.

✿ 6–9 ↕ 10–30 cm

B. 3zählig, B.chen eiförmig, ganzrandig, meist gefleckt; Nebenb. eiförmig, mit bewimperter Grannenspitze; Blütenköpfe kugelig, meist zu 2, mit 2 Tragb.; Blüten rot; Kelch 10nervig, Kelchzähne behaart. Δ Wiesen, Weiden, Wegränder; häufig. Europa.

2 Wald-Klee, Hügel-Klee
Trifolium alpestre L.

✿ 6–7 ↕ 10–30 cm

Pfl. rasenbildend; B. 3zählig, B.chen schmal-lanzettlich, 3–5 cm lg., dunkelgrün, nicht gefleckt; Nebenb. pfriemlich, über 3 cm lg.; Blütenköpfe kugelig bis eiförmig, meist zu 2; Kelchröhre 20nervig, behaart; Krone 10–15 mm lg., purpurn. Δ Waldränder, lichte Trockenwälder, Gebüsche, Kalktrockenrasen; wärmeliebend; ziemlich selten. Mittel- und Südeuropa.

3 Schweden-Klee
Trifolium hybridum L.

✿ 5–9 ↕ 20–40 cm

Pfl. aufsteigend, nicht an den Knoten wurzelnd; B. 3zählig, B.chen fein gezähnt, Nebenb. krautig; Blütenköpfe kugelig oder eiförmig; Stiele der Einzelblüten 2–3mal so lg. wie die 5nervige Kelchröhre; Krone weiß bis rötlich. Δ Fett- und Nasswiesen, Wegränder; Kulturpfl.; verbreitet. Fast ganz Europa.

4 Hasen-Klee
Trifolium arvense L.

✿ 6–9 ↕ 5–30 cm

Pfl. aufrecht, dicht behaart; B. 3zählig, B.chen länglich, graugrün, oft rötlich überlaufen; Blütenköpfe eiförmig bis walzlich, stark zottig; Kelch länger als die weißliche, dann rötliche Krone. Δ Lückige Magerrasen, Sandfelder, Brachland; ziemlich häufig. Ursprünglich Südeuropa, heute in fast ganz Europa verbreitet.

5 Fuchsschwanz-Klee, Purpur-Klee
Trifolium rubens L.

✿ 6–7 ↕ 30–60 cm

Pfl. ähnlich Hügel-Klee, aber Kelchröhre außen kahl (Kelchzähne aber bewimpert), 20nervig; Blütenköpfe zu 2, länglich-walzig, zuletzt 3–7 cm lg., am Grund mit Hülle; B.chen fein gezähnt; Nebenb. kahl, länger als der B.stiel und länger als die B.chen. Δ Sonnige Waldränder, lichte Eichen-Kiefernwälder; wärmeliebend; selten. Mitteleuropa, südlich bis Nordspanien und Mittelitalien.

6 Erdbeer-Klee
Trifolium fragiferum L.

✿ 5–9 ↕ 5–10 cm

Pfl. mit Ausläufern, an den Knoten wurzelnd; B. 3zählig, fein gesägt; Blütenköpfe lg. gestielt, 1–2 cm br.; Krone 5–7 mm lg., rosa; obere Kelchlippe nach der Blüte stark blasig aufgetrieben, hellbraun oder rötlich, behaart. Δ Salzwiesen, Trittrasen, Teichufer; an den Küsten Europas verbreitet, sonst seltener.

2
4
1
3
5
6

Baldriangewächse
Valerianaceae

1 Echter Baldrian
Valeriana officinalis L.

6–8 ↕ 30–150 cm

B. gegenständig, alle B. gefiedert, mit 7–13 lanzettlichen, gesägten oder ganzrandigen Fiederb.; Blütenstand dicht, schirmförmig; Krone 3–6 mm br., rosa. Sehr formenreiche Art mit vielen Kleinarten. Δ Moorwiesen, Ufer, Gräben, Auenwälder, Hochstaudenfluren; verbreitet. Die Gesamtart in fast ganz Europa, die Kleinarten meist auf kleinere Gebiete beschränkt.

2 Sumpf-Baldrian
Valeriana dioica L.

5–6 ↕ 10–30 cm

Grundb. rundlich-nierenförmig; St.b. gefiedert, mit ovaler, größerer Endfieder; Blütenstand schirmförmig; Krone der ♀ Blüten 1 mm lg., weiß, Krone der ♂ Blüten 3 mm lg., rosa. Δ Kalkarme Moorwiesen, Flach- und Quellmoore; verbreitet. Fast ganz Europa.

3 Berg-Baldrian
Valeriana montana L.

5–7 ↕ 10–50 cm

St. mit 3–8 eiförmigen, glänzend grünen B.paaren; Blüten rosa oder weiß; Blütenstand reichblütig, lockerrispig; Hochb. lanzettlich, grün. Δ Lockere, felsige Bergwälder, Kalkschutthalden; zerstreut. Gebirge Mittel- und Südeuropas.

4 Dreiblättriger Baldrian, Stein-Baldrian
Valeriana tripteris L.

4–6 ↕ 10–50 cm

Pfl. ähnlich Berg-Baldrian, aber St.b. 3teilig, mit gezähnten Fiedern; Grundb. herzförmig, grob gezähnt; Blüten weißlich bis rosa; Hochb. linealisch, hautrandig, grob gezähnt. Δ Lockere, felsige Bergwälder, Felsspalten, Schutthalden; zerstreut; in den Alpen bis über 2200 m. Gebirge Mittel- und Südeuropas.

1
3
2
4

Baldriangewächse
Valerianaceae

1 Rote Spornblume
Kentranthus ruber (L.) DC.

❀ 5–7 ↕ 30–80 cm

B. ei-lanzettlich, gegenständig, die oberen mit herzförmigem Grund, sitzend, ganzrandig oder mit wenigen stumpfen Zähnen, kahl, blaugrün; Blütenstand schirmförmig; Krone rot, mit 7–9 mm lg. Röhre, am Grund mit dünnem Sporn; Staubb. 1. Δ Felsspalten, Mauern; Zierpfl., selten verwildert; im Süden verbreitet. Südalpen, Südeuropa.

Seidengewächse
Cuscutaceae

2 Nessel-Seide
Cuscuta europaea L.

❀ 6–8 ↕ 20–100 cm

Rötliche Schmarotzerpfl.; St. um die Wirtspfl. gewunden; B. schuppenförmig, farblos; Blüten in kleinen, sitzenden, 10–15 mm br. Knäueln; Krone glockenförmig, 5teilig, weißrosa, 2 mm br.; Kronröhre so lg. wie die Kronzipfel, innen mit aufrechten Schlundschuppen, Krone daher nicht verschlossen; Griffel kürzer als der Fruchtknoten. Δ Auf Brennnessel, Zaun-Winde, Beifuß schmarotzend; zerstreut. Fast ganz Europa. (Artenreiche Gattung, oft schwierig zu bestimmen, teilweise wirtsspezifisch.)

3 Thymian-Seide
Cuscuta epithymum (L.) Nath.

❀ 7–8 ↕ 10–30 cm

Rötliche Schmarotzerpfl. mit schuppenförmigen B.; Blüten zu 8–10 in 5–8 mm br. Knäueln; Krone rot oder weiß; Kronröhre durch nach innen geneigte Schuppen verschlossen; Griffel länger als der Fruchtknoten, die Blüten überragend. Δ Auf Thymian, Besenginster, Ginster und Heidekraut schmarotzend; verbreitet. Europa.

Wegerichgewächse
Plantaginaceae

4 Mittlerer Wegerich
Plantago media L.

❀ 5–7 ↕ 20–40 cm

B. in grundständiger, meist dem Boden anliegender Rosette, br.-eiförmig, in den kurzen, br. Stiel verschmälert, anfangs dicht kurzhaarig; Blütenröhre walzig, 2–6 cm lg., viel kürzer als der St. (bei *P. major* Ähre länger als der St.); Blüten wohlriechend; Krone 4 mm lg., mit weißen Kronzipfeln; Staubb. meist lila. Δ Halbtrockenrasen, magere Wiesen und Weiden; verbreitet. Fast ganz Europa, im Süden selten.

1
4
3
2

Lippenblütengewächse
Labiatae oder Lamiaceae

1 Acker-Minze
Mentha arvensis L.

❁ 7–8 ↕ 10–40 cm

Pfl. aromatisch; B. eiförmig oder elliptisch, schwach gesägt bis gekerbt, 2–6 cm lg.; Scheinquirle b.achselständig; St. mit einem B.schopf endend; Krone lila, 5–8 mm lg.; Kelch glockig, Kelchzähne 3eckig-eiförmig. ∆ Feuchte Äcker, Nasswiesen; ziemlich häufig. Fast ganz Europa.

2 Ross-Minze
Mentha longifolia (L.) Huds.

❁ 7–9 ↕ 30–80 cm

St. behaart; B. länglich-lanzettlich, 6–10 cm lg., scharf gesägt, unterseits filzig behaart; Blütenstand ährenförmig, schlank; Kelch dicht behaart, 5zähnig; Krone 3–4 mm lg., rosa oder rötlichlila. ∆ Ufer, Nassweiden, Quellfluren; ziemlich häufig. Mittel- und Südeuropa, nördlich bis Großbritannien.

3 Wasser-Minze
Mentha aquatica L.

❁ 7–9 ↕ 20–80 cm

Pfl. aromatisch riechend, mit unterirdischen und lg., oberirdischen, beblätterten Ausläufern; B. eiförmig, gesägt; Blüten in einem endständigen, kopfigen Blütenstand und darunter quirlartig in den Achseln der obersten B.paare; Krone 5–7 mm lg., rosa oder lila; Kelch gleichmäßig 5zähnig. ∆ Ufer, Gräben, Nasswiesen, Röhrichte, Großseggengesellschaften; häufig. Europa.

Korbblütengewächse
Compositae oder Asteraceae

4 Gewöhnliche Pestwurz
Petasites hybridus (L.) G. M. Sch.

❁ 3–5 ↕ 10–100 cm

Pfl. zur Blütezeit 10–40 cm, zur Fruchtzeit 100 cm hoch; B. am Ende der Blütezeit erscheinend, rundlich-herzförmig, bis 60 cm br., gezähnt, unterseits anfangs graufilzig; Schuppen des Blütenstandes rötlich; Blütenköpfe in dichten Trauben, nur mit Röhrenblüten, rötlich. ∆ Ufer, Nasswiesen, in Weiden- und Erlengebüsch; verbreitet. Nord- und Mitteleuropa und Gebirge Südeuropas.

5 Kahler Alpendost
Adenostyles glabra (Mill.) DC.

❁ 6–8 ↕ 30–80 cm

B. rundlich-nierenförmig, regelmäßig gezähnt, unterseits graugrün, mit engmaschigem Adernetz, kahl oder nur auf den Nerven behaart, B.stiel ungeöhrt; Blüten blassrosa oder rotviolett, in Doldenrispen; Blütenköpfe meist 3blütig. ∆ Steinige Bergwälder, Schuttfluren; in den Alpen zwischen 800 und 2500 m; häufig. Gebirge Mittel- und Südeuropas.

6 Grauer Alpendost
A. alliariae (Gouan) Kerner

❁ 7–8 ↕ 60–120 cm

Ähnlich Kahler Alpendost, aber B. herz- bis nierenförmig, ungleichmäßig grob gezähnt, unterseits schwach graufilzig, mit engem Adernetz; obere B. sitzend , am Grund geöhrt; Blütenköpfe 3–6blütig. ∆ Bergwälder, Hochstaudenfluren; in den Alpen bis 2600 m; verbreitet. Gebirge Mittel- und Südeuropas.

1
2
3
4
5
6

Korbblütengewächse
Compositae oder Asteraceae

1 Gänseblümchen, Maßliebchen
Bellis perennis L.

❀ fast ganzjährig ↕ 5–15 cm

St. anliegend behaart, b.los, 1köpfig; B. in grundständiger Rosette, spatelförmig, stumpf gezähnt; Blütenkopf 1–3 cm br.; randliche Blüten zungenförmig, meist 1reihig, ♀, weiß oder rosa, innere Blüten röhrenförmig, 2geschlechtig, gelb. Δ Wiesen und Weiden; häufig. Fast ganz Europa.

2 Hasenlattich
Prenanthes purpurea L.

❀ 7–8 ↕ 50–150 cm

Pfl. oben rispig verzweigt; B. länglich-eiförmig, buchtig gezähnt, mit herzförmigem Grund st.umfassend, kahl, blaugrün; Blütenköpfe nickend, 2–5blütig, purpurn. Δ Krautreiche Buchen-Tannen- und Eichen-Buchenwälder, Hochstaudenfluren; verbreitet. Mittel- und Südeuropa.

3 Wiesen-Schafgarbe
Achillea millefolium L.

❀ 6–10 ↕ 15–50 cm

Pfl. aromatisch duftend; B. länglich, bis auf den Mittelnerv 2–3fach fiederteilig, 2–3 cm br.; Blütenköpfe 3–6 mm br., in doldenartigen Blütenständen; randliche Blüten zungenförmig, zu 3–5, kürzer als die Hülle, weiß oder rötlich; Hüllb. braun berandet. Δ Wiesen, Weiden, Halbtrockenrasen, Äcker; häufig. Europa.

4 Gemeiner Wasserdost, Kunigundenkraut
Eupatoria cannabina L.

❀ 7–8 ↕ 50–150 cm

St. oft rötlich, reich beblättert; B. gegenständig, handförmig 3–5teilig, mit gezähnten, elliptischen Lappen; Blütenköpfe klein, länglich, 1 cm lg., in dichten Schirmrispen, nur mit Röhrenblüten, rosa. Δ Auenwälder, Gräben, Ufer, Kahlschläge; häufig. Europa.

5 Gewöhnliches Katzenpfötchen
Antennaria dioica (L.) Gaertn.

❀ 5–6 ↕ 5–20 cm

Pfl. mit oberirdischen Ausläufern und grundständiger B.rosette; untere B. oval, obere spatelförmig, 1nervig, unterseits weißfilzig; Blütenköpfe 5–8 mm br., zu 3–12; Hüllb. der ♂ Köpfe weiß, die der ♀ rosa. Geschützt! Δ Silikatmagerrasen, Heiden, Kiefernwälder; ziemlich häufig. Europa, im Süden nur in den Gebirgen. GefGr. 3!

6 Filzige Klette
Arctium tomentosum Mill.

❀ 7–8 ↕ 60–120 cm

B. ei-herzförmig, gestielt, unten weißwollig; Blütenköpfe kugelig, 1,5–3 cm br., dicht spinnwebig-wollig; äußere Hüllb. grün, mit hakenförmiger Spitze, innere Hüllb. rot, mit kurzer, gerader Stachelspitze; nur mit Scheibenblüten, purpurn. Δ Schutt, Wege, Ufer; zerstreut. Fast ganz Europa.

2
6
5
3
4
1

Korbblütengewächse
Compositae oder Asteraceae

1 Wiesen-Flockenblume
Centaurea jacea L.

6–10 | 20–80 cm

St. aufrecht, kantig, rau; B. ei-lanzettlich bis lanzettlich, die unteren in den Stiel verschmälert, manchmal gefiedert, die oberen sitzend; Blütenköpfe einzeln, 3–6 cm br.; Randblüten vergrößert, rotviolett; Spitze der Hüllb. als trockenhäutiges, rundliches, meist gefranstes, bräunliches Anhängsel vom übrigen Hüllb. deutlich abgesetzt oder abgeschnürt. Δ Wiesen, Weiden, Magerrasen, Moorwiesen; verbreitet. Fast ganz Europa.

2 Perücken-Flockenblume
Centaurea pseudophrygia C.A. Mey

7–9 | 30–80 cm

St. wenigköpfig; B. eiförmig, fein gezähnt, untere kurz gestielt, obere st.umfassend; Hülle der Blütenköpfe 15–20 mm lg. und ebenso br.; Randblüten strahlig verlängert; Anhängsel der Hüllb. bräunlich, lg.fiederig gefranst, in eine 1 cm lg. Federgranne endend. Δ Bergwiesen, Gebüsche; zerstreut. Hauptsächlich Gebirge Mitteleuropas, nördlich bis Südskandinavien.

3 Skabiosen-Flockenblume
Centaurea scabiosa L.

6–9 | 30–100 cm

B. 1–2fach gefiedert, Abschnitte länglich-lanzettlich, dunkelgrün; Blütenköpfe 2–3 cm br.; Hüllb. grün, mit schwarzen, 3eckigen, kammförmig gefransten Anhängseln; Blüten röhrenförmig, die randständigen größer, purpurn. Δ Kalkmagerrasen, Wald- und Wegränder; verbreitet. Fast ganz Europa.

4 Alpen-Berufkraut
Erigeron alpinus L.

7–9 | 5–20 cm

B. spatelförmig, angedrückt behaart, allmählich in den Stiel verschmälert; St. meist 1köpfig; Blütenköpfe 15–30 mm br., Zungenblüten mehrreihig; zwischen den rosaroten Zungenblüten und den gelben Röhrenblüten noch dünnröhrige Fadenblüten; Hüllb. grün, behaart. Δ Steinrasen, Matten, etwa 1500–2500 m; ziemlich selten. Gebirge Mittel- und Südeuropas.

5 Gold-Pippau
Crepis aurea (L.) Cass.

7–9 | 5–20 cm

B. in grundständiger Rosette, tief buchtig gezähnt, löwenzahnartig, kahl; St. unverzweigt, b.los, oben schwarz behaart; Blütenköpfe 2–4 cm br., nur mit orangegelben bis roten Zungenblüten; Hülle abstehend schwarzhaarig; Früchte 6 mm lg., nach oben verschmälert, 15–20rippig. Δ Bergwiesen, Matten, etwa 900–2900 m; verbreitet. Gebirge Mittel- und Südeuropas (östlich).

6 Orangerotes Habichtskraut
Hieracium aurantiacum L.

6–8 | 20–50 cm

Pfl. mit Ausläufern; Rosettenb. ei-lanzettlich, allmählich in den Grund verschmälert, rauhaarig; St.b. 1–4, rasch an Größe abnehmend; Blütenköpfe 2–3 cm br., zu 2–12 in verkürzter Doldentraube, nur mit gelborangenen bis braunroten Zungenblüten; Hüllb. schmal, schwarzdrüsig. Δ Magerrasen, Weiden, etwa 1200–2400 m; verbreitet. Nordeuropa, Norddeutschland, Gebirge Mittel- und Südeuropas.

4
3
1
6
5
2

Korbblütengewächse
Compositae oder Asteraceae

1 **Gewöhnliche Kratzdistel, Lanzett-Kratzdistel**
Cirsium vulgare (Savi) Ten.

❀ 6–9 ↕ 60–120 cm

B. fiederteilig, unterseits graufilzig, oberseits durch feine Stacheln rau, am St. herablaufend; B.zipfeln dornig bespitzt; Blütenköpfe einzeln oder zu 2–3, 2–4 cm br. und 4–8 cm lg., Hülle eiförmig. Δ Wege, Schutt, Ufer, Waldschläge; häufig. Europa.

2 **Bach-Kratzdistel**
Cirsium rivulare (Jacq.) All.
(*C. salisburgense* (Willd.) G. Don.)

❀ 5–7 ↕ 30–100 cm

St. oberwärts b.los; B. beiderseits grün, kurzhaarig, geöhrt, st.umfassend, tief fiederspaltig, Abschnitte lanzettlich, meist ungeteilt; Blüten purpurn; Hüllb. meist rot überlaufen. Δ Nass- und Moorwiesen, Gräben, quellige Stellen; Alpen- und Vorland verbreitet, sonst ziemlich selten. Hauptsächlich Gebirge Mitteleuropas, Alpen, Pyrenäen, Karpaten.
Ähnlich ist die **Knollen-Kratzdistel**, *C. tuberosum* (L.) All. (*C. bulbosum* DC.), aber Blütenköpfe einzeln; B. unterseits schwach spinnwebig-wollig, gefiedert, mit gelappten oder grob gezähnten Fiedern; Wurzel spindelförmig verdickt; Moorwiesen, Flachmoore, Gebüsche; ziemlich selten. Mitteleuropa. GefGr. 3!

3 **Verschiedenblättrige Kratzdistel, Alantdistel**
Cirsium helenioides (L.) Hill
(*C. heterophyllum* (L.) Hill)

❀ 7–8 ↕ 50–100 cm

St. reich beblättert; B. oberseits grün, unterseits schneeweißfilzig, ungeteilt oder fiederspaltig, mit schmal-lanzettlichen Abschnitten, obere B. st.umfassend; Blütenköpfe zu 1–3; Blüten purpurn. Δ Kalkarme Nasswiesen, an Bächen, in nassen Staudenfluren; ziemlich selten. Hauptsächlich Nordeuropa, Alpen und mitteleuropäische Mittelgebirge.

4 **Nickende Distel**
Carduus nutans L.

❀ 7–9 ↕ 30–100 cm

St. weißfilzig; B. lanzettlich, kraus, tief fiederteilig, mit 3eckigen, 2–5spaltigen, dornigen Abschnitten; B. als br., dorniger Flügel am St. herablaufend; Blütenköpfe einzeln, 3–6 cm br., nickend, purpurn; Hüllb. über dem Grund eingeschnürt, lanzettlich, stechend, zurückgebogen; Pappus aus 1fachen, rauen Haaren gebildet. Δ Wege, Schutt, Magerweiden; häufig. Südskandinavien, Mittel- und Südeuropa.

5 **Stachel-Distel**
Carduus acanthoides L.

❀ 6–9 ↕ 30–100 cm

St. und Blütenkopfstiele dornig geflügelt; B. beiderseits grün, meist kahl, tief fiederspaltig, mit 6–7 mm lg., weißlichen, derben Dornen; Blütenköpfe 1–2 cm br., hellrot, zu mehreren auf kurzen, kraus geflügelten Stielen. Δ Wege, Brachland, Viehläger; verbreitet. Hauptsächlich Mittel- und Südeuropa.
Ähnlich ist die **Krause Distel**, *C. crispus* L., aber B. unterseits spinnwebig-filzig, weichdornig; Unkrautfluren, Auenwälder; häufig. Fast ganz Europa.

3
4
2
1
5

Korbblütengewächse
Compositae oder Asteraceae

1 Kletten-Distel
Carduus personata (L.) Jacq.

✿ 7–8 ↕ 60–120 cm

St. schmal geflügelt; B. groß, weich, unterseits spinnwebig behaart, die oberen oval, borstlich gezähnt, die unteren tief gelappt; Blütenköpfe zu mehreren, 1–2 cm br., purpurn; Hüllb. linealisch, spitz, kaum stechend, länger als die Blüten. Δ Grauerlenwälder, Weidengebüsch, Bachufer, Hochstaudenfluren; ziemlich selten. Gebirge Mittel- und Südeuropas.

2 Sumpf-Kratzdistel
Cirsium palustre (L.) Scop.

✿ 5–6 ↕ 50–150 cm

St. dornig geflügelt, bis oben beblättert; B. lanzettlich, tief in schmale, dornige Lappen zerteilt, unterseits wollig-filzig; St.b. herablaufend; Blütenköpfe gehäuft, eiförmig, kurz gestielt, purpurn, 10–15 mm lg.; Pappus 7–10 mm lg., weiß. Δ Moorwiesen, Quellen, Gräben, Auenwälder; verbreitet. Europa.

3 Acker-Kratzdistel
Cirsium arvense (L.) Scop.

✿ 7–9 ↕ 60–120 cm

St. nicht dornig geflügelt; B. buchtig gezähnt oder fiederspaltig, oft wellig kraus, glänzend, am Rand stachelig, nicht herablaufend; Blütenköpfe 1,5–3 cm lg., in doldenartigen Rispen; Hülle dunkelviolett, spinnwebig behaart; Einzelblüten bis zum Grund 5teilig, lila. Δ Äcker, Wege, Schutt, Waldschläge; häufig. Europa.

4 Eselsdistel
Onopordon acanthium L.

✿ 6–8 ↕ 50–150 cm

St. br. geflügelt; B. fiederteilig, herablaufend, mit br.-3eckigen, stachelig gezähnten Abschnitten; Blütenköpfe meist einzeln, 3–6 cm br. und lg.; Hüllb. schmal-lanzettlich, 2–4 mm br., in eine lg. starre Spitze auslaufend; Krone der Einzelblüten 2 cm lg., purpurn. Δ Sonnige Unkrautgesellschaften in Trocken- und Wärmegebieten; zerstreut. Hauptsächlich Mittel- und Südeuropa.
Die **Mariendistel**, *Silybum marianum* (L.) Gaertner, ist ebenfalls eine große, kräftige Pfl., 50–150 cm, mit einzelnen, 4–5 cm lg., purpurnen Blütenköpfen, aber B. weißlich gefleckt, länglich-eiförmig, buchtig-fiederteilig, in den geflügelten Stiel verschmälert oder sitzend, mit gelben Dornen; Schutt, Unkrautfluren, Felsensteppen. Südeuropa, in Mitteleuropa Zierpfl. und gelegentlich verwildert.

5 Färber-Scharte
Serratula tinctoria L.

✿ 7–8 ↕ 20–100 cm

Pfl. oben verzweigt, mit zahlreichen Blütenköpfen, bis oben beblättert; untere B. eiförmig, 1fach, fein gezähnt, obere B. tief fiederteilig; Blütenköpfe schmal-eiförmig, 15–20 mm lg., purpurn; Hüllb. dachziegelig, angedrückt, mit purpurroter Spitze; Frucht 5 mm lg., grünlich, Pappus gelblich. Δ Moorwiesen, Gräben, lichte Laubwälder; zerstreut. Europa. GefGr. 3!

5
1
4
3
2

Kreuzblütengewächse
Cruciferae oder Brassicaceae

1 Zwiebeltragende Zahnwurz
Dentaria bulbifera L.

❀ 5–6 ↕ 10–50 cm

Grundb. und untere St.b. mit 5–7 ei-lanzettlichen, gesägten Fiederb., obere St.b. ungeteilt; B.achseln mit kleinen Brutknöllchen; Krone hellviolett, rosa oder weiß. Δ Buchenwälder; selten. Hauptsächlich Gebirge Mitteleuropas, nördlich bis Südskandinavien, südlich bis Griechenland.

2 Finger-Zahnwurz
Dentaria pentaphyllos L.

❀ 4–6 ↕ 25–50 cm

St.b. wechselständig, handförmig 3–5zählig gefiedert, Fiederb. ei-lanzettlich, gesägt; Kronb. 4, rosa oder violett, 12–18 mm lg. Δ Krautreiche Buchen- und Buchen-Tannenwälder, Schluchtwälder; zerstreut. Gebirge Mittel- und Südeuropas (westlich).

3 Wildes Silberblatt
Lunaria rediviva L.

❀ 5–7 ↕ 30–140 cm

B. herzförmig, gezähnt; Blüten 4zählig, wohlriechend; Kronb. 12–20 mm lg., hellviolett, lila oder weiß; Kelchb. 5–6 mm lg.; Schoten elliptisch bis br.-lanzettlich, an beiden Enden zugespitzt, 4–8 cm lg. Δ Schlucht- und Bergwälder, schattige, luftfeuchte Hänge; ziemlich selten. Fast ganz Europa.

4 Nachtviole
Hesperis matronalis L.

❀ 5–7 ↕ 40–100 cm

Grundb. eiförmig, bis 15 cm lg., meist gezähnt; St.b. ei-lanzettlich, zahlreich, nach oben kleiner werdend; Blütenstand dicht; Blüten violett, lila oder weiß, 2 cm br., wohlriechend; Schoten aufrecht-abstehend, 3–10 cm lg. und 2 mm br. Δ Ruderalstellen, Auenwälder; zerstreut. Mittel- und Südosteuropa.

5 Wiesen-Schaumkraut
Cardamine pratensis L.

❀ 4–6 ↕ 10–40 cm

St. hohl, rund; B. unpaarig gefiedert; Grundb. mit rundlich-eiförmigen, St.b. mit linealischen Fiederb.; Kelchb. 3–5 mm lg.; Kronb. 8–14 mm lg., weiß, rosa oder blass-lila; Staubbeutel gelb; Schoten 2–4 cm lg. Δ Fett- und Nasswiesen, Flachmoore, Ufer, Auenwälder; verbreitet. Fast ganz Europa.

6 Meersenf
Cakile maritima Scop.

❀ 7–10 ↕ 15–60 cm

B. fleischig, blaugrün, tief fiederteilig; Blüten duftend, Kronb. 6–14 mm lg., 2mal so lg. wie der Kelch, violett, rosa oder weißlich; Schote 10–25 mm lg., 2gliederig, das obere Glied viel länger. Δ Küsten Europas; verbreitet.

Hahnenfußgewächse
Ranunculaceae

7 Alpen-Waldrebe
Clematis alpina (L.) Mill.

❀ 5–7 ↕ 1–2 m

Schlingpfl.; B. gegenständig, lg. gestielt, 3zählig gefiedert; Fiedern grob gesägt; Blüten achselständig, lg. gestielt, violett bis hellblau, glockenförmig; Nektarb. 10–12, spatelig, weißfilzig, halb so lg. wie die 4 Blütenb.; Frucht mit federigem Griffel. Giftig! Geschützt! Δ Alpenrosengebüsch, lichte Bergwälder, Nadelwälder, etwa 1000–2400 m; zerstreut. Gebirge Mittel- und Südeuropas.

3
2
7
4
1
6
5

Rötegewächse
Rubiaceae

1 Acker-Meister
Asperula arvensis L.

❁ 5–6 ↕ 5–25 cm

B. linealisch, untere zu 4, obere zu 6–8 quirlständig; Blütenstand kopfig; Hochb. borstig gewimpert; Krone 4–6 mm br., blau. Δ Lehmige, kalkreiche Äcker; sehr selten. Mittel- und Südeuropa. GefGr. 0!

2 Ackerröte
Sherardia arvensis L.

❁ 6–10 ↕ 5–20 cm

Pfl. 1jährig; St. 4kantig, liegend; B. lanzettlich, 1nervig, die oberen zu 6 im Quirl; Blüten kopfig gehäuft, sternförmig umgeben von 8–10 Hochb.; Krone 4zipfelig, lila, 2–3 mm br. Δ Getreidefelder, Brachland; verbreitet. Europa.

Enziangewächse
Gentianaceae

3 Gefranster Enzian
Gentianella ciliata (L.) Borkh.

❁ 6–9 ↕ 10–25 cm

St. 4kantig; B. lineal-lanzettlich, 1nervig; Blüten 4teilig, blau; Kronzipfel am Rand gefranst. Geschützt! Δ Kalkmagerrasen, lichte Föhrenwälder; zerstreut. Mitteleuropa und Gebirge Südeuropas. GefGr. 3!

4 Feld-Enzian
Gentianella campestris (L.) Börner (*Gentiana c.* L.)

❁ 6–9 ↕ 5–30 cm

Pfl. oft vom Grund an verzweigt; B. spatelförmig; Krone und Kelch 4teilig; Krone im Schlund bärtig, violett, selten weiß; Kelch ungleichzipfelig, mit 2 br.-lanzettlichen äußeren und 2 schmal-lanzettlichen inneren Zipfeln. Geschützt! Δ Silikatmagerrasen, Wegraine; ziemlich selten. Skandinavien, mitteleuropäische Mittelgebirge, Ostalpen, Pyrenäen, Abruzzen. GefGr. 3!

Braunwurzgewächse
Scrophulariaceae

5 Echter Ehrenpreis
Veronica officinalis L.

❁ 6–8 ↕ 10–30 cm

St. rauhaarig; B. eiförmig, kurz gestielt, stumpf gekerbt; Krone hellviolett, 6–7 mm br.; Fruchtkapsel 3eckig bis herzförmig, drüsenhaarig. Δ Wälder, Heiden, Magerrasen, saure Böden; verbreitet; früher Arzneipfl. Europa.

6 Felsen-Ehrenpreis
Veronica fruticans Jacq.

❁ 6–8 ↕ 5–15 cm

Vom Grund aus verzweigt; B. länglich-elliptisch, 1–2 cm lg., schwach gekerbt, glänzend, fast kahl; Blüten in 4–6blütiger Traube; behaart; Krone azurblau, im Schlund mit purpurnem Ring; Fruchtkapsel eiförmig, kaum ausgerandet. Δ Steinige Matten, etwa 1200–2800 m; verbreitet. Nordeuropa, Gebirge Mittel- und Südeuropas.

7 Blattloser Ehrenpreis
Veronica aphylla L.

❁ 6–8 ↕ 2–8 cm

Rosettenpfl.; B. br.-eiförmig, 10–15 mm lg., am Rand bewimpert; Blüten zu 2–4; Kelch drüsig behaart; Krone lila oder tiefblau, 6–8 mm br.; Fruchtkapsel drüsig behaart. Δ Steinrasen, Felsritzen, etwa 1000–2800 m; verbreitet. Gebirge Mittel- und Südeuropas.

7
2
1
6
3
5
4

Braunwurzgewächse
Scrophulariaceae

1 Gamander-Ehrenpreis
Veronica chamaedrys L.

❀ 5–6 ↕ 10–30 cm

St. mit 2 Haarreihen; B. gegenständig, kurz gestielt oder sitzend, eiförmig, gekerbt; Blüten in lg. gestielten, lockeren Trauben; Kelch 4teilig; Krone himmelblau, dunkel geadert; Fruchtkapsel 3eckig oder herzförmig, behaart, 4–5 mm br. Δ Wiesen, Wald- und Wegränder, lichte Eichenwälder; verbreitet. Europa.

2 Nesselblättriger Ehrenpreis
Veronica latifolia L. (*V. urticifolia* Jacq.)

❀ 6–8 ↕ 20–60 cm

Pfl. aufrecht; St. ringsum gleichmäßig behaart; B. br.-lanzettlich, spitz, scharf gesägt, untere B. kurz gestielt, obere sitzend; Blüten in vielblütigen, lg. Trauben; Blütenstiele 6–8 mm lg.; Kelch 4blättrig; Krone 6–8 mm br., lila oder rötlich, dunkler geadert; Fruchtkapsel rundlich. Δ Schlucht- und krautreiche Bergwälder, Hochstaudenfluren; zerstreut. Gebirge Mittel- und Südeuropas.

3 Faden-Ehrenpreis
V. filiformis Sm.

❀ 4–5 ↕ 5–30 cm

Pfl. mit fadendünnen St. kriechend, drüsig behaart; B. rundlich, schwach gekerbt, 5–12 mm lg.; Blütenstiele 2–4mal länger als die Tragb.; Krone bläulichviolett, 8–12 mm br.; Fruchtkapsel 4–6 mm br., mit 3–4 mm lg. Griffel; Verbreitung durch kleine Brutknöllchen in den Achseln der B. Δ Parkrasen, Weiden, Wege; verbreitet. Ursprünglich Gebirge Südwestasiens, heute weltweit verbreitet.

4 Efeu-Ehrenpreis
Veronica hederifolia L.

❀ 3–5 ↕ 8–30 cm

B. 3–7lappig, rundlich, lg. gestielt; Krone 6–9 mm br., hellblau, dunkel geadert; Kelchzipfel br.-herzförmig, lg. gewimpert; Fruchtkapsel kugelig-2knotig. Δ Äcker, Wege, Hecken; verbreitet. Fast ganz Europa.

5 Feld-Ehrenpreis
Veronica arvensis L.

❀ 4–10 ↕ 5–20 cm

St. 2reihig behaart; B. ungeteilt, eiförmig, gekerbt, 10–15 mm lg.; Tragb. der Blüten schmal-lanzettlich, nach oben kleiner werdend; Blütenstiele kürzer als der Kelch; Krone 3–4 mm br., hellblau; Fruchtkapsel br.-herzförmig, gewimpert, mit tiefer, spitzwinkeliger Ausrandung. Δ Äcker, Wege, Mauern; verbreitet. Ursprünglich Südeuropa, heute weltweit verbreitet.

6 Quendel-Ehrenpreis
Veronica serpyllifolia L.

❀ 4–9 ↕ 5–25 cm

B. kahl, eiförmig-rundlich, kurz gestielt, ganzrandig oder gekerbt; Blüten einzeln in den B.achseln der oberen B.; Krone 5–6 mm br., weißlich, blau geadert. Δ Wiesen, Wege, Lägerfluren der Alpen; häufig. Europa.

7 Persischer Ehrenpreis
Veronica persica Poiret

❀ 1–12 ↕ 10–30 cm

Pfl. niederliegend; B. 3eckig-eiförmig, grob gezähnt, kurz gestielt; St.b. nach oben kaum verkleinert; Blüten einzeln, b.achselständig; Krone 8–12 mm br., blau, untere Kronb. heller; Kelchzipfel ei-lanzettlich; Fruchtkapsel 8–10 mm br. und 4–6 mm lg., stumpfwinkelig ausgerandet. Δ Äcker, Weinberge, Gärten; häufig. Fast ganz Europa.

3
1
2
4
5
7
6

Braunwurzgewächse
Scrophulariaceae

1 Österreichischer Ehrenpreis
Veronica austriaca L.

5–6 ↕ 10–50 cm

Pfl. aufrecht; B. lanzettlich, entfernt gezähnt bis ganzrandig, in den kurzen Stiel verschmälert, häufig am Rand umgerollt; St. ringsum behaart; Blüten in gegenständigen, vielblütigen, lg. gestielten Trauben; Kelch 5zipfelig; Krone dunkelblau, 11–15 mm br.; Fruchtkapsel spitzwinkelig ausgerandet. Δ Kalkmagerrasen, steinige Hänge, Dünen; zerstreut bis selten. Mittel- und Osteuropa. GefGr. 3!

2 Großer Ehrenpreis
Veronica teucrium L.

6–7 ↕ 15–60 cm

Pfl. aufsteigend bis aufrecht; B. eiförmig, grob gesägt, am Grund abgerundet, sitzend; Blüten in gegenständigen, dichten, später sich verlängernden Trauben; Kelch 5blättrig; Krone hellblau, 10–13 mm br. Δ Sonnige Waldränder, Gebüsche, lichte Eichen- und Kiefernwälder, Magerrasen; zerstreut. Hauptsächlich Mitteleuropa, südlich bis Mittelspanien, Mazedonien, östlich bis Kaukasus.

3 Ähriger Ehrenpreis
Veronica spicata L.
(*Pseudolysimachia spicata* (L.) Opiz)

6–8 ↕ 15–30 cm

St. behaart; B. gegenständig, fast sitzend, eiförmig-länglich, meist stumpf gezähnt, vorne ganzrandig; Blüten kurz gestielt, in lg., dichter ährenförmiger Traube am Ende des St.; Krone 4teilig, 8–12 mm br., blau, trichterförmig, schwach 2lippig; Kelch 4teilig, drüsenhaarig. Geschützt! Δ Felsköpfe, sonnige Trockenrasen, Dünen; selten. Mittel- und Südeuropa, nördlich bis England, Südschweden. GefGr. 3!

4 Dreiteiliger Ehrenpreis
Veronica triphyllos L.

3–5 ↕ 5–15 cm

Pfl. aufrecht, stark drüsenhaarig; B. tief 3–5teilig, sitzend, gekerbt, dunkelgrün; St.b. in kleine Tragb. übergehend; Blüten in lockeren Trauben; Krone 6–9 mm br., tiefblau; Kelchzipfel zur Fruchtzeit 6–8 mm lg.; Fruchtkapsel verkehrt-herzförmig, dicht drüsenhaarig. Δ Äcker, Sandtrockenrasen; kalkmeidend; zerstreut. Hauptsächlich Mittel- und Südeuropa.

5 Bach-Ehrenpreis, Bachbunge
Veronica beccabunga L.

5–9 ↕ 20–60 cm

Pfl. fleischig; St. markig, fleischig; B. br.-elliptisch bis rundlich, 1–4 cm lg., 10–20 mm br., kurz gestielt, unregelmäßig stumpf gesägt; Krone himmelblau. Δ Gräben, Quellen; verbreitet. Europa.

6 Gauchheil-Ehrenpreis
Veronica anagallis-aquatica L.

5–8 ↕ 20–60 cm

St. hohl; B. fast ganzrandig, mit schwach herzförmigem Grund sitzend, br. eiförmig bis ei-lanzettlich, spitz, 4–10 cm lg. und 20–35 mm br.; Blütenstand reichblütig, kahl; Blüten hellblau bis blasslila, dunkler geadert, 5–7 mm br.; Fruchtstiele schräg aufwärts abstehend; Fruchtkapsel fast kugelig. Δ Bachröhrichte, Ufer, Gräben; verbreitet bis zerstreut. Europa.

6
5
4
3
2

Liliengewächse
Liliaceae

1 Herbstzeitlose
Colchicum autumnale L.

8–11 ↕ 5–30 cm

Pfl. mit Knolle; zur Blütezeit im Herbst b.los; B. br.-lanzettlich, grundständig, etwas fleischig, 12–20 cm lg. und 2–5 cm br., im Frühjahr zusammen mit der Fruchtkapsel erscheinend; Blütenb. 6, lila, unten zu einer bis 20 cm lg. Röhre verwachsen, freier Teil der Blütenb. 4–6 cm lg. Sehr giftig!
Δ Feuchte Wiesen, Auenwälder; verbreitet. Hauptsächlich Mitteleuropa.

2 Zweiblättriger Blaustern, Sternhyazinthe, Meerzwiebel
Scilla bifolia L.

3–4 ↕ 10–20 cm

Zwiebeln meist mit 1 runden St. und 2 st.umfassenden, bis 10 cm lg. B.; Blütenstand 2–8blütig; Blütenb. 6, frei, sternförmig abstehend, 6–12 mm lg., 2–3 mm br., hellblau, selten weiß oder rosa. Geschützt! Δ Laubwälder, Auenwälder, Gebüsche; ziemlich selten. Mittel- und Süddeutschland, Alpen und Vorland, Süd- und Südosteuropa.

3 Hasenglöckchen
Endymion non-scriptus (L.) Garcke
(*Scilla n.* L., *Hyacinthoides n.* (L.) P. Chd.)

4–5 ↕ 15–30 cm

B. zu 5–6, linealisch, glänzend, 5–10 mm br.; Blüten blau, zu 4–20 in 1seitswendiger, meist überhängender Traube an einem b.losen, krautigen St.; Blütenhülle am Grund verwachsen, glockig; Blütenstiele kürzer als die Tragb. und Vorb. Geschützt! Δ Laubwälder, Gebüsche; selten; Zierpfl. West- und Nordwestdeutschland, Westeuropa.

Schwertliliengewächse
Iridaceae

4 Frühlings-Krokus
Crocus albiflorus Kit.

3–4 ↕ 8–15 cm

Pfl. mit Knolle, ohne oberirdischen St.; B. grundständig, grasartig, schmal-linealisch, mit weißem Mittelstreifen: Blüten weiß, violett oder gestreift: Blütenb. unten zu einer Röhre verwachsen. Geschützt!
Δ Bergwiesen und -weiden; in den Alpen bis 2800 m; verbreitet. Gebirge Mittel- und Südeuropas.

5 Sibirische Schwertlilie
Iris sibirica L.

5–6 ↕ 30–80 cm

B. unter 1 cm br., kürzer als der 1–3blütige St.; Blüten blau bis violett, gegen den Grund gelb; äußere 3 Blütenb. 4–5 cm lg., innere kürzer, aber die Narben weit überragend; Fruchtkapsel 3–4 cm lg., querrunzelig. Geschützt! Δ Moorwiesen, Gräben; durch Kulturmaßnahmen seltener geworden. Fast ganz Europa, nördlich bis Südskandinavien, südlich bis Mittelitalien. GefGr. 3!

4
5
2
1
3

Hahnenfußgewächse
Ranunculaceae

1 Leberblümchen
Hepatica nobilis Mill.
(*Anemone hepatica* L.)

❀ 3–4 ↕ 5–15 cm

B. grundständig, überwinternd, 3lappig, oberseits grün, unterseits oft rotbraun oder violett; Blütenb. 6–10, blau, seltener rosa oder weiß. Geschützt! Δ Buchen- und Eichenwälder, Nadelmischwälder; zerstreut. Fast ganz Europa.

2 Gewöhnliche Akelei
Aquilegia vulgaris L.

❀ 5–7 ↕ 30–80 cm

Grundständige B. lg. gestielt, doppelt 3teilig, oft blaugrün; oberste B. sitzend, 3lappig; Blüten blauviolett, 3–5 cm lg., mit lg. Sporn; Staubb. kaum aus der Blüte ragend. Geschützt! Δ Laubwälder, Gebüsche, Waldränder, Trockenrasen; wärmeliebend; zerstreut. Fast ganz Europa.

3 Schwarzviolette Akelei
Aquilegia atrata Koch

❀ 6–7 ↕ 30–70 cm

Pfl. ähnlich der Gewöhnlichen Akelei, aber Blüten braunviolett; Staubb. weit aus der Blüte ragend. Geschützt! Δ Nadelwälder, Waldränder, Moorwiesen; zerstreut. Süddeutschland, Alpen und Vorland, Apennin.

4 Finger- oder **Stern-Kuhschelle**
Pulsatilla patens (L.) Mill.

❀ 4–5 ↕ 5–30 cm

Grundb. 3zählig, mit 3teiligen oder handförmig fiederteiligen, jung weißzottigen B.chen; Blüten blauviolett, zuletzt sternförmig ausgebreitet, außen zottig; Blütenhülle viel länger als die Staubb.; Griffel nach der Blütezeit vergrößert, federig. Geschützt! Δ Magerrasen, Heiden, Kiefernwälder; selten. GefGr. 1!

Primelgewächse
Primulaceae

5 Echtes Alpenglöckchen
Soldanella alpina L.

❀ 4–6 ↕ 5–15 cm

B. grundständig, rundlich-nierenförmig, 1–3 cm br., mit Basalbucht und oberseits hervortretenden Nerven; Blütenschaft 2–3blütig, b.los; Krone 8–15 mm lg., blauviolett, selten weißlich, trichterförmig, bis zur Mitte zerschlitzt. Geschützt! Δ Kalkhaltige Schneeböden, feuchte Mulden, etwa 1000–3000 m; verbreitet. Gebirge Mittel- und Südeuropas.

6 Kleines Alpenglöckchen
Soldanella pusilla Baumg.

❀ 5–8 ↕ 4–8 cm

B. dünn, rundlich-nierenförmig, unter 1 cm br.; Blüten einzeln; Krone eng-glockenförmig, 10–15 mm lg., blassviolett, zu 1/4 zerschlitzt. Geschützt! Δ Kalkarme Schneeböden, feuchter Ruhschutt, Magerrasen, etwa 1500–3000 m; zerstreut. Gebirge Mittel- und Südeuropas (östlich).

7 Klebrige Primel, Blauer Speik
Primula glutinosa Wulf.

❀ 7–8 ↕ 2–8 cm

B. ei-länglich, vorne meist gezähnt, allmählich in den br. geflügelten, kurzen Stiel verschmälert, dunkelgrün, stark klebrig; Blüten zu 2–7, duftend, dunkelblau, später violett; Blütenstiele 1–2 mm lg.; Tragb. braunrot. Geschützt! Δ Silikatmagerrasen, Ruhschutt, etwa 1800–3600 m; zerstreut bis selten. Ostalpen.

7
4
6
5
3
1
2

Primelgewächse
Primulaceae

1 Acker-Gauchheil
Anagallis arvensis L.

❀ 6–10 ↕ 5–25 cm

St. 4kantig, kahl; B. gegenständig, eiförmig, 5–20 mm lg.; Blüten lg. gestielt; Kronb. meist zinnoberrot, selten blau oder rosa, übereinander greifend, bis 7 mm lg. und 6 mm br., vorne ganzrandig oder schwach gekerbt, mit 3zelligen Drüsenhaaren; Kelchb. ganzrandig. Δ Gärten, Äcker, Weinberge; häufig. Europa.

Leingewächse
Linaceae

2 Stauden-Lein, Dauer-Lein
Linum perenne L.

❀ 6–8 ↕ 20–80 cm

Pfl. mit mehreren St.; B. lanzettlich, 1–2 mm br., 1–3nervig, am Rand rau; Blüten hellblau; Kronb. 1–2 cm lg., sich überdeckend, innere Kelchb. länger und breiter als die äußeren. Geschützt! Δ Trockenrasen, trockene Kiefernwälder; selten. Süddeutschland, Südeuropa. GefGr. 1!

3 Saat-Lein, Flachs
Linum usitatissimum L.

❀ 6–7 ↕ 30–60 cm

Pfl. 1jährig, nur mit 1 St.; B. schmal-lanzettlich, 3–4 mm br.; Kronb. 12–15 mm lg., blau; Kelchb. 5–7 mm lg., fein zugespitzt, fein bewimpert, aber nicht drüsig. Δ Als Öl- und Faserpfl. seit der jüngeren Steinzeit angebaut, gelegentlich verwildert. Geschützt! (Nur wild lebende Populationen.)

Storchschnabelgewächse
Geraniaceae

4 Wiesen-Storchschnabel
Geranium pratense L.

❀ 6–8 ↕ 20–60 cm

Pfl. oberwärts schwach drüsig behaart; B. meist 7teilig, mit schmalen, fiederspaltigen Abschnitten; Blüten meist zu 2; Kronb. 12–20 mm lg., blauviolett; Staubfäden am Grund 3eckig verbreitert; Blütenstiele nach dem Verblühen abwärts gebogen, zur Fruchtreife oft wieder aufwärts gerichtet. Δ Fettwiesen, Wegraine; zerstreut. Fast ganz Europa.

Hundsgiftgewächse
Apocynaceae

5 Kleines Immergrün
Vinca minor L.

❀ 4–5 ↕ 10–50 cm

Pfl. weitkriechend; B. lederig, immergrün, lanzettlich, kahl; Blüten einzeln in den B.achseln, 1–2 cm lg. gestielt; 5zählig; Krone hellblau, 2–3 cm br.; Fruchtknoten oberständig, Giftig! Δ Laubwälder, Gebüsche; Zierpfl.; zerstreut. Mittel- und Südeuropa, nördlich bis Dänemark.

6 Großes Immergrün
Vinca major L.

❀ 4–5 ↕ 10–50 cm

Pfl. ähnlich Kleinem Wintergrün, aber B. mit der größten Breite nahe dem Grund, allmählich zugespitzt, am Rand behaart; B.stiel bis 1,5 cm lg.; Krone 4–5 cm br.; Kelchzipfel behaart. Giftig! Δ Laubwälder, Gebüsche; Zierpfl. Ursprünglich Südeuropa, heute vielerorts als Gartenpfl. und verwildert.

1
6
3
2
4
5

Enziangewächse
Gentianaceae

1 Stängelloser Kalk-Enzian
Gentiana clusii Perr. et Song.

5–8 ↕ 5–10 cm

Rosettenb. ei-lanzettlich, spitz, 2–5 cm lg., in oder unter der Mitte am breitesten, glänzend; Kelchzähne lanzettlich, spitz, anliegend, mindest 1/2 so lg. wie die Kronröhre; Buchten zwischen den Kelchzähnen spitz; Krone blau, glockig, innen ohne grüne Flecken. Geschützt! Δ Kalkhaltige Magerrasen, Moore, bis 2800 m; zerstreut. Gebirge Mittel- und Südeuropas. GefGr. 3!

2 Stängelloser Silikat-Enzian, Breitblättriger Enzian
Gentiana acaulis L.
(*Gentiana kochiana* Perr. et Song.)

6–8 ↕ 5–10 cm

Pfl. ähnlich *G. clusii*, aber Rosettenb. verkehrt-eiförmig bis elliptisch, stumpf, größte Breite im oberen Drittel; Kelchzähne spatelförmig, kürzer als die halbe Kronröhre; Buchten zwischen den Kelchzipfeln br.; Krone blau, innen mit olivgrünen Flecken. Geschützt! Δ Kalkarme, saure Matten, Steinrasen, etwa 1200–3000 m; zerstreut. Gebirge Mittel- und Südeuropas. GefGr. 3!

3 Frühlings-Enzian
Gentiana verna L.

3–8 ↕ 3–10 cm

Pfl. mit grundständiger B.rosette; B. lanzettlich, spitz, 1–3nervig, bis 3 cm lg.; St.b. kleiner; St. aufrecht, 1blütig; Krone tiefblau, mit abstehenden Zipfeln, dazwischen mit je einem 2spitzigen Anhängsel. Geschützt! Δ Kalkmagerrasen, Flachmoore; im Alpenraum und Vorland zerstreut. Gebirge Mittel- und Südeuropas. GefGr. 3!

4 Bayerischer Enzian
Gentiana bavarica L.

7–9 ↕ 4–20 cm

Pfl. rasenbildend, dicht beblättert; B. verkehrt-eiförmig, stumpf, fast alle gleich groß; Kelch röhrenförmig, sehr schmal geflügelt; Krone tiefblau, mit hellerer Röhre. Geschützt! Δ Feuchte Matten, Quellen, Schneetälchen, etwa 1800–2600 m, kalkmeidend; verbreitet. Alpen, Karpaten. – Ssp. *subacaulis* Cust., eine hochalpine Sippe, hat kürzeren St. mit dachziegeligen fast runden, nach unten kleiner werdenden B.; in den Alpen bis 3600 m; auf feuchtem Silikatschutt.

5 Deutscher Enzian
Gentianella germanica (Willd.) Börner
(*Gentiana g.* Willd.)

6–10 ↕ 5–40 cm

St. meist nur oben ästig; St.b. ei-lanzettlich, meist spitz; Blüten 5teilig, 2–4 cm lg.; Kelchzipfel am Rand rau; Kelch schmal geflügelt; Buchten zwischen den Kelchzipfeln spitz; Krone rotviolett, innen bärtig, mit 3–5 mm br. Kronzipfeln. Geschützt! Δ Kalkmagerrasen; zerstreut bis selten. Mitteleuropa, Alpen. GefGr. 3!

6 Rauer Enzian
Gentianella aspera (Hegetschw L.) Dostal (*Gentiana a.* Hegetschw.)

5–10 ↕ 5–30 cm

St. vom Grund an ästig; St.b. 3eckig-eiförmig, stumpflich, am Rand meist bewimpert; Blüten meist 5teilig, innen bärtig, blauviolett, 2–4 cm lg.; Kronzipfel 9–15 mm lg. und 5–10 mm br.; Kelch schmal geflügelt, Kelchbuchten spitz; Kelchzipfel am Rand und auf dem Mittelnerv rau bewimpert; Fruchtknoten lg. gestielt. Geschützt! Δ Kalkreiche Halbtrockenrasen, bis etwa 2800 m; verbreitet bis selten. Ostalpen, Alpenvorland, Fränkischer Jura. GefGr. 3!

5

3

6

1

4

2

Enziangewächse
Gentianaceae

1 Schwalbenwurz-Enzian
Gentiana asclepiadea L.

7–9 ↕ 30–80 cm

B. kreuzgegenständig, lanzettlich, spitz, 4–8 cm lg., 5nervig; Blüten zu 1–3 b.achselständig, an schattigen Hängen Blüten 1seitswendig und B. kammartig 2zeilig angeordnet; Kelch röhrig, mit 5 kurzen, schmalen Zipfeln; Krone eng, glockenförmig, 3–5 cm lg., dunkelblau, innen rotviolett. Geschützt! Δ Moorwiesen, Bergwälder, Hochstaudenfluren; in den Alpen bis fast 2000 m; ziemlich selten. Gebirge Mittel- und Südeuropas. GefGr. 3!

2 Kreuz-Enzian
Gentiana cruciata L.

7–8 ↕ 15–50 cm

B. lanzettlich, meist 3nervig, bis 10 cm lg., B.paare scheidig verwachsen; Blüten zu 1–3 in den Achseln der obersten B.; Krone 4zählig, eng-glockenförmig, blau, außen grünlich. Geschützt! Δ Kalkmagerrasen, lichte Kiefern- und Eichenwälder; selten. Hauptsächlich Mitteleuropa, im Süden nur in den Gebirgen. GefGr. 3!

3 Ungarischer Enzian
Gentiana pannonica Scop.

7–9 ↕ 30–60 cm

St. aufrecht, oben purpurn überlaufen; B. gegenständig, elliptisch, 5–7nervig, untere gestielt, obere sitzend; Kelch mit 5–8 zurückgekrümmten Zipfeln; Krone trübpurpurn, am Grund gelbgrün, schwarzrot punktiert, innen gelblich. Geschützt! Δ Kalkarme Magerrasen, etwa 1600–2300 m; selten. Ostalpen, Böhmerwald. GefGr. 3!

4 Lungen-Enzian
Gentiana pneumonanthe L.

7–9 ↕ 15–50 cm

Pfl. ohne grundständige B.rosette; B. linealisch, bis 5 cm lg., meist 1nervig; Blüten in den Achseln der obersten B.; Krone eng-glockenförmig, 5teilig, blau, innen mit 5 grün punktierten Streifen. Geschützt! Δ Moorwiesen, Flachmoore; ziemlich selten. Europa, nördlich bis Südskandinavien, im Süden nur in den Gebirgen. GefGr. 3!

4
2
3
1

Enziangewächse
Gentianaceae

1 Schnee-Enzian
Gentiana nivalis L.

6–8 ↕ 2–15 cm

Pfl. zierlich, ästig; grundständige B. rosettig gehäuft, klein, stumpf; St.b. eiförmig, spitz; Blüten an den Enden der Äste, einzeln, tiefblau; Kelch gekielt oder schmal geflügelt, Kelchzähne lanzettlich, spitz. Geschützt! Δ Kalkhaltige Steinrasen, Feinschutt, etwa 1700–3000 m; zerstreut. Nordeuropa, Gebirge Mittel- und Südeuropas.

2 Schlauch-Enzian
Gentiana utriculosa L.

5–8 ↕ 8–20 cm

St. mehrblütig, kantig; B. eiförmig; Kelch 2–4 mm br. geflügelt, zuletzt aufgeblasen; Krone dunkelblau, außen oft grünlich. Geschützt! Δ Kalkflachmoore, Magerrasen, subalpine Steinrasen; selten. Hauptsächlich Gebirge Mittel- und Südeuropas. GefGr. 2!

3 Blauer Sumpfstern, Moorenzian, Tarant
Swertia perennis L.

6–8 ↕ 15–40 cm

St. einfach, aufrecht; B. oval, untere gestielt, obere sitzend; Blüten 2–3 cm br., schmutzig blau, dunkel punktiert, in Trauben oder Rispen; Blütenstiele 4kantig, geflügelt. Geschützt! Δ Kalkhaltige Flach- und Quellmoore, bis etwa 1500 m; selten. Alpen und Vorland, Gebirge Mittel- und Südeuropas. GefGr. 2!

Sperrkrautgewächse
Polemoniaceae

4 Blaue Himmelsleiter
Polemonium caeruleum L.

6–7 ↕ 30–80 cm

Pfl. mit waagrechtem Rhizom; St. aufrecht, kantig gefurcht, kahl; B. unpaarig gefiedert, mit 15–30 ei-lanzettlichen Fiedern; Blüten 5zählig, in 10–30 cm lg., drüsig behaarter Rispe; Krone radförmig bis glockig, himmelblau, selten weiß, etwa 2 cm br., mit gerundeten Kronzipfeln; Kelch bis zur Mitte geteilt. Geschützt! Δ Grauerlenwälder, Hochstaudenfluren, Gebüsche, kalkhaltige Flachmoore; ziemlich selten; Zierpfl. Mittel- und Nordeuropa, gelegentlich aus Gärten verwildert. GefGr. 3!

Borretschgewächse
Boraginaceae

5 Pferdezunge
Mertensia maritima (L.) S. F. Gray

6–8 ↕ 10–60 cm

Pfl. niederliegend, blaugrün, fleischig; B. lanzettlich bis spatelig, 1–6 cm lg., oberseits rau, die unteren B. gestielt, die oberen sitzend; Blüten rot, dann dunkelblau; Kronröhre walzlich; Kelch kahl; Nüsschen glatt. Δ Küstensand. Nordeuropa, England, Irland.

4
2
1
5
3

Borretschgewächse
Boraginaceae

1 Borretsch, Gurkenkraut
Borago officinalis L.

6–8 ↕ 20–60 cm

Pfl. mit Pfahlwurzel; B. und St. abstehend behaart; B. eiförmig-elliptisch, in den geflügelten Stiel verschmälert, dieser herablaufend; Blütenstand doldenartig; Krone himmelblau, 2–3 cm br., mit weißen Schlundschuppen; Kelchb. schmal-lanzettlich; Staubbeutel dunkel. Δ Gewürz- und Heilpfl., häufig in Gärten gepflanzt und öfter in wintermilden Klimagebieten verwildert; Weinberge, Schutt. Ursprünglich Südeuropa.

2 Gewöhnliche Ochsenzunge
Anchusa officinalis L.

5–9 ↕ 30–80 cm

Pfl. weichhaarig; B. länglich-lanzettlich, die unteren in den Stiel verschmälert, die oberen mit gerundetem Grund sitzend, ganzrandig; Blüten blauviolett, 5–10 mm br.; Kronröhre gerade; Kronschlund von eiförmigen, samtigen Schlundschuppen verschlossen; Blütenstand reichblütig. Δ Trockene sandige Unkrautfluren, Wege, Dämme; wärmeliebend; selten. Fast ganz Europa.

3 Acker-Krummhals
Anchusa arvensis (L.) M. Bieb.
(*Lycopsis arvensis* L.)

5–9 ↕ 20–40 cm

Pfl. dicht borstlich behaart; B. länglich, 10–15 cm lg., ausgeschweift gezähnt, meist etwas wellig; Krone blassblau, 7–10 mm br., mit weißer, gekrümmter Röhre; Nüsschen feinwarzig, runzelig. Δ Weinberge, Äcker, sandige Plätze; wärmeliebend; zerstreut. Europa.

4 Echte Hundszunge
Cynoglossum officinale L.

5–7 ↕ 20–80 cm

Pfl. dicht weichhaarig, grau; St. dicht beblättert; B. elliptisch bis lanzettlich, halb st.umfassend, graufilzig; Blütenstand verzweigt; Blüten violett, dann rotbraun, 5–7 mm br.; Kronröhre kurz, von Schlundschuppen verschlossen, Kronzipfel ausgebreitet; Nüsschen 4, am Rand wulstig verdickt, 6–8 mm lg., mit widerhakigen Stacheln besetzt. Giftig! Δ Sonnige Unkrautfluren; zerstreut. Fast ganz Europa.

5 Kletten-Igelsame
Lappula squarrosa (Retz.) Dum.
(*L. echinata* Gilib.)

6–7 ↕ 10–40 cm

Pfl. rauhaarig, oberwärts ästig; B. lanzettlich, sitzend, angedrückt behaart, 2–5 cm lg.; Blüten 2–4 mm lg., himmelblau; Fruchtstiele aufrecht. Nüsschen an den Kanten mit je 2 Reihen widerhakiger Stacheln. Δ Brachland, trockene Ruderalstellen, Trockenrasen; selten. Fast ganz Europa.

Nachtschattengewächse
Solanaceae

6 Bittersüßer Nachtschatten
Solanum dulcamara L.

6–8 ↕ 30–200 cm

Pfl. unten verholzt, oft kletternd; B. br.-lanzettlich, ungeteilt oder am Grund mit 1–2 Lappen; Blütenstand doldig-traubig; Krone 5teilig, flach ausgebreitet, 1 cm br., violett; Frucht eine rote Beere. Giftig! Δ Auenwälder, Ufer, Kahlschläge; ziemlich häufig. Fast ganz Europa.

6
5
4
2
1
3

Borretschgewächse
Boraginaceae

1 Gemeiner Beinwell
Symphytum officinale L.

❀ 5–7 ↕ 30–100 cm

B. schmal-lanzettlich, obere bis zum nächsten B. am St. herablaufend, St. daher br. geflügelt; Blüten rotviolett oder gelblichweiß, innen, zwischen den Staubb. mit 5 spitzen Schlundschuppen. Δ Nass- und Moorwiesen, Ufer, Auenwälder; verbreitet; Arzneipfl. Fast ganz Europa.

2 Echtes Lungenkraut
Pulmonaria officinale L.

❀ 3–5 ↕ 15–30 cm

Grundb. herz-eiförmig, meist weiß gefleckt, plötzlich in den lg. Stiel verschmälert; obere St.b. oval, st.umfassend; Blütenstand steifhaarig; Blüten rosa, dann blau, 1 cm br. Δ Krautreiche Laubmischwälder, Gebüsche, Waldränder; verbreitet. Fast ganz Europa.

3 Weiches Lungenkraut
Pulmonaria mollis Wulff
(*P. montana* aut.)

❀ 4–6 ↕ 15–35 cm

B. und St. stark drüsig und dicht weichhaarig; Grundb. länglich-eiförmig, 4–6 cm br., allmählich in den lg. Stiel verschmälert; St.b. ei-lanzettlich, 2–4 cm br., etwas herablaufend; Blütenstand oben klebrig; Blüten 15–20 mm lg., anfangs rot, dann blauviolett; Kelch dicht kurzdrüsig, klebrig, 5nervig. Geschützt! Δ Waldränder, krautreiche Laubmischwälder, Bergwälder; ziemlich selten. Hauptsächlich Mitteleuropa.

4 Blauer Steinsame
Lithospermum purpurocaeruleum L.

❀ 4–6 ↕ 30–60 cm

Pfl. dicht behaart, mit Ausläufern; B. lanzettlich, unterseits nur Mittelnerv sichtbar (nicht fiedernervig); Krone 5zählig, zuerst rotviolett, dann tiefblau, mit 14–20 mm lg. Röhre; Teilfrüchtchen glatt, glänzend weiß. Δ Sonniges Eichengebüsch, lichte Laubwälder; ziemlich selten. Mittel- und Südeuropa.

5 Blauer Natternkopf, Gewöhnlicher Natternkopf
Echium vulgare L.

❀ 6–8 ↕ 30–80 cm

Pfl. steifborstig behaart; B. länglich-lanzettlich, steifborstig; Krone unregelmäßig, 2lippig, 15–20 mm lg., blau, mit schiefer Kronmündung; Blütenknospen rot; Staubb. ungleich lg. Δ Sonnige Unkrautfluren, Wege, Kiesgruben, Steinbrüche; häufig. Europa.

6 Schlangenäuglein, Schärfling
Asperugo procumbens L.

❀ 5–8 ↕ 20–50 cm

St. niederliegend, an den Kanten mit rückwärts gerichteten Stacheln; B. elliptisch-lanzettlich; Krone 2–3 mm lg., violett oder blau, mit weißen Schlundschuppen; Teilfrucht 3 mm lg., eiförmig, dicht mit Warzen besetzt (6b). Δ Wege, Mauern, Viehläger, steinige Lehmböden; ziemlich selten. Mittel- und Südeuropa.

4
3
6a
6b
5
1
2

Borretschgewächse
Boraginaceae

1 Sumpf-Vergissmeinnicht
Myosotis palustris L.

5–9 ↕ 20–100 cm

St. stumpfkantig, dicht beblättert, schief aufwärts oder waagrecht-abstehend behaart; B. länglich-eiförmig, 2–10 cm lg., 5–20 mm br., behaart; Blütenstand ohne B.; Krone 4–8 mm br., blau; Kelch spärlich angedrückt behaart, Haare nie hakig. Δ Nasswiesen, Gräben, Ufer; verbreitet. Europa.

2 Alpen-Vergissmeinnicht
Myosotis alpestris Schmidt

6–7 ↕ 5–20 cm

Pfl. rauhaarig; Stiele der Rosettenb. deutlich von der ei-länglichen B.spreite abgesetzt (bei *M. sylvatica* Ehrh. allmählich in die Spreite übergehend); Krone himmelblau, mit gelben Schlundschuppen. Δ Bergwiesen, Geröllfluren; verbreitet, etwa 1600–3000 m. Gebirge Mittel- und Südeuropas.

3 Wald-Vergissmeinnicht
Myosotis sylvatica (Ehrh.) Hoffm.

5–7 ↕ 15–45 cm

Pfl. dicht behaart; Grundb. kurz gestielt, ei-lanzettlich; Kelch etwa 5 mm lg., zu 2/3 verwachsen, mit linealischen Zipfeln und abstehenden, vorne hakig gebogenen Haaren besetzt; Krone flach, ausgebreitet, 6–10 mm br., blau; Fruchtstiel 5 mm lg. Δ Waldränder, krautreiche Laubwälder, Bergwiesen, Hochstaudenfluren; zerstreut. Fast ganz Europa, nördlich bis Südschweden, südlich bis Apennin und Balkanhalbinsel.

4 Acker-Vergissmeinnicht
Myosotis arvensis (L.) Hill

4–10 ↕ 10–40 cm

Pfl. dicht grauhaarig, am Grund verzweigt; B. ei-lanzettlich, 2–8 cm lg., die unteren allmählich in den Stiel verschmälert, die oberen sitzend; Blütenstand dichtblütig, ohne Tragb.; Krone trichterförmig, 3–4 mm br., blau; Fruchtstiele 2–3mal so lg. wie die Kelchb. Δ Äcker, Getreidefelder, Waldschläge; häufig. Europa.

5 Himmelsherold
Eritrichium nanum (L.) Gaud.

7–8 ↕ 5–10 mm

Polsterpfl., 2–5 cm, seidig glänzend, dicht behaart; B. eiförmig, 5–10 mm lg.; Bl. zu 3–6; jede Bl. mit Tragb.; Krone 5–8 mm br., himmelblau, mit gelben Schlundschuppen. <u>Geschützt!</u> Δ Silikatfelsspalten, Ruhschutt, etwa 2400–3500 m; zerstreut. Alpen.

Glockenblumengewächse
Campanulaceae

6 Nesselblättrige Glockenblume
Campanula trachelium L.

7–8 ↕ 30–100 cm

St. steifhaarig, scharfkantig; B. 3eckig-eiförmig, nesselb.artig gesägt, die unteren lg. gestielt; Blüten trichterförmig, violettblau, 3–4 cm lg., in lg., beblätterter Traube. Δ Krautreiche Laubwälder, Gebüsche; verbreitet. Fast ganz Europa.

4
6
3
1
5
2

Glockenblumengewächse
Campanulaceae

1 Acker-Glockenblume
Campanula rapunculoides L.

6–9 30–100 cm

Pfl. mit Ausläufern; St. rauhaarig; untere B. gestielt, eiförmig, gezähnt, obere B. lanzettlich, sitzend; Blüten in 1seitswendiger Traube; Krone 2–3 cm lg., hellviolett, am Rand meist gewimpert. Δ Wald- und Wegränder, Äcker, lichte Eichen- und Kiefernwälder; zerstreut. Fast ganz Europa.

2 Rapunzel-Glockenblume
Campanula rapunculus L.

6–8 50–80 cm

Pfl. mit rübenförmiger Wurzel; B. ei-lanzettlich, gegen den Grund verschmälert; Blüten in schlanker Traube oder Rispe; Krone schmal-trichterförmig, 15–25 mm lg., hell blauviolett, fast bis zur Mitte geteilt; Kelchzipfel schmal-lanzettlich, länger als die halbe Krone. Δ Halbtrockenrasen, trockene Wiesen, Gebüsche, Waldränder; zerstreut. Fast ganz Europa.

3 Rundblättrige Glockenblume
Campanula rotundifolia L.

6–9 10–40 cm

Grundständige B. rundlich, herz- oder nierenförmig, zur Blütezeit meist verwelkt; St.b. schmal-lineal; Blüten in lockeren Rispen oder einzeln, 10–20 mm lg., hellblau oder violett; Kelchzipfel schmal-lanzettlich. Δ Magerrasen, Heiden, Wald- und Wegränder, lichte Eichenwälder; verbreitet. Europa, im Süden in den Gebirgen.

4 Pfirsichblättrige Glockenblume
Campanula persicifolia L.

6–8 30–80 cm

Grundb. derb, dunkelgrün, untere B. ei-länglich, in den Stiel verschmälert, obere B. lanzettlich, sitzend, fein gesägt; Blüten weitglockig, 2–4 cm lg. und br., blassblau, in armblütiger Traube; Kelchb. lanzettlich. Δ Sonnige, krautreiche Laub- und Nadelwälder, Wald- und Wegränder; verbreitet. Europa.

5 Zwerg-Glockenblume
Campanula cochleariifolia Lam.
(*C. pusilla* Haenke)

7–9 5–20 cm

Pfl. rasenbildend; untere B. lg. gestielt, rundlich-herzförmig, grob gezähnt, obere B. schmal-lanzettlich, sitzend; Blüten einzeln oder in wenigblütiger, 1seitswendiger Traube, bauchig-glockig, blau, 10–20 mm lg. Δ Felsbänder, Kalkschutt, Bachgeröll, von den Tälern bis 3000 m; häufig. Gebirge Mittel- und Südeuropas.

3
4
1
5
2

Glockenblumengewächse
Campanulaceae

1 Wiesen-Glockenblume
Campanula patula L.

❀ 5–7 ↕ 20–50 cm

Grundb. länglich-lanzettlich bis spatelig, kurz gestielt, St.b. lanzettlich; Blüten in lockerer Rispe aufrecht; Tragb. kürzer als die Blütenstiele, seitliche Blüten mit 2 Hochb.; Krone 15–25 mm lg., hellblau oder blauviolett, bis auf die Hälfte gespalten; Kelchzipfel schmal-lanzettlich. Δ Wiesen, Wegränder, Gebüschsaum; häufig. Fast ganz Europa.

2 Büschel-Glockenblume
Campanula glomerata L.

❀ 6–9 ↕ 20–60 cm

Pfl. kurzhaarig; St. 1fach; B. ei-lanzettlich, stumpf gezähnt, untere B. mit herzförmigem oder abgerundetem Grund, gestielt, obere B. sitzend; Blüten am St.ende und in den Achseln der oberen B. gebüschelt; Krone trichter- bis glockenförmig, blau, 15–30 mm lg.; Kelchzipfel schmal-lanzettlich, spitz. Δ Kalkmagerrasen, Wald- und Wegränder; verbreitet. Mitteleuropa, nördlich bis Südschweden, südlich bis Mittelitalien.

3 Scheuchzers Glockenblume
Campanula scheuchzeri Vill.

❀ 7–8 ↕ 5–40 cm

Pfl. lockerrasig; Grundb. lg. gestielt, rundlich-nierenförmig, gekerbt, zur Blütezeit meist vertrocknet; St.b. lineal-lanzettlich, fast sitzend, gezähnt bis ganzrandig; Blüten nickend, weitglockig, 15–25 mm lg., dunkel blauviolett, Kelchzipfel linealisch. Δ Kalkarme Magerrasen, steinige Matten, etwa 1400–3100 m; verbreitet. Gebirge Mittel- und Südeuropas.

4 Bärtige Glockenblume
Campanula barbata L.

❀ 6–8 ↕ 10–40 cm

Pfl. steifhaarig: Grundb. rosettig, länglich-lanzettlich, rauhaarig; Blüten kurz gestielt, nickend, zu 2–12 in 1seitswendiger Traube; Kelch zottig behaart; Buchten zwischen den Kelchzipfeln mit herabgeschlagenen Anhängseln; Krone bauchig-glockig, 15–30 mm lg., hellblau, selten weiß, Zipfel innen bärtig. Δ Saure Magerrasen und Zwergstrauchheiden, etwa 1200–2800 m; verbreitet. Alpen, Sudeten, Westkarpaten, südliches Norwegen.

5 Gewöhnlicher Frauenspiegel
Legousia speculum-veneris (L.) Chaix

❀ 6–8 ↕ 10–30 cm

B. länglich oder verkehrt-eiförmig, Rand schwach gewellt, rau; Krone radförmig, 20–25 mm br., violett; Kelchzipfel linealisch, so lg. wie der Fruchtknoten, kaum länger als die Krone. Δ Getreidefelder, kalkreiche Äcker; zerstreut. Mittel- und Südeuropa. GefGr. 3!

1
2
3
4
5

Knabenkrautgewächse oder Orchideen Orchidaceae

1 Violetter Dingel
Limodorum abortivum (L.) Sw.

❀ 5–7 ↕ 20–50 cm

Pfl. blau bis violett, ohne B. grün; B. schuppenförmig; Blüten violett, aufgerichtet, 3–4 cm lg., in lockerer, 4–8blütiger Ähre; Sporn abwärts gerichtet, 15–25 mm lg.; Blütenb. helmförmig zusammenneigend, Lippe eiförmig, am Rand gezähnt. Δ Flaumeichen-, Kiefern-, Eichen-, Buchenwälder; wärmeliebend; selten. Süddeutschland, Österreich, Südeuropa. GefGr. 1!

Hahnenfußgewächse Ranunculaceae

2 Feld-Rittersporn
Consolida regalis S. F. Gray (*Delphinium consolida* L.)

❀ 5–8 ↕ 20–40 cm

Pfl. 1jährig; B. 1- bis mehrfach 3zählig, in schmale, etwa 1 mm br. Zipfeln zerteilt; Blüten dunkelblau, in wenigblütigen Trauben, mit 25 mm lg. Sporn, dieser aus 2 verwachsenen Nektarb. gebildet; Blütenstiele länger als die Hochb.; Fruchtknoten 1; Frucht kahl. Giftig! Δ Äcker, Wegränder; verbreitet. Mittel- und Südeuropa, nördlich bis Südskandinavien. GefGr. 3!

3 Blauer Eisenhut
Aconitum napellus L.

❀ 6–8 ↕ 50–150 cm

B. fast bis zum Grund handförmig 5–7teilig, Abschnitte mit schmal-linealischen Zipfeln; Blüten in meist 1facher oder wenigästiger, dichter Traube, blauviolett; Blütenhelm breiter als hoch; Staubb. meist behaart. Giftig! Geschützt! (Sehr variable Art mit mehreren Kleinarten.) Δ Hochstaudenfluren, Gebüsche, Grauerlenwälder; in den Alpen bis über 2000 m; zerstreut. Alpen, Pyrenäen, Gebirge Mitteleuropas.

4 Rispiger Eisenhut
Aconitum paniculatum Lam.

❀ 6–8 ↕ 50–150 cm

Blütenstiele und St. im oberen Teil drüsig-klebrig und flaumig behaart; Blütenstand ästig; Blütentraube locker, kurz; Blütenhelm so hoch wie br.; Blüten blauviolett. Giftig! Geschützt! Δ Berg- und Schluchtwälder, Hochstaudenfluren; in den Alpen bis 2400 m; zerstreut. Gebirge Mittel- und Südeuropas (östlich).

Veilchengewächse Violaceae

5 Wildes Stiefmütterchen
Viola tricolor L.

❀ 5–10 ↕ 10–40 cm

Pfl. sehr variabel; B. herzförmig, gesägt, Nebenb. gefingert, mit lanzettlichen Mittellappen; Krone länger als der Kelch, blauviolett und gelb; Sporn fast 2mal so lg. wie die Kelchanhängsel. Δ Äcker, Brachland, Wegränder; verbreitet. Fast ganz Europa.

1
2
3
4
5

Veilchengewächse
Violaceae

1 Hain-Veilchen
Viola riviniana Rchb.

❁ 4–6 ↕ 5–30 cm

St. und B. kahl; B. lg. gestielt, br.-herzförmig bis fast nierenförmig, dunkelgrün, 3–5 cm lg., am Rand gekerbt; Nebenb. lanzettlich, kammartig gefranst; Krone hellviolett, 14–22 mm lg. Kronb. sich überdeckend; Sporn weißlich, dick, 3 mm lg., an der Spitze gefurcht; Anhängsel der Kelchb. 2–3 mm lg., oft ausgerandet. Δ Laub- und Mischwälder; verbreitet. Fast ganz Europa.

2 Wald-Veilchen
Viola reichenbachiana Jord.
(*V. sylvestris* Lamk.)

❁ 3–5 ↕ 10–20 cm

Pfl. ähnlich Hain-Veilchen, aber Krone rötlichviolett, 12–15 mm lg.; Kronb. sich nicht überdeckend; Sporn dunkelviolett, schlank, 4–6 mm lg., mit gerundeter Spitze; Anhängsel der Kelchb. 1–2 mm lg. Δ Laub- und Nadelmischwälder; verbreitet. Südschweden, Mittel- und Südeuropa.

3 Rauhaariges Veilchen
Viola hirta L.

❁ 3–5 ↕ 5–25 cm

Pfl. ohne Ausläufer, mit grundständiger B.rosette, aber ohne aufrechten, oberirdischen St.; Blüten in den Achseln von Grundb.; B. herzförmig, spitz, bis 8 cm lg., behaart; Nebenb. br.-lanzettlich, nicht oder kurz gefranst; Blüten geruchlos, violettblau; Kronb. ausgerandet; Sporn rötlichviolett, an der Spitze aufwärtsgebogen; Kelchb. stumpf. Δ Waldränder, sonnige Gebüsche, lichte Eichen- und Kiefernwälder, Magerrasen; ziemlich häufig. Fast ganz Europa.

4 Wohlriechendes Veilchen
Viola odorata L.

❁ 3–4 ↕ 5–10 cm

Pfl. mit Ausläufern; B. herzförmig, mit lanzettlich-eiförmigen, 4–5 mm br., kurz gefransten Nebenb.; Blüten duftend; Krone dunkelviolett, selten weiß oder rosa; Sporn gerade. Δ Gebüsche, Waldränder; häufig. Ursprünglich Südeuropa, heute fast ganz Europa.

5 Wunder-Veilchen
Viola mirabilis L.

❁ 4–6 ↕ 10–25 cm

B. br.-herzförmig bis fast nierenförmig, 5–10 cm br., mit 10–18 cm lg. Stiel; grundständige Blüten blassviolett, duftend, meist steril, st.ständige Blüten kronenlos, verkümmert, aber fruchtbar. Δ Laubwälder; zerstreut. Fast ganz Europa.

6 Sumpf-Veilchen
Viola palustris L.

❁ 5–6 ↕ 3–10 cm

B. alle grundständig, herz-nierenförmig, glänzend; Blüten in den Achseln der grundständigen B., duftend, lila; Sporn gerade; seitliche Kronb. abwärts gerichtet; Kelchb. stumpf. Δ Saure, nährstoffarme Übergangsmoore, Gräben; verbreitet. Fast ganz Europa.

7 Sand-Veilchen
Viola rupestris F. W. Schmidt

❁ 5–6 ↕ 3–8 cm

B. grund- und st.ständig, rundlich-herzförmig, stumpf, 15–20 mm lg., graugrün; B. und St. meist flaumig behaart; Kronb. blauviolett, am Grund weiß, seltener ganz weiß; Sporn hellviolett, 5 mm lg. Δ Magerrasen, Kiefernwälder, Sandböden; ziemlich selten. Nordeuropa, Mecklenburg, Süddeutschland, Alpen und Vorland, südlich bis Pyrenäen, Cevennen, Kaukasus. GefGr. 3!

5

1

4

3

2

7

6

Schmetterlingsblütengewächse
Fabaceae oder Papilionaceae

1 Rauhaarige Wicke
Vicia hirsuta (L.) S. F. Gray

❀ 6–8 ↕ 15–50 cm

Pfl. 1jährig; B. gefiedert, meist mit 6–8 Fiederb.paaren und verzweigter Endranke; Fiedern linealisch, vorne ausgerandet, 5–12 mm lg.; Blüten hellviolett oder weißlich, zu 3–6 in lg. gestielten Trauben; Frucht 2samig, weichhaarig. Δ Getreidefelder, Wege, Sandtrockenrasen; häufig. Europa.

2 Viersamige Wicke
Vicia tetrasperma (L.) Schreb.

❀ 6–7 ↕ 20–60 cm

Ähnlich der Rauhaarigen Wicke, aber Frucht kahl, meist 4samig; B. mit 6–8 Fiederb.; Blüten zu 1–2, blassviolett. Δ Silikatmagerrasen, saure Äcker, auch Moorwiesen; kalkmeidend; verbreitet. Südskandinavien, Mittel- und Südeuropa.

3 Futter-Wicke, Saat-Wicke
Vicia sativa L.

❀ 5–7 ↕ 30–80 cm

B. mit 4–7 Fiederb.paaren und verzweigter Endranke, Fiedern eiförmig bis linealisch; Blüten zu 1–2 b.achselständig, kurz gestielt, mit bläulicher Fahne und rotvioletten Flügeln; Kelchzähne gleich lg. (bei der ähnlichen **Zaun-Wicke** Kelchzähne ungleich lg., siehe S. 236); Frucht aufrecht, kurzhaarig, zur Reife braun, 3–8 cm lg. Δ Futterpfl., auf Ruderalstandorten verwildert; zerstreut. Europa.

4 Zaun-Wicke
Vicia sepium L.

❀ 5–8 ↕ 30–60 cm

B. mit 8–14 eiförmigen Fiederb. und vorne mit geteilter Ranke; Blüten zu 2–5 in kurz gestielten Trauben; Kelchzähne ungleich lg.; Krone 12–15 mm lg., braunviolett; Hülse 2–3,5 cm lg., anfangs kurzhaarig, dann kahl, 3–6samig. Δ Gebüsche, Waldränder, Laubmischwälder, auch Wiesen; verbreitet. Fast ganz Europa.

5 Vogel-Wicke
Vicia cracca L.

❀ 6–8 ↕ 30–100 cm

Pfl. niederliegend, aufsteigend oder kletternd; B. mit 12–20 lanzettlichen, 2–6 mm br. Fiederb. und verzweigter Ranke; Blüten zu 10–30 in lg. gestielten Trauben, der Stiel etwa so lg. wie ihr Tragb.; Krone 8–12 mm lg., blauviolett, Platte der Fahne etwa so lg. wie ihr Nagel; Hülse 10–25 mm lg., 4–6 mm br. Δ Wiesen, Weiden, Waldränder, Ufer; verbreitet. Europa.

6 Kassuben-Wicke
Vicia cassubica L.

❀ 6–7 ↕ 30–60 cm

St. einfach oder verzweigt, kurz behaart; B. mit 16–28 eiförmigen, 5–7 mm br., beiderseits zerstreut kurzhaarigen Fiederb. und verzweigter Endranke; Nebenb. ganzrandig, pfeil- bis spießförmig; Blüten zu 10–15 in gestielten Trauben; Blütentraube kürzer als das Tragb.; Krone 9–13 mm lg., mit rotvioletter und dunkel geaderter Fahne, weißlichen Flügeln und weißlichem Schiffchen mit violetter Spitze; Hülse kahl, 1–3samig. Δ Lichte, trockene Wälder, sonnige Waldränder, Gebüsche; selten. Mitteleuropa, Südskandinavien, südlich bis Mittelspanien. GefGr. 3!

3
6
2
1
4
5

Schmetterlingsblütengewächse
Fabaceae oder Papilionaceae

1 Wald-Wicke
Vicia sylvatica L.

6–8 ↕ 50–200 cm

Pfl. niederliegend oder kletternd; B. mit 12–24 länglichen Fiederb. und verzweigter Ranke; Blüten in 10–20blütigen, lg. gestielten Trauben; Krone 13–17 mm lg., weiß, violett geadert, Schiffchenspitze violett. Δ Krautreiche Mischwälder, lichte Schluchtwälder, Bergwälder; in den Alpen bis über 2000 m; zerstreut. Fast ganz Europa, hauptsächlich in den Gebirgen.

2 Zottel-Wicke
Vicia villosa Roth

6–8 ↕ 30–130 cm

Pfl. dicht, abstehend weichhaarig; B. mit 14–18 linealischen, behaarten Fiederb.; Traube 10–20blütig; Blüten 15–20 mm lg.; Kelchzähne lg. bewimpert; Kelch am Grund sackartig ausgebuchtet; Frucht 2–4 cm lg. Δ Getreidefelder, Schuttplätze, Wegränder; zerstreut. Fast ganz Europa (ursprünglich Südeuropa).

3 Hecken-Wicke
Vicia dumetorum L.

6–8 ↕ 60–200 cm

B. mit 6–10 br.-eiförmigen, 15–40 mm lg. und 10–25 mm br. Fiederb. und verzweigter Endranke; Nebenb. gezähnt; Blüten zu 4–12 in gestielten Trauben, diese so lg. wie die Tragb.; Krone 13–18 mm lg., rotviolett, nach dem Verblühen schmutzig gelb; Hülse kahl, 4–10samig. Δ Krautreiche Laubwälder, Waldwege, Gebüsche; ziemlich selten. Mitteleuropa, nördlich bis Südschweden, südlich bis Mittelitalien.

4 Saat-Luzerne
Medicago sativa L.

6–9 ↕ 30–80 cm

Pfl. aufrecht, fast kahl; B. 3zählig, B.chen 2–3 cm lg., vorne gezähnt und stachelspitz; Blüten in kopfigen Trauben, blau oder violett, 8–12 mm lg.; Hülse locker 2–3mal gewunden. Δ Magerrasen, Wege, Böschungen; als Futterpfl. angebaut; häufig. Europa.

5 Alpen-Tragant
Astragalus alpinus L.

7–8 ↕ 7–25 cm

Pfl. liegend oder aufsteigend; B. unpaarig gefiedert, mit 15–25 elliptischen, stumpfen, anfangs beiderseits behaarten B.chen; Blüten 10–15 mm lg., zu 5–15 in fast kugeliger Traube; Fahne bläulich oder violett, Flügel weißlich, Schiffchen mit violetter Spitze; Hülse dunkel zottig behaart. Δ Steinrasen, windexponierte Grate, etwa 1500–2800 m; verbreitet. Nordeuropa, Alpen, Pyrenäen, Karpaten, Kaukasus.

6 Alpen-Spitzkiel
Oxytropis campestris (L.) DC.

7–8 ↕ 5–15 cm

B. unpaarig gefiedert, beiderseits behaart, graugrün, mit 10–12 ei-lanzettlichen Fiederpaaren; Blüten zu 10–18 in kopfigen, lg. gestielten Trauben; Kelch mit lg. weißen und kurzen schwarzen Haaren besetzt; Krone gelblichweiß, Schiffchen lg. zugespitzt, oft beiderseits mit violettem Fleck. Δ Steinige Matten, Berggrate; ziemlich selten. Alpen, Apennin, Karpaten, Pyrenäen, Gebirge der Balkanhalbinsel, Schottland, Skandinavien.

4
5
6
1
3
2

Schmetterlingsblütengewächse
Fabaceae oder Papilionaceae

1 Seidenzottiger Spitzkiel
Oxytropis halleri Bunge

❀ 6–8 ↕ 10–25 cm

Pfl. mit dicker Pfahlwurzel; B. unpaarig gefiedert, beiderseits dicht zottig behaart, mit 11–29 ei-lanzettlichen, 10–15 mm lg. Fiederb.; Nebenb. häutig, gewimpert; Blüten zu 6–16 in kopfiger oder ährenförmiger Traube; Krone blau bis rotviolett, 15–20 mm lg., mit hellem, kurz bespitztem Schiffchen. Δ Trockene, magere Bergwiesen. Alpen (in Deutschland fehlend), Pyrenäen, Karpaten, Schottland.

2 Schwarze Platterbse
Lathyrus niger (L.) Bernh.

❀ 6–7 ↕ 30–80 cm

Pfl. beim Trocknen schwarz werdend; St. aufrecht, nicht geflügelt; B. mit 8–12 elliptischen bis eiförmigen Fiederb. und grannenartiger, endständiger Spitze; Blütenstand lg. gestielt, 3–10blütig; Krone 10–15 mm lg., purpurn, später violett; Frucht 8–14samig. Δ Lichte Eichen- und Eichen-Kiefernwälder, sonnige Gebüschsäume; wärmeliebend; ziemlich selten. Mittel- und Südeuropa, nördlich bis Südskandinavien (östlich).

3 Frühlings-Platterbse
Lathyrus vernus (L.) Bernh.

❀ 4–5 ↕ 20–40 cm

St. aufrecht, unverzweigt, nicht geflügelt; B. mit 4–8 br.-eiförmigen, lg. zugespitzten, 3–7 cm lg. und 1–3 cm br. Fiederb. und endständiger, grannenartiger Spitze; Traube 3–7blütig, so lg. wie ihr Tragb.; Krone purpurn, später blaugrün. Δ Buchen-, Buchen-Tannen-, Eichen-Hainbuchenwälder; verbreitet. Fast ganz Europa, im Süden in den Gebirgen.

4 Berg-Platterbse
Lathyrus linifolius (Reich.) Bässler
(*L. montanus* Bernh.)

❀ 4–6 ↕ 15–30 cm

Pfl. niederliegend bis aufsteigend; St. geflügelt; B. mit 4–8 lanzettlichen bis linealischen, blaugrünen Fiederb. und endständiger, grannenartiger Spitze; B.stiel schmal geflügelt; Blütenstand lg. gestielt, 3–6blütig; Krone 12–18 mm lg., zuerst hellpurpurn, dann trübblau; Kelch mit ungleich lg. Zähnen; Hülse 3–4 cm lg., 6–10samig. Δ Lichte Eichen- und Eichen-Buchenwälder, Waldwege, Magerrasen, Heiden; kalkmeidend; ziemlich häufig. Fast ganz Europa.

2
1
3
4

Kreuzblumengewächse
Polygalaceae

1 Bittere Kreuzblume
Polygala amara L.

5–6 ↕ 10–20 cm

Pfl. niederliegend, aufsteigend; B. bitter schmeckend, am Grund rosettig gehäuft, größer als die oberen; Blütenstand locker; Blüten blau bis rötlichblau, 3–7 mm lg., Flügel 4–8 mm lg., Schiffchen (unteres Kronb.) mit stark gefranstem, lappigem Anhängsel, unten am Übergang zum Anhängsel stark eingeschnürt. Δ Subalpine und alpine Steinrasen, Halbtrockenrasen, Quellfluren; zerstreut. Gebirge Mittel- und Südeuropas (östlich).

2 Schopfige Kreuzblume
Polygala comosa Schkuhr

5–6 ↕ 10–25 cm

B. krautig, wechselständig, ei-länglich, 10–25 mm lg.; Blütenstand 5–20blütig; Blüten lila oder rötlich, Flügel schwach netznervig, 4–7 mm lg.; Tragb. der Blüten länger als die Blütenstiele, die Blütenknospen überragend, Pfl. dadurch schopfig. Δ Sonnige Kalkmagerrasen; zerstreut. Mittel- und Südeuropa (östlich), nördlich bis Südschweden.

3 Gewöhnliche Kreuzblume
Polygala vulgaris L.

5–8 ↕ 10–30 cm

Untere B. wechselständig, keine grundständige Rosette bildend; Blütentraube 10–20blütig; Tragb. der Blüten meist kürzer als die Blütenstiele und daher die Blütenknospen nicht überragend; Blüten blau, Blütenflügel 6–10 mm lg., netzadrig. Δ Silikatmagerrasen, Heiden, Wegränder; häufig. Europa, im Süden nur in den Gebirgen.

Borretschgewächse
Boraginaceae

4 Blauer Natternkopf, Gewöhnlicher Natternkopf
Echium vulgare L.

6–8 ↕ 30–80 cm

Pfl. steifborstig behaart; B. länglich-lanzettlich, steifborstig; Krone unregelmäßig, 2lippig, 15–20 mm lg., blau, mit schiefer Kronmündung; Blütenknospen rot; Staubb. ungleich lg. Δ Sonnige Unkrautfluren, Wege, Kiesgruben, Steinbrüche; häufig. Europa.

Wasserschlauchgewächse
Lentibulariaceae

5 Gemeines Fettkraut
Pinguicula vulgaris L.

5–7 ↕ 5–15 cm

B. in grundständiger Rosette, fleischig, 3–6 cm lg. mit Kleb- und Verdauungsdrüsen zum Fangen von Insekten; Blüten blauviolett, mit schlankem pfriemlichen Sporn. Geschützt! Δ Flach- und Quellmoore, von der Ebene bis etwa 2000 m; zerstreut bis selten. Hauptsächlich Nordeuropa und Gebirge Mitteleuropas. GefGr. 3!

Braunwurzgewächse
Scrophulariaceae

6 Kleines Leinkraut
Chaenarrhinum minus (L.) Lange

6–10 ↕ 5–25 cm

Pfl. 1jährig, drüsenhaarig; B. schmal-lanzettlich, die unteren gegenständig; Blüten in lockeren Trauben; Krone mit Sporn 5–10 mm lg., hellviolett, mit gelblichem Gaumen. Δ Äcker, Wege, Dämme, Kiesgruben; ziemlich häufig. Fast ganz Europa.

1
5
6
2
3
4

Braunwurzgewächse
Scrophulariaceae

1 Zimbelkraut
Cymbalaria muralis G. M. Sch.
(*Linaria cymbalaria* (L.) Mill.)

✿ 6–9 ↕ 30–60 cm

Pfl. kriechend; B. lg. gestielt, wechselständig, rundlich-herzförmig, 5–7teilig; Blüten lg. gestielt, einzeln in den B.achseln; Krone etwa 1 cm; hellviolett, Gaumen gelblich; Sporn stumpf, kaum halb so lang wie die übrige Krone. Δ Schattige, luftfeuchte Felsen und Mauern; verbreitet. Ursprünglich Südalpen, Apennin, Gebirge der Balkanhalbinsel; Zierpfl., heute vielfach verwildert.

2 Alpen-Leinkraut
Linaria alpina (L.) Mill.

✿ 6–8 ↕ 5–15 cm

St. niederliegend, an den Enden aufsteigend; B. fleischig, bläulichgrün, kahl, schmal-lanzettlich, 8–15 mm lg.; Blüten blauviolett, mit gelbem Gaumenfleck, seltener 1farbig blauviolett, mit lg. Sporn. Δ Schuttkare, etwa 1200–3800 m, verbreitet. Gebirge Mittel- und Südeuropas.

3 Violette Königskerze
Verbascum phoeniceum L.

✿ 5–7 ↕ 30–80 cm

St. oben drüsig behaart; Grundb. oval, gestielt, buchtig gezähnt; St.b. sitzend; Blüten violett, 2–3,5 cm br.; Kelch drüsenhaarig, mit lanzettlichen Zipfeln; Staubfäden violettwollig. Δ Trockenrasen, Buschwälder; selten. Mitteldeutschland, Oberrheinische Tiefebene, Apennin, Südosteuropa. GefGr. 3!

4 Alpenhelm, Bartschie
Bartsia alpina L.

✿ 6–8 ↕ 5–15 cm

B. eiförmig, sitzend, stumpf gezähnt, obere B. schmutzig violett; Krone 2lippig, 15–20 mm lg., dunkelviolett, drüsenhaarig. Δ Quellmoore, feuchte Matten, in den Alpen bis über 2500 m, verbreitet; in der Ebene selten. Nord- und Mitteleuropa, Alpen, Pyrenäen, Karpaten, Gebirge der Balkanhalbinsel.

5 Echtes Tännelkraut
Kickxia elatine (L.) Dum.

✿ 7–10 ↕ 10–40 cm

Pfl. 1jährig, drüsig-weichhaarig; fadenförmiger St.; B. spieß- bis pfeilförmig; Krone 5–7 mm lg. (ohne Sporn), hellgelb, mit geradem, etwa ebenso lg. Sporn; Kronoberlippe innen violett. Δ Getreidefelder; ziemlich selten. Mittel- und Südeuropa, Südskandinavien.

Lippenblütengewächse
Labiatae oder Lamiaceae

6 Große Brunelle
Prunella grandiflora (L.) Scholl.

✿ 6–8 ↕ 10–30 cm

B. länglich-eiförmig, 2–6 cm lg., die oberen oft fiederspaltig, locker behaart; Blüten 20–25 mm lg., blauviolett, Blütenröhre gekrümmt. Δ Kalkmagerrasen, lichte Wälder; zerstreut. Hauptsächlich Mitteleuropa, nördlich bis Südschweden, südlich bis Nordostspanien, Poebene, Bulgarien

7 Kleine Brunelle, Gew. Brunelle
Prunella vulgaris L.

✿ 6–9 ↕ 10–25 cm

Pfl. mit oberirdischen Ausläufern; B. länglich-eiförmig, spärlich behaart, 2–4 cm lg.; Blütenstand ährenartig oder kopfig; Kelch 2lippig, Oberlippe mit 3 kurzen, ungleichen, stachelspitzen Zähnen, Unterlippe mit 2 lanzettlichen, begrannten Zähnen; Krone blauviolett, 8–15 mm lg., etwa 2mal so lg. wie der Kelch. Δ Wiesen,Wege, häufig. Europa.

7
5
4
6
1
2
3

Lippenblütengewächse
Labiatae oder Lamiaceae

1 Wiesen-Salbei
Salvia pratensis L.

❀ 4–8 ↕ 30–60 cm

St. armblättrig; B. hauptsächlich grundständig, lg. gestielt; B.spreite oval, 6–12 cm lg., unregelmäßig gekerbt; Blüten zu je 4–8 quirlständig; Krone 20–25 mm lg., dunkelblau, mit sichelförmiger Oberlippe; Blütenstand drüsig. Δ Kalkmagerrasen, Halbtrockenrasen, sonnige Fettwiesen, Wegränder; verbreitet. Hauptsächlich in Mittel- und Südeuropa, heute auch in Nordeuropa eingebürgert.

2 Quirlblütiger Salbei
Salvia verticillata L.

❀ 6–9 ↕ 30–60 cm

B. herzförmig bis 3eckig, am B.stiel geöhrt, 4–12 cm lg. und 3–10 cm br., unregelmäßig gezähnt, die unteren lg. gestielt; Scheinquirle 15–30blütig, fast kugelig; Tragb. kurz, trockenhäutig; Krone 10–15 mm lg., hellviolett, mit gerader Oberlippe; Kelch schmalglockenförmig, 4–7 mm lg., behaart; Staubb. unbeweglich. Δ Halbtrockenrasen, Dämme, Wege, Unkrautgesellschaften; zerstreut. Ursprünglich Südosteuropa, heute weit verbreitet.

3 Garten-Salbei
Salvia officinalis L.

❀ 6–7 ↕ 20–80 cm

Pfl. am Grund verholzt, stark aromatisch riechend; B. länglich-eiförmig, lg. gestielt, netzrunzelig, schwach gekerbt, unterseits filzig; Blüten violett, zu 4–8 im Scheinquirl; Krone 17–25 mm lg., mit gerader Oberlippe. Δ Trockenwiesen, Felsensteppen; als Heil- und Gewürzpfl. kultiviert und verwildert. Südeuropa, in Mitteleuropa wohl nur aus Kulturen verwildert.

4 Alpen-Steinquendel
Calamintha alpina (L.) Lam.

❀ 6–9 ↕ 10–30 cm

St. niederliegend bis aufsteigend, schwach behaart; B. eiförmig, gegenständig, kurz gestielt, gegen die Spitze gesägt; Blüten zu 3–6 quirlständig, 10–18 mm lg., rotviolett. Δ Steinige, kalkreiche Rasen, lichte Föhrenwälder, von den Tälern bis 2500 m; verbreitet. Gebirge Mittel- und Südeuropas.

1
2
3
4

Lippenblütengewächse
Labiatae oder Lamiaceae

1 Kriechender Günsel
Ajuga reptans L.

✽ 5–8 ↕ 15–30 cm

Pfl. mit oberirdischen Ausläufern; Grundb. lg. gestielt, spatelförmig, ganzrandig oder stumpf gezähnt; St.b. allmählich kleiner werdend, oft rotviolett angelaufen; Blütenstand ährenartig; Blüten zu 2–6 in den Achseln der oberen St.b.; Krone blau oder rötlich, 10–15 mm lg. Δ Wiesen, Wegränder, Laubwälder; häufig. Fast ganz Europa.

2 Heide-Günsel
Ajuga genevensis L.

✽ 4–6 ↕ 10–30 cm

Pfl. zottig behaart, ohne Ausläufer; Grundb. lg. gestielt; obere B. 3lappig oder tief gekerbt, oft blau angelaufen; Blüten dunkelblau; Krone 12–18 mm lg., Oberlippe sehr kurz, 2teilig, Unterlippe viel länger, 3teilig; Staubb. 4. Δ Kalkmagerrasen, sonnige Hänge, Wegraine, auch in Unkrautgesellschaften; zerstreut. Hauptsächlich Mittel- und Südeuropa.

3 Pyramiden-Günsel
Ajuga pyramidalis L.

✽ 7–8 ↕ 10–20 cm

B. gekreuzt-gegenständig, dicht stehend, nach oben kleiner werdend, die unteren rosettig, verkehrt-eiförmig, schwach gekerbt, 5–10 cm lg., obere B. oft violett überlaufen; Blüten zu 2–4 quirlständig; Krone hell violettblau, 10–18 mm lg. Δ Kalkarme Bergwiesen, 1200–2700 m; verbreitet. Nordeuropa, Gebirge Mittel- und Südeuropas. GefGr. 3!

4 Sumpf-Helmkraut
Scutellaria galericulata L.

✽ 6–9 ↕ 10–40 cm

B. oval bis lanzettlich, seicht gezähnt; Blüten in 1seitswendigen Paaren in den Achseln der oberen B.; Krone 12–20 mm lg., blau, kürzer als die Tragb.; Kronröhre aufwärts gekrümmt. Δ Nasswiesen, Gräben, Ufer, Verlandungsgesellschaften; verbreitet. Europa.

5 Lavendel
Lavandula angustifolia Mill.
(*L. officinalis* Chaix)

✽ 7–8 ↕ 20–60 cm

Pfl. aromatisch riechend; B. schmal-lanzettlich, am Rand umgerollt, unterseits dicht graufilzig, 3–4 cm lg.; Blüten in unterbrochener, entfernt beblätterter, endständiger Scheinähre; Krone blauviolett; Kelch röhrenförmig, undeutlich 5zähnig. Δ Steinige Hänge, Felsensteppen; wärmeliebend. Südwesteuropa, sonst kultiviert, selten verwildert.

4
5
1
3
2

Lippenblütengewächse
Labiatae oder Lamiaceae

1 Gundelrebe, Gundermann
Glechoma hederacea L.

4–6 20–40 cm

St. kriechend, an den Knoten wurzelnd; B. rundlich-nierenförmig; Blüten zu 2–3 b.achselständig; Krone blauviolett, 1–2 cm lg., Oberlippe gerade, vorne ausgerandet, Unterlippe 3lappig, mit größerem Mittellappen. Δ Wiesen, Weiden, Gebüschränder, Auengebüsche, Ufer; häufig. Europa.

2 Gewöhnlicher Steinquendel
Acinos arvensis (Lamk.) Dundy (*Calamintha a.* (L.) Clairv.)

6–9 10–30 cm

Pfl. nach Pfefferminze riechend; St. behaart; B. gegenständig, ei-lanzettlich, fast sitzend, 10–20 mm lg., jederseits mit 1–4 Zähnen, unterseits mit stark hervortretenden Nerven; Blüten meist zu 6 in Scheinquirlen, etwas 1seitswendig, mit kurzen Tragb.; Krone 8–10 mm lg., blauviolett; Kelch 2lippig, 5–7 mm lg., dicht abstehend behaart, Kelchzähne unten bauchig erweitert. Δ Mauern, Felsen, steinige Magerrasen; wärmeliebend; zerstreut. Mittel- und Südeuropa, Südskandinavien.

3 Bunter Hohlzahn
Galeopsis speciosa Mill.

6–10 30–80 cm

St. an den Knoten verdickt, abstehend borstig behaart; B. eiförmig, 3–10 cm lg., grob gezähnt; Blüten 25–40 mm lg., gelb, mit violleter Unterlippe; Kelch mit lg., gelben Drüsenhaaren. Δ Waldschläge, lehmige Äcker, Wege; zerstreut. Fast ganz Europa. Der **Weiche Hohlzahn**, *G. pubescens* Besser, hat wenig verdickte, kurz- und weichhaarige, armdrüsige Knoten; B. oberseits anliegend, unterseits abstehend weichhaarig; Krone 18–25 mm lg., dunkelrot, mit gelbem Schlund, 2–3mal so lg. wie der Kelch; Äcker, Waldschläge; zerstreut. Südskandinavien, Mitteleuropa, südlich bis Mittelitalien, Bulgarien.

4 Wald-Ziest
Stachys sylvatica L.

6–9 30–100 cm

Pfl. unangenehm riechend; St. abstehend behaart; B. gestielt, herzförmig, grob und spitz gezähnt, behaart; Blüten in quirlartigen, 6blütigen, übereinander stehenden Teilblütenständen; Krone 12–15 mm lg., schmutzig violett, mit fast doppelt so lg. Unterlippe; Kelch 4–7 mm lg., dicht behaart. Δ Laubwälder, Auenwälder, Waldränder; verbreitet. Europa, im Süden nur in den Gebirgen.

Eisenkrautgewächse
Verbenaceae

5 Gewöhnliches Eisenkraut
Verbena officinalis L.

7–9 20–80 cm

St. 4kantig, mit fast b.losen Ästen; B. lanzettlich, gegenständig, mittlere B. 3spaltig, mit großem Endzipfel; Blüten in dichten, schmalen Ähren; Krone schwach 2lippig, 2–5 mm br., blasslila, mit gekrümmter Röhre. Δ Wege, Mauern, Zäune, Silikatmagerrasen; verbreitet. Europa.

1
2
3
4
5

Liliengewächse
Liliaceae

1 Schopfige Traubenhyazinthe
Muscari comosum (L.) Mill.

❀ 4–5 ↕ 30–70 cm

B. lineal, 10–25 mm br., fein gezähnelt; Blüten in 10–25 cm lg., lockerer Traube, oben mit einem Schopf aufrechter, blauvioletter, lg. gestielter unfruchtbarer Blüten; fruchtbare Blüten 5–7 mm, dunkelblau, mit weißen Zähnen. Geschützt! Δ Kalkmagerrasen, Wegraine, Äcker; wärmeliebend; selten. Süddeutschland, Südeuropa. GefGr. 3!

2 Weinbergs-Traubenhyazinthe
Muscari neglectum Guss.

❀ 4–5 ↕ 10–20 cm

B. zu 3–6, schmal-linealisch, halbstielrund, schlaff, oberseits rinnig, länger als der St.; Blütentraube dicht, 3–6 cm lg.; Blüten länglich-eiförmig, duftend, blau, mit weißem Saum, 4–5 mm lg. Geschützt! Δ Weinberge, Halbtrockenrasen; zerstreut bis selten. Mittel- und Südeuropa. GefGr. 3! Ähnlich ist die **Kleine Traubenhyazinthe**, *M. botryoides* (L.) Mill., aber B. br.-lanzettlich, zur Spitze hin verbreitert, bis 8 mm br., steif aufrecht, fast so lg. wie der St.; Blüten kugelig-eiförmig, geruchlos; Magerrasen, Bergwiesen, Eichenwälder; ziemlich selten. Mittel- und Süddeutschland, Südeuropa. Geschützt! GefGr. 3!

Kardengewächse
Dipsacaceae

3 Wilde Karde
Dipsacus sylvestris Huds.

❀ 7–8 ↕ 70–150 cm

St. stachelig; B. eiförmig, meist ungeteilt, am Rand kahl oder zerstreut stachelig, bis 30 cm lg. St.b. gegenständig, am Grund tütenförmig verwachsen, gesägt; Blütenköpfe kegelförmig, 3–8 cm lg., mit lg., bogigen, stechenden Hüllb. und borstigen Spreub., diese länger als die Blüten; Krone lila, 1 cm lg. Δ Wege, Brachland; ziemlich häufig. Mittel- und Südeuropa.

4 Behaarte Karde
Dipsacus pilosus L.

❀ 7–8 ↕ 50–120 cm

St. zerstreut mit kurzen borstigen Stacheln; St.b. gestielt, am Grund nicht verwachsen, eiförmig, ungeteilt oder am Grund mit 2 Fiederb.chen; Blütenköpfe kugelig, 2 cm br.; Hüllb. lanzettlich, kurz, 10–12 mm lg., borstig gewimpert, abstehend; Blütenkrone gelblichweiß, 6–9 mm lg. Δ Auwälder, Waldlichtungen, Wege; zerstreut bis selten. Mitteleuropa, Pyrenäen, Norditalien, nördliche Balkanhalbinsel.

5 Teufelsabbiss
Succisa pratensis Moench

❀ 7–9 ↕ 20–80 cm

Wurzelstock kurz, wie abgebissen; Grundb. oval, gestielt, meist ganzrandig; St.b. sitzend; Blütenköpfe halbkugelig, später kugelig, 15–25 mm br.; Blütenkopfboden mit Spreub.; Einzelblüten 4spaltig, blauviolett; Kronröhre 4–7 mm lg.; Innenkelch mit 4–5 schwarzen, 1 mm lg. Borsten; Außenkelch 4kantig, rauhaarig, mit 4 3eckigen Zähnen. Δ Magerrasen, Moorwiesen, Flachmoore; ziemlich häufig. Fast ganz Europa.

4
3
5
1
2

Kardengewächse
Dipsacaceae

1 Wiesen-Knautie, Witwenblume
Knautia arvensis (L.) Coult.

7–8 ↕ 30–80 cm

St. 1fach oder verzweigt, kurzhaarig und rückwärts borstig-zottig; Grundb. ei-lanzettlich, gestielt, ganzrandig oder gezähnt; St.b. sitzend, fiederteilig, gegenständig, graugrün, matt; Blüten in 2–4 cm br., flachen Köpfen; Randblüten größer; Kelch mit 8–10 Borsten; Krone 4teilig, blau- bis rotviolett. Δ Fettwiesen, Wald- und Wegränder, Äcker; häufig. Fast ganz Europa.

2 Wald-Knautie, Wald-Witwenblume
Knautia sylvatica (L.) Duby

6–9 ↕ 30–100 cm

St. oft borstig behaart; B. länglich-eiförmig, langspitzig, ganzrandig oder gekerbt; Blüten in flachen, 3–4 cm br. Köpfen, umgeben von einer grünen Hochb.hülle; Kopfboden ohne Spreub.; Krone der Einzelblüten 4teilig, lila; äußere Blüten etwas größer. Δ Schattige Waldränder, Auenwälder, Hochstaudenfluren; ziemlich häufig. Hauptsächlich Gebirge Mitteleuropas.

3 Tauben-Skabiose
Scabiosa columbaria L.

7–11 ↕ 20–60 cm

St. meist ästig, mehrköpfig; St.b. gegenständig, 1–2fach gefiedert, fein kraus behaart, matt, Abschnitte 1–3 mm br.; Blütenköpfe 2–3 cm br., halbkugelig; Blütenboden mit Spreub.; Randblüten vergrößert; Krone 5zipfelig, blauviolett; Kelchborsten schwärzlich, stielrund. Δ Kalkmagerrasen, Moorwiesen, lichte Kiefernwälder; verbreitet. Südskandinavien, Mittel- und Südeuropa.
Ähnlich ist die **Glänzende Skabiose**, *S. lucida* Vill., aber B. kahl, schwach glänzend; St. meist 1köpfig; Kelchborsten gekielt; subalpine und alpine Steinrasen, Felsschutt; in den Alpen etwa 1200–2500 m. Gebirge Mittel- und Südeuropas.

Strandnelkengewächse
Plumbaginaceae

4 Strandflieder, Strandnelke
Limonium vulgare Mill.
(*Statice limonium* L.)

7–9 ↕ 20–50 cm

St. verzweigt; B. verkehrt-eiförmig, ganzrandig, kahl, allmählich in den Stiel verschmälert; Blüten 1seitswendig, in Doldenrispen, mit häutigen Hüllb.; Krone blauviolett, 8 mm lg. Geschützt! Δ Salzwiesen, Küsten der Nord- und Ostsee und des Atlantiks (am Mittelmeer nah verwandte Sippen).

1
2
3
4

Kugelblumengewächse
Globulariaceae

1 Herzblättrige Kugelblume
Globularia cordifolia L.

❀ 5–6 ↕ 3–10 cm

Pfl. ästig verzweigt, niederliegend, am Grund verholzt; B. an den Enden der niederliegenden Triebe rosettig gehäuft, spatelig bis verkehrt-eiförmig, vorne herzförmig ausgerandet, lederig, allmählich in den Stiel verschmälert; blühender St. mit 0–2 Schuppenb.; Blüten in 10–15 mm br. Köpfen; Krone der Einzelblüten 6–8 mm lg., blau. Geschützt! Δ Sonnige Kalkschuttböden, Felsbänder, von den Tälern bis 2800 m; verbreitet. Gebirge Mittel- und Südeuropas.

2 Nacktstängelige Kugelblume
Globularia nudicaulis L.

❀ 5–8 ↕ 5–25 cm

Pfl. ähnlich der Herzblättrigen Kugelblume, aber krautig, Einzelrosetten bildend; B. verkehrt-eilänglich, vorne abgerundet, fast so lg. wie der St.; Blütenköpfe 15–25 mm br.; Krone 10–12 mm lg., blau. Geschützt! Δ Steinige Kalkmagerrasen, Kalkschutt, von den Tälern bis 2600 m; verbreitet. Gebirge Mittel- und Südeuropas (westlich).

3 Gewöhnliche Kugelblume
Globularia bisnagarica L.
(*G. punctata* Lap.)

❀ 5–6 ↕ 5–30 cm

Pfl. mit gestielten, rundlichen bis elliptischen, an der Spitze ausgerandeten Rosettenb. und sitzenden, schmal-eiförmigen bis lanzettlichen, spitzen St.b.; St. bis zum Blütenstand beblättert; Blüten blau bis blauviolett, in dichten, kugeligen, 1–2 cm br. Köpfchen. Δ Trockenrasen, Kalkmagerrasen, Felsfluren, in den Alpen bis etwa 1700 m; zerstreut bis selten. Mittel- und südliches Westeuropa.

Glockenblumengewächse
Campanulaceae

4 Berg-Jasione, Schafrapunzel
Jasione montana L.

❀ 6–10 ↕ 20–50 cm

Pfl. ohne Ausläufer; St. reichästig, im unteren Teil beblättert; B. schmal-eiförmig, am Rand wellig, kahl oder steifhaarig; Blütenköpfe kugelig, 15–25 mm br.; Einzelblüten 6–15 mm lg., blau. Δ Sandmagerrasen, Dünen, Felsköpfe, Dämme, Brachland, trockene Föhrenwälder; kalkmeidend; zerstreut. Südskandinavien, Mittel- und Südeuropa (westlich).

5 Kugelige Teufelskralle
Phyteuma orbiculare L.

❀ 5–7 ↕ 10–30 cm

Grundb. lanzettlich oder herz-eiförmig, lg. gestielt, kerbig gezähnt; St.b. ei-lanzettlich, obere sitzend; alle B. unterseits mit schwach hervortretendem Adernetz; Blütenköpfe kugelig, blau; Kronröhre 10–15 mm lg.; Kronzipfel 5, bandförmig, anfangs an der Spitze und am Grund verwachsen, spitz, später nur noch am Grund verwachsen; Narben meist 3; Hüllb. eiförmig spitz, etwa so lg. wie die Blüten (formenreiche Art mit mehreren Kleinarten). Δ Sonnige Kalkmagerrasen, auch Moorwiesen; in den Alpen bis über 2500 m. Mittel- und Südeuropa. GefGr. 3!

6 Schopf-Teufelskralle
Phyteuma comosum L.

❀ 6–8 ↕ 5–15 cm

Grundständige B. nierenförmig, ungleich tief gesägt, gestielt; St.b. verkehrt-eiförmig bis lanzettlich, scharf gezähnt; Blüten 15–30 mm lg., zu 8–20 in kugeliger Dolde; Krone am Grund bauchig erweitert, blasslila, in einen lg., blauvioletten Schnabel endend; Kronb. am Grund und an der Spitze verwachsen bleibend. Δ Kalk- und Dolomitfelsspalten, etwa 1000–2000 m; ziemlich selten. Südalpen.

1
3
2
5
4
6

Lippenblütengewächse
Labiatae oder Lamiaceae

1 Acker-Minze
Mentha arvensis L.

❀ 7–8 ↕ 10–40 cm

Pfl. aromatisch riechend; B. eiförmig oder elliptisch, schwach gesägt bis gekerbt, 2–6 cm lg.; Scheinquirle b.achselständig; St. mit einem B.schopf endend; Krone lila, 5–8 mm lg.; Kelch glockig, Kelchzähne 3eckig-eiförmig. Δ Feuchte Äcker, Nasswiesen; ziemlich häufig. Fast ganz Europa.

2 Ross-Minze
Mentha longifolia (L.) Huds.

❀ 7–9 ↕ 30–80 cm

St. behaart; B. länglich-lanzettlich, 6–10 cm lg., scharf gesägt, unterseits filzig behaart; Blütenstand ährenförmig, schlank; Kelch dicht behaart, 5zähnig; Krone 3–4 mm lg., rosa oder rötlichlila. Δ Ufer, Nassweiden, Quellfluren; ziemlich häufig. Mittel- und Südeuropa, nördlich bis Großbritannien.

3 Wasser-Minze
Mentha aquatica L.

❀ 7–9 ↕ 20–80 cm

Pfl. aromatisch riechend, mit unterirdischen und lg. oberirdischen, beblätterten Ausläufern; B. eiförmig, gesägt; Blüten in einem endständigen, kopfigen Blütenstand und darunter quirlartig in den Achseln der obersten B.paare; Krone 5–7 mm lg., rosa oder lila; Kelch gleichmäßig 5zähnig. Δ Ufer, Gräben, Nasswiesen, Röhrichte, Großseggengesellschaften; häufig. Europa.

Korbblütengewächse
Compositae oder Asteraceae

4 Acker-Kratzdistel
Cirsium arvense (L.) Scop.

❀ 7–9 ↕ 60–120 cm

St. nicht dornig geflügelt; B. buchtig gezähnt oder fiederspaltig, oft wellig kraus, glänzend, am Rand stachelig, nicht herablaufend; Blütenköpfe 1,5–3 cm lg., in doldenartigen Rispen; Hülle dunkelviolett, spinnwebig behaart; Einzelblüten bis zum Grund 5teilig, lila. Δ Äcker, Wege, Schutt, Waldschläge; häufig. Europa.

5 Stranddistel
Eryngium maritimum L.

❀ 6–8 ↕ 20–60 cm

Pfl. weißlich bereift, oft bläulich; B. buchtig gezähnt, steif, derbstachelig, obere B. st.umfassend; Blütenköpfe 2–3 cm br., umgeben von eiförmigen, fast 3lappigen stacheligen Hüllb.; Hüllchenb. schmal, meist bläulich, länger als die etwa 8 mm lg. Blüten. Geschützt! Δ Dünensand der Küsten Europas; zerstreut. GefGr. 2!

1
2
3
4
5

Korbblütengewächse
Compositae oder Asteraceae

1 Strand-Aster
Aster tripolium L.

6–7 ↕ 15–60 cm

Pfl. kahl; St. ästig, mehrköpfig; B. fleischig, länglich-lanzettlich, meist ganzrandig, 7–12 cm lg.; Blütenköpfe 1–3 cm br.; Strahlenblüten lila oder weißlich; Röhrenblüten orangegelb; Hüllb. stumpf, angedrückt, 1–3 mm lg. Δ Nasse Salzwiesen, Salzsümpfe; an den Küsten Europas verbreitet, im Binnenland selten.

2 Alpen-Aster
Aster alpinus L.

7–8 ↕ 5–15 cm

Pfl. behaart, meist 1köpfig; Rosettenb. spatelförmig, in den kurzen Stiel verschmälert, 3nervig; St.b. lanzettlich, stumpf, sitzend; Blütenköpfe 3–5 cm br.; Hülle 8–12 mm lg., mehrreihig; Zungenblüten violett, 1reihig; Scheibenblüten gelb. Geschützt! Δ Bergwiesen, Felsbänder, kalkreiche Steinrasen, etwa 1400–3100 m; verbreitet. Nordeuropa, Alpen, Pyrenäen, Harz, Böhmisches Mittelgebirge, Karpaten, Gebirge der Balkanhalbinsel.

3 Berg-Aster, Kalk-Aster
Aster amellus L.

8–10 ↕ 20–50 cm

Pfl. kurz steifhaarig; B. elliptisch, die oberen lanzettlich, ganzrandig, rauhaarig; Blütenköpfe zu mehreren am St., mit blauvioletten Zungenblüten und gelben Röhrenblüten; Hüllb. etwas abstehend. Geschützt! Δ Lichte Kiefernwälder, sonnige Waldränder und Gebüsche, Halbtrockenrasen; zerstreut bis selten. Mittel- und Südosteuropa.

4 Einjähriges Berufkraut
Erigeron annuus (L.) Pers.

6–10 ↕ 50–100 cm

St. zerstreut bis dicht abstehend behaart, oben verzweigt; untere B. br.-lanzettlich, grob gezähnt, plötzlich in den Stiel verschmälert, obere B. schmäler, sitzend; Blütenköpfe 15–20 mm br., in lockeren Schirmrispen; Zungenblüten länger als die Scheibenblüten; bei ssp. *strigosus* (Mühlb.) Wagtz. und bei ssp. *septentrionalis* (Fern. et Wieg.) Wagtz. 4–6 mm lg., weiß, bei ssp. *annuus* 7–10 mm lg., meist lila; Pappus der Frucht 2reihig, außen mit kurzen, innen mit lg. Haaren. Δ Ufer, Dämme, Wegränder, Kiesgruben, Auenwälder; häufig. Europa (ursprünglich Nordamerika).

5 Scharfes Berufkraut
Erigeron acris L.

6–9 ↕ 10–40 cm

B. lanzettlich, die unteren gestielt, meist ganzrandig, wellig; Blütenköpfe 6–13 mm br., in armblütiger Traube oder wenigästiger Rispe; Hülle dicht behaart; Zungenblüten aufrecht, hellviolett, kaum länger als die gelblichen, später schmutzig roten Röhrenblüten; Frucht 2–3 cm lg.; Pappus weiß, gelblich oder rötlich. Δ Kalkmagerrasen, Sandtrockenrasen, Wegränder, Kiesgruben; zerstreut. Fast ganz Europa. Siehe auch *E. annuus*.

6 Gemeiner Alpenlattich
Homogyne alpina (L.) Cass.

5–8 ↕ 10–30 cm

St. fast b.los, 1köpfig; Grundb. lg. gestielt, unterseits kahl, nur auf den Nerven behaart, herz-nierenförmig, gezähnt-gekerbt; Blüten hellviolett; Hüllb. wollig, vorne braunrot; Pappus schneeweiß. Δ Bergfichtenwälder, Zwergstrauchgebüsch, Silikatmagerrasen; verbreitet. Gebirge Mittel- und Südeuropas.

3
2
1
4
5
6

Korbblütengewächse
Compositae oder Asteraceae

1 **Kornblume**
Centaurea cyanus L.

❀ 6–10 ↕ 30–80 cm

Pfl. weißfilzig behaart; St. mehrfach verzweigt, kantig; B. lanzettlich, 2–5 mm br., die untersten fiederspaltig; Blütenköpfe einzeln, 2–3 cm br.; Randblüten blau, ausgebreitet, viel länger als die violetten Scheibenblüten; Hülle eiförmig, 10–15 mm lg. Δ Getreidefelder, Schutt; früher häufig, heute seltener werdend. Europa, ursprünglich Südosteuropa.

2 **Berg-Flockenblume**
Centaurea montana L.

❀ 5–7 ↕ 20–70 cm

St. 1fach, unverzweigt; B. eiförmig, spitz, am St. flügelartig herablaufend, oberseits schwach, unterseits dicht filzig behaart, später verkahlend; Blütenköpfe einzeln; randliche Blüten stark vergrößert, tiefblau, zentrale Blüten violett; Hüllb. mit kammförmigen, braunschwarzen Fransen. Δ Berg- und Schluchtwälder, grasreiche Hochstaudenfluren und Bergwiesen; zerstreut; in den Alpen bis über 2000 m. Gebirge Mittel- und Südeuropas.

3 **Perücken-Flockenblume**
Centaurea pseudophrygia C.A. Mey

❀ 7–9 ↕ 30–80 cm

St. wenigköpfig; B. eiförmig, fein gezähnt, untere kurz gestielt, obere st.umfassend; Hülle der Blütenköpfe 15–20 mm lg. und ebenso br.; Randblüten strahlig verlängert; Anhängsel der Hüllb. bräunlich, lg.fiederig gefranst, in eine 1 cm lg. Federgranne endend. Δ Bergwiesen, Gebüsche; zerstreut. Hauptsächlich Gebirge Mitteleuropas, nördlich bis Südskandinavien.

4 **Wiesen-Flockenblume**
Centaurea jacea L.

❀ 6–10 ↕ 20–80 cm

St. aufrecht, kantig, rau; B. ei-lanzettlich bis lanzettlich, die unteren in den Stiel verschmälert, manchmal gefiedert, die oberen sitzend; Blütenköpfe einzeln, 3–6 cm br.; Randblüten vergrößert, rotviolett; Spitze der Hüllb. als trockenhäutiges, rundliches, meist gefranstes, bräunliches Anhängsel vom übrigen Hüllb. deutlich abgesetzt oder abgeschnürt. Δ Wiesen, Weiden, Magerrasen, Moorwiesen; verbreitet. Fast ganz Europa.

5 **Skabiosen-Flockenblume**
Centaurea scabiosa L.

❀ 6–9 ↕ 30–100 cm

B. 1–2fach gefiedert, Abschnitte länglich-lanzettlich, dunkelgrün; Blütenköpfe 2–3 cm br.; Hüllb. grün, mit schwarzen, 3eckigen, kammförmig gefransten Anhängseln; Blüten röhrenförmig, die randständigen größer, purpurn. Δ Kalkmagerrasen, Wald- und Wegränder; verbreitet. Fast ganz Europa.

5
3
2
4
1

Korbblütengewächse
Compositae oder Asteraceae

1 Rote Schwarzwurzel
Scorzonera purpurea L.

5–6 ↕ 25–50 cm

Pfl. am Grund mit vielen schwarzen Fasern vorjähriger B.; St. 1–3köpfig; grundständige B. grasartig; Blütenköpfe 3–5 cm br., nur mit Zungenblüten, hellviolett; Hülle dachziegelig. Geschützt! Δ Trocken- und Halbtrockenrasen; selten. Gebirge Mittel- und Südeuropas, in Deutschland in Wärme- und Trockengebieten. GefGr. 2!

2 Blauer Lattich
Lactuca perennis L.

5–6 ↕ 20–60 cm

St. kahl, hohl, oben verzweigt; B. kahl, blaugrün, fiederteilig, mit lanzettlichen Abschnitten; Blütenköpfe in lockerer Rispe; Hüllb. schmal weiß berandet; Krone blau bis lila, 2 cm lg.; Frucht schwarz, mit Schnabel 10–15 mm lg. Δ Sonnige Trockenrasen, Felsbänder, Mauern; selten. Süddeutschland, Südeuropa.

3 Alpen-Milchlattich
Cicerbita alpina (L.) Wallr.
(*Mulgedium alpinum* (L.) Less.)

7–9 ↕ 60–150 cm

St. 1fach, aufrecht, oben violett überlaufen; B. unregelmäßig fiederteilig, mit 3eckig-spießförmigem Endabschnitt, oberseits dunkelgrün, unterseits blaugrün; Blütenköpfe in schmaler, rispiger Traube; Hülle und Stiel der Blütenköpfe mit abstehenden, braunen Drüsenhaaren; Krone blauviolett. Δ Hochstaudenfluren, Bergmischwälder, Grünerlengebüsch; in den Alpen 1000–2200 m; verbreitet. Skandinavien, Gebirge Mitteleuropas, Alpen, Pyrenäen, Apennin, Karpaten, Gebirge der Balkanhalbinsel.

4 Gewöhnliche Wegwarte
Cichorium intybus L.

7–10 ↕ 30–120 cm

Pfl. sparrig-ästig; St. steif, gerieft; St.b. br.-lanzettlich, ganzrandig oder entfernt gezähnt, halb st.umfassend; Grundb. fiederspaltig gesägt, löwenzahnähnlich, dunkelgrün, unterseits, besonders auf den Nerven rauhaarig; Blütenköpfe 3–5 cm br., blau, meist sitzend. Δ Weg- und Ackerränder, Schutt; häufig. Fast ganz Europa.

5 Haferwurz
Tragopogon porrifolius L.

5–7 ↕ 60–120 cm

Pfl. ähnlich Wiesen-Bocksbart (siehe S. 180), aber Blütenköpfe purpurviolett; St. unter dem Blütenkopf stark verdickt; Hüllb. 3–5 cm lg., länger als die Blüten; Fruchtschnabel 3–4 cm lg.; B. steif aufrecht, st.umfassend. Δ Wegränder, Magerrasen; zerstreut. Südeuropa, in Mitteleuropa als Wurzelgemüse kultiviert und verwildert.

5b
5a
4
3
2
1

Froschbissgewächse
Hydrocharitaceae

1 Kanadische Wasserpest
Elodea canadensis Michx.

5–8 ↕ 30–60 cm

Wasserpfl., flutend oder kriechend, oft stark verzweigt, mit kurzen St.gliedern; B. meist zu 3 quirlständig, oval, 1 cm lg., 2–5 mm br., fein gezähnt; im Gebiet nur ♀ Pfl.; ♀ Blüten 6zählig, weiß, 4–5 mm br.; Vermehrung vegetativ. Δ Langsam fließende, nährstoffreiche Gewässer; verbreitet, oft Massenvorkommen. Herkunft Nordamerika.

Blasenbinsengewächse
Scheuchzeriaceae

2 Blasenbinse
Scheuchzeria palustris L.

5–6 ↕ 10–20 cm

St. beblättert; B. grasartig, gelblichgrün, am Grund lg.scheidig; Blüten in 3–10blütigen Trauben, mit großen Tragb.; Blütenhüllb. 6, gelbgrün, unscheinbar; Früchtchen meist 3, schief-eiförmig, aufgeblasen. Geschützt! Δ Hoch- und Zwischenmoorschlenken, Schwingrasen; selten. Nord- und Mitteleuropa, südlich bis Pyrenäen, Norditalien und nördliche Balkanhalbinsel. GefGr. 2!

Dreizackgewächse
Juncaginaceae

3 Sumpf-Dreizack
Triglochin palustre L.

6–8 ↕ 10–50 cm

B. alle grundständig, grasartig, 2zeilig; Blüten in lockeren, tragb.losen Trauben; keine Blütenhülle; Narben 3; Staubb. 6; Frucht linealisch, mit 3 Teilfrüchtchen. Δ Sumpfwiesen, Gräben, Quell- und Flachmoore; ziemlich selten. Europa. GefGr. 3!

4 Strand-Dreizack
Triglochin maritimum L.

6–8 ↕ 15–70 cm

B. linealisch, halb stielrund, grundständig; Blütentraube oben dicht; Blütenb. 6, grün, 2–3 mm lg.; Narben 6; Frucht eiförmig, in 6 Teilfrüchte zerfallend. Δ Salzwiesen; an den Küsten Europas verbreitet, im Binnenland selten.

Laichkrautgewächse
Potamogetonaceae

5 Kleines Laichkraut
Potamogeton pusillus L.

6–9 ↕ 30–80 cm

Pfl. untergetaucht; St. dünn, fädlich, ästig; St.glieder 2–4 cm lg.; B. schmal-lineal, 15–30 mm lg., stumpflich, meist 3nervig; Ährenstiele 2–3mal so lg. wie die Ähre; Früchtchen schief-elliptisch, bis 1,5 mm lg. Δ Klare, mäßig nährstoffreiche Seen oder langsam fließende Gewässer; verbreitet, aber oft selten geworden. Europa.

1
5
2
4
3

Laichkrautgewächse
Potamogetonaceae

1 Dichtes Fischkraut, Dichtes Laichkraut
Groenlandia densa (L.) Fourr.
(*Potamogeton densus* L.)

✿ 5–8 ↕ 20–40 cm

B. untergetaucht, paarweise, fast gegenständig genähert, 1–2 cm lg., lanzettlich, gesägt; Blütenähre wenigblütig. Δ Langsam fließende, kühle Gewässer; zerstreut. Fast ganz Europa. GefGr. 2!

2 Kamm-Laichkraut
Potamogeton pectinatus L.

✿ 6–8 ↕ bis 2 m

St. stark gabelästig; B. grasartig, 1–4 mm br., 3nervig und quernervig, am Grund mit bis 5 cm lg. B.scheiden; Blütenähre locker, 3–5 cm lg.; Früchtchen fast halbkreisförmig, am Rücken gekielt, gelbbraun, etwa 4 mm lg. Δ Nährstoffreiche Seen, Teiche, Gräben, bis 4 m Tiefe; ziemlich häufig. Europa.

3 Krauses Laichkraut
Potamogeton crispus L.

✿ 5–9 ↕ 30–200 cm

Pfl. meist verzweigt; B. länglich, bis 10 cm lg., wellig-kraus, sitzend; Blütenähre wenigblütig; Früchtchen am Grund miteinander verwachsen, 5–6 mm lg., mit hakig gebogenem Schnabel. Δ In stehenden oder langsam fließenden, nährstoffreichen Gewässern; ziemlich häufig. Fast ganz Europa.

4 Durchwachsenblättriges Laichkraut
Potamogeton perfoliatus L.

✿ 6–8 ↕ 1–6 m

Pfl. reichästig; B. untergetaucht, rundlich-oval, st.umfassend, 3–7 cm lg.; Blütenähre bis 3 cm lg., auf bis 10 cm lg. Stiel. Δ Nährstoffreiche Gewässer bis in etwa 6 m Tiefe; zerstreut. Fast ganz Europa.

5 Schwimmendes Laichkraut
Potamogeton natans L.

✿ 6–8 ↕ 50–150 cm

Schwimmb. dunkelgrün oder bräunlich, oval, bis 12 cm lg., am Grund meist herzförmig; untergetauchte B. linealisch, binsenartig, zur Blütezeit verfault; Blütenähre bis 8 cm lg., Stiel bis 10 cm, überall gleich dick. Δ In langsam fließenden, nährstoffarmen Gewässern; ziemlich häufig. Europa.

6 Knöterich-Laichkraut
Potamogeton polygonifolius Pour.

✿ 6–8 ↕ 30–60 cm

Pfl. ähnlich *P. natans*, aber Schwimmb. 2–5 cm lg., elliptisch, am Grund verschmälert, 1–2mal so lg. wie br.; Tauchb. lanzettlich; B.stiele oberseits flach; Ährenstiele oberwärts nicht verdickt. Δ Kalkarme, nährstoffarme Gewässer, Moorgräben; selten. Mittel- und Südeuropa (westlich). GefGr. 3!

7 Alpen-Laichkraut
Potamogeton alpinus Balb.

✿ 6–8 ↕ 30–200 cm

Schwimmb. selten, eiförmig; untergetauchte B. lanzettlich, 10–20 cm lg., 2–2,5 cm br., die oberen oft rötlich; Stiel der Blütenähre nach oben verdickt; B.häutchen bis 6 cm lg. Δ Kühle, meist unverschmutzte Stillgewässer; zerstreut. Mittel- und Nordeuropa, Alpen, Pyrenäen. GefGr. 3!

5
1
6
2
4
3
7

Saldengewächse
Ruppiaceae

1 Meeres-Salde
Ruppia maritima L.

❁ 6–10 ↕ 15–40 cm

Pfl. untergetaucht, mit fadenförmigen, an den Knoten wurzelnden St. und 2zeiligen, 1 mm br., am Grund scheidenförmigen B.; Blüten unscheinbar, ohne Blütenhülle, in 2blütiger Ähre; Staubb. 2. Δ Küstengewässer, Brackwasser, salzige Binnengewässer; zerstreut bis selten. Europa. GefGr. 2!

Seegrasgewächse
Zosteraceae

2 Echtes Seegras
Zostera marina L.

❁ 6–9 ↕ 30–100 cm

Pfl. untergetaucht, mit grasartigen, 4–10 mm br., 3nervigen B.; Blütenstand 9–12 mm lg., Blüten klein, ohne Blütenhülle, je 1 ♀ und 1 ♂ Blüten in einer Blütenscheide eingeschlossen. Δ Küstengewässer bis in 10 m Tiefe, oft große Flächen bedeckend; verbreitet. Europa.

Teichfadengewächse
Zannichelliaceae

3 Sumpf-Teichfaden
Zannichellia palustris L.

❁ 5–9 ↕ 10–50 cm

Pfl. stark verästelt, im Wasser flutend; B. 2–10 cm lg. und 1–2 mm br., spitz, mit großen B.häutchen und 2 kleineren B.schuppen; 1 ♂ Blüte und 1–6 ♀ Blüten in einer B.achsel; Früchtchen 2–4 mm lg. Δ Stehende oder langsam fließende, nährstoffreiche Gewässer, in 0,5–2,5 m Tiefe. Europa.

Nixenkrautgewächse
Najadaceae

4 Großes Nixenkraut
Najas marina L.

❁ 6–8 ↕ 10–100 cm

Pfl. untergetaucht, starr, zerbrechlich, meist bestachelt; B. 1–4 cm lg. und 1–3 mm br., gezähnt; Blüten unscheinbar, in den B.achseln sitzend. Δ Stillgewässer, meist auf Schlammböden; selten. Europa. GefGr. 3!

Wasserlinsengewächse
Lemnaceae

5 Kleine Wasserlinse
Lemna minor L.

❁ 4–5

Pfl. nicht in St. und B. gegliedert, sondern aus freischwimmenden, rundlichen Laubgliedern bestehend; Laubglied 2–3 mm lg., unterseits flach, nur mit 1 Wurzel; Blüten sehr selten. Δ Stehende, nährstoffreiche Gewässer; verbreitet. Europa.

6 Dreifurchige Wasserlinse
Lemna trisulca L.

❁ 5–6

Laubglieder meist untergetaucht, lanzettlich, kreuzweise gestellt, gelegentlich mit abgerundeten, 5–10 mm lg. Schwimmb. Δ Teiche, Seen, Gräben; zerstreut. Europa.

7 Vielwurzelige Teichlinse
Spirodela polyrhiza (L.)

❁ 5–6

Jedes Laubglied mit Wurzelbüschel, an der Wasseroberfläche schwimmend, rundlich, 3–10 mm lg., zu 2–10 zusammenhängend. Δ Seen, Teiche, Altwasser; zerstreut. Europa.

2
1
3
4
5
7
6

Igelkolbengewächse
Sparganiaceae

1 Ästiger Igelkolben
Sparganium erectum L.
(*S. ramosum* Huds.)

❀ 7–9 ↕ 30–50 cm

St. ästig; B. 2zeilig, schwertförmig, 5–15 mm br., im unteren Teil 3kantig; Blüten in kugeligen, 1geschlechtigen Köpfen, die unteren ♀ und größer, die oberen ♂ und kleiner; Blütenköpfe rispig angeordnet. Δ Uferröhricht, stehende, nährstoffreiche Gewässer, auf Schlammböden; verbreitet. Europa.

2 Einfacher Igelkolben
Sparganium emersum Rehm.
(*S. simplex* Huds.)

❀ 6–7 ↕ 20–60 cm

Pfl. aufrecht, selten flutend; St. unverzweigt; B. 3–10 mm br., gekielt, am Grund 3kantig; ♂ Blütenköpfe 2–8, ♀ 1–5, ähren- oder traubenförmig angeordnet; Narbe fadenförmig; Frucht lg. geschnäbelt. Δ Stehende oder langsam fließende Gewässer, Schlammböden; ziemlich selten. Europa.

Rohrkolbengewächse
Typhaceae

3 Breitblättriger Rohrkolben
Typha latifolia L.

❀ 7–8 ↕ 100–250 cm

B. 2zeilig, 10–20 mm br., beiderseits flach, blaugrün; Blüten in 10–20 cm lg., 2–3 cm br. Kolben, der untere schwarzbraun, breiter, mit ♀ Blüten, der obere gelbbraun, schmäler, mit ♂ Blüten; ♀ und ♂ Kolben sich berührend und fast gleich lg. Δ Nährstoffreiche Gewässer, Uferröhricht, Schlammböden, in 20–150 cm Wassertiefe; ziemlich häufig, aber durch Entwässerungsmaßnahmen seltener werdend. Fast ganz Europa, nördlich bis Südnorwegen.
Ähnlich sind noch: **Schmalblättriger Rohrkolben**, *T. angustifolia* L., aber B. 3–10 mm br., unterseits meist gewölbt; ♀ und ♂ Kolben etwa 3–5 cm voneinander entfernt; Ufer, Gräben; ziemlich selten. Europa.
Zwerg-Rohrkolben, *T. minima* Hoppe, Pfl. 30–70 cm; B. grasartig, 1–2 mm br., grundständig; St.b. zu B.scheiden zurückgebildet; Kolben kurz, eiförmig, 2–4 cm lg., der ♂ Kolben etwas schmäler; sehr selten. GefGr. 1!

Hornblattgewächse
Ceratophyllaceae

4 Raues Hornblatt
Ceratophyllum demersum L.

❀ 6–8 ↕ 50–100 cm

Pfl. untergetaucht; B. quirlig, 1–2mal gabelteilig, Zipfeln linealisch, starr, dicht stachelig gezähnt, dunkelgrün; Blüten klein, einzeln in den B.achseln sitzend, 1geschlechtig; Blütenb. 6–12, grün; Frucht mit 2 Stacheln. Δ Stehende oder langsam fließende Gewässer, Altwasser, Teiche; ziemlich häufig. Bestäubung unter Wasser. Europa.

5 Untergetauchtes Hornblatt
Ceratophyllum submersum L.

❀ 6–8 ↕ 50–100 cm

Pfl. untergetaucht, ähnlich dem Rauen Hornblatt; B. hellgrün, 3–4mal gabelteilig, bis 3 cm lg., Zipfel weich, linealisch, fädlich, kaum gezähnt; Frucht stachellos. Δ Teiche, Altwasser, Laichkrautgesellschaften; selten. Mittel- und Südeuropa.

1
2
3
4
5

Liliengewächse
Liliaceae

1 Ross-Lauch
Allium oleraceum L.

❀ 7–8 ↕ 30–70 cm

B. flach, rinnig, 5 mm br., nicht röhrenförmig, unterseits meist rau; Blütendolde mit sitzenden, rötlichen Zwiebeln; Blütenstiele etwa 2–6mal so lg. wie die rötlichen oder grünlichweißen Blüten; Staubfäden ohne seitliche Zähne; Hüllb. länger als der Blütenstand. Δ Wegböschungen, Weinbergsmauern, Trockenrasen; zerstreut. Europa.

Einbeerengewächse
Trilliaceae

2 Vierblättrige Einbeere
Paris quadrifolia L.

❀ 5–6 ↕ 10–40 cm

St. kahl, an der Spitze mit 4, seltener 5 oder 6 quirlständigen, sitzenden, elliptischen, netznervigen, bis 10 cm lg. B. und 1 endständigen, lg. gestielten, meist 4zähligen, grünen Blüte; äußere 4 Blütenb. ei-lanzettlich, 2–3 cm lg., bis 5 mm br., innere 4 Blütenb. etwas kürzer und schmäler; Staubb. 8, seltener 10 oder 12; Frucht eine schwarze, bereifte, 1 cm br. Beere. Stark giftig! Δ Auenwälder, Eichen- und Buchenwälder, Nadelmischwälder; zerstreut. Europa.

Aronstabgewächse
Araceae

3 Gefleckter Aronstab
Arum maculatum L.

❀ 4–6 ↕ 15–40 cm

B. pfeilförmig, 10–20 cm lg., grün, selten gefleckt; Blüten klein, an einem Kolben sitzend, unten die ♀, dann die ♂, darüber zu Sperrhaken umgewandelte Blüten; Kolben oben blütenlos, violett, ganzer Kolben (mit Blüten) umgeben von einer 10–25 cm lg., tütenförmigen, gelbgrünen Hochb.scheide (Spatha); Beere rot. Giftig! Δ Auenwälder, Laubmischwälder, Hecken; häufig. Gleitfallenblumen (Bestäubung durch Fliegen). Mittel- und Südeuropa.

4 Kalmus
Acorus calamus L.

❀ 5–7 ↕ 60–120 cm

Pfl. beim Zerreiben aromatisch riechend; St. 3kantig, 2zeilig beblättert; B. 5–20 mm br., am Rand wellig; Blütenkolben (scheinbar) seitenständig, 4–10 cm lg., am Grund mit einer grünen, st.ähnlichen Blütenscheide (Spatha), diese den St. über dem Kolben fortsetzend; Blüten gelbgrün, winzig; Blütenb. 6, unter 1 mm lg. Δ Ufer, Altwasser, Gräben, nährstoffreiche Gewässer; zerstreut. Fast ganz Europa.

Yamswurzgewächse
Dioscoreaceae

5 Schmerwurz
Tamus communis L.

❀ 4–6 ↕ 1,5–3 m

Krautige, linkswindende Kletterpfl.; B. sehr variabel, ei-herzförmig, lg.spitzig, gestielt, 3–10 cm lg., dunkelgrün, glänzend; Blüten 1geschlechtig, die ♂ mit glockiger Röhre und oben sternförmig abstehenden Blütenb., gelblich, gebüschelt, die ♀ Blüten mit freien Blütenb., einzeln oder in armblütigen, hängenden Trauben; Beere rot, glänzend, 12 mm br. Giftig! Δ Hecken, Waldränder, lichte Eichenmischwälder; selten bis zerstreut. Hauptsächlich West- und Südeuropa, Süddeutschland.

2
1
3
4
5

Knabenkrautgewächse oder Orchideen Orchidaceae

1 Braunrote Ständelwurz

Epipactis atrorubens (Hoffm.) Schult. (*E. rubiginosa* (Crantz) Gaudin, *E. atropurpurea* Raf.)

✿ 6–8 ↕ 30–60 cm

St. rötlich, oben flaumig behaart; B. br.-lanzettlich, fast st.umfassend, 2zeilig, zugespitzt, länger als die St.glieder; Blüten braunrot, nach Kakao duftend; äußere 3 Blütenb. lanzettlich, 6–8 mm lg., innere 2 Blütenb. heller gefärbt; Lippe etwas kürzer, vorderes Lippenglied am Grund mit 2 kraus gefalteten Höckern; Fruchtknoten flaumig. Geschützt! Δ Lichte, trockene Eichen-Kiefernwälder, Kiefernsteppen, Halbtrockenrasen; zerstreut. Fast ganz Europa.

2 Breitblättrige Ständelwurz,

Epipactis helleborine (L.) Crantz (*E. latifolia* All.)

✿ 6–8 ↕ 25–60 cm

B. eiförmig, spitz, 6–15 cm lg., 2–8 cm br., dunkelgrün, st.umfassend, viel länger als die St.glieder; Blüten blassgrün; Lippe oft violett überlaufen oder rosa oder purpurn gezeichnet. Geschützt! Δ Eichen-, Buchenwälder, Nadelmischwälder; ziemlich häufig. Fast ganz Europa.
Ähnlich ist die **Violette Ständelwurz**, *E. purpurata* Sm. (*E. sessilifolia* Peterm., E. *violacea* (Dur.) Boreau), aber B. kleiner, lanzettlich, 5–8 cm lg., 1–2,5 cm br., mittlere St.b. kaum länger als die St.glieder; Blütenstand dichtblütig; Blüten gelbgrün und rosa überlaufen; ✿ 8–9; Laubmischwälder; selten. Geschützt!

3 Sumpf-Ständelwurz, Sumpfwurz

Epipactis palustris (Mill.) Crantz

✿ 6–8 ↕ 20–50 cm

B. länglich-lanzettlich, 1–2 cm br.; äußere 3 Blütenb. 10–12 mm lg., bräunlich, innere 2 Blütenb. kürzer, weiß; Lippe 10–12 mm lg., mit einem rundlichen, am Rand wellig gekerbten, weißen oder rosa geaderten Vorderglied; Blütentraube 8–15blütig. Geschützt! Δ Flachmoore, Moorwiesen; ziemlich selten. Fast ganz Europa, nördlich bis Südskandinavien. GefGr. 3!

4 Grüne Hohlzunge

Coeloglossum viride (L.) Hartm.

✿ 5–6 ↕ 5–25 cm

B. eiförmig bis lanzettlich; Blütenähre dicht; Tragb. lanzettlich, grün, die unteren länger als die Blüten; Blütenhüllb. helmförmig zusammenneigend, Lippe vorne 3zähnig, Sporn kurz, dick. Geschützt! Δ Saure, kalkarme Magerrasen; ziemlich selten. Europa, heute fast nur noch Alpen. GefGr. 3!

5 Sommer-Wendelorchis

Spiranthes aestivalis (Poir.) Rich.

✿ 7 ↕ 10–30 cm

St. am Grund mit schmal-lanzettlichen, gelblichgrünen, netzadrigen 6–10 cm lg. B.; St.b. schuppenförmig; Blütenähre locker; Blüten weiß und grünlich geadert, schraubig angeordnet, wohlriechend; Tragb. lanzettlich; Blütenb. 4–6 mm lg., Lippe länglich-eiförmig, vorne kreisförmig verbreitert, am Rand gekerbt. Geschützt! Δ Kalkreiche Flachmoore; selten. Mittel- und Südeuropa. GefGr. 2!

4
1
3
2
5

Knabenkrautgewächse oder Orchideen Orchidaceae

1 Frauenschuh
Cypripedium calceolus L.

5–7 ↕ 15–50 cm

B. eiförmig bis länglich, 6–12 cm lg., st.umfassend, hellgrün; Blüten zu 1–2, auffällig, groß; Blütenb. rotbraun, lanzettlich, die beiden unteren auf 4/5 verwachsen; Lippe pantoffel- oder schuhförmig, gelb und dunkel geadert und gefleckt, 3–4 cm lg. und bis 3 cm br.; Staubb. 2 (übrige Gattungen nur mit 1 Staubb.). Geschützt! Δ Lichte Laub- und Nadelwälder, Gebüsche, kalkhaltige Böden; in den Alpen bis etwa 1600 m; selten, vielerorts ausgerottet. Hauptsächlich Nord- und Mitteleuropa. GefGr. 3!

2 Großes Zweiblatt
Listera ovata (L.) R. Br.

5–6 ↕ 20–50 cm

St. mit 2 gegenständigen, br.-eiförmigen, 5–10 cm lg. B.; Blütentraube vielblütig; Blütenb. grün, zusammenneigend, 3–4 mm lg.; Lippe gelbgrün, 2lappig, Lappen stumpf, nicht spreizend. Δ Laubmischwälder, Auenwälder, Gebüsche, Bergwiesen; ziemlich häufig. Fast ganz Europa. Geschützt!

3 Herz-Zweiblatt
Listera cordata R. Br.

5–8 ↕ 5–15 cm

St. zart, blassgrün, in der Mitte mit 2 herzförmigen, glänzend grünen B.; Traube 6–12blütig; Blütenb. gelbgrün bis rötlichbraun, 2 mm lg.; Lippe rot, 3–4 mm lg., tief 2spaltig, Abschnitte lg. zugespitzt und spreizend. Geschützt! Δ Moosreiche Fichtenwälder, Bergkiefernbestände; selten. Nordeuropa, Norddeutschland, Alpen, Pyrenäen, Jura, Vogesen, Schwarzwald, Karpaten, Gebirge der Balkanhalbinsel. GefGr. 3!

4 Fliegen-Ragwurz, Mückenständel
Ophrys insectifera L.
(*O. muscifera* Huds.)

5–6 ↕ 15–30 cm

B. lanzettlich, den St. scheidenartig umfassend; Blütenstand 2–10(20)blütig; Blüten etwa 2 cm lg., äußere 3 Blütenb. oval, grünlich, 5–8 mm lg., die 2 seitlichen inneren fadenförmig, rotbraun; Lippe 3lappig, ohne Anhängsel, 2mal so lg. wie br., purpurbraun, samtig, mit großem, grauem Fleck. Geschützt! Δ Kalkmagerrasen, lichte, trockene Kiefernwälder; ziemlich selten. Fast ganz Europa, nördlich bis Irland, Schottland, südlich bis Nordspanien, Mittelitalien. GefGr. 3!

5 Spinnen-Ragwurz
Ophrys sphegodes Mill.
(*O. araneifera* Huds.)

4–5 ↕ 15–30 cm

Äußere Blütenb. oval, grünlich 8–12 mm lg., die 2 inneren Blütenb. schmal-lanzettlich; Lippe ungeteilt, gewölbt, rotbraun, mit H-förmiger, bläulicher Zeichnung, an der Spitze ohne Anhängsel. Geschützt! Δ Kalkmagerrasen, Waldlichtungen; selten. Mittel- und Südeuropa. GefGr. 2!

6 Hummel-Ragwurz
Ophrys holoserica (Burm.fil.) Greuter
(*O. arachnites* (L.) Reichard, *O. fuciflora* (F. W. Schmidt) Moench

5–6 ↕ 15–30 cm

Blüten 1–10; äußere Blütenb weiß oder rosa, mit grünem Mittelnerv, oval, 10–15 mm lg., innere Blütenb. 3eckig; Lippe ungeteilt, rundlich, fast 4eckig, rotbraun, mit gelblichen Zeichnungen, am Grund beiderseits mit einem kleinen Höcker, vorne mit aufwärts gebogenem Anhängsel. Geschützt! Δ Kalkmagerwiesen, trockene Gebüschsäume; selten. Mittel- und Südeuropa. GefGr. 2!

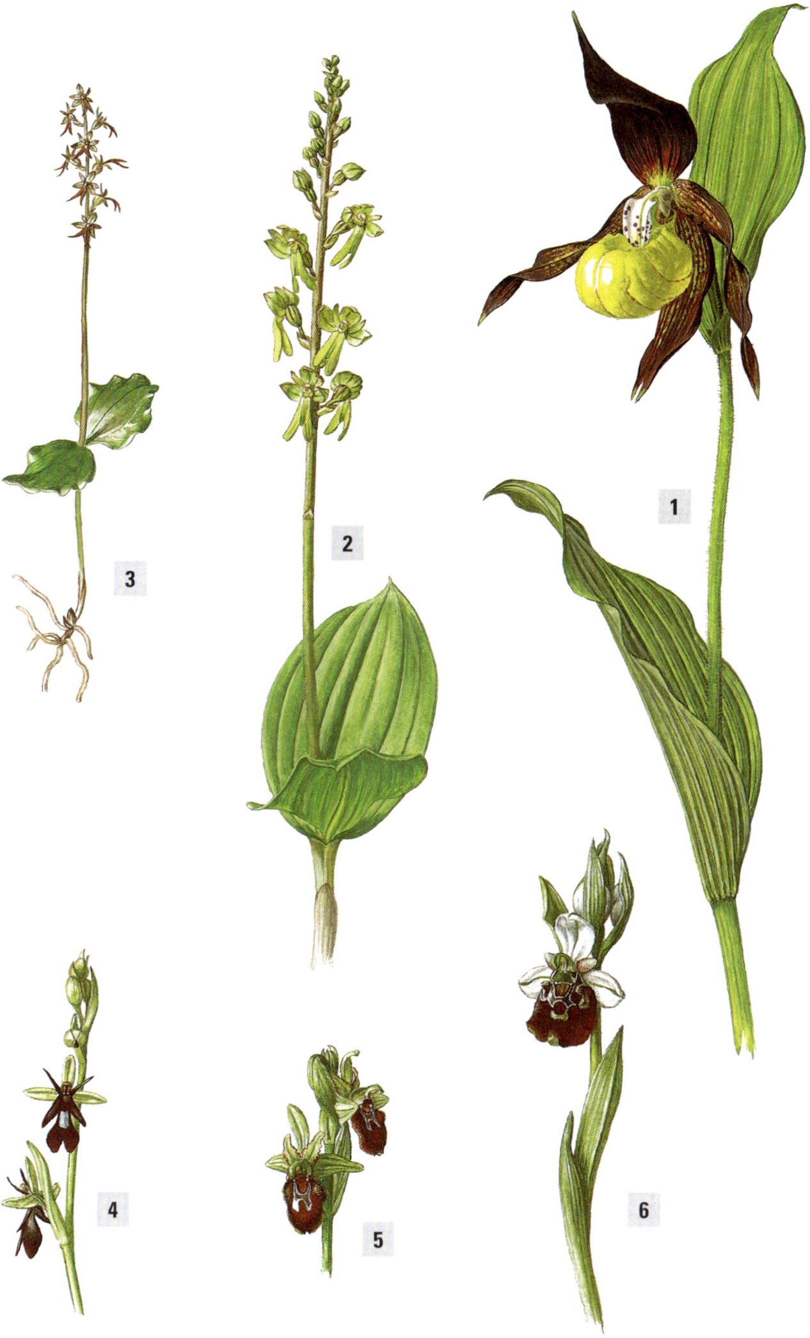
1
2
3
4
5
6

Knabenkrautgewächse oder Orchideen Orchidaceae

1 Vogelnestwurz
Neottia nidus-avis (L.) Rich.

5–6 ↕ 20–50 cm

Pfl. ohne B.grün, hellbraun; St. mit Schuppenb.; Blütentraube vielblütig; Blütenb. zusammenneigend, stumpf, 4–6 mm lg., hellbraun; Lippe tief 2teilig. Geschützt! Δ Laubmischwälder; Moderpfl., auf moderndem Holz, lebt von toten, organischen Stoffen; ziemlich häufig. Fast ganz Europa, nördlich bis Mittelskandinavien.

2 Korallenwurz
Corallorhiza trifida Chatel.

6–7 ↕ 8–20 cm

Pfl. gelblich bis braun, ohne grüne B.; St.b. schuppenförmig; Blüten gelbgrün, ohne Sporn, zu 4–9; Blütenb. 6, 3–6 mm lg., Lippe ungeteilt oder schwach 3lappig, weißlich, rot punktiert. Geschützt! Δ Schattige, moosreiche Nadelwälder; ziemlich selten. Nord- und Mitteleuropa, Alpen, Pyrenäen, Apennin, Gebirge der Balkanhalbinsel. GefGr. 3!

3 Riemenzunge, Bocksorchis
Himantoglossum hircinum (L.) Spreng.

5–6 ↕ 30–80 cm

B. eiförmig, obere lanzettlich, 5–15 cm lg. und 3–5 cm br., blaugrün, den St. scheidig umfassend; Blütenstand 10–20 cm lg., locker; Blüten grünlichweiß, mit roten Nerven, mit Bocksgeruch; alle 5 Blütenb. einen halbkugeligen Helm bildend; Lippe olivgrün, mit bandartigem, gedrehtem, 2–5 cm lg. Mittelabschnitt mit 2teiliger Spitze, am Grund mit 2 kürzeren, 5–15 mm lg., welligen Seitenlappen; Sporn kegelförmig, 3–4 mm lg. Geschützt! Δ Kalkmagerrasen, sonnige Gebüschsäume; selten. Mittel- und Süddeutschland, Südeuropa (westlich). GefGr. 3!

Hahnenfußgewächse Ranunculaceae

4 Stinkende Nieswurz
Helleborus foetidus L.

2–4 ↕ 30–60 cm

B. wintergrün, handförmig 3–9teilig, Abschnitte gezähnt; Blütenstand reich verzweigt; Blüten glockenförmig, 2 cm br., 5zählig, grüngelb, am Rand rötlich, unangenehm riechend; Früchtchen mit hakigem Schnabel, zu 3–8, etwa 2 cm lg. Giftig! Geschützt! Δ Eichen- und Buchenwälder, Waldränder, Buschhänge; zerstreut. Vor allem Südwesteuropa, Süddeutschland, nördlich bis England.

5 Grüne Nieswurz
Helleborus viridis L.

3–4 ↕ 10–30 cm

B. nicht überwinternd, 7–11teilig, Abschnitte bis zum Grund gesägt; St. 1fach oder verzweigt, mit geteilten, gesägten B.; Blüten zu 2–3 nickend, 4–6 cm br.; Blütenb. ausgebreitet, br.-eiförmig, grün. Giftig! Geschützt! Δ Lichte Wälder, Gebüsche; selten; als Heilpfl. früher häufig kultiviert und gelegentlich verwildert. Mitteleuropa, südlich bis Spanien und Norditalien.

Osterluzeigewächse Aristolochiaceae

6 Haselwurz
Asarum europaeum L.

3–5 ↕ 5–10 cm

St. kriechend, am Grund mit schuppenförmigen Niederb.; B. rundlich-nierenförmig, dunkelgrün, 3–10 cm br., oft wintergrün; Blüten einzeln, kurz gestielt, radiär; Blütenhülle 3teilig, glockig, braunrot, 10–15 mm lg. Δ Laub- und Nadelwälder, Auenwälder; häufig. Hauptsächlich Mittel- und Osteuropa.

4
2
1
5
6
3

Hahnenfußgewächse
Ranunculaceae

1 Mäuseschwanz
Myosurus minimus L.

❀ 4–6 ↕ 2–10 cm

Pfl. 1jährig; B. grasartig, schmal-linealisch, etwa 1 mm br., in grundständiger Rosette; St. b.los; Kronb. 5, hellgrün, eiförmig, 3–4 mm lg., am Grund mit kurzem, dem Blütenstängel anliegendem Sporn; Nektarb. fadenförmig, gelbgrün; Blütenboden sich nach der Blüte auf 2–5 cm verlängernd und dadurch mäuseschwanzähnlich aussehend. Δ Feuchte Wegränder und Äcker, Ufer, lehmige, staunasse, kalkfreie Böden; selten. Fast ganz Europa.

Brennnesselgewächse
Urticaceae

2 Große Brennnessel
Urtica dioica L.

❀ 7–10 ↕ 30–120 cm

Pfl. 2häusig, mit Brennhaaren; St. kantig, aufrecht; B. gegenständig, länglich, mit herzförmigem Grund, grob gesägt, dunkelgrün, 5–10 cm lg.; B.stiel flaumig behaart; Blütenrispen länger als der B.stiel. Δ Wege, Schutt, Auenwälder, Waldränder; häufig. Europa.
Ähnlich ist die **Kleine Brennnessel**, *U. urens* L., aber Pfl. 1häusig, B. eiförmig, stumpflich, hellgrün, 2–4 cm lg.; Blütenrispe kürzer als die B.stiele; Gärten, Äcker, Unkrautfluren; häufig. Europa.

3 Aufrechtes Glaskraut
Parietaria officinalis L.
(*P. erecta* Mert. et Koch)

❀ 6–9 ↕ 20–100 cm

Pfl. ohne Brennhaare; B. wechselständig, ganzrandig, eiförmig-lanzettlich, spitz, 3–12 cm lg.; Blütenstände kugelig; Blüten unscheinbar, 4zählig, grünlich. Δ Schattige Mauern und Felsen, Ruderalstellen, Gebüschsäume; selten. Mittel- und Südeuropa.

Fuchsschwanzgewächse
Amaranthaceae

4 Rauhaariger Fuchsschwanz, Krummer Fuchsschwanz
Amaranthus retroflexus L.

❀ 7–9 ↕ 10–80 cm

St. gefurcht, dicht kurzhaarig; B. rhombisch-eiförmig, hellgrün, unterseits auf den Nerven behaart, 5–15 cm lg.; Blütenstand endständig, dicht, straußförmig oder eine kegelförmige Rispe bildend; Blüten 1geschlechtig, knäuelig gedrängt; Blütenb. 5, grünlichweiß, 2–3 mm lg.; Vorb. der Blüten 3–6 mm lg., derb, stechend. (Gattung mit vielen, ähnlichen Arten.) Δ Unkrautfluren, Äcker, Wege; etwas wärmeliebend. Europa.

Hanfgewächse
Cannabaceae

5 Hopfen
Humulus lupulus L.

❀ 7–8 ↕ 2–6 m

St. rechtswindend; B. gegenständig, meist tief 3lappig, gezähnt; Pfl. 1geschlechtig; ♂ Blütenstände in Rispen; Blütenb. 5, frei, hellgrün, Staubb. 5; ♀ Blütenstand zapfenartig, ährig (Hopfen»dolde«); Frucht eine 3 mm lg. Nuss. Δ Auenwälder, Gebüsche; häufig. Europa.

3
2
1
4
5

Portulakgewächse
Portulacaceae

1 Bach-Quellkraut
Montia fontana L.

❁ 6–8 ↕ 10–30 cm

Pfl. niederliegend bis aufsteigend oder im Wasser flutend; B. gegenständig, spatelförmig, 5–25 mm lg.; Blüten unscheinbar, weiß, zu 2–5; Kelchb. 2; Kronb. 3–5, 1–2 mm lg.; Staubb. 3. (Sammelart mit mehreren Kleinarten.) Δ Ufer, Gräben, Quellfluren, feuchte, saure Äcker; zerstreut. Europa.

Nelkengewächse
Caryophyllaceae

2 Wimper-Mastkraut
Sagina ciliata Fries (*S. apetala* Ard.)

❁ 4–7 ↕ 3–10 cm

Pfl. dunkelgrün; Kelchb. 4, die 2 äußeren spitz, mit gekrümmter Stachelspitze; Kronb. fehlend oder 1/2 so lg. wie die Kelchb.; Blütenstiele drüsig bewimpert, nach der Blüte zurückgekrümmt; B. 3–8 mm lg., am Rand bewimpert, mit lg. Stachelspitze. Δ Äcker, Sandtrockenrasen, Pflasterfugen; kalkmeidend; ziemlich selten. Süd- und Mitteleuropa.

3 Liegendes Mastkraut
Sagina procumbens L.

❁ 5–9 ↕ 2–5 cm

Pfl. niederliegend, rasenbildend, an den Knoten wurzelnd; B. linealisch, kurz stachelspitz, 5–12 mm lg.; Kelchb. meist 4, stumpflich, abstehend; Kronb. meist fehlend; Blütenstiele nach dem Verblühen zurückgebogen. Δ Wege, saure Äcker, Trittstellen, Quellfluren; häufig. Europa.

4 Einjähriges Knäuelkraut
Scleranthus annuus L.

❁ 5–9 ↕ 5–15 cm

Pfl. 1- oder 2jährig, B. pfriemlich, blaugrün; Blüten in dichten Knäueln; Kronb. fehlend; Kelchb. 5, spitz, 3–4 mm lg., schmal hautrandig. Δ Sandige Äcker, Wege, kalkarme Sandböden; häufig. Europa.

5 Quirlige Knorpelmiere
Illecebrum verticillatum L.

❁ 7–9 ↕ 5–25 cm

St. niederliegend, an den Knoten wurzelnd; B. verkehrt-eiförmig, 2–5 mm lg.; Blüten in b.achselständigen Knäueln; Kronb. 5, weiß, fadenförmig; Kelchb. 5, weiß, knorpelig verdickt, 2 mm lg., mit Grannenspitze. Δ Feuchte Wegränder, Sandböden; selten. Mittel- und Südeuropa. GefGr. 3!

6 Kahles Bruchkraut
Herniaria glabra L.

❁ 6–9 ↕ 5–20 cm

Pfl. niederliegend, polsterartig, 1–2jährig; B. eiförmig-elliptisch, sitzend, kahl, gelbgrün, 2–7 mm lg.; Blüten winzig, grünlich, in dichten, b.achselständigen Knäueln; Kronb. winzig oder fehlend. Δ Wege, Sand- und Kiesböden, Pflaster; zerstreut. Europa.

Gänsefußgewächse
Chenopodiaceae

7 Gemeiner Queller
Salicornia europaea L.

❁ 8–10 ↕ 5–30 cm

Pfl. grün, im Herbst rot; St. gegliedert; B. gegenständig, fleischig, dicht dem St. angepresst, dieser scheinbar b.los. Δ Schlick, Watt, an den Küsten Europas häufig; im Binnenland an Salzstellen selten.

4
2
7
5
1
6
3

Gänsefußgewächse
Chenopodiaceae

1 Strand-Melde
Atriplex litoralis L.

❀ 7–9 ↕ 30–90 cm

Pfl. anfangs mehlig; Äste rutenförmig, aufrecht; B. lanzettlich, am Grund keilförmig verschmälert, ganzrandig oder buchtig gezähnt; die 2 Vorb. (Fruchthülle) jeder Blüte nur am Grund verwachsen, eiförmig bis 3eckig-rhombisch, oft gezähnt. Δ Salzhaltige Sand- und Schlickböden. Küsten Europas, verbreitet; im Binnenland selten.

2 Spreizende Melde
Atriplex patula L.

❀ 7–10 ↕ 30–80 cm

Pfl. 1häusig, sehr variabel; untere B. länglich-rautenförmig, mit keilförmigem Grund, obere B. länglich-lanzettlich; Blüten 1geschlechtig; ♂ Blüten mit 5 Blütenb. und 5 Staubb.; ♀ Blüten ohne Blütenhülle, aber mit 2 rautenförmigen, ganzrandigen oder gezähnten, manchmal warzigen Vorb., die sich zur Fruchtzeit vergrößern. (Gattung mit vielen, sehr ähnlichen Arten.) Δ Äcker, Gärten, Schutt; häufig. Europa.

3 Spieß-Melde
Atriplex hastata L.

❀ 7–9 ↕ 30–90 cm

Pfl. ähnlich der Spreizenden Melde, aber untere B. br.-3eckig, hellgrün; Vorb. (der blütenb.losen Blüten) 3eckig, meist klein gezähnelt, mit gestutztem oder br.-keilförmigem Grund. Δ Nährstoffreiche Unkrautfluren, Müllplätze, Ufer, Gräben, Schlammböden, Salzstellen, Meeresküsten; zerstreut. Europa.

4 Strand-Sode
Suaeda maritima (L.) Dum.

❀ 7–9 ↕ 10–40 cm

Pfl. kahl, blaugrün, oft rot überlaufen; B. linealisch, fleischig, nicht stachelspitzig; Blüten klein, zu 2–3 achselständig; Blütenb. 5, grün. Δ Schlickböden der Küsten Europas, verbreitet; im Binnenland auf Salzstellen, selten.

5 Kali-Salzkraut
Salsola kali L.

❀ 7–9 ↕ 15–60 cm

Pfl. graugrün, verzweigt; Äste steif, sparrig; B. fleischig, stielrund, stechend; Blüten einzeln, b.achselständig, grün, mit 2 spitzen Vorb.; Blütenb. 5, mit Querkiel. Δ Salzwiesen, Spülsäume der Küsten Europas, verbreitet; im Binnenland auf Sand, selten.

6 Strand-Salzmelde
Halimione portulacoides (L.) Aellen (*Obione p.* (L.) Moq.)

❀ 7–9 ↕ 30–80 cm

Pfl. am Grund holzig, liegend bis aufsteigend; B. gegenständig, untere büschelig, länglich-eiförmig, dick, fleischig, bereift; Blüten grünlich, in Scheinähren, 1geschlechtig; Fruchthülle ungestielt, 3lappig, 3–4 mm lg. Δ Salzwiesen und Küsten Mittel- und Südeuropas; verbreitet.

3
4
2
6
1
5

Gänsefußgewächse
Chenopodiaceae

1 Guter Heinrich
Chenopodium bonus-henricus L.

❀ 6–9 ↕ 20–60 cm

B. 3eckig-spießförmig, mattgrün, 5–10 cm lg.; Blütenstand zusammengesetzt, kegelförmig, b.los; Blüten 2geschlechtig, grün. Δ Unkrautfluren, Zäune, Wege, Viehläger; zerstreut. Europa. GefGr. 3!

2 Weißer Gänsefuß
Chenopodium album L.

❀ 7–9 ↕ 20–120 cm

B. und St. blau- oder graugrün, St. manchmal rot überlaufen; B. vielgestaltig, eiförmig-rhombisch bis lanzettlich, spitz, meist gezähnt, beiderseits mehlig bestäubt; Blütenstand pyramidenförmig, fast b.los; Blütenhülle 5teilig, mehlig, weißlichgrün. Δ Unkrautfluren, Schutt, Äcker, Ufer, Schläge; häufig. Europa.

3 Vielsamiger Gänsefuß
Chenopodium polyspermum L.

❀ 7–9 ↕ 10–50 cm

Pfl. liegend bis aufsteigend; St. 4kantig, oft rot überlaufen; B. länglich-eiförmig, lg. gestielt, ganzrandig, 2–5 cm lg.; Blütenstand beblättert; Same schwarz glänzend, 1 mm br., in der offenen Fruchthülle sichtbar. Δ Unkrautfluren, Ufer, nährstoffreiche Äcker, Weinberge, verbreitet. Fast ganz Europa.

Knöterichgewächse
Polygonaceae

4 Echter Buchweizen
Fagopyrum esculentum Moench
(*F. sagittatum* Gilib.)

❀ 7–10 ↕ 15–60 cm

St. meist rot, wenig verzweigt; B. spieß- oder pfeilförmig, untere lg. gestielt, obere fast sitzend, meist länger als br.; Blüten 3–4 mm lg., zu mehreren in b.achselständigen Blütenständen; Blütenb. 5, weiß oder rosa; Frucht 3kantig, 5–6 mm lg., an den Kanten glatt. Δ Äcker, Schutt, Wegränder; kalkmeidend; zerstreut. Ursprünglich aus Zentralasien stammend, heute fast ganz Europa.

5 Gemeiner Windenknöterich
Fallopia convolvulus (L.) Löve
(*Polygonum convolvulus* L.)

❀ 7–10 ↕ 15–100 cm

St. hin- und hergebogen oder windend, kantig; B. 3eckig bis pfeilförmig; Blüten hellgrün, zu 1–5 in B.achseln oder in wenigblütigen, ährenartigen Blütenständen; äußere Blütenb. gekielt; Frucht 4–5 mm lg., 3kantig. Δ Äcker, Gärten, Schuttplätze, verbreitet. Europa.

1
2
3
4
5

Knöterichgewächse
Polygonaceae

1 Alpen-Säuerling
Oxyria digyna (L.) Hill

6–8 5–25 cm

Grundständige B. lg. gestielt, nierenförmig; Blüten 2geschlechtig, in quirligen, traubigen Blütenständen; Blütenb. 4, die 2 inneren der flachen Seite der Frucht anliegend, viel größer als die 2 äußeren, abstehenden Hüllb.; Frucht linsenförmig, mit purpurroten Flügeln. Δ Kalkarmer Steinschutt mit lg. Schneebedeckung, etwa 1600–2800 m; zerstreut. Arktis, Nordeuropa, Gebirge Mittel- und Südeuropas.

2 Vogel-Knöterich
Polygonum aviculare L.

6–10 5–50 cm

Pfl. niederliegend; St. dunkel gestreift; B. linealisch bis eiförmig, kurz gestielt, 0,5–3 cm lg., sehr vielgestaltig; Blüten zu 1–5 b.achselständig, Blütenb. meist 5, 2–3 mm lg., grünlich oder rosa. (Sammelart mit mehreren Kleinarten.) Δ Wege, Schutt, Gräben, Kiesplätze; häufig. Europa.

3 Milder Knöterich
Polygonum mite Schrank

7–9 10–60 cm

B. lanzettlich, nach beiden Enden allmählich verschmälert, über 10 mm br.; B.scheidenrand lg. bewimpert; Blüten in lockeren, dünnen, oft überhängenden oder gebogenen, dünnen Scheinähren; Blüten rosa oder grünlich. Δ Ufer, Gräben, Quellen, feuchte Waldwege; zerstreut. Europa.
Ähnlich ist der **Wasserpfeffer** oder **Pfeffer-Knöterich**, *P. hydropiper* L., aber B. beim Zerkauen scharf schmeckend; B.scheidenrand kurz bewimpert; Blütenb. drüsig punktiert; giftig!, Gräben, Ufer, feuchte Waldwege; kalkmeidend; häufig. Europa.

4 Strand-Ampfer
Rumex maritimus L.

7–9 10–60 cm

Pfl. zur Fruchtzeit goldgelb; B. lineal-lanzettlich, in den B.stiel verschmälert; Blüten in knäueligen, übereinander stehenden Scheinquirlen; innere Blütenb. gelbbraun, eiförmig-3eckig, mit lg., schmalen Zähnen. Δ Gräben, oft salzhaltige Teiche, Altwasser, Viehtränken, Schlammböden; ziemlich selten. Mitteleuropa, nördlich bis Südskandinavien, Nordrussland, Sibirien.

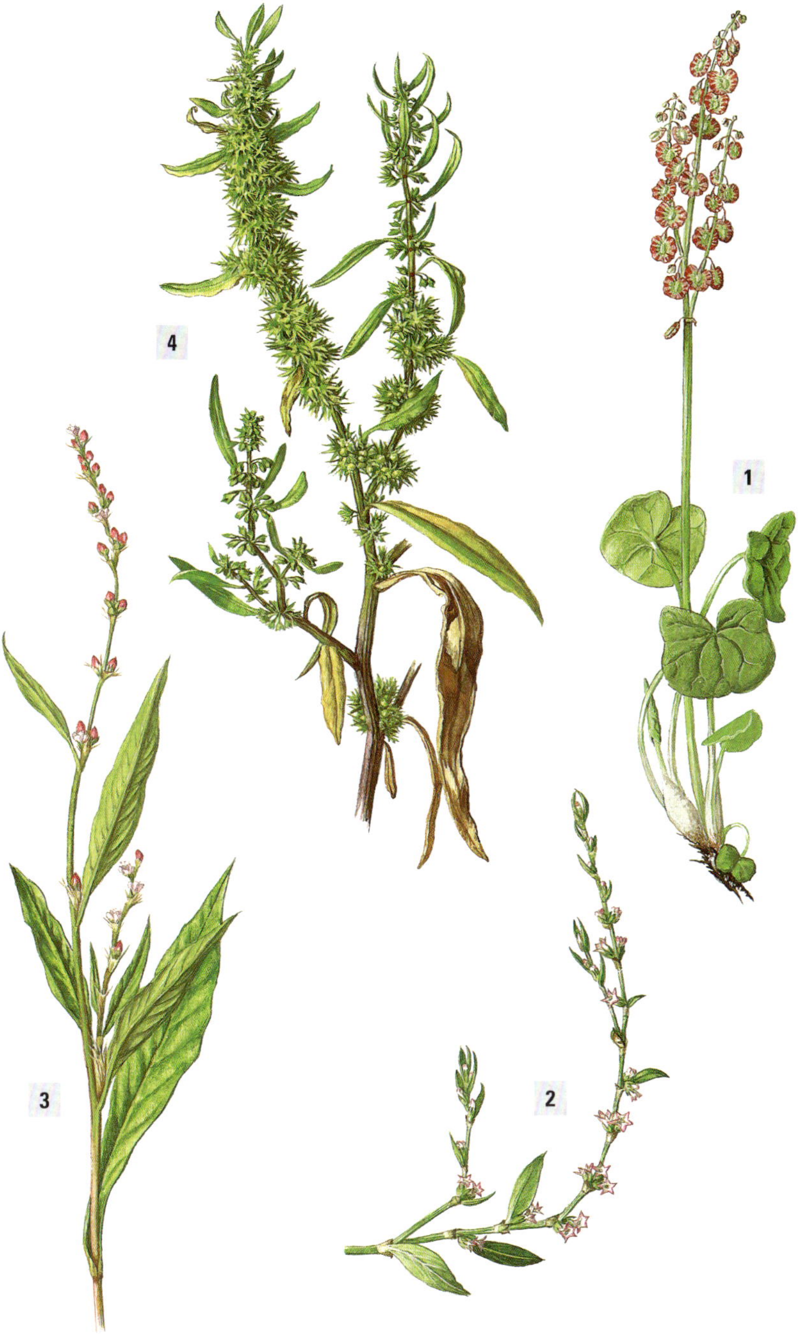
4
1
3
2

Knöterichgewächse
Polygonaceae

1 Wiesen-Sauerampfer
Rumex acetosa L.

❀ 5–7 ↕ 30–100 cm

Grundb. lg. gestielt, spießförmig, ei-länglich, sauer schmeckend, derb, obere B. sitzend; B.scheiden zerschlitzt oder gezähnt; Blütenstand verzweigt, locker, unterbrochen, aufrecht; Blüten 1geschlechtig, unscheinbar, klein; äußere 3 Blütenb. zur Fruchtzeit zurückgeschlagen, innere 3 Blütenb. 3–4 mm lg., rundlich oder breiter als lg., nicht gezähnt, am Grund mit roter oder grüner Schwiele. Δ Wiesen, Weiden, Wegraine; häufig. Europa.

2 Stumpfblättriger Ampfer
Rumex obtusifolius L.

❀ 6–8 ↕ 50–120 cm

B. länglich-eiförmig, mit herzförmigem Grund, 10–30 cm lg.; innere Blütenb. jederseits mit 3–8 Zähnen, 1 oder alle 3 mit Schwielen. Δ Unkrautfluren, Schutt, Wege, Wiesen; häufig. Europa.
Ähnlich ist der **Knäuel-Ampfer**, *R. conglomeratus* Murray, B. lg. gestielt, länglich-eiförmig, 5–20 cm lg.; Pfl. 30–80 cm, bis zur Spitze beblättert, zwischen den Blütenknäueln mit lanzettlichen Hochb.; innere 3 Blütenb. länglich, schmal, ganzrandig, ohne Zähne, 2–3 mm lg., alle 3 mit Schwielen; Ufer, Gräben, feuchte Äcker; verbreitet. Südskandinavien, Mittel- und Südeuropa.

3 Krauser Ampfer
Rumex crispus L.

❀ 6–8 ↕ 30–120 cm

B. länglich-lanzettlich, bis 30 cm lg., am Rand wellig-kraus; Blütenstand reichblütig; innere Blütenb. br.-eiförmig, mit herzförmigem Grund, meist alle 3 mit Schwielen. Δ Unkrautfluren, Äcker, Gräben, Ufer, Wiesen, Weiden; häufig. Europa.

4 Kleiner Sauerampfer
Rumex acetosella L.

❀ 5–8 ↕ 10–30 cm

B. sauer schmeckend, lanzettlich-lineal, am Grund mit auswärts gerichteten Spießecken; Blütenstand lockerblütig; Blüten 1geschlechtig; Blütenhüllb. ohne Schwielen. Δ Magerrasen, Äcker, Wege, Heiden, Sandböden; kalkmeidend; verbreitet. Europa.

2
1
4
3

Kreuzblütengewächse
Cruciferae oder Brassicaceae

1 Schutt-Kresse
Lepidium ruderale L.

❁ 5–7 ↕ 10–30 cm

Pfl. beim Zerreiben stinkend; Grundb. 1–2fach gefiedert, mit schmal-lanzettlichen Abschnitten; St.b. fiederteilig bis ungeteilt, nicht st.umfassend; Blüten unscheinbar, grünlich; Kronb. kürzer als die Kelchb. oder fehlend; Schötchen br.-eiförmig, 2–2,5 mm lg., schmal geflügelt. Δ Unkrautfluren, Trittrasen, Wege, Bahngelände; zerstreut. Europa.

2 Durchwachsene Kresse
Lepidium perfoliatum L.

❁ 5–6 ↕ 20–40 cm

Grundb. doppelt fiederspaltig, mit linealischen, unter 1 mm br. Abschnitten; St.b. ungeteilt, ganzrandig, eiförmig, mit tief herzförmigem Grund st.umfassend; Blüten blassgelb, 2–3 mm br.; Schötchen br.-eiförmig oder rhombisch. Δ Wege, Ufer, Schutt, Brachland; selten. Mittel- und Osteuropa.

3 Feld-Kresse
Lepidium campestre (L.) R. Br.

❁ 5–6 ↕ 20–60 mm

Pfl. graugrün, behaart; St. meist einzeln; B. pfeilförmig st.umfassend, ungeteilt, lanzettlich, gezähnt; Blüten weiß, 2–3 mm br., in ährenförmigen Trauben; Schötchen br.-eiförmig, dicht mit schuppigen Bläschen bedeckt, flach oder etwas gewölbt, geflügelt, am Griffel ausgerandet, dieser die Ausrandung des Flügels nicht überragend. Δ Wege, trockene Ruderalstellen, Äcker; zerstreut. Europa.

Wolfsmilchgewächse
Euphorbiaceae

4 Wald-Bingelkraut
Mercurialis perennis L.

❁ 4–5 ↕ 15–30 cm

Pfl. 2häusig; B. länglich-lanzettlich, 4–12 cm lg., stumpf gezähnt; Blüten 1geschlechtig, klein, mit 3teiligem, grünem Kelch, in Rispen oder Knäueln. Δ Krautreiche Laubwälder und Nadelmischwälder, Gebüsche; häufig. Südskandinavien, Mittel- und Südeuropa.

5 Einjähriges Bingelkraut
Mercurialis annua L.

❁ 5–10 ↕ 10–40 cm

St. kahl, 4kantig, mit vielen gegenständigen Ästen; B. ei-lanzettlich, stumpf gezähnt, 3–8 cm lg.; Pfl. meist 2häusig; ♀ Blüten fast sitzend, in armblütigen, b.achselständigen Knäueln; ♂ Blüten in vielblütigen, ährenartigen Knäueln. Δ Äcker, Weinberge, Wege, Schutt; wärmeliebend; verbreitet. Fast ganz Europa, ursprünglich Südeuropa.

1
2
3
4
5

Wolfsmilchgewächse
Euphorbiaceae

1 Sonnenwend-Wolfsmilch
Euphorbia helioscopia L.

4–11 ↕ 10–40 cm

St.b. wechselständig, verkehrt-eiförmig bis keilförmig, hellgrün, kurz gestielt, vorne fein gezähnt, 2–4 cm lg.; Blütendolde 5strahlig; Hüllb. den St.b. ähnlich; Drüsen des Blütenbechers gelb, rundlich-oval; Fruchtkapsel glatt. Giftig! Δ Äcker, Gärten, Weinberge. nährstoffreiche Böden; häufig. Europa.

2 Garten-Wolfsmilch
Euphorbia peplus L.

5–10 ↕ 10–30 cm

Pfl. 1jährig, ähnlich voriger Art, aber Blütendolden 3strahlig, jeder Strahl nochmals 2–3mal geteilt; Hüllb. eiförmig, kahnförmig gewölbt, kurz stachelspitz; Drüsen des Blütenbechers halbmondförmig, in 2 lg. Hörner auslaufend; B. eiförmig, gestielt, vorne stumpf; Fruchtkapsel an den 3 Kielen schmal doppelt geflügelt. Giftig! Δ Äcker, Gärten, Schutt; häufig. Europa.

3 Strand-Wolfsmilch
Euphorbia paralias L.

5–9 ↕ 30–60 cm

Pfl. steif, blaugrün, am Grund mit Schuppenb.; B. dick, fleischig, eiförmig, spitz, dachziegelig, 5–20 mm lg.; Blütendolde 3–6strahlig; Hochb.hülle br.-eiförmig, nicht verwachsen; Drüsen des Hüllbechers mit kurzen Hörnern; Frucht feinwarzig. Giftig! Δ Küstensand; zerstreut. West- und Südeuropa.

4 Süße Wolfsmilch
Euphorbia dulcis L.

4–6 ↕ 20–50 cm

B. wechselständig, länglich-eiförmig, in den kurzen Stiel verschmälert, oberseits dunkelgrün, unterseits blaugrün; Blütenstand meist 5strahlig; Drüsen des Hüllbechers rundlich-oval, anfangs gelbgrün, später rotbraun; Hochb. des Einzelblütenstandes nicht verwachsen; Fruchtkapsel mit halbkugeligen Warzen. Δ Krautreiche Laubwälder, Nadelmischwälder; zerstreut. Mitteleuropa, südlich bis Nordspanien, Mittelitalien, Balkanhalbinsel.

5 Kleine Wolfsmilch
Euphorbia exigua L.

6–10 ↕ 5–20 cm

Pfl. 1jährig; B. hellgrün, wechselständig, linealisch, stachelspitz, sitzend, 0,5–3 cm lg.; Blütendolden 3–5strahlig, jeder Strahl nochmals gabelig geteilt; Hüllb. hellgrün, linealisch, mit herzförmigem Grund sitzend, nicht verwachsen; Drüsen des Blütenbechers halbmondförmig-gehörnt; Fruchtkapsel glatt. Giftig! Δ Lehmige Getreidefelder, Brachland, Schuttplätze; etwas wärmeliebend; zerstreut. Fast ganz Europa; ursprünglich Südeuropa.

6 Liegende Wolfsmilch
Euphorbia humifusa Willd.

6–9 ↕ 5–15 cm

Pfl. kahl, bläulichgrün, später rot überlaufen; St. liegend; B. gegenständig, verkehrt-eiförmig, stumpflich, 5–10 mm lg., mit kleinen Nebenb.; Scheinblüten einzeln. Giftig! Δ Gärten, Wege, Pflasterfugen, sandige Ruderalstellen; ziemlich selten. Ursprünglich Asien, heute weit verbreitet.

1
2
3
4
5
6

Fichtenspargelgewächse
Monotropaceae

1 Fichtenspargel
Monotropa hypopitys L.

❀ 6–7 ↕ 10–20 cm

Pfl. auf Wurzeln von Holzpfl. parasitierend, braun oder gelblich, ohne B.grün; B.schuppen 1–2 cm lg., bleichgelb; Blüten 4–5zählig, glockenförmig, sitzend, zu 8–15 in dichter Traube. Δ Nadelwälder, auch Eichen- und Buchenwälder; zerstreut. Fast ganz Europa.

Rosengewächse
Rosaceae

2 Acker-Frauenmantel
Aphanes arvensis L.

❀ 5–9 ↕ 5–20 cm

Pfl. meist graugrün, ohne grundständige B.rosette; St.b. kurz gestielt, obere sitzend, rautenförmig, auf 1/3–1/2 eingeschnitten, 4–8 mm br. und 6–10 mm lg.; Blüten 1,8–2,5 mm lg., in 10–20blütigen Knäueln; Kelchb. meist spreizend; Frucht über 2 mm lg. Δ Getreidefelder; kalkmeidend; zerstreut. Mittel- und Südeuropa, nördlich bis Südskandinavien.

3 Gewöhnlicher Frauenmantel
Alchemilla vulgaris L.

❀ 5–8 ↕ 10–30 cm

B. rundlich, 2–12 cm br., zu 1/3–2/3 in 7–11 gezähnte, halbkreisförmige, trapezförmige oder 3eckige Lappen geteilt, kahl, zerstreut bis dicht anliegend oder abstehend behaart; Behaarung des St. und des reich verzweigten Blütenstandes ebenso variabel; Blüten 2–4 mm br., gelbgrün, in lockeren Knäueln; Kronb. fehlend, Kelchb. 2reihig, 4 innere und 4 äußere; Staubb. 4. (Äußerst formenreiche Sammelart mit zahlreichen Kleinarten.) Δ Fettwiesen und -weiden, Nasswiesen, Quell- und Hochstaudenfluren, Waldränder; verbreitet. Fast ganz Europa.

4 Alpen-Frauenmantel, Silbermantel
Alchemilla alpina L.

❀ 6–8 ↕ 10–20 cm

B. handförmig in 5–9 schmale, oberseits grüne, am Rand und unterseits silbrig-seidenhaarige, vorne gezähnte Abschnitte zerteilt; Blüten gelbgrün, etwa 3 mm br., in dichten Blütenständen, diese meist kürzer als die B. Δ Silikatmagerrasen; zerstreut. Gebirge Mittel- und Nordeuropas.
Ähnlich ist der **Verwachsene Frauenmantel**, *A. conjuncta* Bab., aber B.abschnitte zu 1/5–1/2 verwachsen; Blütenstand so lg. oder länger als die B.; kalkreiche Matten, Kalkfelsbänder; verbreitet. Gebirge Mittel- und Südeuropas.

5 Kleiner Wiesenknopf
Sanguisorba minor Scop.

❀ 5–8 ↕ 30–60 cm

Pfl. mit grundständiger B.rosette; B. gefiedert, mit 11–31 ovalen Fiederb., diese jederseits mit 4–8 spitzen Zähnen; Blütenköpfe kugelig, grünlich, 1–1,5 cm lg., die unteren Blüten ♂, die mittleren 2geschlechtig, die oberen ♀; Staubfäden schlaff herabhängend, 3–5mal so lg. wie die Kelchb. Δ Lückige Magerrasen, Wege, Böschungen; ziemlich häufig. Fast ganz Europa, nördlich bis Südschweden.

1
2
5
3
4

Wassernussgewächse
Trapaceae

1 Wassernuss
Trapa natans L.

❀ 7–8 ↕ 60–300 cm

Pfl. mit Schwimmb.rosette aus 5–30 rautenförmigen, lederigen B., 2–6 cm lg., vorne gezähnt, oberseits grün oder rot, unterseits braun, B.stiele aufgeblasen; Blüten 4zählig, weiß; Frucht eine Nuss mit 2–4 Dornen. Geschützt! Δ Kalkarme, sommerwarme, Gewässer; selten. Wird z.B. für Bodensee, Rhein, Main, Weser, Elbe- und Odergebiet und für einige Seen der Alpensüdseite noch angegeben, aber durch Gewässerverschmutzung verschwunden. GefGr. 2!

Tannenwedelgewächse
Hippuridaceae

2 Tannenwedel
Hippuris vulgaris L.

❀ 6–8 ↕ 20–100 cm

Wasserpfl., St. meist aufrecht, unverzweigt; B. quirlständig, linealisch, untergetauchte B. schlaff, über dem Wasser stehende steif; Blüten klein, grün, b.achselständig, ohne Kronb.; Staubb. 1; Fruchtknoten 1, unterständig. Δ Langsam fließende oder fast stehende, klare Gewässer; zerstreut. Europa.

Tausendblattgewächse
Haloragaceae

3 Ähriges Tausendblatt
Myriophyllum spicatum L.

❀ 6–8 ↕ 20–200 cm

Pfl. untergetaucht oder flutend; B.quirle meist 4zählig; B. mit 13–35 gegenständigen, borstlichen Fiedern; Blüten etwa 3 mm br., rosa, 1- oder 2geschlechtig, in aufrechter, verlängerter Ähre; Tragb. kürzer als die Blüten, im oberen Teil der Ähre nicht geteilt; Pfl. 1häusig. Δ Stehende oder langsam fließende, meist kalkreiche, nährstoffreiche Gewässer bis in etwa 6 m Tiefe; verbreitet. Europa.
Ähnlich ist das **Quirlblütige Tausendblatt**, *M. verticillatum* L., aber B.quirl 5–6zählig; Tragb. der Ähre fiederteilig, länger als die rötlichen Blüten; nährstoffreiche, meist kalkarme Gewässer, Altwasser; verbreitet.

Wassernabelgewächse
Hydrocotylaceae

4 Wassernabel
Hydrocotyle vulgaris L.

❀ 7–8 ↕ 10–40 cm

St. kriechend, fadenförmig, an den Knoten wurzelnd; B. kreisrund, schildförmig, gekerbt, 2–4 cm br.; Blüten weißlich, etwa 1 mm br., zu 3–5 in kopfiger Dolde, diese kurz gestielt. Giftig! Δ Moorwiesen, Flachmoore, Gräben, Ufer; ziemlich selten. Fast ganz Europa.

Moschuskrautgewächse
Adoxaceae

5 Moschuskraut
Adoxa moschatellina L.

❀ 3–5 ↕ 5–10 cm

Pfl. zierlich; Grundb. doppelt 3zählig, die 2 gegenständigen St.b. 1fach 3zählig; Blüten zu 4–6, grünlichgelb, in einem endständigen, fast würfelförmigen Kopf; Gipfelblüten mit 4teiliger Krone und 2teiligem Kelch, seitliche Blüten mit 5teiliger Krone und 3teiligem Kelch. Δ Gebüsche, feuchte Laubwälder, Auenwälder, Hochstaudenfluren; in den Alpen bis etwa 1800 m; ziemlich selten. Fast ganz Europa.

5
1
2
4
3

Baldriangewächse
Valerianaceae

1 Echter Feldsalat, Rapünzchen
Valerianella locusta (L.) Laterr.

4–6 10–20 cm

B. länglich, untere spatelförmig, 2–7 cm lg., obere lanzettlich, spitz; Blütenstand endständig, gabelig verzweigt; Krone 5zipfelig, bläulichweiß, 2 mm br.; Frucht abgeflacht, rundlich, kurz zugespitzt, glatt. Δ Äcker, Wege; ziemlich häufig; als Salatpfl. angebaut. Europa.

Borretschgewächse
Boraginaceae

2 Braunes Mönchskraut
Nonea pulla (L.) DC.

5–8 20–40 cm

Pfl. grauhaarig, drüsig; B. länglich-lanzettlich, 8–12 cm lg., die oberen st.umfassend; Blüten rotbraun, 10–15 mm lg.; Krone trichterförmig, mit walzlicher Röhre; Kelch zur Fruchtzeit stark vergrößert; Teilfrüchte fast kugelig. Δ Getreidefelder, Brachland, Wegränder; wärmeliebend; selten. Mittel- und Südosteuropa.

3 Echte Hundszunge
Cynoglossum officinale L.

5–7 20–80 cm

Pfl. dicht weichhaarig, grau; St. dicht beblättert; B. elliptisch bis lanzettlich, halb st.umfassend, graufilzig; Blütenstand verzweigt; Blüten violett, dann rotbraun, 5–7 mm br.; Kronröhre kurz, von Schlundschuppen verschlossen, Kronzipfel ausgebreitet; Nüsschen 4, am Rand wulstig verdickt, 6–8 mm lg., mit widerhakigen Stacheln besetzt. Giftig! Δ Sonnige Unkrautfluren; zerstreut. Fast ganz Europa.

Nachtschattengewächse
Solanaceae

4 Tollkirsche
Atropa belladonna L.

6–8 50–150 cm

B. eiförmig, bis 15 cm lg., kurz herablaufend, im Bereich des Blütenstandes B. scheinbar gegenständig, 1 größeres und 1 kleineres; Blüten einzeln, b.achselständig; Krone 5teilig, glockig, außen braunviolett, innen gelbgrün mit violetten Adern; Frucht eine glänzende, schwarze Beere. Sehr giftig! Δ Kahlschläge, Waldwege, Waldränder; ziemlich häufig. Mittel- und Südeuropa.

5 Schwarzes Bilsenkraut
Hyoscyamus niger L.

6–10 30–60 cm

Pfl. zottig-klebrig; B. länglich, 10–20 cm lg., buchtig gezähnt, obere st.umfassend; Blüten zu mehreren, b.achselständig; Krone trichterförmig, 2–3 cm lg., schmutzig gelb, mit violetten Netzadern; Kelch mit 5 stechenden Zähnen; Frucht eine krugförmige Kapsel. Giftig! Δ Wege, Mauern, Schutt; ziemlich selten. Fast ganz Europa.

6 Judenkirsche, Wilde Blasenkirsche
Physalis alkekengi L.

5–8 25–60 cm

B. 3eckig-eiförmig, spitz, am Rand oft buchtig geschweift; Blüten einzeln; Krone 15–25 mm br., grünlichweiß; Kelch zur Fruchtzeit orangerot und lampionähnlich, etwa 4 cm lg., die rote, kirschengroße Frucht einschließend. Δ Auenwälder, Weinbergshecken; zerstreut; Gartenpfl.; Reife Beeren genießbar. Mittel- und Südeuropa (östlich).

2
1
4
3
6
5

Braunwurzgewächse
Scrophulariaceae

1 Knoten-Braunwurz
Scrophularia nodosa L.

❀ 6–9 ↕ 50–150 cm

St. 4kantig; B. ei- oder herzförmig, doppelt gesägt; Blüten in endständiger Rispe; Krone schmutzig braun, am Grund grünlich, 7–9 mm lg. Δ Kahlschläge, krautreiche Wälder; verbreitet. Europa.
Ähnlich ist die **Geflügelte Braunwurz**, *S. umbrosa* Dum. (*S. alata* Gilib.), St. br. geflügelt, aber B. spitz, am Grund verschmälert oder abgerundet, vorne scharf gesägt; Krone 6–8 mm lg., grünlichgelb; Bachröhricht; verbreitet.

Sommerwurzgewächse
Orobanchaceae

Die artenreiche Gattung *Orobanche* enthält ausschließlich wirtsspezifische Schmarotzerpfl., die oft nur an der Wirtspfl. sicher zu identifizieren sind.

2 Zierliche Sommerwurz
Orobanche gracilis Sm.

❀ 5–8 ↕ 15–40 cm

Schmarotzerpfl. auf Schmetterlingsblütler; ohne B.grün, bräunlich; Blüten in Ähren; Rückenkante der Krone gleichmäßig gekrümmt; Krone 15–25 mm lg., gelb, innen rot, nach Nelken riechend; Narbe gelb, rot gerandet; Staubfäden unten behaart; auf Leguminosen *(Lotus, Genista, Hippocrepis, Trifolium)* schmarotzend. Δ Halbtrockenrasen, sonnige Magerwiesen; zerstreut bis selten. Süddeutschland, warme Täler der Alpen (Rhône, Rhein), Südeuropa. GefGr. 3!

3 Gamander-Sommerwurz
Orobanche teucrii Hol.

❀ 6–7 ↕ 15–40 cm

Pfl. auf *Teucrium* schmarotzend; Tragb. fast so lg. wie die Blüten; Krone 20–35 mm lg., bräunlichlila, Rücken winkelig abgebogen; Narbe purpurn bis braun; Staubfäden unten behaart; Δ Kalkmagerrasen in warmen Lagen, sonnige Hänge; zerstreut. Gebirge Mittel- und Südeuropas. GefGr. 3!

Wassersterngewächse
Callitrichaceae

4 Gemeiner Wasserstern
Callitriche palustris L.

❀ 5–10 ↕ 5–40 cm

Wasserpfl. mit fadenförmigem St. und rosettigen Schwimmb.; untergetauchte B. gegenständig, ganzrandig, linealisch bis eiförmig; Blüten klein, in B.achseln, ohne Blütenb., nur mit 2 sichelförmigen Vorb., 1 Staubb. und 1 Fruchtknoten. (Sammelart mit mehreren Kleinarten.) Δ Stehende und fließende Gewässer, verbreitet. Europa.

Wegerichgewächse
Plantaginaceae

5 Strandling
Littorella uniflora (L.) Achers.

❀ 6–8 ↕ 5–10 cm

Pfl. mit grasartigen, linealischen, meist aufrechten B. in grundständiger Rosette und dünnen, oberirdischen Ausläufern; Blüten 1geschlechtig, trockenhäutig; ♂ Blüten einzeln an lg. Stiel, mit 4teiliger, 6–8 mm lg. Krone; ♀ Blüten meist zu 2, am Grund des Stieles der ♂ Blüten sitzend. Δ Sandige, flache Ufer, ziemlich nährstoffarme Seen und Teiche, bis in 2 m Tiefe; ziemlich selten Fast ganz Europa. GefGr. 2!

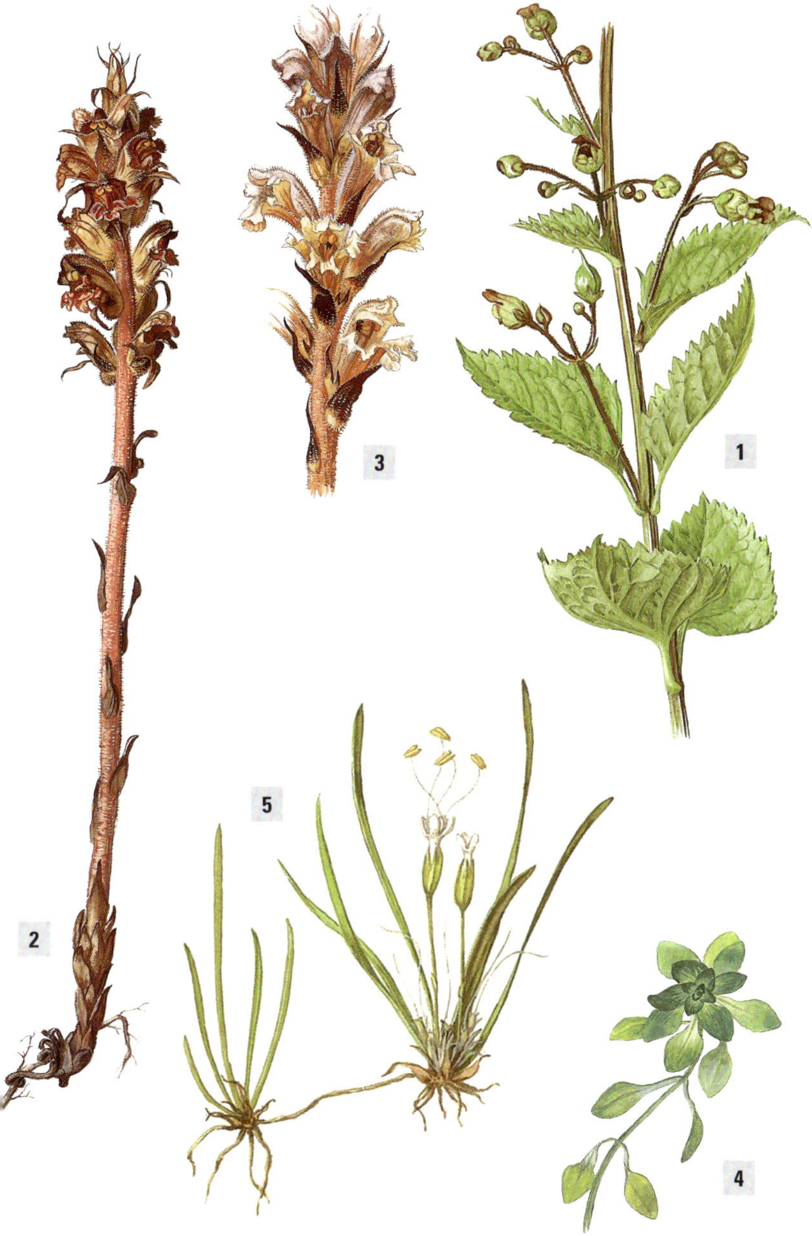
3
1
5
2
4

Wegerichgewächse
Plantaginaceae

1 Breit-Wegerich
Plantago major L.

❀ 6–10 ↕ 5–30 cm

B. eiförmig-elliptisch, mit 5–9 parallelen Nerven; Spreite vom B.stiel scharf abgesetzt, dunkelgrün, derb; Blüten unscheinbar, in schmaler, bis 15 cm lg. Ähre; Krone 4teilig, gelblichweiß; Staubbeutel erst lila, dann gelblich. Δ Wege, Trittrasen, Weiden; häufig. Europa.
Der **Kleine Wegerich**, *P. intermedia* Gilib., ist kleiner; B. allmählich in den Stiel verschmälert, 3–5nervig, Ährenstiel bogig aufsteigend, Ähre kurz; feuchte Äcker; verbreitet. Europa.

2 Spitz-Wegerich
Plantago lanceolata L.

❀ 5–9 ↕ 10–40 cm

B. in grundständiger Rosette, lanzettlich, ganzrandig, mit 5–7 parallelen Nerven; Blüten 4zählig, unscheinbar, in eiförmig-länglicher Ähre an lg., 5kantigem, aufrechtem Stiel; Kelchb. 4, ungleich; Krone 2–4 mm br., kahl, mit bräunlichen Kronzipfeln; Staubfäden sehr lg., Staubbeutel gelblich.
Δ Wiesen, Weiden, Wegränder, Äcker; häufig. Fast ganz Europa.

3 Mittlerer Wegerich
Plantago media L.

❀ 5–7 ↕ 20–40 cm

B. in grundständiger, meist dem Boden anliegender Rosette, br.-eiförmig, in den kurzen, br. Stiel verschmälert, anfangs dicht kurzhaarig; Blütenähre walzig, 2–6 cm lg., viel kürzer als der St. (bei *P. major* Ähre länger als der St.); Blüten wohlriechend; Krone 4 mm lg., mit weißen Kronzipfeln; Staubb. meist lila. Δ Halbtrockenrasen, magere Wiesen und Weiden; verbreitet. Fast ganz Europa, im Süden selten.

4 Strand-Wegerich
Plantago maritima L.

❀ 6–9 ↕ 15–30 cm

Pfl. blaugrün, am Grund verholzt; B. linealisch, fleischig, anfangs rinnig, schwach 3–5nervig, 2–6 mm br.; Ähre 4–10 cm lg.; Krone bläulich; Tragb. und Kelchzipfel kahl oder sehr kurz gewimpert. Δ Salzhaltige Böden, Salzwiesen, Küsten; im Küstengebiet häufig, sonst selten. Europa.

5 Krähenfuß-Wegerich
Plantago coronopus L.

❀ 5–10 ↕ 5–30 cm

St. b.los, unverzweigt; B. in grundständiger Rosette, fiederspaltig oder grob gezähnt; Blüten gelblich, in 0,5–4 cm lg. und 3–4 mm br. Ähre; Kronröhre behaart.
Δ Meeresstrand, Salzwiesen, trockene, sandige Plätze, Wegränder; zerstreut bis selten. Fast ganz Europa.

6 Feld-Mannstreu
Eryngium campestre L.

❀ 7–8 ↕ 20–80 cm

Pfl. sparrig verzweigt, graugrün oder weißlich; mittlere und obere St.b. st.umfassend, doppelt fiedersspaltig, mit stechenden Spitzen; Blütenköpfe fast kugelig, mit lineal-lanzettlichen Hüllb.; Krone weiß oder graugrün.
Δ Trocken- und Halbtrockenrasen, Wegränder, Bahnanlagen; zerstreut. Mittel- und Südeuropa, nördlich bis Südengland.
Ähnlich ist der **Flachblättrige Mannstreu,** *E. planum* L., aber Pfl. blau überlaufen; untere B. ungeteilt, herz-eiförmig, obere B. 3–5teilig; Blütenköpfe eiförmig; Krone blau.
Δ Sandtrockenrasen; zerstreut bis selten. Mittel- und Südeuropa.

6b
6a
2
1
4
3
5

Korbblütengewächse
Compositae oder Asteraceae

1 Wald-Ruhrkraut
Gnaphalium sylvaticum L.

❁ 7–9 ↕ 10–50 cm

Pfl. zur Blütezeit mit vielen, nichtblühenden Rosetten; St. filzig; Grundb. Lanzettlich, 2–6 cm lg., 2–5 mm br., kurz gestielt, wie die St.b. 1nervig, unterseits filzig; Blütenköpfe in lg. Ähre, diese mindestens 1/3 der St.länge; Hüllb. mit hellbraunem Hautrand. Δ Waldwege, Kahlschläge, Magerrasen, Heiden; verbreitet. Europa.

2 Sumpf-Ruhrkraut
Gnaphalium uliginosum L.

❁ 7–9 ↕ 5–20 cm

Pfl. filzig, reich verzweigt; B. schmal-lanzettlich, beiderseits filzig, 1–4 cm lg.; Blütenköpfe 3–4 mm lg., gelblich, ohne Spreub., zu 3–8 in Knäueln, eine dichte Ähre bildend, diese mindestens 1/3 so lg. wie der St.; Hüllb. hellbraun, meist zerschlitzt. Δ Ufer, feuchte Äcker; verbreitet. Fast ganz Europa.

3 Acker-Filzkraut
Filago arvensis L.

❁ 7–9 ↕ 10–30 cm

Pfl. graufilzig, mit aufrechten Ästen; B. schmallanzettlich, 1–2 cm lg.; Blütenköpfe 4–5 mm lg., mit Spreub., zu 2–7 in dichten Knäueln, nur mit Röhrenblüten; Hüllb. dicht wollig-filzig, stumpf, zuletzt sternförmig ausgebreitet. Δ Brachland, Sandtrockenrasen; kalkmeidend; ziemlich selten. Fast ganz Europa.

4 Gewöhnlicher Beifuß
Artemisia vulgaris L.

❁ 7–9 ↕ 60–120 cm

Pfl. reich verzweigt, unangenehm riechend; B. 1–2fach gefiedert, oberseits dunkelgrün, unterseits weißwollig, am Grund geöhrt; Abschnitte der oberen St.b. tief gesägt; Blütenköpfe eiförmig, 3–4 mm lg., rötlichbraun, in reichästigen Rispen; äußere Hüllb. eiförmig, filzig, br.-hautrandig. Δ Wege, Schutt, Ufer, Auengebüsch; häufig; Gewürzpfl. Europa.

5 Strand-Beifuß
Artemisia maritima L.

❁ 9–10 ↕ 30–60 cm

B. 2–3fach fiederteilig, mit linealischen, 1–2 mm br., stumpfen Zipfeln, beiderseits weiß- oder graufilzig; Blütenköpfe eiförmig, 2–3 mm lg.; Hüllb. filzig; Blüten 2geschlechtig. Δ Salzböden; an den Küsten Europas verbreitet, im Binnenland selten.

6 Echte Edelraute
Artemisia umbelliformis Lam.

❁ 7–9 ↕ 10–30 cm

Pflanze aromatisch duftend; B. silberglänzend, die unteren doppelt 3teilig, die oberen fingerig gestielt; Abschnitte kaum 1 mm breit; Blütenköpfe zu 5–20, traubig-ästig angeordnet, 4–6 mm br., 10–30blütig; Blüten gelb, die äußeren weißlich. Δ Kalkarme Felsspalten, Felsschutt; 1600–3700 m; ziemlich selten. Alpen, Pyrenäen, Apennin.

7 Beifußblättrige Ambrosie, Traubenkraut
Ambrosia artemisifolia L.

❁ 8–10 ↕ 50–100 cm

Pfl. 1jährig, oft reich verzweigt; B. doppelt fiederspaltig, anliegend behaart (7a); ♂ Blüten und ♀ Blüten in getrennten Körbchen; ♂ Körbchen 4-6 mm br., gelb, in endständigen, dichten, b.losen, ährenförmigen Blütenständen (7b); ♀ Körbchen in den Achseln von Hüllb. am Grund des Blütenstandes sitzend. Δ Weg- und Straßenränder, Schuttplätze, Äcker; zerstreut. Heimat Nordamerika; in Europa eingeschleppt. Der Pollenstaub löst Allergien aus und bewirkt Heufieber und asthmaähnliche Anfälle.

7b
7
7a
1
5
2
6
3
4

Rohrkolbengewächse
Typhaceae

1 Breitblättriger Rohrkolben
Typha latifolia L.

❁ 7–8 ↕ 100–250 cm

B. 2zeilig, 10–20 mm br., beiderseits flach, blaugrün; Blüten in 10–20 cm lg., 2–3 cm br. Kolben, der untere schwarzbraun, breiter, mit ♀ Blüten, der obere gelbbraun, schmäler, mit ♂ Blüten; ♀ und ♂ Kolben sich berührend und fast gleich lg. Δ Nährstoffreiche Gewässer, Uferröhricht, Schlammböden, in 20–150 cm Wassertiefe; ziemlich häufig, aber durch Entwässerungsmaßnahmen seltener werdend. Fast ganz Europa, nördlich bis Südnorwegen.
Ähnlich sind noch: **Schmalblättriger Rohrkolben**, *T. angustifolia* L., aber B. 3–10 mm br., unterseits meist gewölbt; ♀ und ♂ Kolben etwa 3–5 cm voneinander entfernt; Ufer, Gräben; ziemlich selten; Europa. **Zwerg-Rohrkolben**, *T. minima* Hoppe, Pfl. 30–70 cm; B. grasartig, 1–2 mm br., grundständig; St.b. zu B.scheiden zurückgebildet; Kolben kurz, eiförmig, 2–4 cm lg., der ♂ Kolben etwas schmäler; sehr selten. GefGr. 1!

Süßgräser
Gramineae oder Poaceae

2 Hunds-Straußgras
Agrostis canina L.

❁ 6–8 ↕ 20–60 cm

Ausläufer oberirdisch, mit dichten B.büscheln; Kriechtriebe oft Wurzeln bildend; B. weich, graugrün, die grundständigen borstenförmig, die St.b. flach, 1–3 mm br., mit 2–4 mm lg., zugespitzten B.häutchen; Blütenrispe nach der Blüte zusammengezogen; Ährchen 2–3 mm lg., 1blütig; Hüllspelzen 1nervig, spitz; Deckspelzen 4–5nervig, stumpf, am Rücken, unter der Mitte begrannt; Vorspelze fehlend oder sehr klein. Δ Quell- und Flachmoore, Sümpfe, Ufer; häufig. Europa.

3 Rotes Straußgras
Agrostis tenuis Sibth.

❁ 6–7 ↕ 20–40 cm

B. 2–4 mm br., flach, rau; B.häutchen gestutzt, 1 mm lg.; Rispe 5–12 cm lg.; nach der Blüte ausgebreitet; Ährchen rotviolett, 1blütig, 3–4 mm lg. Δ Saure Magerrasen, lichte Kiefern- und Eichenwälder; häufig. Europa.

4 Borstgras
Nardus stricta L.

❁ 5–6 ↕ 10–30 cm

Pfl. dichte, graugrüne Horste bildend; B. borstenförmig, eingerollt, rau, am Grund von dicht gebüschelten B.scheidenresten umgeben; Ähre 3–8 cm lg., 1seitswendig; Ährchen 1blütig, 7–15 mm lg., begrannt. Δ Magerrasen und -weiden, Heiden; häufig. Europa, im Süden nur in den Gebirgen.

5 Dreizahn
Sieglingia decumbens (L.) Bernh.
(*Danthonia d.* (L.) Lamk. et DC.)

❁ 6–7 ↕ 15–45 cm

Pfl. horstbildend; B. oberseits graugrün, 2 mm br., am Rand zerstreut behaart, anstelle des B.häutchens ein Haarkranz; B.scheiden bewimpert; Ähren aufrecht abstehend, 2–5blütig; Hüllspelzen 8–10 mm lg., mit 2zähniger Spitze; Deckspelze 4–6 mm lg., mit 3zähniger Spitze. Δ Silikatmagerrasen, Heiden; verbreitet. Europa.

1
5
2
3
4

Süßgräser
Gramineae oder Poaceae

1 **Taube Trespe**
Bromus sterilis L.

❀ 6–7 ↕ 30–80 cm

B. 3–5 mm br., behaart; B.häutchen zerschlitzt und gefranst; B.scheiden weichhaarig; St. oben kahl; Rispe locker, allseitswendig, mit rauen Ästen; Ährchen 2–3 cm lg., zur Spitze hin verbreitert; Granne länger als die Deckspelze; untere Hüllspelze klein, 1nervig, obere größer, 3nervig. Δ Trockene Wegränder, Schutt, Mauern; häufig. Fast ganz Europa.
Ähnlich ist die **Dach-Trespe**, *Bromus tectorum* L., aber St. oben behaart, Rispe 1seitswendig, obere Äste weichhaarig; Wege, Dämme, Kiesgruben. Südskandinavien, Mittel- und Südeuropa.

2 **Trauben-Trespe**
Bromus racemosus L.

❀ 5–6 ↕ 30–80 cm

Pfl. hellgrün; B. 3–4 mm br.; Rispe 3–10 cm lg., aufrecht; Ährchen eiförmig, kahl, 10–15 mm lg., 5–8blütig, untere Hüllspelze 3–6-, obere 5–9nervig, Deckspelze pergamentartig, eiförmig, mit 6–7 mm lg. Granne. Δ Feuchtwiesen. Europa. GefGr. 3!

3 **Aufrechte Trespe**
Bromus erectus Huds.

❀ 5–10 ↕ 30–100 cm

Pfl. dichtrasig; St. aufrecht; untere B. borstlich gefaltet, obere B. flach, 2–4 mm br., entfernt gewimpert; B.häutchen 1–2 cm lg., untere B.scheiden mit zerstreuten, abstehenden Haaren; Rispe aufrecht, 10–15 cm lg., mit lg. Ästen; Ährchen vielblütig, etwas zusammengedrückt, flach, 2–4 cm lg.; untere Hüllspelze 1nervig, obere 3nervig; Deckspelze mit kurzer Granne. Δ Trockenwiesen, sonnige Böschungen, Magerrasen; ziemlich häufig. Südskandinavien, Mittel- und Südeuropa.

4 **Unbegrannte Trespe**
Bromus inermis Leys.

❀ 6–7 ↕ 30–100 cm

Pfl. mit Ausläufern; B. und B.scheiden kahl, B. flach, 6–10 mm br.; B.häutchen bis 2 mm lg.; Rispe aufrecht, allseitswendig, 10–20 cm lg.; Rispenäste bis 5 cm lg., reichährig; Ährchen lineal-stumpflich, 2–3 cm lg.; untere Hüllspelze 1nervig, obere 3nervig; Deckspelzen unbegrannt oder mit 1–2 mm lg. Granne. Δ Wegränder, Äcker, Magerrasen; zerstreut. Nord- und Mitteleuropa (östlich), südlich bis Alpensüdfuß, Balkanhalbinsel.

5 **Silbergras**
Corynephorus canescens (L.) P. B.

❀ 6–7 ↕ 15–30 cm

Pfl. horstbildend; B. borstförmig eingerollt, starr, aufrecht, graugrün; B.scheiden rosa; B.häutchen 2–3 mm lg.; Rispe fein verzweigt, grausilberfarben, nach der Blüte zusammengezogen; Granne der Deckspelzen keulig verdickt, im Ährchen versteckt.
Δ Sandtrockenrasen, Dünen, trockene Kiefernwälder; kalkmeidend; zerstreut bis selten. Südskandinavien, Mittel- und Südeuropa.

2
4
1
3
5

Süßgräser
Gramineae oder Poaceae

1 Fieder-Zwenke
Brachypodium pinnatum (L.) P. B.

6–7 ↕ 50–100 cm

Pfl. gelbgrün, mit lg., unterirdischen Ausläufern; St. steif, nur an den Knoten kurzhaarig; B. 4–6 mm br., am Rand borstig behaart, selten kahl; B.häutchen gestutzt, 1–2 mm lg.; Ähre steif, aufrecht; Ährchen 2–3 cm lg., 8–20blütig; Deckspelze mit kurzer Granne. Δ Lichte, trockene Wälder und Waldränder, Magerrasen, Weiden, Halbtrockenrasen; verbreitet. Europa.
Ähnlich ist die **Wald-Zwenke**, *B. sylvaticum* (Huds.) P. B., aber Pfl. in lockeren Horsten; B. dunkelgrün, schlaff, unterseits mit hervortretendem, weißem Mittelnerv; Ähre überhängend; Granne so lg. oder länger als die dazugehörige Deckspelze; Auenwälder, Laubmischwälder; häufig. Europa.

2 Rasen-Schmiele
Deschampsia cespitosa (L.) P. B.

6–7 ↕ 30–120 cm

Pfl. kräftige Horste bildend; B. flach, 2–4 mm br., sehr rau, oberseits stark 7rippig; B.häutchen 6–8 mm lg., oft zerschlitzt; Rispe grün, 10–30 cm lg., silbrig oder rötlich glänzend; Rispenäste rau; Ährchen 4–5 mm lg., meist 2blütig; Granne der Deckspelze meist im Ährchen versteckt. Δ Auenwälder, nasse Waldstellen, feuchte Wiesen, Flachmoore, Quellfluren; häufig. Europa.

3 Draht-, Schlängel-Schmiele
Deschampsia flexuosa (L.) P. B.

6–8 ↕ 30–50 cm

Pfl. lockerrasig, weiche Polster bildend; B. eingerollt, fadenförmig; B.häutchen 2–3 mm lg.; Rispe locker, mit geschlängelten, feinen Rispenästen; Ährchen hellbräunlich, wie die Rispenäste violett überlaufen; Granne der Deckspelze gekniet, das Ährchen überragend. Δ Bodensaure Laub- und Nadelwälder, Magerweiden, Heiden; kalkmeidend; verbreitet. Europa.

4 Land-Reitgras, Waldschilf
Calamagrostis epigejos (L.) Roth

6–8 ↕ 80–150 cm

Pfl. mit lg. unterirdischen Ausläufern; B. 5–10 mm br., flach oder eingerollt, hart, beiderseits stark rau; B.häutchen bis 9 mm lg., gestutzt; Rispe bis 30 cm lg., knäuelig gelappt; Ährchen am Grund der Deckspelzen mit einem Haarkranz; Deckspelzen am Rücken begrannt, Granne die Deckspelze weit überragend, die Spitze der Hüllspelze fast erreichend, aber nicht aus dem Öhrchen herausragend Δ Waldschläge, lichte Wälder, Ufer, Kiesgruben; häufig. Europa.
Ähnlich ist das **Berg-Reitgras**, *C. varia* (Schrad.) Host; B. dunkelgrün, 3–8 mm br., beiderseits rau; Granne gekniet, im untersten Viertel der Deckspelze eingefügt, diese und die Hüllspelze überragend und aus dem Ährchen herausragend; Bergwälder, besonders mit Föhre, steinige Kalkböden, Pionier auf Rutschhängen; Gebirge Mittel- und Südeuropas.

4
3
2
1

Süßgräser
Gramineae oder Poaceae

1 Schaf-Schwingel
Festuca ovina L.

❀ 5–8 ↕ 10–40 cm

Pfl. dichte Horste bildend; Grundb. und St.b. borstlich gerollt oder gefaltet, meist haardünn; B.häutchen sehr kurz; B.scheiden fast bis zum Grund offen; Blütenrispe 3–12 cm lg., zusammengezogen, mit aufrechten Ästen; Ährchen 4–7 mm lg.; Deckspelzen meist begrannt. (Formenreiche Sammelart mit vielen Kleinarten.) Δ Mager- und Trockenrasen, Eichen- und Kiefernwälder. Europa.

2 Rot-Schwingel
Festuca rubra L.

❀ 6–7 ↕ 30–80 cm

Pfl. lockerrasig, graugrün; Grundb. borstlich, 0,5–1 mm br.; St.b. flach, 1–3 mm br., am Grund nicht geöhrt; B.häutchen kurz, gestutzt; Rispe aufrecht, 6–15 cm lg.; Ährchen 7–10 mm lg., 4–6blütig, rötlichviolett oder bräunlich; Granne der Deckspelze 1–2 mm lg., unterster Rispenast etwa 1/2 so lg. wie die Rispe. Δ Wiesen, Weiden, Halbtrockenrasen; häufig. Europa.

3 Wiesen-Schwingel
Festuca pratensis Huds.

❀ 6–7 ↕ 30–80 cm

Pfl. dunkelgrün; B. 3–5 mm br., 10–20 cm lg., am Grund mit kahlen Öhrchen; Rispe schlank, 10–20 cm lg., 1seitswendig; unterster Rispenast mit 4–5 Ährchen und einem kurzen Zweig am Grund mit 1(–3) Ährchen; Ährchen 9–11 mm lg., meist 7–8blütig, gelbgrün oder violett gefleckt, grannenlos. Δ Fettwiesen und -weiden, Moorwiesen; häufig. Europa.

4 Riesen-Schwingel
Festuca gigantea (L.) Vill.

❀ 7–8 ↕ 60–120 cm

B. flach, 5–15 mm br., glänzend, am Grund mit st.umfassenden B.öhrchen; B.häutchen 1 mm lg., gestutzt; Rispe 10–30 cm lg., locker, zuletzt überhängend; Ährchen (ohne Granne) 10–15 mm lg.; Deckspelzen mit 10–20 mm lg., geschlängelter Granne. Δ Erlen- oder Eschenauenwälder, feuchte Waldwege, Laubmischwälder; häufig. Südskandinavien, Mitteleuropa, südlich bis Mittelitalien.
Ähnlich ist der **Wald-Schwingel**, *F. altissima* All., aber Ährchen 7–8 mm lg., Deckspelze unbegrannt; B.häutchen 3 mm lg.; Buchen-Tannenwälder.

5 Wiesen-Knäuelgras
Dactylis glomerata L.

❀ 5–7 ↕ 30–120 cm

Pfl. graugrün; B. 4–10 mm br.; Ährchen 3–4blütig, grün, oft violett überlaufen, an den Rispenästen geknäuelt; Rispe zur Blütezeit im Umriss 3eckig, aufrecht, mit abstehendem unteren Rispenast; Hüllspelzen derb, nicht durchscheinend. Δ Fettwiesen und -weiden, Halbtrockenrasen; häufig. Europa.

3
1
4
5
2

Süßgräser
Gramineae oder Poaceae

1 Weiches Honiggras
Holcus mollis L.

7–8 30–80 cm

Pfl. blau- bis graugrün, mit unterirdischen Ausläufern; St. nur an den Knoten stark behaart (im Gegensatz zu *H. lanatus,* siehe T. 77); B. 3–8 mm br., rau; Hüllspelzen kahl; Granne gekniet, aus dem Ährchen herausragend. Δ Bodensaure Eichenwälder, Heiden, Waldschläge; verbreitet. Fast ganz Europa.

2 Wolliges Honiggras
Holcus lanatus L.

6–8 30–100 cm

Pfl. graugrün; St.knoten, B.scheiden und B.spreiten weichhaarig; B.häutchen 2 mm lg., gefranst; Rispe 6–12 cm lg., rötlich überlaufen; Ährchen 4–5 mm lg., Hüllspelzen am Kiel und am Rand bewimpert, weißlich, oben rötlich; Deckspelze weißglänzend, die der ♂ Blüten mit kurzer Granne. Δ Feuchte Wiesen und Weiden, Flachmoore; häufig. Europa.

3 Zittergras
Briza media L.

5–6 20–50 cm

B. 2–5 mm br., am Rand rau; B.häutchen 1 mm lg.; Ährchen herzförmig, 3–12blütig, 5–7 mm lg., hängend, Spelzen ohne Grannen; Rispenäste dünn, wellig. Δ Halbtrockenrasen, Magerrasen. Fast ganz Europa.

4 Einblütiges Perlgras
Melica uniflora Retz.

5–6 30–50 cm

B. 3–6 mm br.; B.scheiden kahl, mit kleinen, bis 4 mm lg. Anhängseln gegenüber dem B.grund; Rispe locker; Ährchen aufrecht, 5–6 mm lg., 1blütig. Δ Laubmischwälder, Buchenwälder; verbreitet. Südskandinavien, Mittel- und Südeuropa.

5 Nickendes Perlgras
Melica nutans L.

5–6 30–60 cm

B. 3–8 mm br.; B.häutchen sehr kurz, ohne gegenständiges Anhängsel; Ährchen nickend, 6–10 mm lg., 2blütig, in lockerer 1seitswendiger, bis 10 cm lg. Traube. Δ Laubmischwälder, Auenwälder, lichte Nadelwälder; häufig. Fast ganz Europa.

6 Bewimpertes Perlgras
Melica ciliata L.

5–6 20–70 cm

Pfl. graugrün; B. 2–3 mm br., oberseits dicht kurzhaarig; B.häutchen 2–4 mm lg., zerschlitzt; untere B.scheiden kahl; Ährenrispe 6–14 cm lg., starr, aufrecht, locker, meist 1seitswendig; Ährchen 5–7 mm lg.; Deckspelzen dicht mit 2–3 mm lg., steifen Haaren bewimpert. Δ Sonnige Mauern, Trockenrasen; selten, im Süden häufig. Südskandinavien, Mittel- und Südeuropa.

1
2
3
4
5
6

Süßgräser
Gramineae oder Poaceae

1 Wiesen-Rispengras
Poa pratensis L.

5–6 | 10–80 cm

Pfl. dunkelgrün; B. 3–5 mm br., flach oder gefaltet (nicht gerollt), plötzlich kahnförmig zugespitzt, mit Doppelrinne (so genannte Schispur); B.häutchen 0,5–2 mm lg., gestutzt; Blütenrispe 5–10 cm lg., reichblütig; untere Rispenäste zu 3–5, rau; Ährchen flach, 4–6 mm lg.; Hüllspelzen fast gleich lg., wie die Deckspelze behaart. Δ Wiesen, Weiden; häufig. Europa.

2 Gewöhnliches Rispengras
Poa trivialis L.

5–6 | 10–80 cm

Sehr ähnlich dem Wiesen-Rispengras, aber B.häutchen 3–7 mm lg., zugespitzt; Hüllspelzen sehr ungleich lg.; St. oben rau. Δ Feuchtwiesen, Auenwälder, feuchte Äcker; häufig. Europa.

3 Einjähriges Rispengras
Poa annua L.

ganzjährig | 5–25 cm

Pfl. rasenbildend; B. flach, oberseits in der Mitte mit Doppelrinne (Schispur); B.häutchen 2–4 mm lg., weißlich, Rispe 2–5 cm lg., untere Rispenäste 1–2, glatt, waagrecht abstehend; Deckspelzen meist grün. Δ Wege, Trittrasen, Äcker, Gärten; häufig. Europa.

4 Hain-Rispengras
Poa nemoralis L.

6–7 | 20–60 cm

B. waagrecht abstehend, 1–2 mm br., bläulichgrün; B.häutchen sehr kurz oder fehlend; Rispe armblütig, locker, 5–10 cm lg.; Ährchen oft 1blütig. Δ Laubmischwälder, Hecken, Waldränder; häufig. Europa.

5 Alpen-Rispengras
Poa alpina L. var. *vivipara* L.

5–9 | 5–50 cm

Pfl. dichtrasig; St.grund durch viele, dicht übereinander liegende B.scheiden zwiebelartig verdickt; B. flach, 2–5 mm br., grün bis blaugrün; Rispe locker; Ährchen 5–10blütig, grüngelb und rotviolett gescheckt, zu beblätterten Brutknospen auswachsend. Δ Tiefgründige, tonige Böden, Fettwiesen, Matten, etwa 1400–2600 m; häufig. Nordeuropa, Gebirge Mittel- und Südeuropas.

6 Wiesen-Kammgras
Cynosurus cristatus L.

6–7 und 9–10 | 20–60 cm

B. 2–3 mm br., fein gerieft, oberseits glänzend, unterseits mattgrün; B.häutchen 1 mm lg.; Ährenrispe linealisch, 4–10 cm lg., 1seitswendig; Ährchen 2reihig angeordnet, grün, 3–4 mm lg.; jedes fruchtbare Ährchen mit einem unfruchtbaren, kammartigen Ährchen. Δ Fettweiden und -wiesen; häufig. Fast ganz Europa.

6
5
1
3
4
2

Süßgräser
Gramineae oder Poaceae

1 Glatthafer
Arrhenatherum elatius (L.) J. et C. Presl

❀ 6–7 ↕ 50–150 cm

B. flach, 4–8 mm br., oberseits kurzhaarig, B.scheiden kahl; B.häutchen kurz, gestutzt, gezähnt; Rispe 10–20 cm lg.; Ährchen 8–12 mm lg., 2blütig, nur mit 1 geknieten Granne; untere Hüllspelze 1-, obere 3nervig. Δ Fettwiesen, Wegraine; ergiebiges Futtergras; häufig. Fast ganz Europa.

2 Gewöhnlicher Goldhafer
Trisetum flavescens (L.) P. B.

❀ 5–6 und 8–9 ↕ 30–80 cm

Pfl. lockerrasig; St. an den Knoten und darunter behaart; B.scheiden zottig; B.spreite flach, am Rand bewimpert; B.häutchen 1–2 mm lg.; Rispe 10–20 cm lg., Äste sehr fein, mit 3–12 Ährchen; Ährchen rundlich, 5–8 mm lg., 2–3blütig, goldgelb, mit 2–3 Grannen; untere Hüllspelze 1-, obere 3nervig, Deckspelze 5nervig, 2spaltig, mit 5–7 mm lg., geknieter Granne. Δ Fettwiesen, Gebirgswiesen; gutes Futtergras; häufig. Fast ganz Europa.

3 Flaumhafer
Avenochloa pubescens (Huds.) Holub. (*Avena p.* Huds.)

❀ 5–6 ↕ 30–100 cm

Pfl. in lockeren Horsten; B. flach, 5–10 mm br.; B.scheiden und untere B. weichhaarig; B.häutchen 3eckig, spitz, 4–6 mm lg.; Rispe 10–20 cm lg., untere Rispenäste zu 3–5; Ährchen mit 2–3 Grannen, grünlich, violett und goldgelb gescheckt; untere Hüllspelze 1nervig, etwa 12 mm lg., obere 3nervig, etwa 16 mm lg.; Granne 10–20 mm lg., unten bandartig, gedreht. Δ Magere Wiesen, Kalkmagerrasen; häufig. Fast ganz Europa.

4 Gewöhnliches Ruchgras
Anthoxanthum odoratum L.

❀ 4–6 ↕ 10–50 cm

Pfl. rasenbildend; B. 3–6 mm br., blaugrün, bitter schmeckend, am Grund geöhrt und mit Haarkranz; B.häutchen 1–2 mm lg., gestutzt und gezähnt; Ährchen 1blütig, zuletzt gelbbraun, mit 4 Hüllspelzen, in kurzer, schmaler, eiförmiger, 2–4 cm lg. Rispe (Ährenrispe). Δ Magere Wiesen und Weiden, lichte Laubwälder, Wegränder; häufig. Europa.

5 Waldgerste
Hordelymus europaeus (L.) Jessen (*Elymus europaeus* L.)

❀ 6–8 ↕ 50–120 cm

Untere B.scheiden und St.knoten zottig behaart; B. 6–10 mm br., grün, weich, kurz behaart, am Grund mit sichelförmigen B.öhrchen, unterseits mit weißlichem, vorspringendem Mittelnerv; B.häutchen fast fehlend; Ähre 4–8 cm lg.; Ährchen 10blütig, jeweils zu 2 oder 3 auf den Absätzen der Ährenachse, kurz gestielt; Hüllspelzen mit Granne 2–3 cm lg. Δ Laubmischwälder, Buchenwälder; zerstreut. Südskandinavien, Mittel- und Südeuropa.

3
1
2
4
5

Süßgräser
Gramineae oder Poaceae

1 Gewöhnliches Schilf
Phragmites australis (Cav.) Steud.
(*P. communis* Trin.)

✿ 7–9 ↕ 100–400 cm

Pfl. bis 4 m lg. unterirdische Ausläufer treibend; B. graugrün, 2–3 cm br.; anstelle des B.häutchens ein Haarbüschel; Rispe 15–40 cm lg., schwach 1seitswendig, bräunlich oder rötlich, zuletzt hängend; Ährchen 6–10 mm lg., 3–8blütig, am Grund der Blüten mit 1 cm lg. Seidenhaaren; Deckspelzen kahl. Δ Uferröhricht, bis 2 m Wassertiefe, Moorwiesen, feuchte Äcker, Auenwälder; oft reine, ausgedehnte Bestände bildend; häufig. Europa. Oft zur Ufersicherung von Flüssen, Bächen und Seen gepflanzt.

2 Rohr-Glanzgras
Phalaris arundinacea L.

✿ 6–7 ↕ 50–200 cm

Pfl. schilfartig; B. 6–12 mm br., flach; B.häutchen 3–6 mm lg., oft zerschlitzt; Rispe straußförmig, 10–20 cm lg., weißlichgrün oder rötlich; Ährchen 5–7 mm lg., an den Rispenästen zu dichten Knäueln zusammengerückt, 1blütig, mit 4 Hüllspelzen. Δ Uferröhricht, Erlenbrüche, Auenwälder, oft reine Bestände bildend; häufig. Europa. Oft zur Ufersicherung von Fließgewässern angepflanzt.

3 Blaues Pfeifengras
Molinia caerulea (L.) Moench

✿ 6–9 ↕ 50–100 cm

Pfl. am Grund zwiebelartig verdickt; untere St.glieder sehr kurz, oberstes St.glied sehr lg., den ganzen oberirdischen St. bildend, St. daher knotenlos; B. blaugrün, flach, rau, am Grund schwach bewimpert, anstelle des B.häutchens ein Haarbüschel; Rispe schmal, bis 30 cm lg., meist schieferblau, seltener violett oder grün; Ährchen 6–8 mm lg.; Deckspelzen 3–4 mm lg., unbegrannt. Δ Moorwiesen, feuchte Sand- und Moorböden, Heidemoore; in den Alpen bis über 2000 m; häufig. Fast ganz Europa.

4 Strand-Salzschwaden, Andelgras
Puccinellia maritima (Huds.) Parl.

✿ 6–9 ↕ 20–60 cm

Pfl. mit ausläuferartig verlängerten Trieben im Herbst; B. eingerollt, fleischig, binsenartig, glatt; Rispenäste glatt, aufrecht abstehend, später zusammengezogen, die unteren meist 2; Ährchen 5–9blütig, länglich, 5–10 mm lg., oft violett. Δ Strandwiesen der Nord- und Ostsee und des Atlantischen Ozeans; verbreitet.

5 Wasser-Schwaden
Glyzeria maxima (Hartm.) Holmbg.

✿ 7–8 ↕ 80–200 cm

St. dick, aufrecht, rohrartig; B. hellgrün, 10–15 mm br.; B.häutchen 1–3 mm lg., gestutzt, B.scheiden gekielt, rau; Rispe dicht, reichblütig, 20–40 cm lg.; Ährchen 5–8 mm lg. Δ Uferröhricht, stehende oder langsam fließende, nährstoffreiche Gewässer; häufig. Fast ganz Europa.

1
5
2
4
3

Süßgräser
Gramineae oder Poaceae

1 Flutender Schwaden
Glyzeria fluitans (L.) R. Br.

❁ 5–8 ↕ 40–100 cm

Pfl. mit lg. Ausläufern; B. grau- bis grasgrün, 5–10 mm br., etwas rau; B.häutchen bis 10 mm lg., zerschlitzt; Blütenstand eine 1seitswendige, oft zusammengezogene Rispe; Rispenäste mit 1–4 Ährchen, diese 10–25 mm lg.; Deckspelzen 6–7 mm lg., vorne verschmälert, ganzrandig. Δ Bäche, Gräben, Bachröhricht, Auenwälder; häufig. Europa.

2 Flattergras, Waldhirse
Milium effusum L.

❁ 5–7 ↕ 60–100 cm

Pfl. blaugrün, kahl; B. 10–15 mm br., unterseits gekielt; B.häutchen bis 7 mm lg.; Rispe locker, 10–25 cm lg.; Rispenäste waagrecht, später schräg abwärts gerichtet; Ährchen 1blütig, oval, 3–4 mm lg.; Spelzen glänzend, kahl, nach der Blüte hart werdend. Δ Laub- und Nadelmischwälder, lichte Tannen-Buchen-Fichtenwälder; verbreitet. Europa.

3 Gemeiner Windhalm
Apera spica venti (L.) P. B.

❁ 6–7 ↕ 30–100 cm

B. 3–4 mm br., beiderseits rau, flach; B.häutchen bis 6 mm lg.; Rispe bis 30 cm lg., lockerblütig, mit lg. Ästen; Ährchen 2–3 mm lg., 1blütig, mit 5–7 mm lg. Granne. Δ Getreideäcker, Ruderalstellen; kalkmeidend; verbreitet. Fast ganz Europa.

4 Salz-Schlickgras
Spartina townsendii H. et J. Grev.

❁ 7–8 ↕ 30–130 cm

Pfl. mit weit kriechenden Rhizomen; Blütenstand 10–25 cm lg., mit 3–6 schlanken, aufrechten Ähren; Ährchen 12–20 mm lg., 2zeilig angeordnet, dicht der Ährenachse angedrückt, 1blütig; B. steif, flach, 5–8 mm br. (Bastardart aus *S. maritima* (Curt.) Fern. und *S. alterniflora* Lois.) Δ Salzhaltiger Schlick, Watt der Nordseeküste; oft gepflanzt.

3
4
2
1

Süßgräser
Gramineae oder Poaceae

1 **Federgras**
Stipa pennata L.

5–7 ↕ 30–120 cm

B. 2–3 mm br., flach oder eingerollt; Rispe schlank, Rispenäste aufrecht; Ährchen 1blütig; Hüllspelzen 15–20 mm lg., mit 3–5 cm lg. Granne; Deckspelze mit 20–30 cm lg. Granne, diese unten gedreht, oben federig behaart. Geschützt! Δ Sonnige Felshänge, Steppenrasen; selten, im Süden verbreitet. Südschweden, Mittel- und Südeuropa. GefGr. 3!

2 **Großes Schillergras, Kammschmiele**
Koeleria pyramidata (Lamk.) P. B.

6–7 ↕ 30–80 cm

B. flach, 2–3 mm br., abstehend bewimpert; Rispe schmal, pyramidenförmig, 5–12 cm lg.; Ährchen 3blütig, 6–8 mm lg.; Hüll- und Deckspelzen zugespitzt, borstig behaart; St. unter der Rispe kurzhaarig. Δ Kalkmagerrasen, Kiefernwälder; verbreitet. Südskandinavien, Mitteleuropa.

3 **Kalk-Blaugras**
Sesleria albicans Kit.
(*S. caerulea* aut., *S. varia* aut.)

3–5 ↕ 10–40 cm

Pfl. dichtrasig; B. grün, 2–3 mm br., mit hervortretendem Mittelnerv und stumpfer Spitze; B.häutchen 0,5 mm lg.; Ährenrispe eiförmig bis zylindrisch, am Grund mit schuppenförmigen, häutigen Tragb.; Deckspelzen bläulich, mit grannenartiger Spitze. Δ Lichte Kiefern- und Buchenwälder, Trocken- und Halbtrockenrasen, kalkhaltige Böden; ziemlich selten, in den Alpen und im Vorland verbreitet. Fast ganz Europa, im Süden in den Gebirgen.

4 **Blutrote Fingerhirse, Bluthirse**
Digitaria sanguinalis (L.) Scop.
(*Panicum sanguinale* L.)

7–10 ↕ 10–50 cm

B. und B.scheiden behaart, 5–10 mm br.; B.häutchen 1–2 mm lg.; Ähren schmal-linealisch, zu 4–8, fingerförmig genähert; Ährchen lanzettlich, spitz, 3 mm lg. Δ Sandige Äcker, Wegränder; kalkmeidend; häufig. Europa.

5 **Bartgras**
Bothriochloa ischaemum (L.) Keng
(*Andropogon i.* L.)

7–9 ↕ 15–60 cm

Pfl. knickig aufsteigend, mit kurzen Ausläufern; B. graugrün, spärlich bewimpert, 3 mm br.; B.häutchen in Haare aufgelöst; Ähren zu 2–5 fingerartig angeordnet, schmal, 3–6 cm lg.; Ährchen linealisch, mit violetten, bewimperten Hüllspelzen und 1,5 cm lg. Granne. Δ Trocken- und Halbtrockenrasen, Wegböschungen; wärmeliebend; selten. Mittel- und Südeuropa. GefGr. 3!

1
2
3
4
5

Süßgräser
Gramineae oder Poaceae

1 Hühnerhirse
Echinochloa crus-galli (L.) P. B.

7–10 ↕ 30–90 cm

St. glatt, an den Knoten mit Haarbüscheln; B. dunkel graugrün, am Rand wellig; B.häutchen fehlend; Rispe aufrecht, bis 20 cm lg.; Ährchen gehäuft sitzend, eiförmig, hellgrün oder violett überlaufen; Hüllspelzen kurz bewimpert, zugespitzt oder begrannt. Δ Äcker, Weinberge; häufig. Europa.

2 Grüne Borstenhirse
Setaria viridis (L.) P. B.

6–10 ↕ 5–50 cm

Pfl. knickig aufsteigend; B. mit weißlichen oder violetten Mittelstreifen; Ährenrispe 7–10 mm dick, nicht unterbrochen; Borsten grün oder violett überlaufen, 5 mm lg., mit vorwärts gerichteten Zähnen, daher beim Abwärtsstreichen Blütenstand rau; Ährchen 2 mm lg.; Frucht reif ausfallend. Δ Äcker, Gärten, Weinberge; häufig. Europa.

3 Italienisches Raygras, Vielblütiger Lolch
Lolium multiflorum Lam.
(*L. italicum* A. Br.)

6–8 ↕ 30–100 cm

B. hellgrün, bis 10 mm br., unterseits glänzend; B.scheiden, Halme oberwärts und Ährenachse rau; Ährchen flach, 2zeilig angeordnet, mit der schmalen Seite zur Ährenachse gewandt (vergleiche *Agropyron);* untere Hüllspelzen 7nervig, 1/2 so lg. wie das Ährchen; Deckspelzen 7–8 mm lg., begrannt. Δ Wiesen, Wege, Schutt; Kulturpfl.; ziemlich häufig. Europa.

4 Ausdauernder Lolch, Englisches Raygras
Lolium perenne L.

5–9 ↕ 20–60 cm

B. scheiden und Halme glatt; B. 2–4 mm br., dunkelgrün; Hüllspelze etwas länger als die Decklspelze, diese stets unbegrannt. Δ Wiesen, Parkrasen, Straßenränder; häufig. Europa. Ähnlich ist die **Gemeine Quecke**, *Agropyron repens* (L.) P. B., aber Pfl. mit lg. Ausläufern; B. oberseits rau, 3–8 mm br., am Grund mit st.umfassenden Öhrchen; Ährchen flach, die Breitseite der Ährenachse zugewanndt; Äcker, Schutt, Wege, Ufer; häufig. Europa.

5 Mäuse-Gerste
Hordeum murinum L.

5–9 ↕ 10–40 cm

Pfl. 1jährig, grasgrün; obere B.scheiden etwas aufgeblasen; Ähre 4–12 cm lg.; Ährchen 1blütig, je 3 zu einem Ährchendrilling angeordnet, das mittlere Ährchen 2geschlechtig, die beiden seitlichen ♂ oder steril; Hüllspelzen borstenförmig und lg. begrannt, 15–20 mm lg., am Rand abstehend bewimpert; bei der Reife zerbricht die Ährenachse unter jedem Ährchendrilling. Δ Trockene Ruderalstellen; häufig. Süd- und Mitteleuropa, nördlich bis Südskandinavien.

6 Strand-Gerste
Hordeum marinum Huds.

5–7 ↕ 10–40 cm

Pfl. am Grund büschelig verzweigt, graugrün; St. knickig aufsteigend, fast bis zur Spitze beblättert; untere B.scheiden kahl oder weichhaarig, obere aufgeblasen; Ähre 4–6 cm lg.; Ährenachse brüchig; Ährchen meist zu 3 (»Ährchendrillinge«); Hüllspelzen rau, schmal-lanzettlich oder borstlich; Deckspelzen mit lg. Granne. Δ Salzwiesen und -weiden; an der Nordseeküste und an den Küsten West- und Südeuropas verbreitet; im Binnenland an Ruderalstellen selten.

1
2
3
4
5
6

Süßgräser
Gramineae oder Poaceae

1 Wiesen-Lieschgras
Phleum pratense L.

❀ 6–8 ↕ 20–100 cm

Pfl. horstbildend; B. hellgrün, rau, 3–8 mm br.; B.häutchen 3–5 mm lg.; Ährenrispe dicht, walzenförmig, 5–20(30) cm lg., 5–10 mm br., meist grün, mit sehr kurzen Ästen, beim Umbiegen nicht lappig; Ährchen von der Form eines Stiefelziehers; Hüllspelzen nicht verwachsen, zottig bewimpert; Granne der Hüllspelze 1/4–1/2 so lg.; Staubbeutel violett. Δ Fettwiesen und -weiden; ziemlich häufig. Europa.

2 Steppen-Lieschgras
Phleum phleoides (L.) Karsten

❀ 6–7 ↕ 30–60 cm

St. oben b.los; B. 2–4 mm br., rau, am Rand weiß; B.häutchen gestutzt, 1–2 mm lg.; Ährenrispe schlank, bis 18 cm lg.; Ährchen 2spitzig, stiefelknechtartig, 1blütig; Hüllspelzen länger als die Deckspelzen. Δ Sandtrockenrasen, Felsen, lichte Kieferwälder; zerstreut. Südskandinavien, Mittel- und Südeuropa.

3 Wiesen-Fuchsschwanz
Alopecurus pratensis L.

❀ 5–6 ↕ 30–100 cm

Pfl. grasgrün; B. 6–10 mm br., oberseits rau; B.scheiden glatt, an den oberen B. etwas aufgeblasen; B.häutchen 3–5 mm lg; Ährenrispe (Scheinähre) dicht, walzenförmig, bis 10 cm lg. und 1 cm br.; Ährchen eiförmig bis elliptisch, kurz gestielt, zu 4–6 je Rispenast; Hüllspelzen auf 1/3 verwachsen, 5 mm lg., am Kiel bewimpert; Granne der Deckspelze bis 9 mm lg., meist dicht über dem Grund eingefügt. Δ Frische und feuchte Wiesen, Ufer; häufig. Fast ganz Europa.

4 Knick-Fuchsschwanz
Alopecurus geniculatus L.

❀ 5–9 ↕ 15–40 cm

St. niederliegend, oft im Wasser flutend, an den Knoten wurzelnd; B. graugrün, 2–8 mm br.; B.scheiden etwas aufgeblasen; Ährenrispe 2–5 cm lg. und 4–5 mm br.; Granne unter der Mitte der Deckspelze eingefügt; Staubb. hellgelb, dann rostbraun. Δ Ufer, Flutmulden, nasse Wege; zerstreut. Europa.
Ähnlich ist der **Rote Fuchsschwanz**, *A. aequalis* Sobol., aber Granne über der Mitte der Deckspelze eingefügt; Staubb. weißlich, dann ziegelrot; B.scheiden oft blauviolett; Gräben, Teichränder.

5 Strandhafer, Sandrohr
Ammophila arenaria (L.) Link

❀ 6–8 ↕ 60–100 cm

B. graugrün, steif, spitz, meist eingerollt, oberseits gerippt; B.häutchen 1–2 cm lg.; Ährenrispe dicht, walzenförmig, weißlich, 10–20 mm lg.; Ährchen 10–15 mm lg., innen mit feinen Haaren. Δ Dünensand; an den Küsten Europas häufig.

6 Strandroggen, Blauer Helm
Leymus arenarius (L.) Hochst.
(*Elymus arenarius* L.)

❀ 6–8 ↕ 60–120 cm

Pfl. stark blaugrün, mit lg. Ausläufern; B. steif, stechend, eingerollt, oberseits rau, 8–20 mm br.; B.häutchen sehr kurz; Ähre dicht, 10–30 cm lg.; Ährchen 2–3 cm lg., meist mit 2 kurz gestielten Seitenährchen, diese »Ährchendrillinge« wechselständig sitzend. Δ Dünensand; an den Küsten Europas häufig; im Binnenland selten.
Ähnlich ist die **Strand-Quecke**, *Agropyron junceum* (L.) P.B., aber Ährchen ohne Seitenährchen; Ähre 2zeilig, 5–20 cm lg.; Ährenachse sehr brüchig; Pfl. 30–60 cm, blaugrün; B. 8 mm br., anfangs flach, später stark eingerollt; Küsten Europas; verbreitet.

3
2
5
6
4
1

Riedgrasgewächse oder Sauergräser
Cyperaceae

1 Scheidiges Wollgras
Eriophorum vaginatum L.

✿ 4–5 ↕ 30–60 cm

Pfl. dichtrasig, feste Horste aus borstenförmigen B. bildend; Ausläufer fehlend; St.b. am Rand rau, mit aufgeblasener Scheide; St. unten rund, oberwärts 3kantig, mit 1 endständigen, zur Blütezeit eiförmig-länglichen, bis 2 cm lg. Ähre, zur Fruchtzeit mit weißwolligem Kopf, gebildet aus 2–4 cm lg. weißen Blütenborsten. Δ Hochmoore, Kiefern- und Birkenmoore, saure nährstoffarme Torfböden; zerstreut, aber oft bestandsbildend. Mittel- und Nordeuropa, Pyrenäen und spanische Gebirge.

2 Scheuchzers Wollgras
Eriophorum scheuchzeri Hoppe

✿ 6–9 ↕ 10–40 cm

Pfl. rasenbildend; St. rund, mit 1 endständigen, kugeligen, zur Blütezeit runden, 1 cm lg. Ähre; St.b. glatt, ohne aufgeblasene Scheide. Δ Quellfluren, Alpenmoore; zerstreut. Alpen, Pyrenäen, Tatra, Karpaten, Skandinavien.

3 Breitblättriges Wollgras
Eriophorum latifolium Hoppe

✿ 4–6 ↕ 30–60 cm

Pfl. dichtrasig, ohne Ausläufer; St. stumpf 3kantig; B.scheiden der unteren B. schwarzbraun, zuletzt netznervig; St.b. schmal-lanzettlich, 3–8 mm br.; Ähre zu 4–10, deren Stiele rau; Blütenhülle aus weichen Borsten und Haaren, zur Fruchtzeit weißwollige Köpfe bildend. Δ Flachmoore und Quellsümpfe; zerstreut bis selten. Europa. GefGr. 3!

4 Schmalblättriges Wollgras
Eriophorum angustifolium Honck.

✿ 4–5 ↕ 30–60 cm

Pfl. mit unterirdischen Ausläufern, am Grund rosarot überlaufen; St. stielrund; St.b. linealisch, rinnig, 3–6 mm br., in eine 3kantige Spitze verschmälert; oberste B.scheiden blasig erweitert; Ährenstiele glatt. Δ Flach- und Quellmoore, Übergangsmoore; verbreitet. Fast ganz Europa.

5 Alpen-Wollgras
Trichophorum alpinum (L.) Pers.

✿ 4–5 ↕ 10–30 cm

St. 3kantig, rau; Ährchen endständig, 5–7 mm lg., 8–12blütig, mit geschlängelten, weißen, 2 cm lg. Wollhaaren. Δ Hoch- und Zwischenmoore; selten. Hauptsächlich Gebirge Mittel- und Südeuropas, Norddeutschland, Skandinavien. GefGr. 3!

6 Rasenbinse
Trichophorum cespitosum (L.) Hartmann

✿ 5–6 ↕ 5–30 cm

Pfl. dichte, feste Polster bildend; St. stielrund, gefurcht; Ährchen 4–6 mm lg., 3–6blütig, ohne Wollhaare. Δ Hoch- und Heidemoore, Quellmoore; zerstreut. Europa. GefGr. 3!

3
5
4
1
6
2

Riedgrasgewächse oder Sauergräser
Cyperaceae

1 Braune Schnabelbinse
Rhynchospora fusca (L.) Ait.fil.

❀ 5–7 ↕ 10–30 cm

Pfl. mit lg. unterirdischen Ausläufern; B. 1 mm br.; Ährchen dicht geknäuelt, rotbraun, obere Hochb. 2–4mal so lg. wie das Ährchenknäuel. Δ Hochmoorschlenken, Übergangsmoore, Torfschlammböden; sehr selten. Mittel- und Nordeuropa, Pyrenäen. GefGr. 2!

2 Weiße Schnabelbinse
Rhynchospora alba (L.) Vahl.

❀ 6–8 ↕ 15–40 cm

Pfl. ohne oder mit kurzen Ausläufern; St. 3kantig; B. borstenförmig oder rinnig, 1–2 mm br.; Ährchen 4–5 mm lg., dicht geknäuelt, 2blütig, weiß, später rötlich; Tragb. so lg. wie das Ährchenknäuel. Δ Hochmoorschlenken, Übergangsmoore; ziemlich selten. Fast ganz Europa. GefGr. 3!

3 Gewöhnliche Sumpfbinse
Eleocharis palustris (L.) R. et Sch.

❀ 5–8 ↕ 10–80 cm

St. b.los, stielrund, 1–4 mm br.; Ährchen endständig, 5–20 mm lg., 20–30blütig, am Grund mit 2 blütenlosen Hüllspelzen, jede davon das Ährchen halb umfassend; Narben 2. (Formenreich, mit mehreren Kleinarten.) Δ Röhrichte, Seggensümpfe, Nasswiesen, Gräben; ziemlich häufig. Europa.

4 Nadelbinse
Eleocharis acicularis (L.) R. et Sch.

❀ 6–10 ↕ 2–10 cm

Pfl. rasenbildend; St. 3–4kantig, unter 0,5 mm br.; untere B.scheiden oft purpurn; Ährchen endständig, 2–4 mm lg., 3–7blütig; Spelzen braun, weißrandig; Narben 3. Δ Zeitweise trockenfallende Teichböden und Altwasser; zerstreut. Europa. GefGr. 3!

5 Schwarze Kopfbinse
Schoenus nigricans L.

❀ 5–7 ↕ 15–50 cm

Pfl. dichtrasig; B. borstenförmig; grundständige B.scheiden schwarzbraun, glänzend; Blütenstand kopfig, 10–15 mm lg., aus 5–10 schwarzbraunen Ährchen bestehend, überragt von 2–5 cm lg. Tragb. Δ Nasse Kalkflachmoore, Ufer; zerstreut bis selten. Europa. GefGr. 2!

6 Rostrote Kopfbinse
Schoenus ferrugineus L.

❀ 5–6 ↕ 10–30 cm

Grundständige B.scheiden dunkel rotbraun; Ährchen zu 2–3, dunkel rotbraun, vom kurzen Tragb. kaum überragt. Δ Kalkreiche Quell- und Flachmoore; ziemlich selten. Fast ganz Europa. GefGr. 3!

6
4
5
2
1
3

Riedgrasgewächse oder Sauergräser
Cyperaceae

1 Strandsimse, Meerbinse
Bolboschoenus maritimus (L.) Palla
(*Scirpus m.* L.)

✽ 6–8 ↕ 30–100 cm

St. scharf 3kantig, rau; B. flach, gekielt, 3–8 mm br.; Hochb. laubb.artig, viel länger als der Blütenstand; Ähren 1–2 cm lg., rotbraun, kopfig gehäuft. Δ Ufer, Gräben, nährstoffreiches, oft salzhaltiges Wasser; selten. Europa.

2 Gemeine Kugelsimse, Kopfsimse
Scirpoides holoschoenus (L.) Sojak
(*Holoschoenus romanus* (L.) Fritsch, *H. vulgaris* Link)

✽ 6–8 ↕ 30–100 cm

St. stielrund, b.los, gerippt; Blütenstand aus 3–10 kugeligen, 5–15 mm br. Köpfen, 1 davon sitzend, die anderen gestielt. Δ Sumpfwiesen, Nassweiden, tonige Ufer; sehr selten. Mittel- und Südeuropa. GefGr. 3!

3 Schneidried
Cladium mariscus (L.) Pohl

✽ 6–7 ↕ 80–200 cm

St. 3kantig; B. 7–15 mm br., graugrün, am Rand und unterseits auf dem Mittelnerv gesägt, scharf schneidend; Blütenstand reich verzweigt, aus vielen rotbraunen Köpfen mit je 3–10 Ährchen gebildet; Ährchen 1–3blütig, 3–5 mm lg. Δ Uferröhricht, Gräben, Flachmoortümpel; selten. Fast ganz Europa. GefGr. 3!

4 Borstige Moorbinse, Schuppensimse
Isolepis setacea (L.) R. Br.
(*Scirpus setaceus* L.)

✽ 7–10 ↕ 2–15 cm

St. rund, am Grund beblättert; B. borstenförmig; Ähren 2–4 mm lg., zu 1–4 scheinbar seitenständig; Spelzen bräunlich, mit grünem Kiel; Hochb. den Blütenstand weit überragend. Δ Nasse Waldwege, Ufer, Moorgräben; zerstreut. Mittel- und Südeuropa, nördlich bis Südskandinavien.

5 Quellbinse, Flaches Quellried
Blysmus compressus (L.) Panzer

✽ 6–8 ↕ 10–40 cm

Pfl. grasgrün; St. etwas zusammengedrückt; B. flach, gekielt, glänzend, 1–3 mm br., am Rand rau; Ährchen rotbraun, 2zeilig zu 5–12 in einer flach gedrückten, 2–3 cm lg. Ähre angeordnet. Δ Quellmoore, Nasswiesen; ziemlich selten. Fast ganz Europa. GefGr. 2!

1
3
4
5
2

Riedgrasgewächse oder Sauergräser
Cyperaceae

1 **Waldsimse, Flechtsimse**
Scirpus sylvaticus L.

❀ 5–7 ↕ 30–100 cm

Pfl. mit sterilen Laubsprossen; St. 3kantig, beblättert; B. 8–20 mm br., glänzend grün; Blütenstand reichästig, bis 20 cm br., von den Hochb. überragt; Ährchen 3–4 mm lg., schwärzlichgrün, zu 3–5 kopfig gehäuft. Δ Nasswiesen, Auenwälder, Sümpfe; häufig. Fast ganz Europa.

2 **Gewöhnliche Teichbinse, Seebinse**
Schoenoplectus lacustris (L.) Palla (*Scirpus lacustris* L.)

❀ 6–7 ↕ 100–400 cm

St. stielrund, b.los, aufrecht; B. linealisch, am St.grund flutend; Ähren rotbraun, 5–10 mm lg., in scheinbar seitenständiger, kopfiger Rispe; Narben 3; Frucht 3kantig. Δ Uferröhricht stehender oder langsam ließender Gewässer; verbreitet. Europa. Ähnlich ist die **Graue Seebinse**, *Sch. tabernaemontani* (Gmel.) Palla, aber St. graugrün, Narben 2, Frucht flach; salzhaltige Gewässer.

Einährige Seggen
Pfl. nur mit 1 endständigen Ähre

3 **Torf-Segge, Davall-Segge**
Carex davalliana L.

❀ 5–6 ↕ 10–30 cm

Pfl. 2häusig, ♂ und ♀ Ähren auf verschiedenen Pfl., in dichten Horsten; B. borstenförmig; B. und St. 3kantig, rau; Fruchtschläuche der ♀ Ähre 3–5 mm lg., abstehend, lg. geschnäbelt, braun, etwas gekrümmt. Δ Kalkhaltige Quell- und Flachmoore; zerstreut. Mitteleuropa. GefGr. 3!

4 **Armblütige Segge**
Carex pauciflora Lightf.

❀ 5–6 ↕ 5–10 cm

Pfl. 1häusig; Ähren am Grund ♂, oben ♀; St. stumpf 3kantig; Ähre armblütig, mit 3–5 abstehenden oder zurückgeschlagenen, 7 mm lg., gelblichen, lg. geschnäbelten Fruchtschläuchen; Narben 3. Δ Hochmoore; ziemlich selten. Nordeuropa, west-, mittel- und südosteuropäische Gebirge. GefGr. 3!

Gleichährige Seggen
Pfl. mit gleich gestalteten Ähren, jede mit ♂ und ♀ Blüten

5 **Monte-Baldo-Segge**
Carex baldensis L.

❀ 6–7 ↕ 15–40 cm

B. 2–3 mm br., flach, graugrün; ♂ und ♀ Ähren gleich gestaltet, kopfig gehäuft, von den lg. Tragb. weit überragt; Blütenstand weiß; Schläuche kugelig-eiförmig, ungeschnäbelt, weiß bis gelbbraun; Narben 3. Geschützt! Δ Sonnige, kalkreiche Steinrasen, lockere Bergkiefernwälder, Flusskies; selten. Oberbayern, Südalpen.

♀
♂
2
1
3
4
5

Riedgrasgewächse oder Sauergräser
Cyperaceae

Gleichährige Seggen
Pfl. mit gleich gestalteten Ähren, jede mit ♂ und ♀ Blüten

1 Fadenwurzel-Segge, Strick-Segge
Carex chordorrhiza Ehrh.

5–6 ↕ 10–30 cm

Pfl. mit 1 m lg., oberirdisch kriechenden Ausläufern, an jedem Knoten einen aufsteigenden, sterilen Spross und am Ende einen blühenden, aufrechten Trieb bildend; St. hauptsächlich am Grund beblättert; B. 1–2 mm br., am Rand rau; Blütenstand 1 cm lg., aus 2–5 armblütigen, kopfig gedrängten Ährchen bestehend; Ährchen unten mit ♀, oben mit ♂ Blüten; Fruchtschlauch braun, am Rand glatt, kurz geschnäbelt; Narben 2. Δ Moorschlenken, Schwingrasen, Torfschlammböden; sehr selten. Hauptsächlich Mittel- und Nordeuropa. GefGr. 2!

2 Zypergras-Segge
Carex bohemica Schreb.
(*C. cyperoides* L.)

6–9 ↕ 5–30 cm

Pfl. hellgrün; B. 1–2 mm br., flach; Ähren grün, am Grund ♂, an der Spitze ♀, kopfig gehäuft, mit 2–15 cm lg. Hochb.; Fruchtschläuche lg. geschnäbelt, bis 1 cm lg.; Narben 2. Δ Teichufer, Altwasser, Schlammböden; selten. Hauptsächlich Mitteleuropa. GefGr. 3!

3 Sand-Segge
Carex arenaria L.

5–6 ↕ 15–40 cm

Pfl. mit unterirdischen, weit kriechenden Ausläufern; B. starr, rinnig, 3–4 mm br.; Blütenstand 4–6 cm lg., aus 6–16 gleichgestalteten Ähren, die unteren rein ♀, die oberen rein ♂, die mittleren am Grund ♀, an der Spitze ♂; Schläuche 4–5 mm lg., gelblich, geflügelt; Narben 2. Δ Dünensand, trockene Kiefernwälder; an den Küsten Europas verbreitet, sonst selten.

4 Rispen-Segge
Carex paniculata L.

5–6 ↕ 40–100 cm

Pfl. kräftige große Horste bildend; B. 4–6 mm breit; St. sehr rau; grundständige B.scheiden glänzend braun, ohne Faserschopf; Ähren in 2–10 cm lg., lockerer Rispe mit abstehenden, verlängerten Ästen; Schläuche eiförmig, hellbraun, glänzend. Δ Gräben, Quellen, Erlenbruchwälder, Großseggensümpfe; zerstreut. Fast ganz Europa.

5 Krumm-Segge
Carex curvula All.

7–8 ↕ 5–25 cm

Pfl. am Grund mit den Resten vorjähriger B.; grundständige B.scheiden gelbbraun; B. borstlich, hohlrinnig, 1–2 mm br., bogig gekrümmt, rau, im oberen Teil bald absterbend, daher graubraun bis gelbgrün; Ähren gleich gestaltet, kopfig gedrängt, unten die ♀, oben die ♂; Narben 3. Δ Bodensaure, steinige Böden, etwa 2000–3000 m; verbreitet. Gebirge Mittel- und Südeuropas.

3
2
4
1
5

Riedgrasgewächse oder Sauergräser
Cyperaceae

Gleichährige Seggen
Pfl. mit gleich gestalteten Ähren, jede Ähre mit ♂ und ♀ Blüten

1 Igel-Segge, Stern-Segge
Carex echinata Murray
(*C. stellulata* Good.)

❀ 5–7 ↕ 10–30 cm

B. steif, graugrün, 1–2 mm br., kürzer als der scharf 3kantige St.; Ähren 3–5, kugelig, 4–6 mm lg.; Schläuche außen gewölbt, innen flach, sternförmig spreizend. Δ Flachmoore, Quellen, Gräben; häufig. Europa.

2 Grau-Segge
Carex canescens L.

❀ 5–6 ↕ 20–40 cm

Pfl. horstbildend; B. graugrün, 2–3 mm br.; St. scharfkantig; Ähren 4–6, graugrün, eiförmig, 5–9 mm lg., unten entfernt stehend; Schläuche hellgrün, mit kurzem Schnabel. Δ Flach- und Quellmoore, Ufer; ziemlich häufig. Europa.

3 Winkel-Segge
Carex remota L.

❀ 6–7 ↕ 30–60 cm

B. 2 mm br., schlaff; St. 3kantig, bis oben beblättert, zuletzt überhängend; Ähren 5–10, gleichgestaltet, 5–8 mm lg., unten ♂, oben ♀, die unteren Ähren weit auseinander stehend (bis 8 cm), Gesamtblütenstand dadurch 10–15 cm lg.; Tragb. laubb.artig, schlaff, sehr lg.; Fruchtschläuche 3–4 mm lg., weißlichgrün, innen flach, außen gewölbt; Narben 2. Δ Auenwälder, schattige Quellfluren, feuchte Waldwege, Laubmischwälder; häufig. Fast ganz Europa.

4 Hasen-Segge
Carex leporina L.

❀ 6–7 ↕ 20–60 cm

Pfl. dichte Horste bildend; B. 2–3 mm br., graugrün, kürzer als der 3kantige, oben raue St.; Ähren 5–6, eiförmig, dicht gedrängt, ♂ und ♀ Ähren gleich gestaltet; Schläuche geflügelt, allmählich in den Schnabel verschmälert; Spelzen zugespitzt, braun; Narben 2. Δ Saure Magerrasen, Feuchtweiden; kalkmeidend; häufig. Europa.

5 Zittergras-Segge, Seegras
Carex brizoides Jusl.

❀ 5–6 ↕ 30–70 cm

Rasenbildend, mit Ausläufern; B. schlaff, 2–3 mm br., länger als der dünne, 3kantige, zur Fruchtzeit gebogene St.; Blütenstand 2–3 cm lg., aus 5–8 gekrümmten, gleich gestalteten Ähren, diese unten ♂, oben ♀; Fruchtschläuche 2–2,5 mm lg., schmal geflügelt, gelbgrün; Narben 2. Δ Feuchte Wälder, Laubmischwälder, Auenwälder; häufig. Früher als »Seegras« zu Polstern verwendet. Mittel- und Osteuropa, südlich bis Pyrenäen, Oberitalien.

1
2
3
4
5

Riedgrasgewächse oder Sauergräser
Cyperaceae

Verschiedenährige Seggen
Pfl. mit deutlich verschieden gestalteten Ähren

1 Steif-Segge
Carex elata All. (*C. stricta* Good.)

❀ 4–5 ↕ 50–120 cm

Pfl. große Bulte oder Horste bildend; grundständige B.scheiden gelbbraun, netzfaserig; B. 4–5 mm br., steif graugrün; Ähren 2–6 cm lg., meist sitzend, die unterste Ähre rein ♀, die oberste rein ♂; Narben 2; Schläuche 3–4 mm lg., früh abfallend. Δ Ufer, Sümpfe, Erlenbrüche, Verlandungszonen; zerstreut. Fast ganz Europa.

2 Schlank-Segge
Carex gracilis Curt.

❀ 5–6 ↕ 40–150 cm

Grundständige B.scheiden glänzend braun; St. scharf 3kantig, rau; B. 5–10 mm br., bis 150 cm lg.; ♀ Ähren 3–6, 2–10 cm lg., ♂ Ähren 1–4; Schläuche 3 mm lg., spitz, undeutlich geschnäbelt; Narben 2; unterstes Tragb. den Blütenstand weit überragend. Δ Ufer, Nasswiesen, Flutmulden; ziemlich häufig. Europa.
Ähnlich ist die **Sumpf-Segge**, *C. acutiformis* Erh., Pfl. 30–120 cm; B. graugrün, 5–10 cm br.; untere B.scheiden stark netzfaserig; Ähren 2–8 cm lg.; ♀ Schläuche 4–5 mm lg., geschnäbelt; Narben 3; Nasswiesen, Ufer, Moorgräben; häufig.

3 Wiesen-Segge, Braun-S.
Carex nigra (L.) Richard (*C. fusca* aut.)

❀ 4–6 ↕ 5–40 cm

B. 2–5 mm br., graugrün; grundständige B.scheiden glänzend braun; St. oberwärts rau; ♂ Ähren 1–2, ♀ Ähren mehrere, fast sitzend, 1–3 cm lg.; Narben 2; Schläuche 2–3 mm lg., kaum geschnäbelt; unteres Tragb. fast so lg. wie der Blütenstand. Δ Nass- und Moorwiesen, Flachmoore; häufig. Europa.

4 Scheinzypergras-Segge
Carex pseudocyperus L.

❀ 6–7 ↕ 40–90 cm

Pfl. gelbgrün; St. scharf 3kantig, bis oben beblättert; B. 6–12 mm br., flach; ♀ Ähren 3–6, lockerfrüchtig, auf dünnen Stielen überhängend, die oberen genähert; Schläuche 5–6 mm lg., gelblich glänzend, zur Reife rückwärts gerichtet; Schnabelzähne 1 mm lg., spreizend. Δ Ufer von Tümpeln, Altwasser, Gräben, Erlenbrüche; selten. Fast ganz Europa.

5 Raue Segge
Carex hirta L.

❀ 4–6 ↕ 10–60 cm

Pfl. mit bräunlichen bis purpurroten, schwach netzfaserigen Scheiden am Grund; B. graugrün, wie die B.scheiden behaart; St. 3kantig; Blütenstand mit 2–3 ♂ Ähren und 2–4 lg. gestielten ♀ Ähren; Fruchtschläuche 5–7 mm lg., gelbgrün, dicht behaart; Narben 3. Δ Wege, Ufer, Kahlschläge, lückige Wiesen, Böschungen; häufig. Fast ganz Europa.

1
4
2
3
5

Riedgrasgewächse oder Sauergräser
Cyperaceae

Verschiedenährige Seggen
Pfl. mit deutlich verschieden gestalteten Ähren

1 Schnabel-Segge
Carex rostrata Stockes (*C. inflata* aut.)

5–6 ↕ 30–80 cm

Grundständige B.scheiden braunrot, schwach netznervig; St. stumpf 3kantig; B. 3–5 mm br., rinnig, graugrün; Ähren 2–8 cm lg.; Schläuche fast waagrecht abstehend, kugelig-eiförmig, plötzlich in den 2zähnigen Schnabel verschmälert, reif bräunlich. Δ Ufer, Teiche, Gräben, Moor; ziemlich häufig. Fast ganz Europa.

2 Blasen-Segge
Carex vesicaria L.

5–6 ↕ 30–80 cm

Ähnlich *C. rostrata*, aber St. scharfkantig, rau; grundständige B.scheiden rot, stark netznervig; B. hellgrün, 4–7 mm br., flach; Schläuche schief-aufrecht, eiförmig, allmählich in den Schnabel verschmälert, reif strohgelb. Δ Ufer, Moorgräben, Verlandungsgesellschaften, Erlenbruchwälder; ziemlich häufig. Fast ganz Europa.

3 Blaugrüne Segge
Carex flacca Schreb. (*C. glauca* Scop.)

5–7 ↕ 20–60 cm

Grundständige B.scheiden rotbraun; B. 2–5 mm br., steif, rinnig, blaugrün; Ähren verschieden gestaltet, die ♂ schlank, zu 2–4, endständig, die ♀ walzlich, 2–3 cm lg., an 3–8 cm lg., zuletzt überhängenden Stielen; Tragb. laubb.artig, das unterste die Spitze des Blütenstandes erreichend; Fruchtschläuche braun bis schwarz, beiderseits gewölbt, mit undeutlichem Schnabel; Narben 3. Δ Lichte Wälder, Kalkmagerrasen, Kalkflachmoore; häufig. Europa.

4 Saum-Segge
Carex hostiana DC.

5–7 ↕ 20–50 cm

Pfl. lockerrasig, hellgrün; B. 2–3 mm br., flach, etwa 1/2 so lg. wie der glatte St.; ♀ Ähren kurz, walzlich, etwa 1 cm lg., entfernt stehend; Schläuche gelbgrün, allmählich in den 2zähnigen Schnabel zugespitzt; Narben 3; Spelzen rotbraun, mit weißem Hautrand und grünem Mittelstreif. Δ Nasse Flachmoorwiesen und Quellen der Gebirge. Hauptsächlich Gebirge Europas. GefGr. 2!

2
3
4
1

Riedgrasgewächse oder Sauergräser
Cyperaceae

Verschiedenährige Seggen
Pfl. mit deutlich verschieden gestalteten Ähren

1 **Schlamm-Segge**
Carex limosa L.

❀ 5–6 ↕ 20–40 cm

Pfl. weit kriechend, mit ober- oder unterirdischen Ausläufern; B. 1–1,5 mm br., graugrün, rinnig gefaltet; ♀ Ähren kurz walzig, 15–20 mm lg., auf dünnen, übergebogenen Stielen; Schläuche stark nervig; Spelzen hellbraun; unterstes Tragb. kürzer als der gesamte Blütenstand. Δ Moorschlenken, Schwingrasen, Zwischenmoore; selten. Nord- und Mitteleuropa, Alpen, Pyrenäen, Kaukasus. GefGr. 2!

2 **Wald-Segge**
Carex sylvatica Huds.

❀ 5–7 ↕ 30–70 cm

Pfl. dichtrasig; grundständige B.scheiden braun; St. bis oben beblättert; B. 4–8 mm br., schlaff, glänzend grün; ♂ Ähre 1, endständig; ♀ Ähren 2–5, linealisch, 3–5 cm lg., lockerfrüchtig, an 3–10 cm lg., dünnen, nickenden Stielen; Fruchtschläuche 5–6 mm lg., allmählich in den lg., 2zähnigen Schnabel verschmälert; Narben 3. Δ Laub- und Nadelmischwälder; verbreitet. Südskandinavien, Mittel- und Südeuropa.

3 **Große Segge, Hängende Segge**
Carex pendula Huds.

❀ 5–6 ↕ 50–150 cm

Pfl. horstbildend; B. 7–15 mm br., glänzend; St. 3kantig, 2–4 mm br., gleichmäßig bis oben beblättert; ♂ Ähre 1, endständig; ♀ Ähren 2–5, lg. gestielt, bogig überhängend, 7–15 cm lg., dichtblütig; Tragb. laubb.artig; Fruchtschläuche 3–4 mm lg., in den kurzen Schnabel verschmälert, glänzend; Narben 3. Δ Feuchte Laubwälder, schattige Quellfluren; verbreitet. Mittel- und Südeuropa.

4 **Gelbe Segge**
Carex flava L.

❀ 6–8 ↕ 5–50 cm

Pfl. gelbgrün; grundständige B.scheiden gelbbraun; B. 1–5 mm br., rinnig oder flach; ♀ Ähren 1–6, kurz walzlich bis kugelig, ♂ Ähre 1, endständig; Schläuche 2–7 mm lg., gelbgrün, allmählich oder plötzlich in den lg. Schnabel verschmälert; Hochb. den Blütenstand überragend. (Sammelart mit mehreren Kleinarten.) Δ Flach- und Quellmoore, Gräben, nasse Wiesen; zerstreut. Europa.

5 **Bleiche Segge**
Carex pallescens L.

❀ 5–6 ↕ 10–50 cm

Pfl. horstbildend; grundständige Scheiden rotbraun, glänzend; B. 2–5 mm br., zerstreut behaart, gelbgrün; St. 3kantig, rau; ♀ Ährchen eiförmig, vielblütig, 8–15 mm lg., grün, glänzend; Schläuche völlig ungeschnäbelt, gelbgrün, kahl, glänzend; Narben 3; ♂ Ähre 1, endständig. Δ Magerrasen, Wiesen, Wege; häufig. Fast ganz Europa.

4
1
5
3
2

Riedgrasgewächse oder Sauergräser
Cyperaceae

Verschiedenährige Seggen
Pfl. mit deutlich verschieden gestalteten Ähren

1 Hirse-Segge
Carex panicea L.

✽ 5–6 ↕ 20–50 cm

Pfl. grau- bis blaugrün; grundständige B.scheiden braun; B. 2–4 mm br., flach; ♀ Ähren 2–3 cm lg., walzlich, lockerfrüchtig; Narben 3; Schläuche kugelig-eiförmig, graugrün oder gelbbraun, mit kurzem, dickem Schnabel; Spelzen schwärzlich. Δ Flach- und Quellmoore, nasse Wiesen und Heiden; häufig. Fast ganz Europa.

2 Weiße Segge
Carex alba Scop.

✽ 5–6 ↕ 10–30 cm

Pfl. rasenbildend, mit lg., unterirdischen Ausläufern; grundständige B.scheiden braun; B. 1–1,5 mm br., steif, kahl; St. stumpf 3kantig; ♂ Ähre 1, endständig, ♀ Ähren 2–4, lockerfrüchtig, 5–10 mm lg., an 0,5–3 cm lg., aufrechten Stielen, oberste ♀ Ähre oft die ♂ Ähre überragend; Fruchtschläuche kugelig, gelblich; Spelzen weißhäutig; Narben 3. Δ Wärmeliebende Laubwälder, Kiefernwälder; zerstreut. Süddeutschland, Alpen, Pyrenäen, Karpaten, Gebirge der nördlichen Balkanhalbinsel.

3 Frühlings-Segge
Carex caryophyllea Latourr.

✽ 3–5 ↕ 10–30 cm

Pfl. mit kurzen Ausläufern; B. 2–4 mm br., steif graugrün, überwinternd, kürzer als der glatte St.; ♀ Ähren 2–3, kurz gestielt, 5–10 mm lg., ♂ Ähre 1, endständig; Schläuche kaum geschnäbelt, behaart, Spelzen rost- bis gelblichbraun, grün gestreift, spitz; Narben 3. Δ Halbtrockenrasen; verbreitet. Fast ganz Europa.

4 Polster-Segge
Carex firma Host.

✽ 6–8 ↕ 5–20 cm

Halbkugelige Polsterpfl.; B. derb, steif, dicht gedrängt, 2–3 mm br., 4–5 cm lg., fast waagrecht abstehend; St. b.los. ♀ Ähren 6–10 mm lg., zu 1–3; Narben 3; ♂ Ähre 1, endständig. Δ Kalkreiche Steinrasen, Felsbänder, etwa 1500–2500 m, gelegentlich tiefer herabgeschwemmt; häufig. Gebirge Mittel- und Südeuropas.

5 Horst-Segge
Carex sempervirens Vill.

✽ 6–8 ↕ 20–50 cm

Pfl. horstbildend, am Grund mit dunkelgrauem Faserschopf; B. glänzend, 2–3 mm br., etwas kürzer als der stielrunde St.; ♀ Ähren 2–3, lockerfrüchtig, 1–2 cm lg.; ♂ Ähre 1, endständig; Tragb. braun, weißhäutig berandet, kürzer als die grünen Schläuche. Δ Kalkhaltige Matten, Bergwiesen, 1400–3000 m; häufig. Gebirge Mittel- und Südeuropas.

6 Rost-Segge
Carex ferruginea Scop.

✽ 7–9 ↕ 30–60 cm

Pfl. ähnlich *C. sempervirens,* aber mit Ausläufern; grundständige B.scheiden rost- bis purpurrot, nicht faserig; B. 1–2 mm br., schlaff. Δ Durchfeuchtete, tiefgründige Böden, Bergwiesen, etwa 1000–2700 m; häufig. Gebirge Mittel- und Südeuropas.

4
6
5
1
3
2

Riedgrasgewächse oder Sauergräser
Cyperaceae

Verschiedenährige Seggen
Pfl. mit deutlich verschieden gestalteten Ähren

1 Vogelfuß-Segge
Carex ornithopoda Willd.

4–5 ↕ 5–15 cm

Grundständige B.scheiden rotbraun, faserig; B. hellgrün, 2–4 mm br.; alle Ähren fast von einem Punkt entspringend; ♀ Ähren 6–10 mm lg., 2–6blütig, zuletzt krallenförmig gekrümmt; Fruchtschläuche stark behaart. Δ Wälder, Gebüsche, Halbtrockenrasen; zerstreut. Fast ganz Europa.

2 Finger-Segge
Carex digitata L.

3–5 ↕ 10–30 cm

Grundständige B.scheiden rotbraun, faserig; B. 2–4 mm br., dunkelgrün, schlaff; ♂ Ähre 1, endständig, ♀ Ähren dünn, 15–20 mm lg., 5–10blütig, fingerartig genähert, die unterste herabgerückt, 1–2 cm lg. gestielt; Fruchtschläuche gelbgrün bis hellbraun; Narben 3. Δ Laub- und Nadelmischwälder; häufig. Fast ganz Europa.

Binsengewächse
Juncaceae

3 Gewöhnl. Hainsimse, Hasenbrot
Luzula campestris (L.) DC.

3–5 ↕ 5–20 cm

B. 2–4 mm br., flach, am Rand spärlich lg. bewimpert; Ähren 2–5, eiförmig, 3–10blütig; Ährenstiele später herabgebogen; Blütenb. 6, 3–4 mm lg., kastanienbraun, mit durchsichtigem Rand; Staubbeutel länger als die Staubfäden. Δ Magerrasen, Heiden, Sandböden; kalkmeidend; häufig. Europa.

4 Schnee-Hainsimse
Luzula nivea (L.) DC.

6–7 ↕ 40–90 cm

Pfl. lockerrasig; B. 3–5 mm br., bewimpert; Blüten zu 6–20 gebüschelt; Hochb. so lg. oder länger als der Blütenstand, dieser zusammengezogen; Blütenb. 6, reinweiß. Δ Laub- und Nadelmischwälder; zerstreut. Alpen und Vorland, Pyrenäen, Cevennen, Apennin.

5 Wald-Hainsimse
Luzula sylvatica (Huds.) Gaud.

5–6 ↕ 30–90 cm

Pfl. mit kurzen, dicken Ausläufern; B. 10–15 mm br., am Rand lg. bewimpert, glänzend, dunkelgrün; Blüten zu 3–4 an den Ästen gebüschelt; Hochb. kürzer als der Blütenstand; Blütenb. braun oder rotbraun, mit grünem Mittelstreifen, die inneren länger als die äußeren. Δ Bodensaure Wälder, Heiden; häufig. Fast ganz Europa.

6 Haar-Hainsimse, Frühlings-Hainsimse
Luzula pilosa (L.) Willd.

4–5 ↕ 15–30 cm

Pfl. horstbildend; Grundb. 5–10 mm br., St.b. schmäler; B.scheiden dunkelrot; Blütenstand doldig; Blüten einzeln, an lg. Stielen; Blütenb. 6, spitz, braun, 3–4 mm lg.; Blütenäste später zurückgeschlagen. Δ Laub- und Nadelwälder; verbreitet. Europa.

1
2
3
4
5
6

Binsengewächse
Juncaceae

1 Zarte Binse
Juncus tenuis Willd.

❁ 6–9 ↕ 15–40 cm

St. dicht stehend, am Grund mit lg., grasartigen B.; Blütenstand endständig, vielblütig, von 2–3 Hochb. überragt; Blütenb. 6, gelbgrün, 3nervig, fein zugespitzt, länger als die Kapsel. Δ Waldwege, Trittrasen; häufig. Europa, aus Nordamerika eingeschleppt.

2 Blaugrüne Binse
Juncus inflexus L.

❁ 6–8 ↕ 30–60 cm

St. blaugrün, matt, gerieft, scheinbar b.los; grundständige B.scheiden glänzend schwarzbraun; Mark der St. und B. durch Querwände gekammert; Blütenstand (scheinbar) seitenständig; Staubb. 6. Δ Ufer, Kahlschläge, Feuchtweiden, lehmige Böden; häufig. Fast ganz Europa.

3 Spitzblütige Binse
Juncus acutiflorus Ehrh.

❁ 7–9 ↕ 30–100 cm

Pfl. hellgrün; B. borstlich, nicht gefurcht; St., besonders am Grund, zusammengedrückt; Blütenstand endständig, reichästig; Blütenb. 6, braun, die äußeren kürzer als die inneren, diese grannenartig lg. zugespitzt, nach außen gekrümmt. Δ Nasswiesen, Gräben; verbreitet. Fast ganz Europa.

4 Flatter-Binse
Juncus effusus L.

❁ 6–8 ↕ 30–120 cm

St. glänzend, glatt, grasgrün; Blütenstand locker, scheinbar seitenständig. Δ Nasswiesen, Ufer; häufig. Europa.

Ähnlich ist die **Knäuel-Binse**, *J. conglomeratus* L., aber St. graugrün, fein gestreift, glanzlos; Blütenstand knäuelig zusammengezogen; Moorwiesen, Gräben; häufig.

5 Faden-Binse
Juncus filiformis L.

❁ 6–8 ↕ 10–40 cm

Pfl. kriechend, lockerrasig; St. dünn, fein gestreift, b.los, am Grund mit braunen B.scheiden; Blütenstand armblütig, sein Tragb. etwa so lg. wie der St., daher Blütenstand scheinbar in der Mitte des St.; Blütenb. weißlich, fein zugespitzt. Δ Flach- und Quellmoore, Nasswiesen; kalkmeidend; verbreitet. Europa.

6 Dreispaltige Binse
Juncus trifidus L.

❁ 7–8 ↕ 10–25 cm

Am Grund des stielrunden St. nur mit gelbbraunen, fast spreitenlosen B.scheiden, im oberen Drittel meist mit 3 fadenförmigen B.; Blütenstand 1–4blütig, endständig; Blütenb. 6, gleich lg., kastanienbraun, fein zugespitzt. Δ Saure Böden, Silikatfelsspalten, etwa 1600–3000 m; zerstreut. Nordeuropa, Gebirge Mittel- und Südeuropas.

7 Salz-Binse
Juncus gerardii Loisel.

❁ 6–7 ↕ 15–50 cm

Pfl. mit stielrundem St. und linealischen, 1 mm br. B.; Blütenstand endständig, mit kurzen Hochb.; jede Blüte mit 2 häutigen Vorb.; Blütenb. 6, dunkelbraun, mit grünem Mittelstreifen, weiß berandet, 2–3 mm lg. Δ Salzwiesen, Salzstellen; an den Küsten zerstreut, sonst selten. Europa.

7
6
1
2
4
5
3

Binsengewächse
Juncaceae

1 Kröten-Binse
Juncus bufonius L.

❀ 6–9 ↕ 10–25 cm

Pfl. am Grund büschelig verzweigt; untere B.scheiden gelbbraun; Blüten 3–7 mm lg., einzeln an lg., aufrechten Ästen sitzend; Blütenb. lanzettlich, weißhäutig, mit grünem Mittelstreifen, länger als die Kapsel. Δ Feuchte Äcker, Wege, Ufer; verbreitet. Europa.

2 Zwiebel-Binse
Juncus bulbosus L. (*J. supinus* Moench)

❀ 7–9 ↕ 5–15 cm

Pfl. rasenbildend; St. am Grund zwiebelförmig verdickt, an den Knoten wurzelnd, bis oben beblättert; Blüten in knäueligen Büscheln am Ende des St.; Köpfchen meist überragt von den Hochb.; Blütenstand oft mit Laubtrieben; Blütenb. 6, lanzettlich, spitz, grünlich bis bräunlich, 3–4 mm lg.; Kapsel etwas länger als die Blütenb. Δ Ufer, Gräben, Schlammböden; zerstreut. Europa.

Blasenbinsengewächse
Scheuchzeriaceae

3 Blasenbinse
Scheuchzeria palustris L.

❀ 5–6 ↕ 10–20 cm

St. beblättert; B. grasartig, gelblichgrün, am Grund lg.scheidig; Blüten in 3–10blütigen Trauben, mit großen Tragb.; Blütenhüllb. 6, gelbgrün, unscheinbar; Früchtchen meist 3, schief-eiförmig, aufgeblasen. <u>Geschützt!</u> Δ Hoch- und Zwischenmoorschlenken, Schwingrasen; selten. Nord- und Mitteleuropa, südlich bis Pyrenäen, Norditalien und nördliche Balkanhalbinsel. <u>GefGr. 2!</u>

Dreizackgewächse
Juncaginaceae

4 Sumpf-Dreizack
Triglochin palustre L.

❀ 6–8 ↕ 10–50 cm

B. alle grundständig, grasartig, 2zeilig; Blüten in lockeren, tragb.losen Trauben; keine Blütenhülle; Narben 3; Staubb. 6; Frucht linealisch, mit 3 Teilfrüchtchen. Δ Sumpfwiesen, Gräben, Quell- und Flachmoore; ziemlich selten. Europa. <u>GefGr. 3!</u>

5 Strand-Dreizack
Triglochin maritimum L.

❀ 6–8 ↕ 15–70 cm

B. linealisch, halb stielrund, grundständig; Blütentraube oben dicht; Blütenb. 6, grün, 2–3 mm lg.; Narben 6; Frucht eiförmig, in 6 Teilfrüchte zerfallend. Δ Salzwiesen; an den Küsten Europas verbreitet, im Binnenland selten.

Aronstabgewächse
Araceae

6 Kalmus
Acorus calamus L.

❀ 5–7 ↕ 60–120 cm

Pfl. beim Zerreiben aromatisch riechend; St. 3kantig, 2zeilig beblättert; B. 5–20 mm br., am Rand wellig; Blütenkolben (scheinbar) seitenständig, 4–10 cm lg., am Grund mit einer grünen, st.ähnlichen Blütenscheide (Spatha), diese den St. über dem Kolben fortsetzend; Blüten gelbgrün, winzig; Blütenb. 6, unter 1 mm lg. Δ Ufer, Altwasser, Gräben, nährstoffreiche Gewässer; zerstreut. Fast ganz Europa.

1
2
3
4
5
6

Eibengewächse
Taxaceae

1 Eibe
Taxus baccata L.

✿ 3–4 ↕ bis 20 m

Oft mehrere Bäume am Stammgrund verwachsen; Rinde anfangs rotbraun, dann graubraun, schuppig; B. immergrün, nadelförmig, flach, in einer Ebene (gescheitelt), oberseits dunkelgrün, unterseits hellgrün; Pfl. 2häusig; ♂ Blüten aus 6–14 kätzchenartig angeordneten Staubb. bestehend; ♀ Blüten aus einer endständigen Samenanlage bestehend; Same von einem fleischigen, roten Samenmantel (Arillus) umgeben; Beginn der Blüte mit 20 Jahren. Giftig (Samenmantel genießbar)! Geschützt! Δ Laubwälder, Buchen-Tannenwälder, Bergmischwälder mit wintermildem Klima; selten. Verjüngung durch überhöhte Schalenwildbestände (Hirsche, Rehe) gefährdet, für die die Nadeln unschädlich sind. Südskandinavien, Mitteleuropa, Gebirge Südeuropas. GefGr. 3!

Kieferngewächse
Pinaceae

2 Weißtanne
Abies alba Mill.

✿ 5–6 ↕ bis 50 m

Krone pyramidenförmig, bei älteren Bäumen storchennestartig abgeflacht, da Seitenäste den Gipfeltrieb überragend; Rinde glatt, hellgrau; Nadeln 2–3 cm lg., flach, 2spitzig, dunkelgrün, mit scheibenartig verbreiterten, grünen Stielchen, unterseits gekielt, mit weißlichen Wachsstreifen; Zapfen aufrecht, bei der Reife fallen die Schuppen einzeln ab und die Zapfenspindel bleibt zurück; Beginn der Blüte mit 60–70 Jahren. Δ Wälder, vor allem Bergmischwälder mit Buche und Fichte in luftfeuchter Lage; frostempfindlich; verbreitet. Verjüngung durch überhöhte Schalenwildbestände gefährdet. Gebirge Mittel- und Südeuropas.

3 Fichte, Rottanne
Picea abies (L.) Karsten (*P. excelsa* Lk.)

✿ 5–6 ↕ bis 50 m

Krone spitz; Rinde rotbraun; Nadeln 4kantig, spitz, mit braunen Stielchen; Zapfen hängend, zur Reife als Ganzes abfallend; Beginn der Blüte mit 30–60 Jahren. Δ Wälder; häufig; ursprünglich nur über 800m Höhe bestandsbildend; in den Alpen bis etwa 2000m; durch Pflanzung weit verbreitet und andere Baumarten ersetzend. Nord- und Mitteleuropa.

4 Europäische Lärche
Larix decidua Mill. (*L. europaea* DC.)

✿ 4–5 ↕ bis 40 m

Baum mit graubrauner, abblätternder Rinde; Nadeln hellgrün, 1–3 cm lg., im Herbst goldgelb und abfallend, weich, zu 15–30 an Kurztrieben gebüschelt; Zapfen eiförmig bis kugelig, anfangs rot, zur Reife braun, 2–5 cm lg.; Beginn der Blüte mit 30–60 Jahren. Δ Bergwälder der Alpen, Sudeten, Karpaten; lichtliebend; in den Alpen bis 2500 m; verbreitet; im Flachland vielfach angepflanzt.

♀
♂
3
♀
♂
4
1
♂
2

Kieferngewächse
Pinaceae

1 Wald-Kiefer, Föhre
Pinus sylvestris L.

5 ↕ bis 40 m

Krone kegel-, später schirmförmig; Rinde in der unteren Stammhälfte dunkelbraun, in der oberen und im Kronenraum rostrot; Nadeln zu 2 an Kurztrieben gebüschelt, grau- oder blaugrün, zugespitzt, 4–7 cm lg.; Zapfen kugel- bis eiförmig, 3–7 cm lg., deutlich gestielt, hängend; Beginn der Blüte mit 30–70 Jahren; Samenreife erst im 2. Jahr nach der Blüte. Δ Wälder, Dünen, Moore, steinige, trockene, sandige Böden, wo andere Hölzer nicht mehr konkurrenzkräftig sind; häufig. Europa.
Ähnlich ist die **Schwarz-Kiefer**, *P. nigra* Arnold, aber Nadeln 8–15 cm lg., dunkelgrün; Stamm und Äste dunkelgrau. Südosteuropa, aber vielerorts angepflanzt.

2 Berg-Kiefer, Latsche
Pinus mugo Turra (*P. montana* Mill.)

6–7 ↕ bis 20 m

Niederliegender Strauch oder hoher Baum; Krone kegelförmig; Rinde grau- bis schwarzbraun; Nadeln zu 2 an Kurztrieben, dunkelgrün, stumpflich, 2–5 cm lg.; Zapfen 2–5 cm lg., fast sitzend. (Nach Wuchsform und Form der Zapfen und der Zapfenschilder werden mehrere Kleinarten unterschieden, deren genaue Abgrenzung noch nicht geklärt ist.) Δ Bergwälder; in den Alpen bis etwa 2500 m in der Latschen- oder Krummholzzone, Hochmoore; verbreitet. Gebirge Mittel- und Südeuropas.

3 Zirbel-Kiefer, Arve
Pinus cembra L.

6–7 ↕ bis 25 m

Krone kegelförmig oder walzig; Rinde braun, junge Zweige dick, rotgelb behaart; Nadeln zu 5 an Kurztrieben gebüschelt, steif, dunkelgrün, 6–10 cm lg., 3kantig, 1,5 mm br.; Zapfen eiförmig, 5–8 cm lg., schief-aufrecht oder abstehend, erst im 2. Jahr nach der Blüte reif; Fruchtschuppen bläulich, mit brauner Spitze. Δ Nadelwälder in Hochlagen und an der Waldgrenze der Alpen und Karpaten, etwa zwischen 1200 und 2600 m; in den Zentralalpen häufig, in den Nordalpen selten.

4 Weymouths-Kiefer, Strobe
Pinus strobus L.

5–6 ↕ bis 40 m

Krone kegelförmig; Rinde grau- bis dunkelbraun; junge Zweige dünn, grünlich, anfangs fein behaart; Nadeln zu 5 an Kurztrieben gebüschelt, weich, dünn, blaugrün, 8–15 cm lg., unterseits mit 2 Wachsstreifen; Zapfen schlank, hängend, häufig leicht gekrümmt, 10–15 cm lg.; Fruchtschuppen schmal, keilförmig, an der Spitze mit gelbbrauner Verdickung; Beginn der Blüte mit etwa 30 Jahren. Δ Gärten, Parkanlagen, Forstbaum. Herkunft Nordamerika.

1
♀
♂
2
♀
♂
3
♀
♂
4

Buchengewächse
Fagaceae

1 Rot-Buche
Fagus sylvatica L.

✿ 4–5 ↕ bis 40 m

Baum mit glatter, grauer Rinde; Tiefwurzler; Knospen schmal, lg. zugespitzt, braun; B br.-eiförmig, bis 10 cm lg., ganzrandig, gewimpert; ♂ Blüten in kugeligen, lg. gestielten Kätzchen; ♀ Blüten zu 2 auf lg. Stiel, gemeinsam von einem weichstacheligen Fruchtbecher (Cupula) umgeben; Frucht eine 3kantige Nuss, im Herbst aus dem Fruchtbecher fallend; Beginn der Blüte mit 40–60 Jahren. Δ Laubmischwälder; spätfrostempfindlich; verbreitet. Fast ganz Europa in Gebieten mit ozeanischem Klimacharakter (hohe Niederschläge und relativ milde Winter), nördlich bis Südskandinavien, im Süden hauptsächlich in den Gebirgen, bildet dort oft die Waldgrenze.

2 Edel-Kastanie
Castanea sativa Mill.

✿ 6 ↕ bis 30 m

Baum mit rissiger Rinde; Tiefwurzler; B. länglich-lanzettlich, dornig gezähnt, lederig, bis 25 cm lg.; ♂ Blüten in bis 20 cm lg., aufrechten Kätzchen; ♀ Blüten meist zu 3 am Grund der ♂ Blütenstände; Blütenb. 6, nur an der Spitze frei, Narben 6, steif, fadenförmig; Fruchtbecher kugelig, 5–7 cm br., mit harten, stechenden Stacheln, meist 3 dunkelbraune, glatte, halbkugelige Nüsse einschließend; Beginn der Blüte mit 20–30 Jahren. Δ Laubwälder sommerwarmer Gebiete; kalkarme bis saure Böden. Zur Römerzeit im Mittelmeergebiet eingebürgert, Süddeutschland, Zentralplateau, Ober- und Niederösterreich, Südalpen, Südeuropa.

3 Stiel-Eiche
Quercus robur L.

✿ 4–5 ↕ bis 40 m

Baum mit dunkelbrauner, rissiger Rinde; B. gelappt, sehr kurz gestielt, mit herzförmig geöhrtem Grund, unsymmetrisch, größte Lappen an der Spitze der B.spreite; ♂ Blüten in lockeren, hängenden Ähren; ♀ Blüten zu 2–5 achselständig; Blütenhülle 6zählig; Fruchtstand 3–8 cm lg. gestielt; Frucht (Eichel) eine eiförmige, glatte Nuss, vom zapfenförmigen Fruchtbecher umschlossen; Beginn der Blüte mit 40–80 Jahren. Δ Laubmischwälder; verbreitet. Fast ganz Europa. Ähnlich ist die **Trauben-Eiche**, *Qu. petraea* (Mattuschka) Liebl., Baum bis 40 m; B. 1–3 cm lg. gestielt, mit keilförmigem Grund, größte Lappen in B.spreitenmitte; Frucht höchstens 1 cm lg. gestielt; ✿ 4–5; Laubmischwälder; verbreitet.

4 Flaum-Eiche
Quercus pubescens Willd.

✿ 4–5 ↕ 5–20 m

Strauch oder Baum; Äste sparrig abstehend; junge Triebe und B. flaumig behaart, später verkahlend (nicht aber B.unterseite); B. 5–10 cm lg., 1–2 cm lg. gestielt; Schuppen des Fruchtbechers behaart. Δ Wälder, sonnige Trockenhänge; selten, im Süden häufig. Süddeutschland, warme Täler der Alpen, Wiener Becken, Südkarpaten, Südeuropa.

5 Stein-Eiche
Quercus ilex L.

✿ 4–5 ↕ bis 20 m

Strauch, selten Baum, mit wintergrünen, ovalen, am Rand welligen, stachelig gezähnten (5a) oder glattrandigen, 3–6 cm lg., unterseits dicht grauhaarigen B.; Fruchtbecher mit stumpfen, angepressten Schuppen. Δ Trockene, felsige Hänge; Charakterbaum der mediterranen Hartlaubwälder. Hauptsächlich Südeuropa.

5
5a
♀
♂
1
♂
♀
3
♀
♂
2
4

Walnussgewächse
Juglandaceae

1 Echte Walnuss
Juglans regia L.

✿ 5 ↕ bis 25 m

Baum mit grauer, längsrissiger Borke; B. mit 7–9 ganzrandigen, eiförmigen, bis 15 cm lg. Fiederb.; ♂ Blüten in hängenden, 5–15 cm lg. Kätzchen; ♀ Blüten zu 2–3, endständig; Steinfrucht mit grüner, fleischiger Schale und brauner Fruchtwand (Nussschale). Δ Laubwälder in spätfrostsicheren Lagen. Südosteuropa; sonst kultiviert.

Birkengewächse
Betulaceae

2 Hänge-Birke
Betula pendula Roth (*B. verrucosa* Ehrh.)

✿ 4–5 ↕ bis 25 m

Baum, unten (bis etwa 10 m) mit rissiger, wulstiger, schwärzlicher Borke mit einigen weißen Flecken, oberer Stammteil glatt, weiß; B. 3eckig-rautenförmig, lg. zugespitzt, jung klebrig, kahl; Zweige hängend, jung mit harzigen Wärzchen; ♂ Kätzchen 3–6 cm lg., ♀ 1,5–3 cm lg.; Fruchtschuppen 3lappig (Verwachsung aus Tragb. und 2 Vorb.), bei der Reife abfallend; Frucht eine geflügelte Nuss; Flügel 2–3mal so br. wie die Nuss. Δ Wälder, Moore, Heiden, Steinbrüche; verbreitet. Europa.
Ähnlich ist die **Moor-Birke**, *B. pubescens* Ehrh., aber Rinde meist glatt, weiß, selten grau bis schwarz; junge Zweige und B. weichhaarig; B. ei- oder rautenförmig, kurz zugespitzt; Verästelung aufrecht; Flügel kaum breiter als die Nuss; Moor- und Bruchwälder, bodensaure Eichenwälder.

3 Grau-Erle
Alnus incana (L.) Moench

✿ 2–4 ↕ bis 20 m

Baum mit glatter, hellgrauer Rinde; B. eiförmig-elliptisch, allmählich zugespitzt, doppelt gesägt, mit 7–12 Seitennervenpaaren; ♀ Kätzchen sitzend. Δ Auenwälder, Gebirgsbäche und Alpenflüsse; häufig. Stickstoffanreicherung durch stickstoffbindende Pilze, die in Wurzelknöllchen mit der Erle in Symbiose leben. Nord- und Mitteleuropa, südlich bis Mittelitalien, Balkanhalbinsel.

4 Schwarz-Erle
Alnus glutinosa (L.) Gaertn.

✿ 3–4 ↕ bis 20 m

Borke schwärzlich, rissig; B. rundlich-eiförmig, bis 10 cm lg., vorne stumpf oder ausgerandet, mit 5–8 Seitennervenpaaren, gesägt; Knospen und junge B. klebrig; ♂ und ♀ Kätzchen an denselben Zweigen, die ♀ gestielt, zapfenförmig, verholzend. Δ Auen- und Bruchwälder, Ufer; häufig. Europa.

Haselgewächse
Corylaceae

5 Hainbuche, Weißbuche
Carpinus betulus L.

✿ 4–5 ↕ bis 20 m

Baum mit glatter, grauer Rinde, oft mit gedrehten Längsstreifen; B. eiförmig, 5–8 cm lg., meist asymmetrisch, doppelt gezähnt, hellgrün; ♂ Blütenstände gleichzeitig mit den B. erscheinend; ♂ Blüten ohne Blütenb., einzeln in den Achseln der Tragb. walziger Kätzchen; ♀ Blüten mit unscheinbarer Blütenhülle und 3teiligen Vorb. in lockeren Kätzchen; Frucht eine Nuss, 5–10 mm lg., von der grünen Blütenhülle umschlossen. Δ Laubwälder, Hecken, in tieferen Lagen; verbreitet. Hauptsächlich Mittel- und Südosteuropa, nördlich bis Südschweden.

♀
♂
3
♀
♂
1
4
♀
♀
♂
2
♀
5
♂
♂

Weidengewächse
Salicaceae

1 Zitter-Pappel, Espe
Populus tremula L.

✿ 3–4 ↕ 5–20 m

Baum mit gelbbrauner, später dunkelgrauer, glatter Rinde; B. fast kreisrund, stumpflich gezähnt, an lg., dünnen, zusammengedrückten Stielen, kahl, leicht beweglich (Espenlaub); Blüten in 5–10 cm lg. Kätzchen; ♂ Blüten mit 8 Staubb.; ♀ Blüten mit purpurnen Narben; Tragb. der Blüten (Kätzchenschuppen) zottig behaart. Δ Waldränder, lichte Wälder; verbreitet. Europa.

2 Schwarz-Pappel
Populus nigra L.

✿ 3–4 ↕ 15–30 m

Baum mit stark rissiger Rinde; jüngere Äste rundlich, ohne Korkrippen; B. br.-eiförmig bis rautenförmig, fein gesägt, kahl, 5–10 cm lg.; Tragb. der Blüten kahl; ♂ Blüten mit 20–30 Staubb. Δ Auenwälder, Parkanlagen; verbreitet. Mittel- und Südeuropa. GefGr. 3!

3 Silber-Pappel
Populus alba L.

✿ 3–4 ↕ 15–35 m

Baum mit hellgrauer, glatter Rinde und weit ausladender Krone; junge Zweige, Knospen und B.unterseite weißfilzig; B. eiförmig, am Rand buchtig gelappt; Blüten in 5–10 cm lg. Kätzchen; Tragb. der Blüten behaart; ♀ Blüten mit gelben Narben. Δ Auenwälder, Schuttplätze; ziemlich häufig. Mittel- und Südeuropa.

4 Silber-Weide
Salix alba L.

✿ 4–5 ↕ bis 20 m

Baum oder Strauch; Zweige gelbbraun bis rotbraun; B. lanzettlich, 5–8 cm lg., mit fein gesägtem Rand, unterseits dicht anliegend behaart (jung beiderseits seidenhaarig); Kätzchen mit den B. erscheinend; Tragb. der Blüten 1farbig; Fruchtknoten kahl, fast sitzend. Δ Ufer von Seen und Flüssen, Altwasser, Auenwälder; häufig. Mittel- und Südeuropa.

Ulmengewächse
Ulmaceae

5 Feld-Ulme
Ulmus minor Mill.
(*U. carpinifolia* Gled., *U. campestris* L.)

✿ 3–4 ↕ 10–30 m

Baum mit gefeldeter, graubrauner Rinde; B. glatt, 6–10 cm lg., scharf gezähnt, jederseits mit 8–12 Seitennerven, fast kahl, in der Mitte am breitesten, bis 1,5 cm lg. gestielt; Blüten zwitterig, fast sitzend, in knäuligen Blütenständen; Frucht eiförmig bis rundlich, bis 2 cm lg.; Same dem oberen Flügelrand der Frucht genähert. Δ Auenwälder, Laubwälder, Flaumeichenwälder; wärmeliebend; verbreitet. Mittel- und Südeuropa. GefGr. 3!

6 Berg-Ulme
Ulmus glabra Huds. (*U. scabra* Mill.)

✿ 3–4 ↕ bis 30 m

Baum mit längs gefurchter Rinde; B. asymmetrisch, 8–1.5 cm lg., rau, scharf gesägt; jederseits mit 12–20 Seitennerven, unterseits behaart, im oberen Drittel am breitesten, 3–7 mm lg. gestielt; Blüten fast sitzend; Samen in der Mitte der Frucht. Δ Laubwälder, Gebüsche, Schluchtwälder; Alpen bis 1400 m; zerstreut. Europa.

3
1
♀
2
♂
♀
♀
4
6
5
♂
4

Rosengewächse
Rosaceae

1 Vogel-Kirsche, Süß-Kirsche
Cerasus avium (L.) Moench
(*Prunus avium* L.)

❁ 4–5 ↕ bis 25 m

Baum mit rotbrauner bis schwarzer, in Querstreifen sich abringelnder Rinde; B. eiförmig, 6–15 cm lg., gezähnt; Blüten in Büscheln; Blütenstiele 3–5 cm lg., am Grund nur mit Knospenschuppen; Kronb. 10–15 mm lg., weiß; Staubb. bis 20; Frucht kugelig, 10–15 mm br., rot bis schwarzrot, mit glattem Stein. Δ Laub- und Nadelmischwälder, Waldränder, Hecken, Hartholzaue; zerstreut. Hauptsächlich Mittel- und Südeuropa. Ähnlich ist die **Weichsel** oder **Sauer-Kirsche**, *C. vulgaris* Mill. (*Prunus cerasus* L.), Strauch oder Baum, bis 10 m; Blütenstiele 2–4 cm lg., am Grund mit Knospenschuppen und mit 1–2 Laubb.; Kronb. fast kreisrund; lichte Wälder, Hecken; häufig angepflanzt. Ursprünglich Südosteuropa.

2 Traubenkirsche
Padus avium Mill. (*Prunus padus* L.)

❁ 4–5 ↕ bis 12 m

Strauch oder Baum; B. br.-lanzettlich, 5–10 cm lg., fein gezähnt; Blüten zu 10–20 in aufrechten, dann hängenden Trauben; Kronb. 5–10 mm lg., weiß; Kelchb. gefranst, drüsig; Frucht kugelig, glänzend, schwarz, 7–8 mm br., Stein grubig gefurcht. Δ Auenwälder, Waldränder; ziemlich häufig. Fast ganz Europa.

Lindengewächse
Tiliaceae

3 Winter-Linde
Tilia cordata Mill.

❁ 6–7 ↕ bis 25 m

B. herzförmig, 3–8 cm br., gesägt, oberseits matt, dunkelgrün, unterseits blaugrün, in den Nervenwinkeln rostrot oder gelblich behaart, sonst kahl; Blütenstand 4–10blütig, dessen flügelartiges Tragb. 4–8 cm lg.; Kronb. 5, 4–8 mm lg., gelblich-weiß; junge Zweige und Knospen olivgrün bis rötlich; Frucht dünnwandig, lederig, undeutlich kantig. Δ Laubmischwälder; in wintermilden Klimalagen; zerstreut. Südskandinavien, Mittel- und Südeuropa.

4 Sommer-Linde
Tilia platyphyllos Scop.

❁ 6 ↕ bis 30 m

B. 5–15 cm br., oberseits meist kurzhaarig, unterseits in den Nervenwinkeln büschelig weißbärtig, sonst kurzhaarig; B.stiel behaart; Triebe behaart; Blütenstand 2–5blütig, mit flügelartigem, 5–12 cm lg. Tragb.; Frucht dickwandig, holzig, 5kantig. Δ Laubwälder; zerstreut. Mittel- und Südeuropa.

1
2
3
4

Rosengewächse
Rosaceae

1 Vogelbeerbaum, Eberesche
Sorbus aucuparia L.

✽ 5–6 ↕ 5–15 m

Strauch oder Baum mit glatter Borke; B. unpaarig gefiedert; Fiederb. eiförmig, 4–6 cm lg., scharf gezähnt; Blüten in reichblütigen, doldenartigen Rispen; Kelchb. 5; Kronb. 5, 4–5 mm lg., weiß; Griffel 2–4; Frucht fast kugelig, rot, 8–10 mm lg. Δ Lichte Laub- und Nadelwälder; verbreitet. Europa.
Ähnlich ist der **Speierling**, *S. domestica* L., aber Borke rau; Fiederb. nur in der oberen Hälfte gesägt; Blütenstand 6–12blütig, Griffel meist 5; Frucht birnförmig, rötlichgelb; wärmeliebende Laubwälder. Mittelmeergebiet, gebietsweise auch in Deutschland urwüchsig, häufig auch angepflanzt oder verwildert.

2 Mehlbeere
Sorbus aria (L.) Crantz

✽ 5–6 ↕ 2–10 m

Strauch oder Baum; B. eiförmig, ungleichmäßig gesägt, 8–14 cm lg., dunkelgrün, unterseits grau- bis weißfilzig, mit 10–14 Nervenpaaren; Blüten weiß; Griffel 2; Frucht kugelig oder eiförmig, orange bis rot. Δ Sonnige Laubwälder, Kalkfelshänge; zerstreut. Gebirge Mittel- und Südeuropas.

3 Elsbeere
Sorbus torminalis (L.) Crantz

✽ 5–6 ↕ 3–15 m

Baum oder Strauch; B. gelappt, unterseits graufilzig, später verkahlend, jederseits mit 4–6 hervortretenden Nerven; B.lappen spitz, die unteren groß, waagrecht abstehend; Blüten in doldenartigen Rispen, weiß; Früchte eiförmig, braun. Δ Eichen-Hainbuchenwälder, Flaumeichengebüsch; wärmeliebend; zerstreut. Mittel- und Südeuropa.

4 Schwedische Vogelbeere
Sorbus intermedia (Ehrh.) Pers.

✽ 5–6 ↕ 3–15 m

Baum oder Strauch, ähnlich Elsbeere, aber B. derb, lederig, Oberseite dunkelgrün, unterseits graufilzig, nicht verkahlend, jederseits mit 7–9 Nerven und stumpfen, abgerundeten Lappen. Δ Laubwälder. Nordeuropa und Ostseeraum.

5 Wild-Apfel, Holz-Apfel
Malus sylvestris (L.) Mill.
(*Pyrus malus* L.)

✽ 4–5 ↕ 8–10 m

Zweige meist dornig; B. rundlich bis eiförmig, 3–5 cm lg., fein gezähnt, unterseits nur auf den Nerven behaart, diese deutlich hervortretend; Blüten 5zählig, 3–4 cm br., in armblütigen Trauben; Kronb. oberseits weiß, unterseits rot überlaufen; Staubb. gelb; Frucht holzig. Δ Auenwälder, Hecken; zerstreut. Fast ganz Europa.
Die **Wild-Birne,** *Pyrus achras* Gaertn. (*P. pyraster* Borkh.), hat beiderseits reinweiße Kronb., rote Staubb. und runde B. mit unterseits kaum hervortretenden Nerven; steinige Gebüsche, Auenwälder; wärmeliebend.

2
5
1
4
3

Ahorngewächse
Aceraceae

1 Berg-Ahorn
Acer pseudoplatanus L.

5–6 bis 30 m

B. über 10 cm br., 5lappig, mit spitzen Buchten und ungleich grob gezähnten Abschnitten, unterseits graugrün; Blüten gelbgrün, in hängenden 5–15 cm lg. Trauben; Kelchb. und Kronb. 5, frei; jede Teilfrucht mit einem 4–6 cm lg. Flügel, diese zusammen einen spitzen Winkel bildend. Δ Schluchtwälder, Buchen-Mischwälder, Bergwälder; ziemlich häufig. Mittel- und Südeuropa.

2 Spitz-Ahorn
Acer platanoides L.

4–5 bis 30 m

B. über 10 cm br., 3–7lappig, beiderseits dunkelgrün, glänzend; B.lappen lg. zugespitzt, mit spitzen Zähnen und gerundeten Buchten; Blüten gelbgrün, mit den B. erscheinend, in abstehenden, doldenartigen Rispen; die Flügel der Frucht einen stumpfen Winkel bildend bis fast waagrecht abstehend. Δ Krautreiche Laubwälder mit Eiche, Linde, Hainbuche, Ulme; in den Alpen selten über 1000 m; zerstreut. Südschweden, Mitteleuropa, südlich bis Pyrenäen, Apennin, Griechenland.

3 Feld-Ahorn
Acer campestre L.

5–6 3–15 m

Baum oder Strauch; B. 5–8 cm br. (3–)5lakpig, Lappen stumpf, die mittleren jederseits mit einem großen, stumpfen Zahn, die beiden seitlichen meist ganzrandig; Blüten in doldigen, aufrechten Blütenständen; Blütenstiele und Blütenhülle dicht behaart; Früchte anfangs filzig behaart, deren Flügel waagrecht abstehend. Δ Auenwälder, Eichen-Hainbuchenwälder, Hecken; in den Alpen kaum über 1000 m; häufig. Mittel- und Südeuropa.
Ähnlich sind noch: **Schneeballblättriger Ahorn**, *A. opulifolium* All. (*A. opalus* aut.), Baum bis 12 m; B. mit 3 grob stumpf gekerbten Lappen, unterseits graugrün; Blüten in sitzenden Dolden, vor den B. erscheinend; wärmeliebende Eichenwälder. Südschwarzwald, Schweizer Jura, Alpen, Cevennen, Pyrenäen, Südwesteuropa.
Französischer oder **Felsen-Ahorn,** *A. monspessulanum* L., bis 5 m; B. mit 3 ganzrandigen Lappen; Blüten in abstehenden, doldenartigen Blütenständen; Flügel der Frucht zusammenneigend oder parallel vorlaufend; sonnige Eichengebüsche; selten. Nahe-, Rhein-, Mosel- und Maintal, Schweizer Jura, Südeuropa.

Platanengewächse
Platanaceae

4 Bastard-Platane
Platanus hybrida Brot.

5 bis 35 m

B. handförmig, 3–5teilig, Lappen spitz, ganzrandig oder mit großen, spitzen, gebogenen Zähnen; Mittellappen am Grund breiter als lg.; Rinde in Schuppen abblätternd; Blüten in dichten, kugeligen, 1geschlechtigen, 1 cm br., hängenden Köpfen. Δ Als Parkbaum gepflanzt; Bastardart aus *P. occidentalis* (heimisch in Nordamerika) und *P. orientalis* (heimisch in Südosteuropa und Asien).
Die **Morgenländische Platane,** *P. orientalis* L., hat 7lappige, gezähnte B.; Mittellappen am Grund schmäler; Auenwälder; frostempfindlich. Südosteuropa.

2

3

4

1

Ölbaumgewächse
Oleaceae

1 Gewöhnliche Esche
Fraxinus excelsior L.

❀ 4–5 ↕ bis 40 m

Baum jung mit glatter, später mit längsrissiger, schwärzlicher Rinde; B. gefiedert, mit 9–13 ei-lanzettlichen, fein gezähnten Fiederb.; B.knospen dick, schwarz, gegenständig; Blütenrispe aufrecht, vor den B. erscheinend; Kronb. und Kelchb. fehlend; Frucht eine geflügelte Nuss. Δ Auen- und Schluchtwälder, krautreiche Mischwälder; verbreitet. Fast ganz Europa, nördlich bis Südskandinavien, im Süden nur in den Gebirgen.

2 Blumen-Esche, Manna-Esche
Fraxinus ornus L.

❀ 4–5 ↕ 5–10 m

Baum mit glatter Rinde; B. mit 5–9 elliptischen, gezähnten, kurz gestielten Fiederb., unterseits heller grün oder weißlich; Knospen graufilzig; Blüten weiß, in reichblütigen, pyramidenförmigen Blütenständen, duftend, mit den B. erscheinend; Kronb. 4, linealisch, 10–15 mm lg.; Staubbeutel mit lg. Staubfäden; Frucht 3 cm lg., geflügelt. Δ Flaumeichenwälder, Gebüsche. Südalpen, Südeuropa; auch als Zierbaum gepflanzt.

Rosskastaniengewächse
Hippocastanaceae

3 Rosskastanie
Aesculus hippocastanum L.

❀ 4–5 ↕ 15–25 m

Baum mit grauschwarzer, anfangs glatter, später dünnschuppig abblätternder Rinde; Blüten zu 20–30 in aufrechten Trauben; Krone weiß mit gelbem, später rotem Fleck; Staubb. weit herausragend; B. handförmig geteilt, mit 5–7 gesägten, 10–25 cm lg. Fiederb.; Frucht eine stachelige, grüne, 3klappig aufspringende Kapsel, 6 cm; Same (Kastanie) glänzend braun. Δ In Wirtsgärten und Parkanlagen angepflanzt. Herkunft Südosteuropa.

Schmetterlingsblütengewächse
Fabaceae oder Papilionaceae

4 Robinie, Falsche Akazie
Robinia pseudoacacia L.

❀ 5–6 ↕ 15–25 m

Baum mit grauer, tief längsrissiger Rinde; Blüten weiß, stark duftend, in hängenden, 10–25 cm lg. Trauben; B. 15–25 cm lg., mit 7–15 eiförmigen Fiederb.; Zweige und Kurztriebe mit lg. Dornen; Frucht eine lederig braune, 10 cm lg. Hülse. Giftig! Δ Flussufer, Hecken. In fast ganz Europa eingebürgert. Herkunft Nordamerika.

1
4
3
2

Zypressengewächse
Cupressaceae

1 Gewöhnlicher Wacholder
Juniperus communis L.

❀ 5–6 ↕ 2–5 m

Säulenförmiger, aufrechter Strauch, selten baumförmig; B. nadelförmig, stechend, 10–15 mm lg., graugrün; Blüten in B.achseln; ♀ Blüten mit 2–4 Fruchtschuppen; Frucht ein kugeliger, 5–9 mm br., zuerst grüner, dann im 2. Jahr nach der Blüte bläulich-schwarzer Beerenzapfen. Δ Magerweiden, felsige Hänge, lichte, trockene Wälder; ziemlich häufig. Fast ganz Europa.

Liliengewächse
Liliaceae

2 Stechender Mäusedorn
Ruscus aculeatus L.

❀ 2–4 ↕ 30–100 cm

B. schuppenförmig, stattdessen b.artig verbreiterte Seitensprosse (Phyllokladien), diese br.-lanzettlich, lederig, immergrün, 2–3 cm lg., mit stechender Spitze; Blüten grünlich, 3 mm br., zu 1–2, mit schuppigen Tragb., auf der Oberseite der Phyllokladien; Frucht eine kugelige, rote Beere. Δ Gebüsche, Eichenwälder, trockene, felsige Hänge; wärmeliebend; zerstreut. Südalpen, Südeuropa; Schottland und Belgien verwildert.

Birkengewächse
Betulaceae

3 Grün-Erle
Alnus viridis (Chaix) DC.

❀ 5–7 ↕ 2–3 m

B. eiförmig, spitz, beiderseits grün, gezähnt; Zähne höher als br.; Knospen spitzlich, sitzend (bei den übrigen Arten gestielt); ♂ Kätzchen hängend, gelb, bis 6 cm lg., bei Entfaltung der B. stäubend; ♀ Kätzchen unter den ♂ Kätzchen, eirund, 10–15 mm lg., grün, später zu braunen Zapfen verholzend. Δ Schattige, feuchte Steilhänge in den höheren Lagen der Gebirge; in den Alpen etwa 1400–2400 m, in den Mittelgebirgen tiefer; zerstreut. Gebirge Mittel- und Südeuropas.

Haselgewächse
Corylaceae

4 Hasel
Corylus avellana L.

❀ 2–4 ↕ 2–6 m

B. eiförmig, spitz, 5–12 cm lg., doppelt gezähnt; ♂ Blüten in 2–8 cm lg. Kätzchen, diese zu 1–4; ♀ Blüten zu 2–6, von Knospenschuppen umgeben, zur Blütezeit nur die roten, fadenförmigen Narben herausragend; Frucht eine hartschalige, braune Nuss, umgeben von einer unregelmäßig zerschlitzten Hülle. Δ Gebüsche, Waldränder, Laubwälder; verbreitet. Europa.

Hahnenfußgewächse
Ranunculaceae

5 Gewöhnliche Waldrebe
Clematis vitalba L.

❀ 6–7 ↕ 3–8 m

Pfl. windend und kletternd, mit verholztem St.; B. mit 3 oder 5 lg. gestielten, ei- oder herzförmigen, grob und asymmetrisch gezähnten Fiederb.; Blütenstand rispig, end- und b.achselständig; Blüten 5zählig, 2–3 cm br., weiß; Blütenb. beiderseits flaumig behaart; Griffel zur Fruchtreife bärtig. Giftig! Δ Auenwälder, Gebüsche, Waldränder; ziemlich häufig. Mittel- und Südeuropa, nördlich bis England.

♀
4
♂
3
5
2
♀
♂
1

Gagelgewächse
Myricaceae

1 Gagelstrauch
Myrica gale L.

✿ 4–5 ↕ 50–200 cm

Strauch 2häusig; B. lanzettlich bis verkehrteiförmig, kurz gestielt, schwach gesägt, stark aromatisch riechend, 2–5 cm lg., Blüten in 5–15 mm lg., aufrechten Kätzchen, vor den B. erscheinend. Δ Heidemoore, feuchte Gebüsche; zerstreut. Norddeutschland, Nordeuropa. <u>GefGr. 3!</u>

Knöterichgewächse
Polygonaceae

2 Stauden-Knöterich
Reynoutria japonica

✿ 8–9 ↕ 100–200 cm

Wuchernde Pfl.; St. hohl, blaugrün bis rötlich; B. br.-eiförmig, plötzlich lg. zugespitzt, bis 12 cm; Blüten weiß, 5zählig, in den Achseln der oberen B. Δ Wegränder, Schutt, Gebüschsaum, Wälder. Herkunft Zentralasien, in Mitteleuropa eingebürgert und verwildert.

Tamariskengewächse
Tamaricaceae

3 Deutsche Tamariske
Myricaria germanica (L.) Desv.

✿ 6–8 ↕ bis 2 m

Strauch mit rutenförmigen Ästen; B. schuppenförmig, graugrün, 2–3 mm lg.; Blüten rötlich oder weiß, 3–5 mm br., in dichten Trauben; Kelchb. und Kronb. 4–5. Δ Schotterflächen der Alpenflüsse; selten. Skandinavien, Alpen und Vorland bis zur Donau, Schwarzwald, Pyrenäen, Abruzzen, Gebirge der Balkanhalbinsel. <u>GefGr. 1!</u>

4 Französische Tamariske
Tamarix gallica L.

✿ 5–8 ↕ 1–3 m

Graugrüner Strauch, mit schuppenförmigen, dachziegelartig angeordneten B. und kleinen, 5zähligen rosaroten, 1,5–2 mm lg. Blüten in ährenartigen Blütenständen. Δ Flussufer, Küsten; Zierpfl. Südwesteuropa.

Sauerdorn- oder Berberitzengewächse
Berberidaceae

5 Berberitze, Sauerdorn
Berberis vulgaris L.

✿ 5–6 ↕ bis 3 m

Sommergrüner Strauch; Langtriebe mit 1–7, meist 3teiligen Dornen, in deren Achseln Kurztriebe mit Büscheln von verkehrt-eiförmigen, stechend gewimperten, 2–6 cm lg. B.; Blüten 6zählig, in vielblütigen, hängenden Trauben; Kelchb. und Kronb. gelb; Beere länglich, rot, 8–11 mm lg. Δ Hecken, Waldränder, Auenwälder, lichte Laub- und Kiefernwälder; zerstreut. Zwischenwirt des Getreiderostes. Hauptsächlich Mittel- und Südeuropa, nördlich bis Südskandinavien.

Weidengewächse
Salicaceae

6 Purpur-Weide
Salix purpurea L.

✿ 4–5 ↕ 2–6 m

Junge Zweige purpurn überlaufen; B. 4–12 cm lg., oberseits dunkelgrün, unterseits blaugrün; Kätzchen vor den B. erscheinend; Tragb. der Blüten 2farbig, dicht behaart; Fruchtknoten sitzend, filzig behaart; Staubfäden bis zu den Staubbeuteln verwachsen, anfangs purpurn, beim Stäuben gelb. Δ Auengebüsch, Kiesbänke der Flüsse; häufig. Mittel- und Südeuropa.

5
♂
6
2
4
3
♂
♀
1

Weidengewächse
Salicaceae

1 Korb-Weide
Salix viminalis L.

❀ 3–4 ↕ 4–10 m

Strauch, seltener Baum; Zweige grüngelb bis blaugrün, rutenförmig; B. schmal-lanzettlich, fast ganzrandig, 8–15 cm lg., am Rand wellig; Kätzchen vor den B. erscheinend, dicht seidenhaarig, 10–15 mm br.; Tragb. der Blüten 2farbig; Fruchtknoten fast sitzend, behaart. Δ Auen; verbreitet; zum Korbflechten verwendet. Fast ganz Europa.

2 Sal-Weide
Salix caprea L.

❀ 3–4 ↕ 3–9 m

Zweige rotbraun, wie die Knospen kahl; B. elliptisch, 3–10 cm lg., unterseits graugrün bis weißlich, dicht weißfilzig; Nebenb. klein; Kätzchen dick, walzlich, 4–10 cm lg., erst sitzend, später gestielt; Tragb. 2farbig, mit lg. weißen Haaren; Fruchtknoten filzig. Δ Waldränder, Kiesgruben, Auenwälder; häufig. Fast ganz Europa.

3 Grau-Weide
Salix cinerea L.

❀ 4–5 ↕ 2–5 m

Junge Zweige graufilzig; B. br.-eiförmig, 4–10 cm lg., graugrün, fein gesägt; Kätzchen 4–9 cm lg.; Fruchtknoten filzig; Staubbeutel anfangs orangerot. Δ Moorränder, Bruchwälder; häufig. Europa.

4 Schwarz-Weide
Salix myrsinifolia Salisb.

❀ 4–5 ↕ 2–5 m

Zweige braun bis schwarzbraun, matt; B. 3–8 cm lg., eiförmig, gesägt, oberseits dunkelgrün, glänzend, unterseits blaugrün, gegen die Spitze hin reingrün; Nebenb. groß, nierenförmig; Kätzchen fast gleichzeitig mit den B. erscheinend, eiförmig, 2–3 cm lg.; Tragb. 2farbig, zottig; Fruchtknoten kahl, gestielt. Δ Auenwälder, Bachufer, Moore; zerstreut. Fast ganz Europa.

5 Mandel-Weide
Salix triandra L.

❀ 4–5 ↕ 2–5 m

Zweige gelbgrün bis rotbraun; Rinde alter Stämme sich in Fetzen ablösend; B. lanzettlich, kahl, 5–10 cm lg., bis 2 cm br., grün, beiderseits fast gleichfarbig; Tragb. der Blüten 1farbig; ♀ Kätzchen dünn; Fruchtknoten kahl, deren Stiele 1/4–1/2 so lg. wie der Fruchtknoten; ♂ Blüten mit 3 Staubb. Δ Auengebüsch, Ufer von Flüssen und Bächen; verbreitet. Fast ganz Europa.

6 Ohr-Weide
Salix aurita L.

❀ 4–5 ↕ 1–3 m

Äste sparrig; Zweige und Knospen kahl; B. 2–5 cm lg., rundlich-eiförmig, runzelig, am Rand wellig, gezähnt, mit großen Nebenb.; Kätzchen 2 cm lg.; Tragb. der Blüten 2farbig; Fruchtknoten filzig behaart; Staubbeutel gelb. Δ Moorränder, Bruchwälder; verbreitet. Nord- und Mitteleuropa, südlich bis Pyrenäen, Apennin.

7 Lorbeer-Weide
Salix pentandra L.

❀ 5–6 ↕ bis 12 m

Strauch mit glänzenden, olivgrünen bis rotbraunen Zweigen und br.-lanzettlichen, fein gesägten, 5–15 cm lg. B.; ♀ Kätzchen lockerblütig; Tragb. 1farbig, gelbgrün; Staubb. meist 5; Kätzchen und B. gleichzeitig. Δ Auen, Bruchwälder; zerstreut. Mittel- und Nordeuropa, südlich bis Pyrenäen, Norditalien, Balkanhalbinsel.

3
6
♂
♀
♂
4
5
♀
7
♀
♂
2
1

Buchsbaumgewächse
Buxaceae

1 Buchsbaum
Buxus sempervirens L.

3–4 ↕ 0,5–3 m

B. immergrün, lederig, 10–25 mm lg.; Blüten 1geschlechtig, in b.achselständigen, knäueligen Blütenständen; Krone fehlend; Kelchb. 4–8, gelbgrün, 2 mm lg. Giftig! Geschützt! Δ Wälder; wärmeliebend; in wintermilden Klimalagen; selten. Moseltal, Südschwarzwald, Elsass, Alpen, Pyrenäen, Südeuropa.

Ölweidengewächse
Eleagnaceae

2 Sanddorn
Hippophae rhamnoides L.

3–5 ↕ bis 6 m

Dorniger Strauch; B. lineal-lanzettlich, 5–6 cm lg., 3–7 mm br., oberseits dunkelgrün, unterseits silberweiß; Blüten 1geschlechtig, klein, bräunlich; Frucht eiförmig, 6–8 mm lg., orangerot. Geschützt! Δ Flussauen, Kiesbänke, Küstendünen, lichte Föhrenwälder; zerstreut bis selten. Gebirge Mittel- und Südeuropas, Nord- und Ostseeküste.

Rosengewächse
Rosaceae

3 Zweigriffeliger Weißdorn
Crataegus oxyacantha L.

5–6 ↕ bis 6 m

B. schwach gelappt, mit keilförmigem Grund; Blüten in Schirmrispen, 5zählig, weiß; Griffel 2–3; Frucht kugelig, rot, 6–10 mm br., mit 2–3 Steinkernen. Δ Laubwälder, Hecken; verbreitet. Fast ganz Europa, nördlich bis Südskandinavien.

4 Eingriffeliger Weißdorn
Crataegus monogyna Jacq.

5–6 ↕ 1–8 m

Ähnlich Zweigriffeligem Weißdorn, aber B. tief fiederspaltig, meist 5teilig, mit br. B.grund; B.lappen ganzrandig oder an der Spitze gezähnt; Blüten 5zählig, weiß; Griffel 1; Frucht kugelig, rot, mit 1 Steinkern. Δ Sonnige Gebüsche, Wälder; häufig. Fast ganz Europa, nördlich bis Schottland.

5 Gewöhnliche Zwergmispel
Cotoneaster integerrimus Med.

4–5 ↕ 50–200 cm

B. eiförmig, 2–4 cm lg., oberseits kahl, grün, unterseits graufilzig; Blüten zu 1–5; Kelchb. 5, außen kahl, 2 mm lg.; Kronb. 5, weiß bis blaurot; Frucht kugelig, rot, 6–8 mm br. Δ Sonnige Felshänge, trockene Wälder; ziemlich selten. Mittel- und Südeuropa (östlich), nördlich bis Südskandinavien.

6 Himbeere
Rubus idaeus L.

5–6 ↕ 60–120 cm

St. 2jährig, verholzend, mit roten Stacheln; B. mit 5 oder 7 gezähnten, hellgrünen, unterseits weißfilzigen Fiederb.; Kronb. weiß, 5 mm lg.; Kelchb. nach der Blütezeit zurückgebogen; Frucht rot, kahl, der Fruchtboden bleibend. Δ Waldlichtungen, Schläge, Auen, Schluchten; häufig. Europa.

7 Bereifte Brombeere, Kratzbeere
Rubus caesius L.

5–6 ↕ 30–80 cm

St. bläulich bereift, stachelig; B. 3zählig, grob und ungleich gezähnt; Blüten 1,5–2 cm br.; Kronb. 5, weiß; Kelchb. graufilzig; Frucht blau bereift, aus 5–20 großen Früchtchen bestehend. Δ Auwälder, Waldränder, Ufer; häufig. Fast ganz Europa.

4
3
3
6
7
1
2
♂
♀
5

Rosengewächse
Rosaceae

1 Echte Brombeere
Rubus fruticosus coll.

5–8 50–200 cm

Formenreiche Sammelart mit zahlreichen Kleinarten; St. bogig oder kriechend bis aufrecht oder nickend, stachelig; Form der Stacheln je nach Kleinart sehr unterschiedlich; B. 3–5zählig gefiedert, oft wintergrün, B.chen eiförmig, spitz, gesägt, sitzend bis unterschiedlich lg. gestielt; Nebenb. fädlich; Frucht schwarz, glänzend, aus 20–50 kleinen Früchtchen bestehend, mit dem Blütenboden abgehend. Δ Wälder, Hecken, Kahlschläge, Heiden; häufig. Fast ganz Europa.

2 Feld-Rose
Rosa arvensis Huds.

6–7 50–150 cm

Strauch liegend oder kletternd, mit schwach gebogenen, gleichartigen Stacheln; B. 7zählig, B.chen eiförmig, 1–3 cm lg., gezähnt, dunkelgrün, unterseits hellgrün; Blüten einzeln, lg. gestielt, 4 cm br., weiß; Kelchb. ganzrandig, selten gefiedert, vor der Fruchtreife abfallend; Griffel zu einer Griffelsäule verwachsen, diese deutlich aus dem Blütenbecher ragend; Frucht elliptisch bis kugelig, dunkelrot, 1–1,5 cm lg. Δ Waldränder, lichte Laubwälder, Hecken; häufig. Mittel- und Südeuropa.

3 Alpen-Heckenrose
Rosa pendulina L.

6–7 0,5–2 m

Stamm und Zweige mit geraden, wenigen Stacheln oder stachellos; B. mit 9–11 dunkelgrünen, doppelt gezähnten B.chen; Blüten meist einzeln; Blütenstiele 1–3 cm, mit Drüsenhaaren; Kelchb. ganzrandig, nach der Blütezeit aufgerichtet, bleibend; Kronb. rosa bis dunkelrot; Frucht flaschenförmig, mit Drüsenhaaren und Stachelborsten, orange bis rot. Δ Bergmischwälder, Hochstaudenfluren, Felsbänder, Latschengebüsch; zerstreut. Gebirge Mittel- und Südeuropas.

4 Hunds-Rose
Rosa canina L.

5–7 1–2 m

Strauch mit hakigen Stacheln; B. 5–7zählig, beiderseits kahl, drüsenlos, B.chen gezähnt; B.stiel mit sichelförmigen Stacheln; Kelchb. nach der Blütezeit zurückgeschlagen, vor der Reife abfallend, äußere 2 Kelchb. durch schmale Anhängsel gefiedert; Blüten rosa; Griffel frei, kurz, nur wenig aus dem Blütenbecher ragend; Frucht eiförmig, rot. Δ Wald- und Wegränder, Hecken, lichte Wälder; verbreitet. Europa.

5 Zimt-Rose
Rosa majalis Herrm.
(*R. cinnamomea* L.)

5–6 0,5–2 m

Blütenzweige mit gleichartigen, meist paarweise angeordneten, hakig gekrümmten Stacheln, untere Zweige und Stamm noch mit vielen Nadelstacheln und Stachelborsten; B. 5–7zählig, oberseits dunkelgrün bis blaugrün, behaart, unterseits graugrün, flaumig bis filzig behaart; Kelchb. ganzrandig, nach der Blütezeit aufgerichtet, bleibend, länger als die Kronb., diese rosa bis dunkelrot; Frucht kugelig, kahl, orange bis rot. Δ Sonnige Hecken, Felshänge, Auenwälder; selten. Nord- und Mitteleuropa (östlich).

6 Kartoffel-Rose
Rosa rugosa Thunb.

5–8 1–2 m

Zweige dicht stachelborstig und filzig; B. oberseits glänzend, dunkelgrün, stark runzelig, unterseits graugrün, weichhaarig; Blüten 6–8 cm br., meist dunkelrot, seltener hellrosa bis weiß. Δ Zierstrauch und verwildert. Herkunft Ostasien.

4
3
6
2
1
5

Rosengewächse
Rosaceae

1 Felsenbirne
Amelanchier ovalis Med.

✿ 4–5 ↕ 1–3 m

Strauch; B. elliptisch, 2–4 cm lg., oberseits dunkelgrün, kahl, unterseits graufilzig, später kahl und graugrün, fein gezähnt; Blüten in armblütigen Trauben, 5zählig; Kronb. schmal-lanzettlich, 15–20 mm lg., weiß oder gelblichweiß, außen zottig; Staubb. 20; Frucht blauschwarz. Δ Felsgebüsch, Kalkfelsspalten, sonnige Eichen- oder Kiefernwälder; zerstreut. Gebirge Mittel- und Südeuropas.

2 Schwarzdorn, Schlehe
Prunus spinosa L.

✿ 4–5 ↕ 2–4 m

Strauch sparrig und stark dornig; B. ei-lanzettlich, 2–4 cm lg., dunkelgrün, fein gezähnt; Blüten einzeln oder zu 2, aber dicht gedrängt; Kronb. 5–8 mm lg., weiß; Kelchb. unregelmäßig und fein gezähnt; Staubb. etwa 20; Frucht kugelig, blau bereift, 1–1,5 cm br. Δ Wald- und Wegränder, sonnige Hecken, Magerweiden; häufig. Europa.

3 Steinweichsel, Felsenkirsche
Cerasus mahaleb (L.) Mill.
(*Prunus mahaleb* L.)

✿ 4–5 ↕ 1–6 m

Strauch; B. ei-rundlich, mit aufgesetzter Spitze, dunkelgrün, am Rand mit kurzen, stumpfen Zähnen, 4–8 cm lg.; Blüten zu 4–10 in Schirmtrauben, weiß, 1 cm br.; Frucht eiförmig, schwarz. Δ Sonnige Hecken, Buschwälder, felsige Hänge, Flaumeichenwälder; wärmeliebend; selten, im Süden häufiger. Süddeutschland, Österreich, Südeuropa, sonst angepflanzt.

Stachelbeerengewächse
Grossulariaceae

4 Berg-Johannisbeere
Ribes alpinum L.

✿ 4–5 ↕ 80–150 cm

Strauch ohne Stacheln; B. 3(–5)lappig, grob gezähnt, 2–4 cm lg.; Pfl. meist 1geschlechtig; ♂ Blüten zu 10–30, ♀ Blüten zu 2–5 in aufrechten Trauben; Blüten 5zählig, grünlichgelb; Kronb. kürzer als die Kelchb.; Beere rot. Δ Bergmischwälder, in den Alpen bis 2000 m; zerstreut. Nord- und Mitteleuropa, südlich bis nordspanische Gebirge, Apennin, Gebirge der Balkanhalbinsel.

5 Schwarze Johannisbeere
Ribes nigrum L.

✿ 4–5 ↕ 80–150 cm

Strauch ohne Stacheln, mit intensivem Geruch; B. 3–(5)lappig, bis 10 cm lg., unterseits mit gelblichen Drüsen; junge Triebe flaumig behaart; Blüten grünlich, in hängenden Trauben; Kronb. aufrecht, viel kürzer als die zurückgekrümmten, dicht behaarten Kelchb.; Frucht eine 10–15 mm br., schwarze, essbare Beere. Δ Erlenbruch, Auenwälder; ziemlich selten. Hauptsächlich Mittel- und Nordeuropa.

6 Stachelbeere
Ribes uva-crispa L. (*R. grossularia* L.)

✿ 4–5 ↕ 60–120 cm

Strauch stachelig; B. 3–5lappig, 3 cm br., flaumig behaart, mit stumpfen Zähnen; Blüten zu 1–3, grünlich; Kelchb. dicht behaart, abstehend, 2–3mal so lg. wie die weißlichen Kronb.; Beere 1–2 cm br., gelbgrün oder rötlich, oft behaart. Δ Waldränder, Schlucht- und Auenwälder, Burgruinen; Kulturpfl. in vielen Formen; ziemlich häufig. Fast ganz Europa, im Süden in den Gebirgen.

2
4
5
1
6
3

Schmetterlingsblütengewächse
Fabaceae oder Papilionaceae

1 Besenginster
Sarothamnus scoparius (L.) Koch
(*Cytisus s.* (L.) Link)

❁ 5–6 ↕ 50–200 cm

Zwergstrauch mit aufrechten, verzweigten St. und rutenförmigen, 4–5kantigen, grünen Zweigen; untere B. 3zählig, obere B. 1fach, lanzettlich, 5–20 mm lg.; Blüten zu 1–2, b.achselständig; Kelch kahl; Krone 20–25 cm lg., Griffel spiralig eingerollt; Hülse 3–5 cm lg., behaart. Δ Waldränder, Kahlschläge, bodensaure Eichenwälder, Heiden; kalkmeidend; häufig. Südskandinavien, Mittel- und Südeuropa (westlich).

2 Blasenstrauch
Colutea arborescens L.

❁ 6–8 ↕ 2–5 m

B. unpaarig gefiedert, Fiedern verkehrteiförmig, vorne ausgerandet, 1–3 cm lg.; Blüten zu 3–6, gelb, 15–25 mm lg.; Kelch glockenförmig, mit 5 ungleichen Zähnen; Hülsen bauchig aufgeblasen, 6–8 cm lg., 3 cm dick. Δ Eichenwälder, Gebüsche, sonnige Waldränder; selten. Süddeutschland, Niederösterreich, Südeuropa. <u>GefGr. 3!</u>

3 Strauchige Kronwicke
Coronilla emerus L.

❁ 4–5 ↕ 50–200 cm

St. aufrecht, holzig; Zweige grün, kantig; B. kurz gestielt, mit 5–9 ovalen, 1–2 cm lg., vorne abgerundeten oder ausgerandeten Fiederb.; Blüten zu 2–3; Krone gelb, 16–22 mm lg., Fahne oft rot gestreift; Kelch kurz, 1/3 so lg. wie die Krone, mit kurzen 3eckigen Kelchzähnen; Hülse 5–10 cm lg., schmal-walzlich, fast stielrund. Δ Sonnige Gebüsche, lichte Eichen- und Kiefernmischwälder, felsige Hänge; wärmeliebend; selten. Vereinzelt bis Südskandinavien, Süddeutschland, Österreich, Föhntäler der Nordalpen, Zentral- und Südalpen, Südeuropa.

4 Stechginster
Ulex europaeus L.

❁ 4–6 ↕ 100–150 cm

Strauch mit vielen, verzweigten Dornen; Zweige sparrig abstehend, stark dornig, abstehend behaart; B. dornenähnlich, stechend, pfriemlich, 5–10 mm lg.; Blüten in den Achseln von B.dornen; Krone gelb, 15–20 mm lg., viel länger als der abstehend dicht behaarte Kelch; Hülse 15–20 mm lg., dicht behaart. Δ Brachland, Waldränder, Wege, Heiden, kalkarme, sandige Böden mit wintermildem Klima. Westeuropa, Schottland, Südskandinavien, in Mitteleuropa nur in geschützten Lagen und meist gepflanzt und verwildert.

Rautengewächse
Rutaceae

5 Diptam
Dictamnus albus L.

❁ 5–6 ↕ 60–120 cm

Pfl. stark aromatisch nach Zitrone oder Zimt duftend; B. 1fach gefiedert, mit 7–11 ei-lanzettlichen, 5–8 cm lg., fein gezähnten Fiederb.; Blüten in endständiger, aufrechter Traube; Kronb. 5, rosa dunkel geadert, 2–3 cm lg., 4 nach oben gerichtet, das 5. herabgebogen; Kelchb. 5, 6–8 mm lg. <u>Geschützt!</u> Δ Sonnige, felsige Hänge, Eichengebüsch, auch lichte Eichen-Föhrenwälder; wärmeliebend; selten. Mittel- und Südeuropa. <u>GefGr. 3!</u>

5
1
3
2
4

Stechpalmengewächse
Aquifoliaceae

1 Stechpalme
Ilex aquifolium L.

5–6 ↕ 1–10 m

B. immergrün, glänzend, lederig, dornig gezähnt oder ganzrandig, 3–8 cm lg.; Blüten 1geschlechtig, 4–5zählig; Kronb. weiß, 3 mm lg.; Frucht 6–8 mm br., rot. Giftig! Geschützt! Δ Laubwälder; zerstreut bis selten. Südnorwegen, Irland, Schottland, Nordwestdeutschland, Vogesen, Schwarzwald, Bodensee, Rheingebiet, Alpen und Vorland, Südeuropa.

Spindelstrauch- oder Baumwürgergewächse Celastraceae

2 Gewöhnliches Pfaffenhütchen, Spindelbaum
Euonymus europaeus L. (*Evonymus e.*)

5–6 ↕ 2–5 m

Junge Zweige 4kantig, grün, später oft mit Korkleisten; B. eiförmig, spitz, fein gezähnt, 4–10 cm lg.; Blütenstand 2–6blütig, lg. gestielt; Blüten grünlich, 8–10 mm br., 4zählig; Frucht eine rote, 4kantige Kapsel, Samen weiß, vom orangeroten Samenmantel umgeben. Samen giftig! Δ Hecken, Auen, Laubwälder; häufig. Fast ganz Europa.

Kreuzdorngewächse
Rhamnaceae

3 Echter Kreuzdorn, Purgier-Kreuzdorn
Rhamnus cathartica L.

5–6 ↕ 1–3 m

Zweigspitzen meist dornig; B. rundlich bis br.-eiförmig, 4–6 cm lg.; B.stiel viel länger als die Nebenb.; Blüten zu 2–8 in den B.achseln, gelbgrün, 4zählig, 4–5 mm br.; Beere 6–8 mm br., schwarz. Giftig! Δ Sonnige Hecken, Waldränder, lichte Wälder, Magerweiden; zerstreut. Südskandinavien, Mittel- und Südeuropa.

4 Felsen-Kreuzdorn
Rhamnus saxatilis Jacq.

4–5 ↕ 50–100 cm

Dorniger Strauch; B. ei-lanzettlich, 1–3 cm lg., unterseits weichhaarig, in den kurzen B.stiel verschmälert; Blüten und Beeren wie bei *Rh. cathartica.* Δ Waldränder, sonnige Gebüsche; ziemlich selten. Süddeutschland, Alpen, Südosteuropa, südlich bis Nordspanien, Mittelitalien.

5 Faulbaum
Frangula alnus Mill.
(*Rhamnus frangula* L.)

5–6 ↕ 1–4 m

Zweige dornenlos; B. wechselständig, eiförmig, 2–5 cm lg., jederseits mit 7–12 Seitennerven; Blüten 5zählig, zu 2–10 in den B.-achseln, gelbgrün, etwa 5 mm br.; Frucht eine rote, später dunkelblaue, 5–8 mm br. Beere. Giftig! Δ Auen, feuchte Wälder; häufig. Fast ganz Europa.

Ölbaumgewächse
Oleaceae

6 Gewöhnlicher Liguster
Ligustrum vulgare L.

6–7 ↕ 1–5 m

Strauch; B. ei-lanzettlich, gegenständig, ganzrandig, kahl; Blüten klein, in dichten Rispen, 4zählig; Krone tief 4teilig, weiß; Frucht eine schwarze Beere, ungenießbar. Giftig! Δ Gebüsche, Waldränder, Mischwälder; wärmeliebend; häufig. Fast ganz Europa, nördlich bis Südskandinavien.

4
1
2
3
5
6

Araliengewächse
Araliaceae

1 Efeu
Hedera helix L.

9–11 ↕ 6–20 m

Kletterstrauch; Zweige mit Haftwurzeln; B. wechselständig, immergrün, glänzend, an nichtblühenden Trieben 3–5eckig, gelappt, an blühenden Sprossen ei-lanzettlich bis rhombisch, 5–10 m lg.; Blüten 5zählig, in halbkugeligen Dolden, grün; Kronb. 3–4 mm lg., fleischig, außen braun, innen grün; Frucht eine dunkelblaue Beere, 8–10 mm br. Giftig! Δ Auenwälder, Laubwälder, Mauern, Felsen. Fast ganz Europa.

Hartriegelgewächse
Cornaceae

2 Roter Hartriegel
Cornus sanguinea L.

5–6 ↕ 2–5 m

Strauch; junge Zweige rot; B. gegenständig, eiförmig, spitz, 5–8 cm lg., mit 3–4 Nervenpaaren, beiderseits grün; Blüten in Scheindolden, 4zählig, nach den B. erscheinend; Kronb. 4–6 mm lg., weiß; Früchte blauschwarz, kugelig, 6–8 mm lg. Δ Hecken; häufig, oft auch gepflanzt. Fast ganz Europa.

3 Kornelkirsche
Cornus mas L.

3–4 ↕ 2–6 m

Strauch; junge Zweige grün; B. gegenständig, ei-lanzettlich, 5–8 cm lg., unterseits in den Nervenwinkeln behaart, mit 3–4 Nervenpaaren; Blüten gelb, vor den B. erscheinend, zu 10–20 in kugeligen Dolden, diese mit 4blättriger, gelbgrüner Hochb.hülle; Kronb. 2–3 mm lg.; Frucht länglich, 1–2 cm lg., rot, saftig. Δ Wälder, Gebüsche; häufig gepflanzt und verwildert; selten. Ursprünglich Mittel- und Südosteuropa.

Ölbaumgewächse
Oleaceae

4 Gewöhnlicher Flieder
Syringa vulgaris L.

4–5 ↕ 2–8 m

Strauch mit br.-eiförmigen, zugespitzten, 3–8 cm lg., gestielten B.; B.grund herzförmig; Blüten 4zählig, 10–15 mm lg., lila oder weiß, mit den B. erscheinend, in 10–20 cm lg., dichten Blütenrispen. Δ Herkunft Südosteuropa; Zierstrauch, seit dem 16. Jahrhundert in Mitteleuropa kultiviert und auch verwildert; steinige Gebüsche, Mauern.

Braunwurzgewächse
Scrophulariaceae

5 Sommerflieder
Buddleja davidii Franch.

7–9 ↕ 1–3 m

Strauch mit lanzettlichen, gezähnten, oberseits dunkelgrünen, unterseits graufilzigen B.; Blüten 4zählig, mit lg. Kronröhre, in 10–25 cm lg., schmaler, dichtblütiger Rispe, stark duftend; Kronensaum lila, am Schlund gelblich. Δ Herkunft China und Tibet; Zierstrauch und verwildert; Straßenränder, Bahnanlagen, Ufergebüsche.

1
2
4
3
5

Birkengewächse
Betulaceae

1 Hopfenbuche
Ostrya carpinifolia Scop.

4–6 ↕ 5–10 m

Strauch oder Baum mit anfangs glatter, weißgrauer Rinde, später mit rissiger Borke; B. eiförmig, spitz, scharf doppelt gesägt, mit 11–17, anfangs behaarten Seitennerven; Kätzchen mit den B. erscheinend; ♀ Kätzchen zapfenförmig, 4–6 cm lg., ähnlich einer Hopfendolde. Δ Felsige Steilhangwälder, bis 1300 m; zerstreut. Südalpen (in den Nordalpen bei Innsbruck), Südeuropa in Gebirgslagen.

Geißblattgewächse
Caprifoliaceae

2 Schwarzer Holunder
Sambucus nigra L.

5–6 ↕ 3–7 m

Strauch; B. gefiedert, unterseits bläulichgrün, mit meist 5 länglich-eiförmigen, 5–10 cm lg., fein gezähnten Fiederb.; Zweige mit weißem Mark; Blütenstand eine 10–20 cm br. Doldenrispe; Krone radförmig, 5teilig, weiß oder gelblich; Beeren schwarz, essbar. Δ Hecken, krautreiche, feuchte Wälder, Schuttplätze; häufig. Fast ganz Europa.

3 Zwerg-Holunder, Attich
Sambucus ebulus L.

6–8 ↕ 60–160 cm

Pfl. krautig, unangenehm riechend; St. unverzweigt; B. 15–30 cm lg. und 10–20 cm br., gefiedert; Fiederb. 7–9, schmal-eiförmig bis lanzettlich, gesägt; Nebenb. b.artig, gesägt; Blüten weiß oder rötlich, in 10–20 cm br. Doldenrispen; Staubbeutel rot; Beeren schwarz, ungenießbar. Δ Kahlschläge, Waldlichtungen, Flussauen; verbreitet. Mittel- und Südeuropa, nördlich bis Südschweden.

4 Trauben-Holunder
Sambucus racemosa L.

4–5 ↕ 1–4 m

Strauch; St.mark gelbbraun; B. beiderseits hellgrün, mit länglich-lanzettlichen Fiederb.; Blütenstand eine eiförmige Rispe, mit den B. erscheinend; Krone grünlichgelb; Beeren rot, essbar, die Steinkerne jedoch giftig. Δ Nadel- und Mischwälder, Kahlschläge, Schutthalden; in den Alpen bis etwa 2000 m; verbreitet. Mitteleuropa, südlich bis Pyrenäen, Norditalien, Bulgarien; in Skandinavien eingebürgert.

5 Wolliger Schneeball
Viburnum lantana L.

5–6 ↕ 1–3 m

Strauch; B. eiförmig, netzrunzelig, fein gezähnt, oberseits dunkelgrün, unterseits graufilzig; Blüten in 5–10 cm br. Doldenrispen; alle Blüten gleich groß; Krone weiß, 6–8 mm br.; Beeren eiförmig und abgeflacht, 7–9 mm lg., zuerst rot, dann schwarz. Schwach giftig! Δ Gebüsche, lichte Wälder; zerstreut. Mittel- und Südeuropa.

6 Gewöhnlicher Schneeball
Viburnum opulus L.

5–6 ↕ 1–4 m

Strauch; B. rundlich, 3–5lappig, bis 12 cm lg. und br., beiderseits grün, kahl; unregelmäßig gezähnt; Doldenrispe 5–10 cm br.; Blüten 6–8 mm br., die Randblüten unfruchtbar, größer, mit unsymmetrischer Krone, 1–2 cm br.; Beeren kugelig, rot, 8–10 mm br. Schwach giftig! Δ Auen, Wald- und Bachränder; häufig. Fast ganz Europa.

2
6
3
1
4
5

Geißblattgewächse
Caprifoliaceae

1 Rote Heckenkirsche
Lonicera xylosteum L.

5–6 ↕ 1–2 m

Strauch; B. gegenständig, br.-elliptisch, weichhaarig, oberseits dunkelgrün, unterseits heller, 2–6 cm lg.; Blüten zu 2 auf gemeinsamem Stiel, dieser 1–2mal so lg. wie die Blüten; Krone gelblichweiß, 10–15 mm lg.; Fruchtknoten der beiden Blüten nur am Grund verwachsen; Beeren rot, ungenießbar, paarweise, aber nicht verwachsen. Giftig! Δ Krautreiche Laub- und Mischwälder, Hecken; häufig. Fast ganz Europa.

2 Wald-Geißblatt
Lonicera periclymenum L.

6–7 ↕ bis 5 m

Windender Strauch; B. ei-lanzettlich, 4–10 cm lg., kurz gestielt, das oberste B.paar unter dem Blütenstand ungestielt; Blüten 4–5 cm lg., gelblich, wohlriechend; Früchte dunkelrot, nicht verwachsen, schwach giftig! Giftig! Δ Gebüsche, Wälder; verbreitet; Zierpfl. West- und Mitteleuropa, nördlich bis Südskandinavien, südlich bis Mittelitalien.

3 Alpen-Heckenkirsche
Lonicera alpigena L.

5–7 ↕ 60–150 cm

Strauch mit kantigen jungen Ästen; B. gestielt, elliptisch, spitz, dunkelgrün, unterseits glänzend, 7–10 cm lg. und 3–5 cm br.; Blüten paarweise verwachsen, 1–2 cm lg., gelblich bis rötlich, innen behaart, 2lippig; gemeinsamer Blütenstiel länger als die B.; Frucht eine glänzend rote Doppelbeere mit 2 Narben. Giftig! Δ Bergmischwälder, Hochstaudenfluren, in den Alpen bis 2300 m; verbreitet bis zerstreut. Alpen und nördliches Vorland, Pyrenäen, Zentralmassiv, Apennin, westlicher Balkan.

4 Blaue Heckenkirsche
Lonicera caerulea L.

5–6 ↕ 60–150 cm

B. gegenständig, kurz gestielt, oval, hellgrün, unterseits blaugrün; Blüten kurz gestielt, paarweise in den B.achseln; gemeinsamer Blütenstiel kürzer als die B.; Krone 5zipfelig, gelblichweiß; Fruchtknoten der beiden Blüten verwachsen; Frucht eine blauschwarze, blau bereifte Doppelbeere. Δ Bodensaure Nadelwälder, Fichten- und Kiefernmoorwälder, in den Alpen bis 2000 m; zerstreut. Alpen, Pyrenäen, Karpaten, Balkan, Nordeuropa.

5 Schwarze Heckenkirsche
Lonicera nigra L.

5–6 ↕ 50–150 cm

Strauch; B. länglich-elliptischen bis verkehrt-eiförmigen, 3,5–6 cm lg. und 1–2,5 cm br.; Krone rötlichweiß oder weiß; Blüten paarweise; gemeinsamer Blütenstiel 3–4 mal so lg. wie die B.; Beeren blauschwarz, nur am Grund verwachsen. Giftig! Δ Krautreiche Bergmischwälder, in den Alpen bis etwa 2000 m; verbreitet bis zerstreut. Gebirge Mittel-, West- und Osteuropas.

Pimpernussgewächse
Staphyleaceae

6 Pimpernuss
Staphylea pinnata L.

5–6 ↕ 1–4 m

B. gegenständig, lg. gestielt, mit 5 oder 7 ei-lanzettlichen, fein gezähnten, 6–10 cm lg. Fiedern, unterseits blaugrün; Blüten in hängenden Rispen, radiär, 5zählig; Kronb. 10–15 mm lg., gelblich, spatelig, glockenförmig zusammenneigend; Frucht eine häutige, aufgeblasene Kapsel, 3–4 cm lg. und br. Geschützt! Δ Laubwälder; wärmeliebend; selten. Süddeutschland, Elsass, Französischer Jura, Alpen, Südosteuropa. GefGr. 3!

5
4a
4b
3b
3a
6
2
1

Weidengewächse
Salicaceae

1 Netz-Weide
Salix reticulata L.

❁ 7–8 ↕ 10–40 cm

Spalierstrauch, mit verzweigten, überall wurzelnden Stämmchen; B. lg. gestielt, br.-elliptisch, 1–4 cm lg., oberseits dunkelgrün, matt, unterseits grau bis weißlich, behaart, netzadrig; Kätzchen lg. gestielt, dichtblütig, rosarot. Δ Kalkreicher Ruhschutt, Schneetälchen, etwa 1800–2500 m; zerstreut. Arktis, Skandinavien, Pyrenäen, Alpen, Gebirge der Balkanhalbinsel.

2 Kriech-Weide
Salix repens L.

❁ 4–5 ↕ 20–100 cm

Zwergstrauch, mit unterirdisch kriechendem Stamm und niederliegenden, bogig aufsteigenden Ästen; B. schmal-elliptisch oder lanzettlich, 1–5 cm lg., ganzrandig; Kätzchen 10–15 mm lg., kurz vor den B. erscheinend; Fruchtknoten gestielt, seidig-filzig. Δ Moorwiesen, Magerrasen, Heiden; zerstreut. Fast ganz Europa.

Birkengewächse
Betulaceae

3 Zwerg-Birke
Betula nana L.

❁ 4–6 ↕ 20–70 cm

Zwergstrauch; B. fast kreisrund, breiter als lg., stumpf gekerbt, 1 cm br.; Kätzchen aufrecht, bis 1 cm lg. Geschützt! Δ Hochmoore, saure Torfböden; sehr selten; Eiszeitrelikt. Nordeuropa, Norddeutsche Tiefebene, Harz, Erzgebirge, Jura, Alpen und Vorland, Böhmerwald, Karpaten. GefGr. 2!

4 Strauch-Birke
Betula humilis

❁ 4–5 ↕ 50–200 cm

Zwergstrauch; B. eiförmig, ungleich gesägt, 2–3 cm lg., gestielt; junge Zweige drüsig behaart. Geschützt! Δ Birkenmoore, Übergangsmoore, Torfböden; selten; Eiszeitrelikt. Nordostdeutschland, Süddeutschland, Alpen und Vorland, Karpaten. GefGr. 2!

Seidelbastgewächse
Thymelaeaceae

5 Gewöhnlicher Seidelbast
Daphne mezereum L.

❁ 3–4 ↕ 30–150 cm

Blüht bevor die B. erscheinen; Zweige rutenförmig, an der Spitze beblättert; B. lanzettlich, 5–12 cm lg., hellgrün; Blüten duftend, rosa, 10–14 mm br., 4zipfelig; Frucht rot, kugelig, 6–10 mm br. Giftig! Geschützt! Δ Laub- und Mischwälder, Hochstaudenfluren, Felsschutt; in den Alpen über 2000 m; verbreitet. Fast ganz Europa.

6 Rosmarin-Seidelbast, Heideröschen
Daphne cneorum L.

❁ 5–8 ↕ 5–30 cm

B. lineal-spatelförmig, dunkelgrün, lederig, gleichmäßig am Zweig verteilt; Blüten dunkelrosa, außen behaart; Kelchröhre und Zweige anliegend behaart. Giftig! Geschützt! Δ Halbtrockenrasen, lichte Kiefernwälder, Felsbänder; selten. Mittel- und Südeuropa. GefGr. 2!
Ähnlich ist der **Gestreifte Seidelbast, Steinröschen**, *D. striata* Tratt., aber B. an den Zweigenden gehäuft, linealisch-keilförmig, bläulichgrün; Blüten rosa, fein gestreift, kahl, stark duftend; Kelchröhre und Zweige kahl. Giftig! Geschützt! Latschengebüsch, ziemlich selten. Alpen.

1
2
♂
♀
3
4
5
6

Heidekrautgewächse
Ericaceae

1 Schnee-Heide
Erica herbacea L. (*E. carnea* L.)

❀ 2–5 ↕ 15–30 cm

B. wintergrün, nadelförmig, spitz, zu 4 quirlständig; Blüten 1seitswendig; Krone hell- bis dunkelrot, selten weiß; Staubbeutel dunkel, aus der Kronröhre herausragend. Δ Kiefernwälder, Latschengebüsch; zerstreut; in den Alpen bis 2700 m. Gebirge Mittel- und Südeuropas.

2 Grau-Heide
Erica cinerea L.

❀ 6–8 ↕ 20–60 cm

B. linealisch, dunkelgrün, kahl, 4–6 mm lg.; Blüten violettrot, in 1–7 cm lg. Trauben; Krone 5–6 mm lg., die Staubbeutel einschließend, diese mit kurzen Anhängseln; Kelch kahl. Δ Moore, Heiden, lichte Wälder; kalkmeidend. West- und Nordeuropa, Nordwestdeutschland (sehr selten). GefGr. 1!

3 Glocken-Heide
Erica tetralix L.

❀ 6–9 ↕ 15–50 cm

B. nadelförmig, 3–5 mm lg., steifhaarig bewimpert, zu 3–4 quirlständig; Blütenstand kopfig, 5–15blütig; Krone rot, 6–8 mm lg.; Staubb. in der Krone eingeschlossen. Δ Hochmoore, Torfböden; selten. Westeuropa, Norddeutschland, Schwarzwald.

4 Dorset-Heide
Erica ciliaris L.

❀ 7–9 ↕ 30–80 cm

Ähnlich *E. tetralix,* aber B. ei-länglich, 2–4 mm lg., drüsenhaarig, lg. bewimpert; Zweige abstehend behaart; Blüten rot, 8–10 mm lg., in verlängerten, 5–12 cm lg., 1seitswendigen Trauben; Staubb. ohne Anhängsel, in der Krone eingeschlossen (*E. tetralix* hat Staubb. mit schmalen Anhängseln). Δ Moore, Heiden kalkmeidend. Westeuropa, nördlich bis Westirland.

5 Heidekraut
Calluna vulgaris (L.) Hull

❀ 8–10 ↕ 30–100 cm

B. immergrün, 4zeilig, dachziegelig, lineal-lanzettlich, 1–4 mm lg.; Blüten in 1seitswendigen, dichten Trauben, mit 4blättrigem Außenkelch; Kelch und Krone blassviolett 4zählig. Δ Heiden, Magerrasen, Moore, Kiefern- und Eichenwälder; verbreitet. Europa.

6 Blauheide
Phyllodoce coerulea (L.) Bab.

❀ 6–7 ↕ 10–30 cm

Zwergstrauch; B. dicht gedrängt, wechselständig, linealisch, immergrün, lederig, 6–10 mm lg., unterseits behaart; B.rand umgerollt; Kelchb. und Kronb. 5; Krone flaschenförmig, 7–8 mm lg., blauviolett, purpurn, kurz 5zähnig; Blüten an dünnen, drüsenhaarigen Stielen. Δ Heiden, lichte, felsige Wälder, Torfböden; kalkmeidend; hauptsächlich in den Gebirgen. Nordeuropa, isoliertes Vorkommen in den Pyrenäen.

7 Sumpf-Porst
Ledum palustre L.

❀ 5–7 ↕ 50–150 cm

Stark duftend; B. immergrün, lederig, linealisch, etwa 3 cm lg., 3 mm br., unterseits wie die jungen Zweige rostfilzig; Blüten weiß, in Dolden; Kronb. 5, frei; Fruchtknoten unterständig. Giftig! Geschützt! Kalkfreie Kiefernmoore, Hoch- und Übergangsmoore; selten; Heilpfl. Hauptsächlich Norddeutschland und nördliches Europa. GefGr. 3!

1
2
3
4
5
6
7

Heidekrautgewächse
Ericaceae

1 Heidelbeere
Vaccinium myrtillus L.

❀ 4–6 ↕ 15–50 cm

Zwergstrauch; Zweige kantig, grün; B. eiförmig, spitz, fein gesägt, grün, 2–3 cm lg.; Blüten einzeln, b.achselständig; Krone kugelig, 4–5 mm br., grünlich und rötlich überlaufen; Frucht kugelig, 5–8 mm br., blauschwarz. Δ Bodensaure Laub- und Nadelwälder, Zwergstrauchgesellschaften; verbreitet; in den Alpen bis über 2500 m. Nord- und Mitteleuropa, nordspanische Gebirge, Korsika, Apennin, Gebirge der Balkanhalbinsel.

2 Rauschbeere
Vaccinium uliginosum L.

❀ 4–6 ↕ 20–80 cm

Zwergstrauch; Zweige stielrund, braun; B. verkehrt-eiförmig, stumpf, ganzrandig, blaugrün, unterseits stark netzadrig; Blüten zu mehreren, traubig, rosa oder weißlich; Frucht schwarzblau, 6–10 mm br. Δ Kiefern- und Birkenmoore, Zwergstrauchgesellschaften; zerstreut; in den Alpen bis etwa 2500 m. Nord- und Mitteleuropa, im Süden in den Gebirgen.

3 Preiselbeere
Vaccinium vitis idaea L.

❀ 5–8 ↕ 10–20 cm

Zwergstrauch; B. wintergrün, lederig, verkehrt-eiförmig, am Rand umgerollt, glänzend, unterseits hellgrün, 1–3 cm lg.; Blüten in zierlichen Trauben, glockig, meist 4zählig, weißlich oder rosa, 5–8 mm lg.; Frucht kugelig, 5–8 mm br., rot. Δ Nadelwälder, Moore, Heiden, verbreitet; in den Alpen bis etwa 2500 m. Nord- und Mitteleuropa, südlich bis Pyrenäen, Apennin, Gebirge der Balkanhalbinsel.

4 Echte Bärentraube
Arctostaphylos uva-ursi (L.) Spreng.

❀ 3–7 ↕ 20–60 cm

Zwergstrauch; B. wintergrün, kahl, glänzend, lederig, ganzrandig, 1–3 cm lg., am Rand nicht umgerollt, unterseits netzadrig; Blüten zu 3–8; Krone eiförmig, 5teilig, gelblich oder rosa; Frucht rot, 6–8 mm br. Geschützt! Δ Kiefernwälder, Heiden; in den Alpen bis 2500 m. Fast ganz Europa. GefGr. 2!

5 Rostblättrige Alpenrose
Rhododendron ferrugineum L.

❀ 6–7 ↕ 40–150 cm

Zwergstrauch; B. wintergrün, derb, elliptisch bis länglich, am Rand umgerollt, nicht bewimpert, oben dunkelgrün, unten von gelbgrünen, später rostbraunen Drüsenschuppen besetzt. Geschützt! Δ Zwergstrauchheiden, kalkmeidend, etwa 1500–2800 m; verbreitet. Gebirge Mittel- und Südeuropas.

6 Bewimperte Alpenrose
Rhododendron hirsutum L.

❀ 7–8 ↕ 20–100 cm

Zwergstrauch, mit wintergrünen, elliptischen, lg.haarig bewimperten B.; Blüten zu 3–10; Kelchzipfel lanzettlich, zugespitzt; Krone trichterförmig-glockig, hellrot, innen behaart. Geschützt! Δ Auf Kalkböden, Zwergstrauchheiden, Wälder im Bereich der Waldgrenze, etwa 1200–2600 m. Alpen.

7 Zwerg-Alpenrose
Rhodothamnus chamaecistus (L.) Rchb.

❀ 5–7 ↕ 20–40 cm

Zierlicher Zwergstrauch mit immergrünen, lederigen, schmal-elliptischen, fein bewimperten B.; Blüten meist zu 2, lg. gestielt, rosarot. Geschützt! Δ Kalkfelsen, Latschengebüsch; zerstreut, etwa 1000–2400 m. Gebirge Mittel- und Südeuropas.

5
7
6
3
4
1
2

Heidekrautgewächse
Ericaceae

1 Alpen-Azalee, Gamsheide
Loiseleuria procumbens (L.) Desv.

❀ 6–8 ↕ 15–30 cm

Niederliegender Spalierstrauch, oft ausgedehnte Teppiche bildend; B. lederig, immergrün, schmal-elliptisch, ganzrandig, 4–7 mm lg., gegenständig, am Rand umgerollt; Blüten zu 2–5; Krone 5spaltig, glockenförmig, rosa; Kelchb. 5, rot; Staubbeutel 5, purpurn. Δ Silikatschutt, Grate, etwa 1600–3000 m; verbreitet. Nordeuropa, Alpen, Pyrenäen, Karpaten.

2 Vierkantige Moorheide
Cassiope tetragona (L.) D. Don

❀ 7–8 ↕ 10–30 cm

Zwergstrauch; B. dicht, dachziegelig, 4zeilig angeordnet, stumpf, 3–5 mm lg., unterseits mit tiefer Längsfurche; Blüten einzeln, b.achselständig; Krone glockenförmig, 5–7 mm lg., weiß, mit rosafarbenen Zipfeln oder reinweiß; Blütenstiele kahl; Frucht eine Kapsel. Δ Heiden, Tundra. Hauptsächlich Gebirge Nordeuropas, Arktis.

Krähenbeerengewächse
Empetraceae

3 Schwarze Krähenbeere
Empetrum nigrum L.

❀ 4–5 ↕ 15–50 cm

Zwergstrauch, ausgedehnte Teppiche bildend; Pfl. 2häusig; B. wintergrün, nadelförmig, unterseits mit schmaler, weißer Rinne; Triebe jung rötlich, später rotbraun; Blüten einzeln, 1geschlechtig, an Kurztrieben, unscheinbar, 3zählig, rosa oder purpurn; Frucht eine schwarz glänzende, kugelige Beere, genießbar, aber bitter. Δ Torfmoore, Dünen, Heiden, Nadelwälder; kalkmeidend; zerstreut. Nordeuropa. Norddeutschland, deutsche Mittelgebirge, in den Alpen fehlend. GefGr. 3!

Rosengewächse
Rosaceae

4 Strauch-Fingerkraut
Potentilla fruticosa L.

❀ 6–8 ↕ 20–100 cm

Niedriger Strauch; B. 5–7zählig gefiedert, Fiederb. ei-länglich, ganzrandig, unterseits dicht seidenhaarig; Kronb. 5, goldgelb, rundlich, 10–12 mm lg. Δ Felshänge Südeuropas und an feuchten, gelegentlich überschwemmten Plätzen in Nordeuropa; Zierstrauch und verwildert.

Mistelgewächse
Loranthaceae

5 Mistel
Viscum album L.

❀ 2–5 ↕ 40–100 cm

Pfl. strauchig, als Halbschmarotzer auf Bäumen (holt aus der Wirtspfl. Wasser und Mineralsalze); Zweige gabelig verzweigt; B. lederig, immergrün; Blüten 1geschlechtig, unscheinbar, in der Gabel zwischen den Zweigen; Beeren weiß oder gelblich.
Δ Die **Laubholz-Mistel**, ssp. *album*, auf Laubhölzern, die **Tannen-M.**, ssp. *abietis* (Wiesb.) Abrom., auf Weißtannen und die **Kiefern-M.**, ssp. *austriacum* (Wiesb.) Vollm. (*V. laxum* Boiss. et Reut.), auf Kiefern; zerstreut. Südskandinavien, Mittel- und Südeuropa.

2

3

1

5

4

Deutsche Namen

Absinth 170
Acker-Gauchheil 210, 282
Acker-Hornkraut 48
Ackerkohl 112
Acker-Kratzdistel 268, 326
Acker-Meister 272
Acker-Minze 260, 326
Ackernüsschen 114
Ackerretttich 24
Ackerröte 272
Acker-Senf 106
Acker-Stiefmütterchen 146
Acker-Winde 220
Adonisröschen, Frühlings- 128
Sommer- 200
Affen-Knabenkraut 230
Affodill, Gelber 118
Weißer 34
Ahorn, Berg- 442
Feld- 442
Felsen- 442
Französischer 442
Schneeballblättriger 442
Spitz- 442
Ährenlilie 118
Akazie, Falsche 444
Akelei, Gewöhnliche 280
Schwarzviolette 280
Alant, Rauer 174
Weiden- 174
Wiesen- 174
Alantdistel 266
Allermannsharnisch 34
Alpen-Anemone 44
Alpen-Aster 328
Alpen-Azalee 472
Alpendost, Grauer 260
Kahler 260
Alpen-Fettkraut 76
Alpenglöckchen, Echtes 280
Kleines 280
Alpenhelm 312
Alpenlattich, Gemeiner 328
Alpen-Leinkraut 312
Alpen-Milchlattich 332
Alpenmohn, Bündner 106
Alpen-Nelke 206
Alpenrose, Bewimperte 470
Rostblättrige 470
Alpen-Spitzkiel 306
Alpen-Tragant 306
Zwerg- 470
Alpenveilchen 212
Ambrosie, Beifußblättrige 376
Ampfer, Knäuel- 360
Krauser 360
Strand- 358
Stumpfblättriger 360
Andelgras 392
Anemone, Alpen- 44
Frühlings- 44
Schwefel- 128
Apfel, Holz- 440
Wild- 440
Arnika 176
Aronstab, Gefleckter 342
Arve 430
Aster, Alpen- 328
Berg- 328
Gold- 170
Kalk- 328
Strand- 328
Augentrost, Gewöhnlicher 76
Aurikel 132
Azalee, Alpen- 474

Bachbunge 276
Bach-Nelkenwurz 214
Backenklee, Deutscher 82
Baldrian, Berg- 256
Echter 256
Stein- 256
Sumpf- 98, 256
Bär-Lauch 34
Barbarakraut, Echtes 110
Bärenklau, Riesen 90
Wiesen- 90
Bärenschote 152
Bärentraube, Echte 472
Bartgras 396
Bartschie 312
Bärwurz 86
Basilienkraut 74, 244
Bauernsenf, Bitterer 22
Beifuß, Gewöhnlicher 376
Strand- 376
Beinbrech 118
Beinwell, Gemeiner 222, 292
Knoten- 140
Berberitze 448
Berg-Ahorn 442
Berg-Kälberkropf 94
Berg-Kiefer 430
Berg-Ulme 436
Bergwohlverleih 176
Berle, Aufrechte 88
Berufkraut, Alpen- 264
Einjähriges 102, 328
Kanadisches 102
Scharfes 328
Besenginster 458
Betonie, Gemeine 244
Bibernelle, Große 88
Kleine 88
Bienen-Ragwurz 224
Bilsenkraut, Schwarzes 370
Bingelkraut, Einjähriges 362
Wald- 362
Binse, Blaugrüne 424
Dreispaltige 424
Faden- 424
Flatter- 424
Knäuel- 424
Kröten- 426
Salz- 424
Spitzblütige 424
Zarte 424
Zwiebel- 426
Birke, Hänge- 434
Moor- 434
Strauch- 468
Zwerg- 468
Birne, Wild- 440
Bitterenzian 140
Bitterklcc 66
Bitterkraut, Gewöhnliches 186
Natternkopf- 186
Bitterling, Durchwachsener 140
Blasenbinse 334, 426
Blasenkirsche, Wilde 370
Blasenstrauch 458
Blauer Eisenhut 300
Blaugras, Kalk- 396
Blauheide 470
Blaustern, Zweiblättriger 278
Blumen-Esche 444
Blutauge 214
Bluthirse 396
Blutströpfchen 200
Blut-Weiderich 238
Blutwurz 116
Bocksbart, Großer 180
Wiesen- 180
Bocksorchis 348
Bohnenkraut, Echtes 244
Borretsch 290

Borstgras 378
Brand-Knabenkraut 230
Braunwurz, Knoten- 372
Breitblättriger Enzian 284
Breitsame, Strahlen- 82
Breit-Wegerich 374
Brennnessel, Große 350
Kleine 350
Brillenschötchen 114
Brombeere, Bereifte 452
Echte 454
Bruchkraut, Kahles 352
Brunelle, Gewöhnliche 312
Große 312
Kleine 312
Brunnenkresse, Echte 28
Buche, Hopfen- 464
Rot- 432
Buchsbaum 452
Buchweizen, Echter 356
Bunter Hohlzahn 160, 318
Busch-Windröschen 44

Calla, Sumpf- 78
Christophskraut 78
Christrose 42

Dach-Hauswurz 216
Dach-Pippau 188
Deutscher Enzian 284
Diapensie 52
Dill, Echter 168
Dingel, Violetter 300
Diptam 458
Distel, Kletten- 268
Krause 266
Marien- 268
Nickende 266
Stachel- 266
Dolomiten-Fingerkraut 214
Doppelsame, Schmalblättriger 108
Dorset-Heide 470
Dost, Gewöhnlicher 246
Dotterblume, Sumpf- 122
Dreizack, Strand- 334
Strand- 426
Sumpf- 334, 426
Dreizahn 378

Eberesche 440
Echte Kamille 100
Echte Nelkenwurz 134
Echter Baldrian 256
Edel-Kastanie 432
Edelraute, Echte 376
Edelweiß 104
Efeu 462
Ehrenpreis, Ähriger 276
Bach- 276
Blattloser 272
Dreiteiliger 276
Echter 272
Efeu- 274
Faden- 274
Feld- 274
Felsen- 272
Gauchheil- 276
Gamander- 274
Großer 276
Nesselblättriger 274
Österreichischer 276
Persischer 274
Quendel- 274
Wasser- 276
Eibe 428
Eibisch, Echter 208
Eiche, Flaum- 432
Stein- 432
Stiel- 432
Trauben- 432
Einbeere, Vierblättrige 342
Einblatt 144
Eisenhut, Blauer 300
Gelber 146
Rispiger 300
Wolfs- 146
Eisenkraut, Gewöhnliches 318
Elfenstengel 144
Engelwurz, Echte 92
Wald- 92
Enzian, Bayerischer 284
Breitblättriger 284
Deutscher 284
Feld- 272
Frühlings- 284
Gefranster 272
Gelber 140
Kreuz- 286
Lungen- 286
Punktierter 140
Rauer 284
Schlauch- 288
Schnee- 288
Schwalbenwurz- 286
Stängelloser Kalk- 284
Stängelloser Silikat- 284
Ungarischer 286
Erdbeere, Hügel- 60
Knack- 60
Wald- 60
Erdrauch, Gemeiner 232
Rankender 232
Erle, Grau- 434
Grün- 446
Schwarz- 434
Esche, Blumen- 444
Gewöhnliche 444
Manna- 444
Eselsdistel 268
Esparsette, Futter- 238
Espe 436

Falsche Akazie 444
Färber-Ginster 150
Färberkamille 172
Färber-Meister 28
Färber-Scharte 268
Färber-Waid 112
Faserschirm 86
Faulbaum 460
Federgras 396
Feld-Ahorn 442
Feld-Enzian 272
Feld-Klee 166
Feldkresse 20
Feld-Rose 454
Feldsalat, Echter 370
Feld-Ulme 436
Felsenbirne 456
Felsenblümchen, Immergrünes 114
Felsenkirsche 456
Felsennelke 202
Fenchel 168
Ferkelkraut, Gewöhnliches 182
Fester 232
Fetthenne 138
Englische 62, 216
Purpur- 216
Fettkraut, Alpen- 76
Gemeines 310
Feuer-Lilie 200
Fichte 428
Fichtenspargel 366
Fieberklee 66
Filzkraut, Acker- 376
Fingerhirse, Blutrote 396
Fingerhut, Großblütiger 156
Roter 240
Fingerkraut, Aufrechtes 136
Dolomiten- 214
Englisches 134
Erdbeer- 60
Felsen- 60
Frühlings- 136
Gänse- 134
Gold- 136
Hohes 136
Kriechendes 136

Silber- 136
Stängel- 60
Strauch- 472
Weißes 60
Finger-Zahnwurz 270
Finkensame 114
Fischkraut, Dichtes 336
Flachs 282
Flattergras 394
Flaum-Eiche 432
Flaumhafer 390
Flechtsimse 408
Flieder, Gewöhnlicher 462
Sommer 462
Fliegen-Ragwurz 224, 346
Flockenblume, Berg- 330
Perücken- 264, 330
Skabiosen- 264, 330
Wiesen- 264, 330
Floh-Knöterich 80, 250
Flohkraut, Großes 172
Flügel-Ginster 150
Föhre 430
Franzosenkraut 100
Frauenmantel, Acker- 366
Alpen- 366
Gewöhnlicher 366
Verwachsener 366
Frauenschuh 144, 346
Frauenspiegel, Gewöhnlicher 298
Froschbiss, Gewöhnlicher 18
Froschlöffel, Gemeiner 18
Frühlings-Anemone 44
Frühlings-Enzian 284
Frühlings-Knotenblume 38, 278
Frühlings-Krokus 38
Frühlings-Kuhschelle 44
Frühlings-Platterbse 234, 308
Frühlings-Schlüsselblume 132
Fuchsschwanz, Knick- 400
Krummer 350
Rauhaariger 350
Roter 400
Wiesen- 400
Futter-Esparsette 238
Futter-Wicke 236, 304

Gagelstrauch 448
Gamander, Berg- 160
Edel- 246
Wald- 160
Gamsheide 472
Gämswurz, Großblütige 176
Gänseblümchen 102, 262
Gänsedistel, Acker- 184
Kohl- 184
Raue 184
Gänse-Fingerkraut 134
Gänsefuß, Vielsamiger 356
Weißer 356
Gänsekresse, Kahle 26
Rauhaarige 26
Turm- 26, 112
Gänse-Malve 208
Garten-Salbei 314
Gauchheil, Acker- 210, 282
Gefleckter Schierling 84
Geißbart, Wald- 78
Geißblatt, Schwarzes 466
Wald- 464
Geißfuß 88
Geißklee 150
Schwärzender 150
Gelbklee 166
Gelbstern, Wald- 118
Gemskresse, Alpen- 20
Germer, Weißer 38, 118
Gerste, Mäuse- 398
Giersch 88
Gift-Hahnenfuß 124
Gilbweiderich, Gewöhnlicher 132
Hain- 132
Ginster, Deutscher 150
Färber- 150
Flügel 150
Gipskraut, Mauer- 202
Gladiole, Sumpf- 226
Glanzgras, Rohr- 392
Glanzorchis 144
Glanzstendel 144
Glaskraut, Aufrechtes 350
Glatthafer 390
Gletscher-Hahnenfuß 42
Gletscher-Mannsschild 210
Glockenblume, Acker- 296
Bärtige 298
Büschel- 298
Nesselblättrige 294
Pfirsichblättrige 296
Rapunzel- 296
Rundblättrige 296
Scheuchzers 298
Strauß- 142
Wiesen- 298
Zwerg- 296
Glocken-Heide 210, 470
Golddistel 184
Goldhafer, Gewöhnlicher 390
Goldnessel 158
Gold-Pippau 190, 264
Goldrute, Gewöhnliche 170
Kanadische 170
Graslilie, Ästige 36
Traubige 36
Grasnelke, Gewöhnliche 252
Grau-Erle 434
Grau-Heide 470
Graukresse 22
Greiskraut, Frühlings- 178
Fuchs- 178
Gämswurz- 176
Gemeines 178
Jakobs- 178
Klebriges 178
Raukenblättriges 178
Schmalblättriges 180
Spreizblättriges 178
Sumpf- 176
Wasser- 176
Große Segge 412
Grün-Erle 446
Gundelrebe 318
Gundermann 318
Günsel, Gelber 158
Heide- 316
Kriechender 316
Pyramiden- 316
Gurkenkraut 290
Guter Heinrich 356

Haarstrang, Sumpf- 96
Habichtskraut, Doldiges 190
Gemeines 192
Kleines 190
Orangerotes 190, 264
Savoyer 192
Stängelumfassendes 192
Wald- 192
Zottiges 190
Haftdolde, Acker- 84
Haferwurz 332
Hahnenfuß, Acker- 124
Berg- 126
Brennender 122
Eisenhutblättriger 42
Flutender 40
Gift- 124
Gletscher- 42
Gold- 124
Haarblättriger 40
Hain- 126
Knolliger 124
Kriechender 124
Schild- 40
Spreizender 40
Ufer- 122
Vielblütiger 126
Wald- 126

Wasser- 40
Wolliger 126
Zungen- 122
Hainbuche 434
Hainsalat, Stinkender 190
Hainsimse, Frühlings- 422
Gewöhnliche 422
Haar- 422
Schnee- 422
Wald- 422
Händelwurz, Große 226
Wohlriechende 226
Hänge-Birke 434
Hartriegel, Roter 462
Schwedischer 28
Hasel 446
Haselwurz 348
Hasenbrot 422
Hasenglöckchen 278
Hasen-Klee 254
Hasenlattich 262
Hasenohr, Sichelblättriges 168
Wald- 252
Hauhechel, Dornige 238
Rundblättrige 238
Hauswurz, Berg- 216
Dach- 216
Heckenkirsche, Alpen- 466
Blaue 466
Rote 466
Schwarze 466
Heckenrose, Alpen- 454
Hederich 24, 110
Heide, Dorset- 470
Glocken- 210, 470
Grau- 470
Schnee- 470
Heidekraut 470
Heidelbeere 472
Heide-Nelke 206
Heideröschen 468
Heilziest 244
Heinrich, Guter 356
Hellerkraut, Acker- 20
Durchwachsenblättriges 20
Helm, Blauer 400
Helm-Knabenkraut 230
Helmkraut, Sumpf- 316
Herbst-Löwenzahn 182
Herbstzeitlose 198, 278
Herkulesstaude 90
Herzblatt, Sumpf- 62
Herzgespann 242
Herz-Zweiblatt 346
Hexenkraut, Großes 32
Himbeere 452
Himmelsherold 294
Himmelsleiter, Blaue 288
Hirtentäschel 20
Hohlzahn, Bunter 160, 318
Kleinblütiger 242
Schmalblättriger 242
Stechender 242
Weicher 318
Hohlzunge, Grüne 344
Holunder, Schwarzer 464
Trauben- 464
Zwerg- 464
Holz-Apfel 440
Honiggras, Wolliges 386
Honigorchis 144
Hopfen 350
Hopfenbuche 464
Hopfenklee 166
Hornblatt, Raues 340
Untergetauchtes 340
Hornklee, Gewöhnlicher 148
Hornkraut, Acker- 48
Alpen- 48
Gewöhnliches 48
Hornmohn, Gelber 106
Hufeisenklee 152
Huflattich 172
Hügel-Erdbeere 60
Hügel-Meister 28
Hühnerbiss 52
Hühnerhirse 398
Hummel-Ragwurz 224, 346
Hundskamille, Acker- 100
Österreichische 100
Hundsrauke, Französische 108
Hunds-Rose 454
Hundswurz 226
Hunds-Zahnlilie 198
Hundszunge, Echte 290, 370
Hungerblümchen, Frühlings- 22

Igelkolben, Ästiger 340
Einfacher 340
Igelsame, Kletten- 290
Immenblatt 74
Immergrün, Großes 282
Kleines 282

Jasione, Berg- 324
Johannisbeere, Berg- 456
Schwarze 456
Johanniskraut, Berg- 130
Echtes 130
Liegendes 130
Rauhaariges 130
Schönes 130
Judenkirsche 370

Kälberkropf, Gold- 94
Hecken- 94
Rauhaariger 94, 252
Kali-Salzkraut 354
Kalmus 342, 426
Kamille, Echte 100
Geruchlose 100
Strahlenlose 172
Kammgras, Wiesen- 388
Kammschmiele 396
Kanadische Goldrute 170
Wasserpest 334
Karde, Behaarte 320
Wilde 320
Karlszepter 156
Karthäuser-Nelke 206
Käsepappel, Große 208
Kleine 208
Kastanie, Edel- 432
Katzenminze, Gewöhnliche 74, 246
Katzenpfötchen, Gewöhnliches 102, 262
Kerbel, Wiesen- 90
Kerbelrübe 94
Kiefer, Berg- 430
Schwarz- 430
Wald- 430
Weymouths- 430
Zirbel- 430
Kirsche, Sauer- 438
Süß- 438
Vogel- 438
Klappertopf, Begrannter 156
Großer 156
Kleiner 156
Klatsch-Mohn 194
Klee, Berg- 82
Blassgelber 166
Erdbeer- 254
Faden- 166
Feld- 166
Fuchsschwanz- 254
Hasen- 254
Hügel- 254
Kleiner 166
Moor- 166
Purpur- 254
Schweden- 82, 254
Vogelfuß- 76, 232
Wald- 254
Weiß- 82
Wiesen- 254
Kleine Brunelle 312
Kleingriffel 144

Klette, Filzige 262
Klettenkerbel, Gemeiner 92
Kletten-Labkraut 32
Knabenkraut, Affen- 230
Blasses 144
Brand- 230
Breitblättriges 228
Fleischrotes 228
Fuchssches 228
Geflecktes 228
Helm- 230
Kleines 230
Kugelblütiges 226
Purpur- 230
Stattliches 228
Sumpf- 228
Wanzen- 230
Knäuelgras, Wiesen- 384
Einjähriges 352
Knautie, Wald- 322
Wiesen- 322
Knöllchen-Knöterich 80
Knopfkraut, Kleinblütiges 100
Knorpelmiere, Quirlige 352
Knotenblume, Frühlings- 38
Knöterich, Ampfer- 80, 250
Floh- 80, 250
Knöllchen- 80
Milder 250, 358
Pfeffer- 358
Stauden- 80, 448
Vogel- 358
Wasser- 250
Wiesen- 250
Kohldistel 184
Kohlröschen, Schwarzes 226
Kohlrübe 108
Königskerze, Großblütige 142
Kleinblütige 142
Schwarze 142
Violette 312
Kopfbinse, Rostrote 404
Schwarze 404
Kopfsimse 406
Korallenwurz 348
Korb-Weide 450
Kornblume 330
Kornelkirsche 462
Kornrade 200
Krähenbeere, Schwarze 474
Kratzbeere 452
Kratzdistel, Acker- 268, 326
Bach- 266
Gewöhnliche 266
Knollen- 266
Sumpf- 268
Verschiedenblättrige 266
Krebsschere 18
Kresse, Durchwachsene 362
Feld- 20, 362
Pfeil- 20
Schutt- 362
Kreuzblume, Bittere 310
Gewöhnliche 310
Schopfige 310
Kreuzdorn, Echter 460
Felsen- 460
Purgier- 460
Kreuzlabkraut, Gewimpertes 116
Kriechender Günsel 316
Kriechstendel 70
Kriech-Weide 468
Krokus, Frühlings- 38, 278
Kronenlattich 182
Kronwicke, Berg- 152
Bunte 236
Strauchige 458
Krummhals, Acker- 290
Krumm-Segge 410
Kuckucks-Lichtnelke 204
Kugelblume, Gewöhnliche 324
Herzblättrige 324
Nacktstängelige 324
Kugelsimse, Gemeine 406
Kuhschelle, Finger- 280
Frühlings- 44
Stern- 280
Kümmel, Wiesen- 86
Kunigundenkraut 262

Labkraut, Blaugrünes 30
Echtes 116
Kletten- 32
Moor- 30
Nordisches 30
Rundblättriges 32
Sumpf- 30
Wiesen- 30
Wald- 30
Laichkraut, Alpen- 336
Dichtes 336
Durchwachsenblättriges 336
Kamm- 336
Kleines 334
Knöterich- 336
Krauses 336
Schwimmendes 336
Lärche, Europäische 428
Laserkraut, Berg- 96
Breitblättriges 96
Latsche 430
Lattich, Blauer 332
Lauch, Bär- 34
Gekielter 248
Kugeliger 248
Ross- 248, 342
Weinberg- 198, 248
Lauchhederich 26
Lauchkraut 26
Läusekraut, Geschnäbeltes 240
Sumpf- 240
Lavendel 316
Leberblümchen 280
Leimkraut, Felsen- 46
Französisches 204
Gemeines 46
Nickendes 46
Stängelloses 204
Lein, Dauer- 282
Klebriger 218
Purgier- 64
Saat- 282
Stauden- 282
Wiesen- 64
Leinblatt, Berg- 66
Geschnäbeltes 66
Pyrenäen- 66
Wiesen- 66
Leindotter, Saat- 114
Leinkraut, Alpen- 312
Gewöhnliches 156
Kleines 310
Lerchensporn, Finger- 232
Gelber 146
Hohler 72, 232
Lichtnelke, Kuckucks- 204
Rote 204
Weiße 46
Lieschgras, Steppen- 400
Wiesen- 400
Liguster, Gewöhnlicher 460
Lilie, Feuer- 200
Linde, Sommer- 438
Winter- 438
Lobelie, Wasser- 76
Löffelkraut, Dänisches 22
Gebräuchliches 22
Löffelkresse 22
Lolch, Ausdauernder 398
Vielblütiger 398
Lorbeer-Weide 450
Lotwurz, Krim- 140
Löwenschwanz, Echter 242
Löwenzahn, Gemeiner 182
Herbst- 182
Rauer 182
Wiesen- 182
Lungen-Enzian 286

Lungenkraut, Echtes 222, 292
Weiches 222, 292
Luzerne, Saat- 306

Mädesüß 58, 78
Maiglöckchen 38
Majoran, Wilder 246
Malve, Gänse- 208
Moschus- 208
Rosen- 208
Weg- 208
Wilde 208
Manna-Esche 444
Mannstreu, Feld- 374
Mannsschild, Gletscher- 210
Milchweißer 56
Margerite 102
Märzenbecher 38
Maßliebchen 102, 262
Mastkraut, Knotiges 52
Liegendes 352
Wimper- 352
Mauerlattich 186
Mauerpfeffer, Einjähriger 138
Felsen- 138
Scharfer 138
Weißer 62
Mäusedorn, Stechender 446
Mäuse-Gerste 398
Mäuseschwanz 350
Mäusewicke 236
Mausohr 190
Meerbinse 406
Meerfenchel 96
Meerrettich 26
Meersenf 194, 270
Meerzwiebel 278
Mehlbeere 440
Mehl-Primel 212
Meister, Acker- 272
Färber- 28
Hügel- 28
Meisterwurz 88
Melde, Spieß- 354
Spreizende 354
Strand- 354
Merk, Breitblättriger 168
Milchkraut, Strand- 210
Milchlattich, Alpen- 332
Milchstern, Dolden- 36
Milzkraut, Wechselblättriges 162
Minze, Acker- 260, 326
Ross- 260, 326
Wasser- 260, 326
Mistel 474
Kiefern- 474
Laubholz- 474
Tannen- 474
Mohn, Klatsch- 194
Saat- 194
Sand- 194
Möhre, Wilde 86
Moltebeere 58
Mönchskraut, Braunes 370
Moorbinse, Borstige 406
Moor-Birke 434
Moorenzian 288
Moorheide, Vierkantige 474
Moosauge 54
Moosbeere, Gemeine 196
Moosglöckchen 66
Moos-Steinbrech 62
Moschuskraut 368
Moschus-Malve 208
Mückenständel 224, 346
Mummel 122
Mutterkraut 102
Mutterwurz, Alpen- 92, 252

Nabelkraut, Felsen- 62
Nabelmiere, Dreinervige 52
Nachtkerze, Gewöhnliche 116
Nachtschatten, Bittersüßer 290
Schwarzer 68
Nachtviole 270
Nadelbinse 404
Narzisse, Gelbe 120
Weiße 38
Natternkopf, Blauer 292, 310
Gewöhnlicher 292, 310
Nelke, Alpen- 206
Bart- 206
Büschel- 206
Heide- 206
Karthäuser- 206
Pracht- 206
Raue 206
Stein- 206
Nelkenwurz, Bach- 214
Echte 134
Kriechende 134
Netzblatt 70
Netz-Weide 468
Nieswurz, Grüne 348
Stinkende 348
Nixenkraut, Großes 338
Norne 224

Ochsenauge, Weidenblättriges 176
Ochsenzunge, Gewöhnliche 222, 290
Odermennig, Gewöhnlicher 134
Kleiner 134
Ohr-Weide 450
Osterluzei, Gewöhnliche 146

Pappel, Schwarz- 436
Silber- 436
Zitter- 436
Paradieslilie 36
Pastinak, Gewöhnlicher 168
Pechnelke 204
Perlgras, Bewimpertes 386
Einblütiges 386
Nickendes 386
Pestwurz, Gewöhnliche 260
Weiße 104
Petersbart, Gletscher- 134
Pfaffenhütchen, Gewöhnliches 460
Pfeifengras, Blaues 392
Pfeilkraut 18
Pfennigkraut 132
Pferdezunge 222, 288
Pfingstrose, Echte 210
Pimpernuss 466
Pippau, Dach- 188
Gold- 190, 264
Löwenzahn- 188
Mauer- 188
Sumpf- 188
Wiesen- 188
Zweijähriger 188
Platane, Bastard- 442
Morgenländische 442
Platterbse, Berg- 234, 308
Erdnuss- 236
Frühlings- 234, 308
Knollen- 236
Ranken- 148
Schwarze 234, 308
Sumpf- 234
Wald- 234
Wiesen- 148
Porst, Sumpf- 470
Pracht-Nelke 206
Preiselbeere 472
Primel, Behaarte 212
Gewelltrandige 212
Klebrige 280
Mehl- 212
Wald- 132
Zwerg- 212
Purgier-Kreuzdorn 460
Purgier-Lein 64
Purpur-Weide 448

Quecke, Gemeine 398

Strand- 400
Quellbinse 406
Queller, Gemeiner 352
Quellkraut, Bach- 352
Quellried, Flaches 406

Ragwurz, Bienen- 224
Fliegen- 224, 346
Hummel- 224, 346
Spinnen- 224, 346
Rainfarn 172
Rainkohl 186
Raps 108
Rapsdotter, Runzeliger 112
Rapünzchen 370
Rasenbinse 402
Rauke, Weg- 112
Rauschbeere 470
Raygras, Englisches 398
Italienisches 398
Rebendolde 84
Reiherschnabel, Gewöhnlicher 218
Reitgras, Berg- 382
Land- 382
Resede, Wilde 146
Rettich, Acker- 24, 110
Riemenzunge 348
Riesen-Bärenklau 90
Rippensame, Österreichischer 94
Rispengras, Alpen- 388
Einjähriges 388
Gewöhnliches 388
Hain- 388
Wiesen- 388
Rittersporn, Feld- 300
Robinie 444
Rohr-Glanzgras 392
Rohrkolben, Breitblättriger 340, 378
Schmalblättriger 340, 378
Zwerg- 340, 378
Rose, Feld- 454
Hunds- 454
Kartoffel 454
Zimt- 454
Rosenwurz 116, 196
Rosmarinheide 54
Rosmarin-Seidelbast 468
Rossfenchel 168
Rosskastanie 444
Rosskümmel 84
Ross-Lauch 248
Ross-Minze 260, 326
Rot-Buche 432
Rote Heckenkirsche 464
Rote Lichtnelke 204
Rote Taubnessel 242
Rotes Seifenkraut 202
Rotes Waldvögelein 226
Rottanne 428
Rüben-Kälberkropf 94
Rübenkohl 108
Rübsen 108
Ruchgras, Gewöhnliches 390
Rühr-mich-nicht-an 154
Ruhrkraut, Sumpf- 376
Wald- 376
Ruprechtskraut 218

Saat-Lein 282
Saat-Luzerne 306
Saat-Wicke 236, 304
Salbei, Garten- 314
Klebriger 160
Quirlblütiger 314
Wiesen- 314
Salde, Meeres- 338
Salomonssiegel 34
Sal-Weide 450
Salzbunge 56
Salzkraut, Kali- 354
Salzmelde, Strand- 354
Salzmiere 50
Salzschwaden, Strand- 392
Sanddorn 452
Sandkraut, Quendel- 48
Sandkresse 28, 194
Sandrohr 400
Sanikel, Wald- 98
Sauerampfer, Kleiner 360
Wiesen- 360
Sauerdorn 448
Sauer-Kirsche 438
Sauerklee, Europäischer 138
Wald- 66
Säuerling, Alpen- 358
Schachblume 198
Schafgarbe, Filzige 170
Schwarze 104
Sumpf- 104
Wiesen- 104, 262
Schafrapunzel 324
Scharbockskraut 128
Scharfer Mauerpfeffer 138
Schärfling 292
Scharte, Färber- 268
Schattenblümchen 18
Schaumkraut, Behaartes 24
Kleeblättriges 24
Vielstängeliges 24
Wiesen- 24, 270
Schierling, Gefleckter 84
Schild-Hahnenfuß 40
Schilf, Gewöhnliches 392
Schillergras, Großes 396
Schlangenäuglein 292
Schlangenwurz 78
Schlehe 456
Schleifenblume, Bittere 22
Schlickgras, Salz- 394
Schlüsselblume, Frühlings- 132
Gewöhnliche 132
Wiesen- 132
Schmalwand, Acker- 24
Schmerwurz 342
Schmiele, Draht- 382
Schlängel- 382
Schnabelbinse, Braune 404
Weiße 404
Schneckenklee, Zwerg- 166
Schneeball, Gewöhnlicher 464
Wolliger 464
Schneeglöckchen 18
Schnee-Heide 470
Schneerose 42
Schneidried 406
Schnittlauch 248
Schöllkraut 106
Schöterich, Acker- 110
Schraubenstendel 70
Schuppenmiere, Flügel- 202
Rote 202
Salz- 202
Schuppensimse 406
Schuppenwurz 240
Schwaden, Flutender 394
Wasser- 392
Schwalbenwurz, Weiße 68
Schwalbenwurz-Enzian 286
Schwanenblume 200
Schwarzdorn 456
Schwarzer Holunder 462
Schwarz-Erle 434
Schwarznessel 244
Schwarz-Pappel 436
Schwarzwurzel, Niedrige 180
Österreichische 180
Rote 332
Schwefel-Anemone 128
Schwertlilie, Bunte 120
Sibirische 278
Wasser- 120
Zwerg- 120
Schwingel, Riesen- 384
Rot- 384
Schaf- 384
Wald- 384
Wiesen- 384

Seebinse 408
Graue 408
Seegras 412
Echtes 338
Seekanne 140
Seerose, Weiße 40
Segge, Armblütige 408
Blasen- 416
Blaugrüne 416
Bleiche 418
Braun- 414
Davall- 408
Fadenwurzel- 410
Finger- 422
Frühlings- 420
Gelbe 418
Grau- 412
Große 418
Hängende 418
Hasen- 412
Hirse- 420
Horst- 420
Igel- 412
Krumm- 410
Monte-Baldo- 408
Polster- 420
Raue 414
Rispen- 410
Rost- 420
Sand- 410
Saum- 416
Scheinzypergras- 414
Schlamm- 418
Schlank- 414
Schnabel- 416
Steif- 414
Stern- 412
Strick- 410
Sumpf- 414
Torf- 408
Vogelfuß- 422
Wald- 418
Segge, Weiße 420
Wiesen- 414
Winkel- 412
Zittergras- 412
Zypergras- 410
Seide, Nessel- 258
Thymian- 258
Seidelbast, Gestreifter 468
Gewöhnlicher 468
Rosmarin- 468
Seifenkraut, Echtes 48, 202
Kleines 202
Rotes 202
Senf, Acker- 106
Schwarzer 108
Sibirische Schwertlilie 278
Sichelklee 150
Sichelmöhre, Gewöhnliche 84
Siebenstern, Europäischer 56
Silau, Wiesen- 168
Silberblatt, Wildes 28, 270
Silberdistel 104
Silbergras 380
Silbermantel 366
Silber-Pappel 436
Silber-Weide 436
Silberwurz 56
Simsenlilie, Gewöhnliche 118
Skabiose, Glänzende 322
Tauben- 322
Skabiosen-Flockenblume 264, 330
Sode, Strand- 354
Sommer-Linde 438
Sommerwurz, Gamander- 372
Zierliche 372
Sonnenröschen, Gewöhnliches 130
Zwerg- 130
Sonnentau, Langblättriger 62
Rundblättriger 62
Sophienkraut 106
Spargelschote 148
Speik, Blauer 280
Spergel, Acker- 48
Frühlings- 52
Spierstaude, Knollen- 58
Spieß-Melde 354
Spindelbaum 460
Spinnen-Ragwurz 224, 346
Spitz-Ahorn 442
Spitzkiel, Alpen- 76, 306
Seidenzottiger 308
Zottiger 152
Spitzorchis 226
Spitz-Wegerich 374
Spornblume, Rote 258
Springkraut, Drüsiges 238
Echtes 154
Kleinblütiges 154
Spurre, Dolden- 48
Stachelbeere 456
Ständelwurz, Braunrote 344
Breitblättrige 344
Sumpf- 72, 344
Violette 344
Stauden-Knöterich 80, 448
Stechapfel 68
Stechginster 458
Stechpalme 460
Stein-Baldrian 256
Steinbeere 58
Steinbrech, Blaugrüner 64
Fetthennen- 138, 216
Gegenblättriger 216
Kies- 138, 216
Knöllchen- 64
Moos- 62
Roter 216
Rundblättriger 64
Schnee- 64
Sternblütiger 64
Trauben- 64
Stein-Eiche 432
Steinklee, Gewöhnlicher 148
Weißer 76
Steinkraut, Berg- 114
Kelch- 114
Stein-Nelke 206
Steinquendel, Alpen- 314
Gewöhnlicher 318
Steinröschen 468
Steinsame, Acker- 68
Blauer 292
Echter 68
Steintäschel 22, 194
Steinweichsel 456
Sterndolde, Große 98
Sternhyazinthe 278
Sternmiere, Gras- 50
Große 50
Hain- 50
Moor- 50
Stern-Segge 412
Stiefmütterchen, Acker- 146
Wildes 146, 300
Stiel-Eiche 432
Stinkrauke 108
Storchschnabel, Blut- 220
Glänzender 218
Pyrenäen- 220
Rundblättriger 220
Ruprechts 218
Schlitzblättriger 218
Stinkender 218
Sumpf- 220
Wald-220
Weicher 218
Wiesen- 282
Strahlendolde, Großblütige 82
Strand-Aster 328
Strand-Beifuß 376
Stranddistel 326
Strand-Dreizack 334
Strandflieder 322
Strandhafer 400
Strandling 372

Strand-Melde 354
Strandnelke 322
Strandroggen 400
Strand-Salzmelde 354
Strandsimse 406
Strand-Sode 354
Strand-Wolfsmilch 164
Straußgras, Hunds- 378
Rotes 378
Strobe 430
Strohblume, Sand- 170
Sumpfbinse, Gewöhnliche 404
Sumpf-Calla 78
Sumpf-Dotterblume 122
Sumpf-Dreizack 334, 426
Sumpf-Gladiole 226
Sumpf-Herzblatt 62
Sumpfkresse, Gewöhnliche 110
Wilde 110
Sumpf-Läusekraut 240
Sumpf-Porst 470
Sumpfstern, Blauer 288
Sumpfwurz 72, 344
Sumpf-Ziest 246
Süß-Kirsche 438
Süßklee, Alpen- 236

Tamariske, Deutsche 448
Französische 448
Tanne 428
Tännelkraut, Echtes 154, 312
Tannenwedel 368
Tarant 288
Täschelkraut, Rundblättriges 194
Taubenkropf 46, 52
Tauben-Skabiose 322
Taubnessel, Gefleckte 242
Rote 242
Stängelumfassende 242
Weiße 74
Tausendblatt, Ähriges 368
Quirlblütiges 368
Tausendguldenkraut, Echtes 222
Teichbinse, Gewöhnliche 408
Teichfaden, Sumpf- 338
Teichlinse, Vielwurzelige 338
Teichrose, Gelbe 122
Teufelsabbiss 320
Teufelskralle, Ährige 80
Kugelige 324
Schopf- 324
Thymian, Gewöhnlicher 246
Tollkirsche 370
Topinambur 173
Tragant, Alpen- 306
Kicher- 152
Stängelloser 152
Süßer 152
Trauben-Holunder 462
Traubenhyazinthe, Kleine 320
Schopfige 320
Weinbergs- 320
Traubenkirsche 438
Traubenkraut 376
Trauben-Steinbrech 64
Trespe, Aufrechte 380
Dach- 380
Taube 380
Trauben- 380
Unbegrannte 380
Trichterlilie 36
Trollblume 128
Tulpe, Südliche 118
Türkenbund-Lilie 198
Turmkraut 26

Ulme, Berg- 436
Feld- 436

Veilchen, Gelbes 146
Hain- 302
Rauhaariges 302
Sand- 72, 302
Sumpf- 302
Wald- 302
Wohlriechendes 302
Wunder- 302
Vergissmeinnicht, Acker- 294
Alpen- 294
Sumpf- 294
Wald- 294
Vogelbeerbaum 440
Vogelbeere, Schwedische 440
Vogelfuß, Kleiner 236
Vogelfuß-Klee 76
Vogel-Kirsche 438
Vogel-Knöterich 358
Vogelmiere 50
Vogelnestwurz 348
Vogel-Wicke 304

Wacholder, Gewöhnlicher 446
Wachsblume, Kleine 142
Wachtelweizen, Acker- 154, 240
Hain- 154
Wiesen- 154
Waid, Färber- 112
Wald-Engelwurz 92
Wald-Erdbeere 60
Wald-Geißbart 78
Wald-Geißblatt 464
Waldgerste 390
Wald-Hasenohr 252
Waldhirse 394
Waldhyazinthe, Berg- 70
Grünliche 70
Weiße 70
Wald-Kiefer 430
Wald-Klee 254
Wald-Labkraut 30
Waldmeister 30
Waldmelisse 74
Wald-Primel 132
Waldrebe, Alpen- 270
Aufrechte 32
Gewöhnliche 446
Wald-Sanikel 98
Wald-Sauerklee 66
Waldschilf 382
Waldsimse 408
Wald-Veilchen 302
Waldvöglein, Bleiches 72
Langblättriges 72
Rotes 226
Weißes 72
Wald-Ziest 318
Walnuss, Echte 434
Wasseraloe 18
Wasserdarm 50
Wasserdost, Gemeiner 262
Wasserfeder 56, 212
Wasserfenchel, Gewöhnlicher 84
Röhriger 84
Wasser-Hahnenfuß 40
Wasser-Knöterich 250
Wasserlinse, Dreifurchige 338
Kleine 338
Wasser-Lobelie 76
Wassermiere 50
Wasser-Minze 260, 326
Wassernabel 368
Wassernuss 368
Wasserpest, Kanadische 334
Wasserpfeffer 358
Wasserschierling 92
Wasserschlauch, Gewöhnlicher 158
Mittlerer 158
Wasser-Schwaden 392
Wasser-Schwertlilie 120
Wassersellerie 88
Wasserstern, Gemeiner 372
Wegerich, Breit- 374
Kleiner 374
Krähenfuß- 374
Mittlerer 98, 258, 374
Spitz- 374
Strand- 374

Weg-Malve 208
Weg-Rauke 112
Wegwarte, Gewöhnliche 332
Weichsel 438
Weide, Grau- 450
Korb- 450
Kriech- 468
Lorbeer- 450
Mandel- 450
Netz- 468
Ohr- 450
Purpur- 448
Sal- 450
Schwarz- 450
Silber- 436
Weidenröschen, Berg- 196
Rauhaariges 196
Rosmarin- 196
Schmalblättriges 196
Vierkantiges 196
Weiderich, Blut- 238
Weinberg-Lauch 198
Weißbuche 434
Weißdorn, Eingriffeliger 452
Zweigriffeliger 452
Weiße Pestwurz 104
Weiße Taubnessel 74
Weiße Zahnwurz 114
Weißer Gänsefuß 356
Weißer Germer 38
Weißes Waldvögelein 72
Weiß-Klee 82
Weißtanne 428
Weißwurz, Duftende 34
Quirlblättrige 34
Vielblütige 34
Weißzüngel 70
Wendelorchis, Herbst- 70
Sommer- 70, 344
Wermuth 170
Weymouths-Kiefer 430
Wicke, Futter- 236, 304
Hecken- 306
Kassuben- 304
Rauhaarige 304
Saat- 236, 304
Viersamige 304
Vogel- 304
Wald- 306
Zaun- 304
Zottel- 306
Widerbart 224
Wiesen-Bärenklau 90
Wiesen-Bocksbart 180
Wiesen-Flockenblume 264, 330
Wiesen-Fuchsschwanz 400
Wiesen-Glockenblume 298
Wiesen-Kerbel 90
Wiesen-Klee 254
Wiesen-Knäuelgras 384
Wiesenknopf, Großer 252
Kleiner 366
Wiesen-Knöterich 250
Wiesen-Kümmel 86
Wiesen-Labkraut 30
Wiesen-Lein 64
Wiesen-Leinblatt 66
Wiesen-Löwenzahn 182
Wiesen-Platterbse 148
Wiesenraute, Akeleiblättrige 248
Glänzende 162
Kleine 162
Wiesen-Rispengras 388
Wiesen-Salbei 314
Wiesen-Schaumkraut 24, 270
Wiesen-Schlüsselblume 132
Wiesen-Schwingel 384
Wiesen-Storchschnabel 282
Wiesen-Wachtelweizen 154
Wild-Apfel 440
Wilde Karde 320
Wilde Malve 208
Wilde Möhre 86
Wilde Resede 146
Wildes Stiefmütterchen 146, 300
Winde, Acker- 220
Windenknöterich, Gemeiner 356
Windhalm, Gemeiner 394
Windröschen 42
Busch- 44
Gelbes 128
Großes 44
Wintergrün, Einblütiges 54
Kleines 54
Nickendes 54
Rundblättriges 54
Winterlieb 214
Winter-Linde 438
Winterling 128
Wirbeldost 244
Witwenblume 322
Wald- 322
Wohlriechendes Veilchen 302
Wolfsfuß 98
Wolfsmilch, Garten- 364
Kleine 364
Liegende 364
Mandelblättrige 164
Sonnenwend- 164, 364
Steppen- 164
Strand- 164, 364
Süße 164, 364
Warzen- 162
Zypressen- 164
Wolfstrapp, Ufer- 98
Wollgras, Alpen- 402
Breitblättriges 402
Scheidiges 402
Scheuchzers 402
Schmalblättriges 402
Wolliger Schneeball 464
Wucherblume, Gewöhnliche 102
Schwarzrandige 102
Straußblütige 100
Wundklee 148
Alpen- 148
Gemeiner 148
Strand- 148
Wurmlattich 186

Zackenschote, Orientalische 108
Zahnlilie, Hunds- 198
Zahntrost, Roter 240
Zahnwurz, Finger- 270
Quirlblättrige 114
Weiße 114
Zwiebeltragende 270
Zaunrübe, Weiße 52
Zaun-Wicke 304
Zaunwinde 68
Ziest, Aufrechter 158
Sumpf- 246
Wald- 318
Zimbelkraut 312
Zirbel-Kiefer 430
Zittergras 386
Zitter-Pappel 436
Zweiblatt, Großes 346
Herz- 346
Zweizahn, Dreiteiliger 174
Nickender 174
Zwenke, Fieder- 382
Wald- 382
Zwerg-Birke 466
Zwergbuchs 74, 154
Zwergginster, Regensburger 150
Zwergmispel, Gewöhnliche 452
Zwerg-Primel 212
Zypressen-Wolfsmilch 164

Wissenschaftliche Namen

Abies alba 428
Acer campestre 442
monspessulanum 442
opalus 442
opulifolium 442
platanoides 442
pseudoplatanus 442
Achillea atrata 104
millefolium 104, 262
ptarmica 104
tomentosa 170
Acinos arvensis 318
Aconitum paniculatum 300
Aconitum vulparia 146
Acorus calamus 342, 426
Actaea spicata 78
Adenostyles alliariae 260
glabra 260
Adonis aestivalis 200
vernalis 128
Adoxa moschatellina 368
Aegopodium podagraria 88
Aesculus hippocastanum 444
Aethionema saxatile 22, 194
Agrimonia eupatoria 134
Agropyron junceum 400
repens 398
Agrostemma githago 200
Agrostis canina 378
tenuis 378
Ajuga chamaepitys 158
genevensis 316
pyramidalis 316
reptans 316
Alchemilla alpina 366
conjuncta 366
vulgaris 366
Alisma plantago-aquatica 18
Alliaria officinalis 26
petiolata 26
Allium carinatum 248
oleraceum 248, 342
rotundum 248
schoenoprasum 248
schoenoprasum ssp. sibiricum 248
ursinum 34
victorialis 34
vineale 198, 248
Alnus glutinosa 434
incana 434
viridis 446
Alopecurus aequalis 400
geniculatus 400
pratensis 400
Althaea officinalis 208
Alyssum alyssoides 114
calycinum 114
montanum 114
Amaranthus retroflexus 350
Ambrosia artemisifolia 376
Amelanchier ovalis 456
Ammophila arenaria 400
Anacamptis pyramidalis 226
Anagallis arvensis 210, 282
Anchusa arvensis 290
officinalis 222, 290
Andromeda polifolia 54
Andropogon ischaemum 396
Androsace alpina 210
lactea 56
Anemone hepatica 280
narcissiflora 42
nemorosa 44
ranunculoides 128
sylvestris 44
Anethum graveolens 168
Angelica archangelica 92
sylvestris 92
Antennaria dioica 102, 262
Anthemis arvensis 100
austriaca 100
tinctoria 172
Anthericum liliago 36
ramosum 36
Anthoxanthum odoratum 390
Anthriscus sylvestris 90
Anthyllis vulneraria 148
vulneraria ssp. alpestris 148
vulneraria ssp. maritima 148
vulneraria ssp. vulneraria 148
Apera spica venti 394
Aphanes arvensis 366
Aposeris foetida 190
Aquilegia atrata 280
vulgaris 280
Arabidopsis thaliana 24
Arabis glabra 26
hirsuta 26
turrita 26, 112
Arctium tomentosum 262
Arctostaphylos uva-ursi 472
Arenaria serpyllifolia 48
Aristolochia clematitis 146
Armeria maritima 252
Armoracia lapathifolia 26
rusticana 26
Arnica montana 176
Arrhenatherum elatius 390
Artemisia absinthium 170
maritima 376
umbelliformes 376
vulgaris 376
Arum maculatum 342
Aruncus dioicus 78
sylvestris 78
vulgaris 78
Asarum europaeum 348
Asperugo procumbens 292
Asperula arvensis 272
cynanchica 28
glauca 30
odorata 30
tinctoria 28
Asphodeline lutea 118
Asphodelus albus 34
Aster alpinus 328
amellus 328
linosyris 170
tripolium 328
Astragalus alpinus 306
cicer 152
exscapus 152
glycyphyllos 152
Astrantia major 98
Atriplex hastata 354
litoralis 354
patula 354
Atropa belladonna 370
Avena pubescens 390
Avenochloa pubescens 390

Ballota nigra 244
Barbarea vulgaris 110
Bartsia alpina 312
Bellis perennis 102, 262
Berberis vulgaris 448
Berteroa incana 22
Berula erecta 88
Betonica officinalis 244
Betula humilis 468
nana 468
pendula 434
pubescens 434
verrucosa 434
Bidens cernua 174

tripartita 174
Biscutella laevigata 114
Blackstonia perfoliata 140
Blysmus compressus 406
Bolboschoenus maritimus 406
Borago officinalis 290
Bothriochloa ischaemum 396
Brachypodium pinnatum 382
sylvaticum 382
Brassica napus 108
nigra 108
rapa 108
Briza media 386
Bromus erectus 380
inermis 380
racemosus 380
sterilis 380
tectorum 380
Bryonia alba 52
Buddleya davidii 462
Bunias orientalis 108
Buphthalmum salicifolium 176
Bupleurum falcatum 168
Butomus umbellatus 200
Buxus sempervirens 452

Cakile maritima 194, 270
Calamagrostis epigejos 382
varia 382
Calamintha alpina 314
arvensis 318
Calla palustris 78
Callitriche palustris 372
Calluna vulgaris 210, 470
Caltha palustris 122
Calycocorsus stipitatus 182
Calypso bulbosa 224
Calystegia sepium 68
Camelina sativa 114
Campanula barbata 298
cochleariifolia 296
glomerata 298
patula 298
persicifolia 296
pusilla 296
rapunculoides 296
rapunculus 296
rotundifolia 296
scheuchzeri 298
thyrsoidea 142
trachelium 294
Capsella bursa-pastoris 20
Cardamine hirsuta 24
pratensis 24, 270
trifolia 24
Cardaminopsis arenosa 28, 194
Cardaria draba 20
Carduus acanthoides 266
crispus 266
nutans 266
personata 268
Carex acutiformis 414
alba 420
arenaria 410
baldensis 408
bohemica 410
brizoides 412
canescens 412
caryophyllea 420
chordorrhiza 410
curvula 410
cyperoides 410
davalliana 408
digitata 422
echinata 412
elata 414
ferruginea 420
firma 420
flava 418
fusca 414
glauca 416
gracilis 414
hirta 414
hostiana 416
inflata 416
leporina 412
limosa 418
nigra 414
ornithopoda 422
pallescens 418
panicea 420
paniculata 410
pauciflora 408
pendula 418
pseudocyperus 414
remota 412
rostrata 416
sempervirens 420
stellulata 412
stricta 414
sylvatica 418
vesicaria 416
Carlina acaulis 104
acaulis ssp. acaulis 104
acaulis ssp. simplex 104
vulgaris 184
Carpinus betulus 434
Carum carvi 86
Cassiope tetragona 474
Castanea sativa 432
Caucalis lappula 84
platycarpus 84
Centaurea cyanus 330
jacea 264, 330
montana 330
pseudophrygia 264, 330
scabiosa 264, 330
Centaurium minus 222
umbellatum 222
Cephalanthera alba 72
damasonianum 72
grandiflora 72
longifolia 72
rubra 226
Cerastium alpinum 48
arvense 48
caespitosum 48
holosteoides 48
Cerasus avium 438
mahaleb 456
vulgaris 438
Ceratophyllum demersum 340
submersum 340
Cerinthe minor 142
Chaenarrhinum minus 310
Chaerophyllum aureum 94
bulbosum 94
hirsutum 94, 252
temulum 94
villarsii 94
Chamaecytisus ratisbonensis 150
Chamaespartium sagittale 150
Chamomilla recutita 100
suaveolens 172
Chelidonium majus 106
Chenopodium album 356
bonus-henricus 356
polyspermum 356
Chimaphila umbellata 54, 214
Chrysanthemum atratum 102
corymbosum 100
leucanthemum 102
vulgare 172
Chrysosplenium alternifolium 162
Cicerbita alpina 332
muralis 186
Cichorium intybus 332
Cicuta virosa 92
Circaea alpina 32
lutetiana 32
Cirsium arvense 268, 326
bulbosum 266
helenioides 266
heterophyllum 266
oleraceum 184
palustre 268
Cirsium rivulare 266
salisburgense 266

tuberosum 266
vulgare 266
Cladium mariscus 406
Clematis alpina 270
recta 32
vitalba 446
Clinopodium vulgare 244
Cochlearia danica 22
officinalis 22
Coeloglossum viride 344
Colchicum autumnale 198, 278
Colutea arborescens 458
Comarum palustre 214
Conium maculatum 84
Conringia orientalis 112
Consolida regalis 300
Convallaria majalis 38
Convolvulus arvensis 220
sepium 68
Conyza canadensis 102
Corallorhiza trifida 348
Cornus mas 462
sanguinea 462
suecica 28
Coronilla coronata 152
emerus 458
montana 152
varia 236
Corydalis cava 72, 232
lutea 146
solida 232
Corylus avellana 446
Cotoneaster integerrimus 452
Crataegus monogyna 452
oxyacantha 452
Crepis aurea 190, 264
biennis 188
paludosa 188
taraxacifolia 188
tectorum 188
Crithmum maritimum 96
Crocus albiflorus 38, 278
Cruciata laevipes 116
Cucubalus baccifer 52
Cuscuta epithymum 258
europaea 258
Cyclamen europaeum 212
purpurascens 212
Cymbalaria muralis 312
Cynoglossum officinale 290, 370
Cynosurus cristatus 388
Cypripedium calceolus 144, 346
Cytisus nigricans 150
ratisbonensis 150
scoparius 458

Dactylis glomerata 384
fuchsii 228
incarnata 228
maculata 228
majalis 228
Danthonia decumbens 378
Daphne cneorum 468
mezereum 468
striata 468
Datura stramonium 68
Daucus carota 86
Delphinium consolida 300
Dentaria bulbifera 270
enneaphyllos 114
pentaphyllos 270
Deschampsia cespitosa 382
flexuosa 382
Descurainia sophia 106
Dianthus alpinus 206
armeria 206
barbatus 206
carthusianorum 206
deltoides 206
superbus 206
sylvestris 206
Diapensia lapponica 52
Dictamnus albus 232, 458
Digitalis ambigua 156
grandiflora 156
purpurea 240
Digitaria sanguinalis 396
Diplotaxis tenuifolia 108
Dipsacus pilosus 320
sylvestris 320
Doronicum grandiflorum 176
Dorycnium germanicum 82
Draba aizoides 114
Drosera anglica 62
rotundifolia 62
Dryas octopetala 56

Echinochloa crus-galli 398
Echium vulgare 292, 310
Eleocharis acicularis 404
palustris 404
Elodea canadensis 334
Elymus arenarius 400
europaeus 390
Empetrum nigrum 472
Endymion non-scriptus 278
Epilobium adnatum 196
angustifolium 196
dodonei 196
hirsutum 196
Epilobium montanum 196
Epipactis atropurpurea 344
atrorubens 344
helleborine 344
latifolia 344
palustris 72, 344
purpurata 344
rubiginosa 344
sessilifolia 344
Epipactis violacea 344
Epipogium aphyllum 224
Eranthis hyemalis 128
Erica carnea 470
ciliaris 470
cinerea 470
herbacea 470
tetralix 210, 470
Erigeron acris 328
alpinus 264
annuus 102, 328
annuus ssp. annuus 102, 328
annuus ssp. septentrionalis 102
annuus ssp. strigosus 102, 328
canadensis 102
Eriophorum angustifolium 402
latifolium 402
scheuchzeri 402
vaginatum 402
Eritrichum nanum 294
Erodium cicutarium 218
Erophila verna 22
Erucastrum gallicum 108
Eryngium campestre 326
maritimun 374
Erysimum cheiranthoides 110
Erythronium dens-canis 198
Euonymus europaeus 460
Eupatoria cannabina 262
Euphorbia amygdaloides 164
brittingeri 162
cyparissias 164
dulcis 164, 364
exigua 364
helioscopia 164, 364
humifusa 364
paralias 164, 364
peplus 364
seguieriana 164
verrucosa 162
Euphrasia officinalis 76
Evonymus europaeus 460

Fagopyrum esculentum 356
sagittatum 356
Fagus sylvatica 432
Falcaria vulgaris 84
Fallopia convolvulus 356
Festuca altissima 384

gigantea 384
ovina 384
pratensis 384
rubra 384
Ficaria verna 128
Filago arvensis 376
Filipendula hexapetala 58
ulmaria 58, 78
vulgaris 58
Foeniculum vulgare 168
Fragaria vesca 60
viridis 60
Frangula alnus 460
Fraxinus excelsior 444
ornus 444
Fritillaria meleagris 198
Fumaria capreolata 232
officinalis 232

Gagea lutea 118
sylvatica 118
Galanthus nivalis 18
Galeobdolon luteum 158
luteum ssp. galeobdolon 158
luteum ssp. montanum 158
Galeopsis angustifolia 242
bifida 242
pubescens 318
speciosa 160, 318
tetrahit 242
Galinsoga parviflora 100
Galium aparine 32
boreale 30
cruciata 116
glaucum 30
mollugo 30
odoratum 30
palustre 30
rotundifolium 32
sylvaticum 30
uliginosum 30
verum 116
Genista germanica 150
sagittalis 150
tinctoria 150
Gentiana acaulis 284
asclepiadea 286
aspera 284
bavarica 284
campestris 272
clusii 284
cruciata 286
germanica 284
kochiana 284
lutea 140
nivalis 288
pannonica 286
pneumonanthe 286
punctata 140
utriculosa 288
verna 284
Gentianella aspera 284
campestris 272
ciliata 272
germanica 284
Geranium dissectum 218
lucidum 218
molle 218
palustre 220
pratense 282
pyrenaicum 220
robertianum 218
rotundifolium 220
sanguineum 220
sylvaticum 220
Geum montanum 134
reptans 134
rivale 214
urbanum 134
Gladiolus palustris 226
Glaucium flavum 106
Glaux maritima 210
Glechoma hederacea 318
Globularia bisnagarica 324
cordifolia 324
nudicaulis 324
Glyzeria fluitans 394
maxima 392
Gnaphalium sylvaticum 376
Gnaphalium uliginosum 376
Goodyera repens 70
Groenlandia densa 336
Gymnadenia conopsea 226
odoratissima 226
Gypsophila muralis 202
repens 46

Halimione portulacoides 354
Hedera helix 462
Hedysarum hedysarioides 236
Helianthemum nummularium 130
Helianthus tuberosus 172
Helichrysum arenarium 170
Helleborus foetidus 348
niger 42
viridis 348
Hepatica nobilis 280
Heracleum mantegazzianum 90
sphondyleum 90
Herminium monorchis 144
Herniaria glabra 352
Hesperis matronalis 270
Hieracium amplexicaule 192
aurantiacum 190, 264
cymosum 190
lachenalii 192
murorum 192
pilosella 190
sabaudum 192
sylvaticum 192
villosum 190
Himantoglossum hircinum 348
Hippocrepis comosa 152
Hippophae rhamnoides 452
Hippuris vulgaris 368
Holcus lanatus 386
mollis 386
Holoschoenus romanus 406
vulgaris 406
Holosteum umbellatum 48
Homogyne alpina 328
Honkenya peploides 50
Hordelymus europaeus 390
Hordeum marinum 398
murinum 398
Hottonia palustris 56, 212
Humulus lupulus 350
Hutchinsia alpina 20
Hyacinthoides non-scriptus 278
Hydrocharis morsus-ranae 18
Hydrocotyle vulgaris 368
Hyoscyamus niger 370
Hypericum hirsutum 130
humifusum 130
montanum 130
perforatum 130
pulchrum 130
Hypochoeris radicata 182

Iberis amara 22
Ilex aquifolium 460
Illecebrum verticillatum 352
Impatiens glandulifera 238
noli-tangere 154
parviflora 154
Imperatoria ostruthium 88
Inula britannica 174
hirta 174
salicina 174
Iris pseudacorus 120
pumila 120
sibirica 278
variegata 120
Isatis tinctoria 112
Isolepis setacea 406

Jasione montana 324
Juglans regia 434
Juncus acutiflorus 424
Juncus bufonius 426
bulbosus 426

conglomeratus 424
effusus 424
filiformis 424
gerardii 424
supinus 426
tenuis 424
trifidus 424
Juniperus communis 446

Kentranthus ruber 258
Kickxia elatine 154, 312
Knautia arvensis 322
sylvatica 322
Koeleria pyramidata 396

Lactuca muralis 186
perennis 332
Lamium album 74
amplexicaule 264
galeobdolon 158
maculatum 242
purpureum 242
Lappula echinata 290
squarrosa 290
Lapsana communis 186
Larix decidua 428
europaea 428
Laserpitium latifolium 96
siler 96
Lathyrus aphaca 148
linifolius 234, 308
montanus 234, 308
niger 234, 308
palustris 234
pratensis 148
sylvestris 234
tuberosus 236
vernus 234, 308
Lathraea squamaria 240
Lavandula angustifolia 316
officinalis 316
Ledum palustre 470
Legousia speculum-veneris 298
Lembotropis nigricans 150
Lemna minor 338
trisulca 338
Leontodon autumnalis 182
hispidus 182
Leontopodium alpinum 104
Leonurus cardiaca 244
Lepidium campestre 20, 362
draba 20
perfoliatum 362
ruderale 362
Leucanthemum vulgare 102
Leucojum vernum 38
Leucorchis albida 70
Leymus arenarius 400
Ligusticum mutellina 92, 252
Ligustrum vulgare 460
Lilium bulbiferum 200
martagon 198
Limnanthemum nymphoides 140
Limodorum abortivum 300
Limonium vulgare 322
Linaria alpina 312
cymbalaria 312
vulgaris 156
Linnaea borealis 66
Linum catharticum 64
perenne 282
usitatissimum 282
viscosum 218
Liparis loeselii 144
Listera cordata 346
ovata 346
Lithospermum arvense 68
officinale 68
purpurocaeruleum 292
Littorella uniflora 372
Lobelia dortmanna 76
Loiseleuria procumbens 472
Lolium italicum 398
multiflorum 398
perenne 398
Lonicera alpigena 466
coerulea 466
nigra 466
periclymenum 466
xylosteum 466
Lotus corniculatus 148
siliquosus 148
Lunaria rediviva 28, 270
Luzula campestris 422
nivea 422
pilosa 422
sylvatica 422
Lychnis flos-cuculi 204
viscaria 204
Lycopsis arvensis 290
Lycopus europaeus 98
Lysimachia nemorum 132
nummularia 132
thyrsiflora 162
vulgaris 132
Lythrum hyssopifolia 238
salicaria 238

Maianthemum bifolium 18
Malachium aquaticum 50
Malaxis monophyllos 144
Malus sylvestris 440
Malva alcea 208
moschata 208
neglecta 208
sylvestris 208
Matricaria chamomilla 100
discoidea 172
matricarioides 172
Medicago falcata 150
lupulina 166
minima 166
sativa 306
Melampyrum arvense 154, 240
nemorosum 154
pratense 154
Melandrium album 46
rubrum 204
Melica ciliata 386
nutans 386
uniflora 386
Melilotus alba 76
officinalis 148
Melittis melissophyllum 74
Mentha aquatica 260, 326
arvensis 260, 326
longifolia 260, 326
Menyanthes trifoliata 66
Mercurialis annua 362
perennis 362
Mertensia maritima 222, 288
Meum athamanticum 86
Microstylis monophyllos 144
Milium effusum 394
Moehringia trinerva 52
Molinia caerulea 392
Moneses uniflora 54
Monotropa hypopitys 366
Montia fontana 352
Mulgedium alpinum 332
Muscari botryoides 320
comosum 320
neglectum 320
Myosotis alpestris 294
arvensis 294
palustris 294
sylvatica 294
Myosoton aquaticum 50
Myosurus minimus 350
Myrica gale 448
Myricaria germanica 448
Myriophyllum spicatum 368
verticillatum 368

Najas marina 338
Narcissus poeticus 38
pseudonarcissus 120
Nardus stricta 378

Narthecium ossifragum 118
Nasturtium officinale 28
Neottia nidus-avis 348
Nepeta cataria 74, 246
Neslia paniculata 114
Nigritella nigra 226
Nonea pulla 370
Nuphar lutea 122
Nymphaea alba 40
Nymphoides peltata 140

Obione portulacoides 354
Ocimum basilicum 74, 244
Odontites rubra 240
Oenanthe aquatica 84
  fistulosa 84
Oenothera biennis 116
Onobrychis viciifolia 238
Ononis rotundifolia 238
  spinosa 238
Onopordon acanthium 268
Onosma tauricum 140
Ophrys apifera 224
Ophrys arachnites 224, 346
  araneifera 224, 346
  fuciflora 224, 346
  holoserica 224, 346
  insectifera 224, 346
  muscifera 224, 346
  sphegodes 224, 346
Orchis coriophora 230
  latifolia 228
  majalis 228
  mascula 228
  militaris 230
  morio 230
  pallens 144
  palustris 228
  purpurea 230
  simia 230
  ustulata 230
Origanum vulgare 246
Orlaya grandiflora 82
Ornithogalum umbellatum 36
Ornithopus perpusillus 236
Orobanche gracilis 372
  teucrii 372
Orthilia secunda 54
Ostrya carpinifolia 464
Oxalis acetosella 66
  europaea 138
  stricta 138
Oxycoccus palustris 196
Oxyria digyna 358
Oxytropis campestris 76, 306
  halleri 308
  pilosa 152

Padus avium 438
Paeonia officinalis 210
Panicum sanguinale 396
Papaver argemone 194
  dubium 194
  rhaeticum 106
  rhoeas 194
Paradisia liliastrum 36
Parietaria erecta 350
  officinalis 350
Paris quadrifolia 342
Parnassia palustris 62
Pastinaca sativa 168
  sativa ssp. sylvestris 168
  sativa ssp. urens 168
Pedicularis palustris 240
  rostrato-capitata 240
  sceptrum-carolinum 156
Petasites albus 104
  hybridus 260
Petrorhagia saxifraga 202
Peucedanum ostruthium 88
  palustre 96
Phalaris arundinacea 392
Phleum phleoides 400
  pratense 400
Phragmites australis 392
  communis 392
Phyllodoce coerulea 468
Physalis alkekengi 370
Phyteuma comosum 324
  orbiculare 324
  spicatum 80
Picea abies 428
  excelsa 428
Picris echioides 186
  hieracioides 186
Pimpinella major 88
  saxifraga 88
Pinguicula alpina 76
  vulgaris 310
Pinus cembra 430
  montana 430
  mugo 430
  nigra 430
  strobus 430
  sylvestris 430
Plantago coronopus 374
  intermedia 374
  lanceolata 374
  major 374
  maritima 374
  media 98, 258, 374
Platanthera bifolia 70
  chlorantha 70
Platanus hybrida 442
  occidentalis 442
  orientalis 442
Pleurospermum austriacum 94
Poa alpina 388
  alpina var. vivipara 388
  annua 388
  nemoralis 388
  pratensis 388
  trivialis 388
Polemonium caeruleum 288
Polygala amara 310
  chamaebuxus 74, 154
  comosa 310
  vulgaris 310
Polygonatum multiflorum 34
  odoratum 34
  officinale 34
  verticillatum 34
Polygonum amphibium 250
  aviculare 358
  bistorta 250
  convolvulus 356
  hydropiper 358
  lapathifolium 80, 250
  mite 250, 358
  persicaria 80, 250
  viviparum 80
Populus alba 436
  nigra 436
  tremula 436
Potamogeton alpinus 336
  crispus 336
  densus 336
  natans 336
  pectinatus 336
  perfoliatus 336
  polygonifolius 336
  pusillus 334
Potentilla alba 60
  anglica 134
  anserina 134
  argentea 136
  aurea 136
  caulescens 60
  erecta 116
  fruticosa 472
  nitida 214
  palustris 214
  recta 136
  reptans 136
  rupestris 60
  sterilis 60
  tabernaemontani 136
  verna 136
Prenanthes purpurea 262

Primula auricula 132
Primula elatior 132
farinosa 212
glutinosa 280
hirsuta 212
marginata 212
minima 212
officinalis 132
veris 132
Prunella grandiflora 312
vulgaris 312
Prunus avium 438
cerasus 438
mahaleb 456
padus 438
spinosa 456
Pseudolysimachia spicata 276
Pseudorchis albida 70
Puccinellia maritima 392
Pulicaria dysenterica 172
Pulmonaria mollis 222, 292
montana 222, 292
officinale 222, 292
Pulsatilla alpina 44
alpina ssp. apiifolia 128
patens 280
vernalis 44
Pyrola minor 54
rotundifolia 54
umbellata 214
Pyrus achras 440
malus 440
pyraster 440

Quercus ilex 432
petraea 432
pubescens 432
robur 432

Ranunculus aconitifolius 42
acris 126
alpestris 42
aquatilis 40
arvensis 124
auricomus 124
bulbosus 124
circinatus 40
ficaria 128
flaccidus 40
Ranunculus flammula 122
fluitans 40
glacialis 42
lanuginosus 126
lingua 122
montanus 126
nemorosus 126
peltatus 40
polyanthemos 126
repens 124
reptans 122
sceleratus 124
trichophyllus 40
Rapistrum rugosum 112
Reseda lutea 146
Reynoutria japonica 80, 448
Rhamnus cathartica 460
frangula 460
saxatilis 460
Raphanus raphanistrum 24, 110
Rhinanthus alectorolophus 156
aristatus 156
minor 156
serotinus 156
Rhodiola rosea 116, 196
Rhododendron ferrugineum 472
hirsutum 472
Rhodothamnus chamaecistus 472
Rhynchospora alba 404
fusca 404
Ribes alpinum 456
grossularia 456
nigrum 456
uva-crispa 456
Robinia pseudoacacia 444
Rorippa islandica 110
palustris 110
silvestris 110
Rosa arvensis 454
canina 454
cinnamomea 454
majalis 454
pendulina 454
rugosa 454
Rubus arcticus 214
caesius 452
chamaemorus 58
fruticosus 454
idaeus 452
saxatilis 58
Rumex acetosa 360
acetosella 360
conglomeratus 360
crispus 360
maritimus 358
obtusifolius 360
Ruppia maritima 338
Ruscus aculeatus 446

Sagina apetala 352
ciliata 352
nodosa 52
procumbens 352
Sagittaria sagittifolia 18
Salicornia europaea 352
Salix alba 436
aurita 450
caprea 450
cinerea 450
myrsinifolia 450
pentandra 450
purpurea 448
repens 468
reticulata 468
triandra 450
viminalis 450
Salsola kali 354
Salvia glutinosa 160
officinalis 314
pratensis 314
verticillata 314
Sambucus ebulus 464
nigra 464
racemosa 464
Samolus valerandi 56
Sanguisorba minor 366
officinalis 252
Sanicula europaea 98
Saponaria ocymoides 202
officinalis 48, 202
Sarothamnus scoparius 458
Satureja hortensis 244
vulgaris 244
Saxifraga aizoides 138, 216
aizoon 64
caesia 64
granulata 64
hypnoides 62
mutata 138, 216
nivalis 64
oppositifolia 216
paniculata 64
rotundifolia 64
stellaris 64
Scabiosa columbaria 322
lucida 322
Scheuchzeria palustris 334, 426
Schoenoplectus tabernaemontani 408
Schoenus ferrugineus 404
nigricans 404
Scilla bifolia 278
non-scriptus 278
Scirpoides holoschoenus 406
Scirpus lacustris 408
maritimus 406
setaceus 406
sylvaticus 408
Scleranthus annuus 352

Scorzonera austriaca 180
humilis 180
purpurea 332
Scrophularia alata 372
nodosa 372
umbrosa 372
Scutellaria galericulata 316
Sedum acre 138
album 62
anglicum 62
annuum 138
reflexum 138
rosea 116, 196
rupestre 138
telephium 216
Sempervivum montanum 216
tectorum 216
Senecio aquaticus 176, 178
doronicum 176
erraticus 178
erucifolius 178
fuchsii 178
inaeqidens 180
jacobaea 178
paludosus 176
vernalis 178
viscosus 178
vulgaris 178
Serratula tinctoria 268
Sesleria albicans 396
caerulea 396
varia 396
viridis 398
Sherardia arvensis 272
Sieglingia decumbens 378
Silaum silaus 168
Silene acaulis 204
alba 46
cucubalus 46
dioica 204
gallica 204
inflata 46
nutans 46
rupestris 46
vulgaris 46
Silybum marianum 268
Sinapis arvensis 106
Sisymbrium officinale 112
sophia 106
Sium erectum 88
latifolium 168
Solanum dulcamara 290
nigrum 68
Soldanella alpina 280
pusilla 280
Solidago canadensis 170
virgaurea 170
Sonchus arvensis 184
asper 184
oleraceus 184
Sorbus aria 440
aucuparia 440
domestica 440
intermedia 440
torminalis 440
Sparganium emersum 340
erectum 340
ramosum 340
simplex 340
Spartina alterniflora 394
maritima 394
townsendii 394
Spergula arvensis 48
morisonii 52
vernalis 52
Spergularia media 202
rubra 202
salina 202
Spiranthes aestivalis 70, 344
autumnalis 70
spiralis 70
Spirodela polyrhiza 338
Stachys officinalis 244
palustris 246
recta 158
sylvatica 318
Staphylea pinnata 466
Statice limonium 322
Stellaria alsine 50
graminea 50
holostea 50
nemorum 50
Stipa pennata 396
Stratiotes aloides 18
Suaeda maritima 354
Succisa pratensis 320
Swertia perennis 288
Symphytum officinale 222, 292
tuberosum 140
Syringa vulgaris 462

Tamarix gallica 448
Tamus communis 342
Tanacetum corymbosum 100
parthenium 102
vulgare 172
Taraxacum officinale 182
Taxus baccata 428
Tetragonolobus maritimus 148
Teucrium chamaedrys 246
montanum 160
scorodonia 160
Thalictrum aquilegifolium 248
lucidum 162
minus 162
Thesium alpinum 32
bavarum 66
pyrenaicum 66
rostratum 66
Thlaspi arvense 20
perfoliatum 20
rotundifolium 194
Thymus pulegioides 246
Tilia cordata 438
Tilia platyphyllos 438
Tofieldia calyculata 118
Torilis anthriscus 92
japonica 92
Tragopogon dubius 180
pratensis 180
porrifolius 332
Trapa natans 368
Traunsteinera globosa 226
Trichophorum alpinum 402
cespitosum 402
Trientalis europaea 56
Trifolium alpestre 254
arvense 254
campestre 166
dubium 166
fragiferum 254
hybridum 82, 254
minus 166
montanum 82
ochroleucon 166
ornithopodioides 76, 232
pratense 254
repens 82
rubens 254
spadiceum 166
Triglochin maritimum 334, 426
palustre 334, 426
Trigonella ornithopodioides 76, 232
Trinia glauca 86
Tripleurospermum maritima 100
minodorum 100
Trisetum flavescens 390
Trollius europaeus 128
Tulipa australis 118
Tunica saxifraga 202
Turritis glabra 26
Tussilago farfara 172
Typha angustifolia 340, 378
latifolia 340, 378
minima 340, 378

Ulex europaeus 458
Ulmus campestris 436

carpinifolia 436
glabra 436
minor 436
scabra 436
Umbilicus pendulinus 62
Urtica dioica 350
urens 350
Utricularia intermedia 158
vulgaris 158

Vaccinium myrtillus 472
oxycoccus 196
uliginosum 472
vitis idaea 472
Valeriana dioica 98, 256
montana 256
officinalis 256
Valeriana tripteris 256
Valerianella locusta 370
Veratrum album 38, 118
Verbascum densiflorum 142
nigrum 142
phoeniceum 312
thapsiforme 142
thapsus 142
Verbena officinalis 318
Veronica anagallis-aquatica 276
aphylla 272
arvensis 274
austriaca 276
beccabunga 276
chamaedrys 274
filiformis 274
fruticans 272
hederifolia 274
latifolia 274
officinalis 272
persica 274
serpyllifolia 274
spicata 276
teucrium 276
triphyllos 276
urticifolia 274
Viburnum lantana 464
opulus 464
Vicia cassubica 304
cracca 304
dumetorum 306
hirsuta 304
sativa 236, 304
sepium 304
sylvatica 306
tetrasperma 304
villosa 306
Vinca major 282
minor 282
Vincetoxicum hirundinaria 68
officinale 68
Viola arvensis 146
biflora 146
hirta 302
mirabilis 302
odorata 302
palustris 302
reichenbachiana 302
riviniana 302
rupestris 72, 302
sylvestris 302
tricolor 146, 300
Viscaria vulgaris 204
Viscum album 474
album ssp. abietis 474
album ssp. album 474
album ssp. austriacum 474
laxum 472

Willemetia stipitatus 182

Zannichellia palustris 338
Zostera marina 338

Hinweis

Dr. Thomas Schauer ist Vegetationskundler und Ingenieurbiologe. Über 35 Jahre war er am Landesamt für Wasserwirtschaft in München tätig. Er hat zahlreiche Arbeiten in verschiedenen Fachzeitschriften zu ökologischen, naturschutzfachlichen sowie vegetationskundlichen Themen veröffentlicht und ist ein profunder Kenner der heimischen Pflanzenwelt.

Claus Caspari, Sohn des renommierten Kunstmalers und Karikaturisten Walther Caspari, arbeitete zunächst als Kunsthändler und Dolmetscher. Ab dem Jahr 1949 konzentrierte er sich mehr und mehr auf die naturalistische Pflanzen- und Tiermalerei, in der er sich autodidaktisch zur Perfektion weiterentwickelte. Seine Pflanzen- und Tierdarstellungen sind einzigartig: filigran, detailgenau, mit plastischer Wirkung. Er starb 1980 in München im Alter von 69 Jahren.

Stefan Caspari ist der Sohn von Claus Caspari und wuchs in dessen künstlerischem Umfeld und Vorbild auf. Nach seinem Jurastudium wandte er sich der Fotografie zu, in der er die Meisterprüfung ablegte. Seit über 30 Jahren arbeitet er als freier Fotograf. Darüber hinaus widmet er sich erfolgreich der Malerei und Illustration und führt die künstlerische Familientradition fort.
www.stefancaspari.de

Impressum

Bibliographische Information der Deutschen Nationalbibliothek

Die Deutsche Nationalbibliothek verzeichnet diese Publikation in der Deutschen Nationalbibliographie; detaillierte bibliografische Daten sind im Internet über http://dnb.d-nb.de abrufbar.

7. überarbeitet Auflage, Neuausgabe

BLV Buchverlag Gmbh & Co. KG
80797 München

Bildnachweis:
Limbrunner: 9, Schauer: 8, 10

Farbzeichnungen:
Claus und Stefan Caspari
Piktogramme: Marlene Gemke, Annegret Wehland

Umschlagkonzeption: Kochan & Partner, München
Umschlagabbildungen: Claus Caspari

Lektorat: Dr. Friedrich Kögel
Herstellung: Hermann Maxant

Layoutkonzept Innenteil: Buch und Konzept Annegret Wehland
Satz: Satz + Layout Peter Fruth GmbH, München

Gedruckt auf chlorfrei gebleichtem Papier

Printed in Germany

ISBN 978-3-8354-1388-7

www.facebook.com/blvVerlag

Aufbau der Blüte

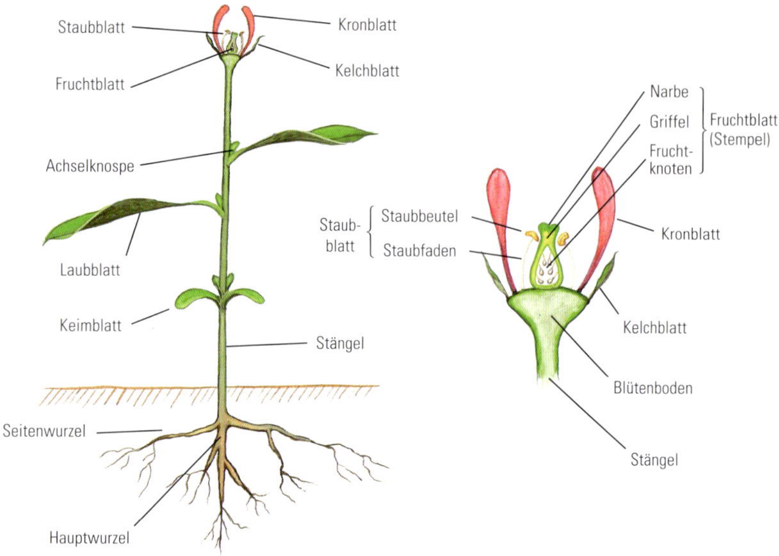

Stellung der Blätter